U0293163

国家出版基金资助项目

湖北省学术著作出版专项资金资助项目

数字制造科学与技术前沿研究丛书

流体传动与控制系统的数字化设计

孔祥东　著

武汉理工大学出版社
·武　汉·

内容提要

流体传动与控制技术是现代传动和控制技术的一种主要形式，21世纪以来，其与数字化设计理念紧密结合并互相渗透。本书以流体传动与控制系统的数字化设计为题，系统地阐述了著者及其研究团队在流体传动与控制技术方面所取得的研究进展及采用的研究方法。本书共分为10章，以高集成伺服阀控缸系统与自由锻造液压机组液压控制系统的数字化设计为例，全面地论述了流体传动与控制系统数字化设计的基本概念，给出了流体传动与控制系统数字化设计的研究方法和步骤，制订了流体传动与控制系统多种高性能控制策略。

本书内容由浅入深，可作为流体传动与控制系统数字化设计方面的研究人员和工程技术人员的参考用书，也可作为高等院校流体传动与控制专业研究生的教学参考书。

图书在版编目(CIP)数据

流体传动与控制系统的数字化设计/孔祥东著. —武汉：武汉理工大学出版社，2018.1
(数字制造科学与技术前沿研究丛书)
ISBN 978-7-5629-5696-9

Ⅰ.①流…　Ⅱ.①孔…　Ⅲ.①液压传动-控制系统-数字化-设计　Ⅳ.①TH137

中国版本图书馆CIP数据核字(2017)第302763号

项目负责人：田　高　王兆国　　　　**责任编辑**：张莉娟
责任校对：刘　凯　　　　**封面设计**：兴和设计
出版发行：武汉理工大学出版社(武汉市洪山区珞狮路122号　邮编：430070)
http://www.wutp.com.cn
经销者：各地新华书店
印刷者：武汉中远印务有限公司
开　本：787mm×1092mm　1/16
印　张：17.75
字　数：425千字
版　次：2018年1月第1版
印　次：2018年1月第1次印刷
印　数：1—1500册
定　价：98.00元
凡购本书，如有缺页、倒页、脱页等印装质量问题，请向出版社发行部调换。
本社购书热线电话：027-87515778　87515848　87785758　87165708(传真)

数字制造科学与技术前沿研究丛书
编审委员会

总　　序

当前，中国制造 2025 和德国工业 4.0 以信息技术与制造技术深度融合为核心，以数字化、网络化、智能化为主线，将互联网＋与先进制造业结合，正在兴起全球新一轮数字化制造的浪潮。发达国家特别是美、德、英、日等制造技术领先的国家，面对近年来制造业竞争力的下降，最近大力倡导"再工业化、再制造化"的战略，明确提出智能机器人、人工智能、3D 打印、数字孪生是实现数字化制造的关键技术，并希望通过这几大数字化制造技术的突破，打造数字化设计与制造的高地，巩固和提升制造业的主导权。近年来，随着我国制造业信息化的推广和深入，数字车间、数字企业和数字化服务等数字技术已成为企业技术进步的重要标志，同时也是提高企业核心竞争力的重要手段。由此可见，在知识经济时代的今天，随着第三次工业革命的深入开展，数字化制造作为新的制造技术和制造模式，同时作为第三次工业革命的一个重要标志性内容，已成为推动 21 世纪制造业向前发展的强大动力，数字化制造的相关技术已逐步融入制造产品的全生命周期，成为制造业产品全生命周期中不可缺少的驱动因素。

数字制造科学与技术是以数字制造系统的基本理论和关键技术为主要研究内容，以信息科学和系统工程科学的方法论为主要研究方法，以制造系统的优化运行为主要研究目标的一门科学。它是一门新兴的交叉学科，是在数字科学与技术、网络信息技术及其他（如自动化技术、新材料科学、管理科学和系统科学等）与制造科学与技术不断融合、发展和广泛交叉应用的基础上诞生的，也是制造企业、制造系统和制造过程不断实现数字化的必然结果。其研究内容涉及产品需求、产品设计与仿真、产品生产过程优化、产品生产装备的运行控制、产品质量管理、产品销售与维护、产品全生命周期的信息化与服务化等各个环节的数字化分析、设计与规划、运行与管理，以及产品全生命周期所依托的运行环境数字化实现。数字化制造的研究已经从一种技术性研究演变成为包含基础理论和系统技术的系统科学研究。

作为一门新兴学科，其科学问题与关键技术包括：制造产品的数字化描述与创新设计，加工对象的物体形位空间和旋量空间的数字表示，几何计算和几何推理、加工过程多物理场的交互作用规律及其数字表示，几何约束、物理约束和产品性能约束的相容性及混合约束问题求解，制造系统中的模糊信息、不确定信息、不完整信息以及经验与技能的形式化和数字化表示，异构制造环境下的信息融合、信息集成和信息共享，制造装备与过程的数字化智能控制、制造能力与制造全生命周期的服务优化等。本系列丛书试图从数字制造的基本理论和关键技术、数字制造计算几何学、数字制造信息学、数字制造机械动力学、数字制造可靠性基础、数字制造智能控制理论、数字制造误差理论与数据处理、数字制造资源智能管控等多个视角构成数字制造科学的完整学科体系。在此基础上，根据数字化制造技术的特点，从不同的角度介绍数字化制造的广泛应用和学术成果，包括产品数字化协同设计、机械系统数字化建模与分析、机械装置数字监测与诊断、动力学建模与应用、基于数字样机的维修技术与方法、磁悬浮转子机电耦合动力学、汽车信息物理融合系统、动力学与振动的数值模拟、压电换能器设计原理、复杂多环耦合机构构型综合及应用、大数据时代的产品智能配置理论与方法等。

围绕上述内容，以丁汉院士为代表的一批我国制造领域的教授、专家为此系列丛书的初步形成，提供了他们宝贵的经验和知识，付出了他们辛勤的劳动成果，在此谨表示最衷心的感谢！对于该丛书，经与闻邦椿、徐滨士、熊有伦、赵淳生、高金吉、郭东明和雷源忠等我国制造领域资深专家及编委会成员讨论，拟将其分为基础篇、技术篇和应用篇 3 个部分。上述专家和编委会成员对该系列丛书提出了许多宝贵意见，在此一并表示由衷的感谢！

数字制造科学与技术是一个内涵十分丰富、内容非常广泛的领域，而且还在不断地深化和发展之中，因此本丛书对数字制造科学的阐述只是一个初步的探索。可以预见，随着数字制造理论和方法的不断充实和发展，尤其是随着数字制造科学与技术在制造企业的广泛推广和应用，本系列丛书的内容将会得到不断的充实和完善。

《数字制造科学与技术前沿研究丛书》编审委员会

前　言

流体传动与控制系统具有功重比大、响应速度快、抗负载能力强和布置灵活等优点，在航空航天、船舶等工业领域应用广泛，其技术水平已成为一个国家工业发展水平的重要标志。

流体传动与控制系统的多样性、复杂非线性、参数时变性等，是制约流体传动与控制系统发展的主要障碍。在数字化设计理念发展成熟并得到广泛应用之前，流体传动与控制系统设计主要源于多年的设计实践经验所形成的经验公式、设计手册、禁忌手册等，通过手动方式完成必要的图纸设计、尺寸设计、性能分析等，基于实物模型或者物理样机的试验测试来核查、验证及改进。以上设计模式的缺陷不仅体现在流体传动与控制系统的研发实时性滞后，而且还使其难以与其他设计方法相融合，不利于研发目标的达成。

现今，数字化设计理念已经普遍应用于流体传动与控制系统中，通过数字化设计理念，可以完成系统设计分析、方案论证、建模仿真、控制改良等研发工作，可以分析系统在真实工况下可能存在的问题，并验证解决措施的可行性和有效性，使流体传动与控制系统达到最优设计的目标。

全书共分为10章。第1章介绍了流体传动与控制系统的发展、工作原理及基本特征、典型应用，阐述了数字化设计的概念及方法。第2章介绍了高集成伺服阀控缸系统的组成及特点。第3章阐述了伺服阀控缸位置控制系统的建模及控制方法。第4章阐述了伺服阀控缸力控制系统的建模及控制方法。第5章阐述了伺服阀控缸系统柔顺控制的建模及控制方法。第6章阐述了自由锻造液压机组的组成和基本原理。第7章阐述了自由锻造液压机液压控制系统的数学建模方法。第8章阐述了自由锻造液压机液压控制系统的高精度位置控制方法。第9章阐述了自由锻造液压机液压系统的节能控制方法。第10章阐述了自由锻造操作机液压系统的协同建模及控制性能。

全书由燕山大学孔祥东教授策划并统稿，俞滨、姚静、翟富刚、巴凯先等参与了部分章节的编著。本书的相关研究内容得到了国家自然科学基金项目“高性能足式仿生机器人腿部液压驱动系统主被动复合柔顺控制”(项目编号:51605417)、国家自然科学基金项目“基于虚拟技术的锻造液压机液压控制系统基础理论与应用研究”(项目编号:50875229)和国家自然科学基金项目“液压机多源网络系统构型及能量调控研究”(项目编号:51575471)的支持，在此一并表示衷心感谢。

作为介绍流体传动与控制系统数字化设计理论和技术方面的书籍，本书有效地融合了著者及其研究团队的相关研究成果。限于著者水平，书中可能存在一些疏漏或不足之处，恳请广大读者批评指正。

著　者

2017年9月

目　录

第一篇 高集成伺服阀控缸系统数字化技术

1 绪　论

1.1 流体传动与控制系统的发展

1.1.1 历史回顾

流体传动与控制系统也称作液压控制系统。作为流体传动与控制理论基础的流体力学、流体传动理论是人类在生产实践中逐步发展起来的。

对流体力学学科的形成做出第一个贡献的是阿基米德(Archimedes),他确立了静力学与流体静力学的基本原理。1648年,帕斯卡(B. Pascal)首次提出了静止液体中压力传递的基本规律——静压传递原理(帕斯卡原理),由此奠定了液体静力学基础。17世纪,力学奠基人牛顿(Newton)研究了在流场中运动的物体受到的阻力,针对黏性流体运动时的内摩擦力提出了牛顿黏性定律。1738年,欧拉(L. Euler)采用了连续介质的概念,把静力学中的压力概念推广到运动流体中,建立了欧拉方程,正确地用微分方程组描述了无黏性流体的运动。伯努利(D. Bernoulli)从经典力学的能量守恒定律出发,研究供水管中水的流动,通过试验分析,得到了流体常定运动下的流速、压力、流道高度之间的关系——伯努利方程。1827年,纳维(C. L. M. Navier)建立了黏性流体的基本方程;1845年,斯托克斯(G. G. Stokes)又用更合理的方法建立了这组方程,这就是沿用至今的N-S方程,它是流体动力学的理论基础。1883年,雷诺发现液体具有两种不同的流动状态——层流和湍流,并建立了湍流基本方程——雷诺方程。

20世纪是流体传动技术走向工业应用的时期,它基于流体力学成果,而工业革命以来的产业需求为液压技术的发展创造了先决条件。

1795年,布拉默(J. Bramash)发明了第一台液压机,它的问世是流体动力学应用于工业的成功典范。1826年,液压机已广泛应用于工业,此后还设计了许多水压传动控制回路,并且采用机能符号取代具体的设计和结构,促使了液压技术进一步发展。1905年,詹尼(Janney)首先把矿物油引入传动介质,并设计研究了带轴向柱塞机械的液压传动装置,并于1906年应用于船舰的炮塔装置上,为现代液压技术的发展揭开了序幕。1922年,托马(H. Thoma)发明了径向柱塞泵;1936年,威克斯(H. Vickers)一改传统的直动式机械控制机构,发明了先导控制式压力控制阀,随后电磁阀和电液换向滑阀的问世使先导控制式多样化。

20世纪是流体传动与控制技术飞速发展并日趋成熟的时期,也是控制理论与工程实践相结合并飞速发展的时期,它为流体控制工程的进步提供了强有力的理论基础和技术支持。

1922年,米诺斯基(N. Minorsky)提出了用于船舶驾驶伺服机构的比例、积分、微分

(PID)控制方法;1932 年,奈奎斯(H. Nyquist)提出了根据频率响应判断系统稳定性的准则;1948 年,埃文斯(W. R. Evans)提出了根轨迹分析方法,同年申农(C. E. Shannon)和维纳(N. Wiener)发表了《信息论》与《控制论》。至此,线性控制理论基本形成,它对液压控制技术的发展产生了深远影响。1950 年,摩根(Moog)成功研制了采用微小输入信号的电液伺服阀,美国麻省理工学院的布莱克本(Blackburn)、李(Lee)等人在系统高压化和电液伺服机构方面进行了深入研究,使电液伺服机构首先应用于飞机、火炮的液压控制系统,后来也广泛应用于机床和仿真装置等伺服驱动中。1970 年,信号功率介于开关控制和伺服控制之间的比例阀问世,随后又出现了负载敏感系统、功率协调系统,80 年代进而出现了二次调节系统。

由于微电子技术的不断进步,微处理机、电子功率放大器、传感器和液压控制单元相互集成,形成了机械电子一体化产品,通过标准的现场总线、无线传输与上位机实现数字交互,形成智能化数字电液控制系统,不但提高了系统的静/动态控制精度,而且提高了系统对负载、环境以及自身变化的自适应能力。

1.1.2 发展现状

20 世纪 90 年代后期,随着自动控制技术、计算机技术、微电子技术、可靠性技术的发展以及新材料的应用,液压传动与控制技术在节能环保、控制技术等方面均有新的进展,使流体传动与控制系统日趋成熟。

(1) 节能环保方面

液压传动与控制技术正如其他技术的发展一样,针对其自身存在效率低、噪声大、泄漏污染环境等缺点进行改进,以期达到人们提出的更高要求。

目前,在节能环保方面的成果主要有:

① 传动方面主要体现在与原动机传动结合的交频变量技术、容积调速技术所包含的静液压技术及二次调速技术、蓄能器技术、负载感应技术、减少内外泄漏的措施(如提高元件加工精度、元件小型化、螺纹插装阀的大量采用等)。西安交通大学王世民课题组分析了交流变频容积调速回路的调速特性,并采取模糊控制策略提高了液压马达的响应速度及转速稳定性。广州工业大学黎松辉提出了一种基于二次调节技术的盾构土压平衡系统,在系统制动过程中调节二次元件的排量作为泵工况,在螺旋输送机的惯性带动下向系统回馈能量。德国克拉斯自走式收割机械将静液压传动技术引入装卸搬运系统中,能最大限度地优化机械的工作性能,使传动系统的能耗减少 30%以上。

② 介质方面主要是纯水液压技术,其技术从 20 世纪 60 年代开始进行研究,目前美、英、德、日等国家都已在相关领域有所应用。浙江大学已成功研制最高压力为 14 MPa、流量为 100 L/min的纯水柱塞泵及一系列的纯水液压控制阀,并在摩擦副材料的研究上取得了重大进步。燕山大学高殿荣课题组研制出径向柱塞式多作用内曲线式低速大扭矩海/淡水液压马达物理样机,并在华中科技大学液压气动技术研究中心的水压综合实验台上对研制的马达物理样机进行了空载和加载性能试验。

③ 生产方面主要是将液压元件的生产与铸造脱离,努力发展插装阀、泵等。瑞士 Bieri 公司开发了六通径电磁座式高压插装阀,其工作压力为 70 MPa,开关时间 40～120 ms,控制功率 31 W,该阀换向噪声小、不漏油、工作可靠。

④ 系统方面主要是提高系统的效率，省电节能。目前已有快的响应速度、高的控制精度和重复精度的比例阀、比例泵、伺服阀投入应用，如由转速可调的伺服电机＋柱塞泵、伺服马达螺杆驱动、蓄能器＋高速伺服阀组成闭环回路控制油电式高速注塑机液压系统。

(2) 控制技术方面

随着微电子技术、计算机技术及网络的发展，液压技术与其结合发挥二者的优势是必然趋势。在控制理论方面，自适应控制、鲁棒控制、模糊控制及神经网络控制等均得到了不同程度的运用。在流体传动及控制中应用较多的智能控制方法是模糊控制和神经网络控制。

模糊控制是通过定义模糊变量、模糊集合及相应的隶属度函数，采用一组模糊条件句来描述输入与输出之间的映射关系，它已广泛应用于液压系统的控制中。北京理工大学高建臣等人进行了液压缸位置伺服系统的模糊控制研究，试验证明：模糊控制具有较强的抗负载扰动能力和较快的动态响应特性。西安交通大学进行了液压旁路速度伺服系统及电液振动台伺服控制系统的模糊控制研究。上海交通大学进行了非线性多变量液压控制系统、轧机液压压下系统的轧辊控制和液压实验台液压参数控制的模糊控制研究。哈尔滨工业大学进行了双模式二次调节液压伺服控制系统的模糊控制研究。

神经网络具有学习和自适应能力，而且具有一般非线性系统的特性，因此更适用于时变的非线性的液压控制系统。目前国内神经网络控制技术在液压系统中的应用主要有：采用CMAC再励学习控制策略进行电液位置伺服系统的快速跟踪控制，结果显示系统具有良好的处理非线性能力和抑制干扰能力；采用B样条算法对电液位置伺服系统的液压管道脉动进行控制，结果显示了较好的鲁棒性；采用模糊神经网络对电液位置伺服系统进行控制，结果显示出了较强的鲁棒性和良好的跟踪特性；对电液飞行模拟器采用BP网络控制策略抗负载干扰，取得了较好的控制效果。

(3) 应用需求方面

随着液压技术与其他技术的结合，其应用领域不断扩展，对液压元件也提出了更高的要求。

① 高压始终是液压技术的追求指标之一。目前，美国Parker公司研制的F12型柱塞泵压力高至48 MPa，法国Denison公司研发的叶片泵压力可至32 MPa，德国力士乐公司研制的改进型齿轮泵压力为30 MPa。

② 随着新技术、新工艺的采用，液压元件在质量提高的同时，其寿命也大大延长，例如泵运行可达10000 h，阀运行可达1000万次，缸运行可达100 km，高速阀运行可达2亿次等。

③工程陶瓷、工程塑料、聚合物等复合材料的应用，在提高质量、降低成本的同时，还提高了其核心竞争力。例如南通高欣金属陶瓷复合材料有限公司将等离子喷涂金属陶瓷材料应用到液压柱塞上，结果发现液压柱塞更加耐磨、耐腐蚀，使用寿命延长了3～5倍，具有较好的综合经济与技术效益。

④ 数字技术在液压元件上的发展，也随之出现了数字阀、数字缸、数字泵等。德国亚琛工业大学流体传动及控制研究所(IFAS)通过采用压电堆叠串联从而驱动压电伺服阀，可使阀芯达到－1～1 mm的行程。我国也研制了多种数字液压缸，它们的结构设计巧妙灵活，充分运用了计算机技术、传感器技术、机械技术和液压技术的优点(图1-1)。

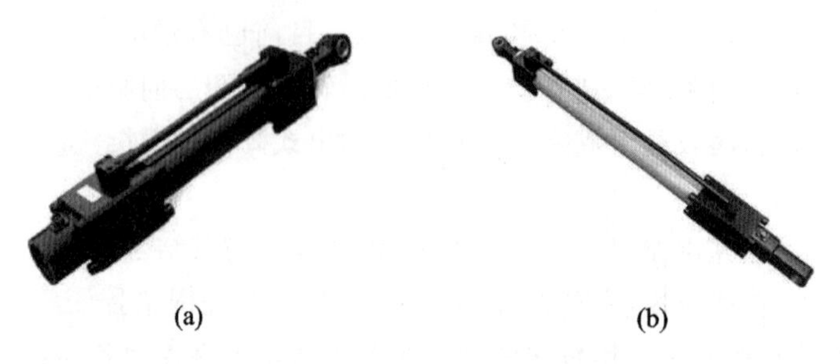

图 1-1 数字液压缸

(a) 数字伺服液压缸；(b) 六自由度运动仿真平台用数字液压缸

浙江工业大学流体传动与控制实验室的研究人员多年来始终致力于数字阀的开发研究，主要是旋转和轴向运动的双自由度的 2D 数字阀，并得到了成功应用。正如前所述，流体传动与电子、计算机、通信等技术相结合，大大促进了流体传动元件及系统的发展。

1.1.3 未来展望

有统计资料表明：近 20 年来，液压技术的发展来源于自身科研成果的仅占 20%，来源于其他领域发明的占 50%，移植其他技术研究成果的占 30%，没有任何一门学科能独立发展，这也是所有学科的共同趋势。未来的液压技术应当主要靠现有技术的改进和发展，不断扩大其应用领域以满足未来的要求。其主要的发展趋势将集中在以下几个方面。

(1) 流体传动与控制系统更加注重环保性能

污染环境是流体传动工业面临的最大挑战之一，也是阻碍它与电气和机械传动系统有效竞争的一大因素。泄漏控制是液压传动与控制系统需要解决的首要问题。它主要包括两个方面：既要防止液体泄漏到外部造成环境污染，又要防止外部环境对系统的侵害。今后将发展无泄漏元件和系统，发展集成化和复合化的元件和系统，实现无管连接，研制新型密封和无泄漏管接头、电动机泵组合装置。

另一考虑是加大非石油基液压油的使用力度。为了保护环境，减少泄漏油对环境的危害，可采用降解迅速的液体介质及水基液压油。

为进一步降低污染，必须采用先进的污染控制和过滤技术，使液压油保持清洁，并发展封闭式密封系统，防止污染物进入系统。针对来自零件制造和装配过程的污染物，将建立相关的保证元件清洁度的技术规范和经济有效的清洗方法。

(2) 流体传动及控制系统变得更为集成化、智能化、网络化

由电子直接控制的元件将得到广泛应用，如电子直接控制泵，只要改变电子控制程序，即可实现液压泵的各种调节方式，实现功率合理分配，自动保持最佳状态，实现软启动等功能。具有内置式标准化传感器和计算机的智能化液压元件也将成为应用的主流。

借助现场总线，实现高水平的信息传递，可以对流体传动与控制系统实现综合多目标的最优控制——效率最优、功能最优或者预选目标最优。可以对液压系统的流量、压力、温度和油液污染等数值实现自动测量和诊断，实现系统主动维护。

流体传动与控制系统可实现加工、装配和调试等过程的全球化虚拟制造，并对研究过程、生产过程、营销过程实现全球网络化实时管理与经营。

(3) 新材料的发展与使用

在新材料的发展方面，陶瓷材料由于其优越的耐磨性、抗气蚀性、化学稳定性，在纯水液压泵和阀中得到了应用。陶瓷液压件的生产工艺将进一步成熟，其成本降低后，可以在工业中得到推广。

纳米材料、纳米工艺的发展，将为流体传动与控制技术发展开拓新的前景。流体元件加工进度及表面质量达到纳米数量级，从而使元件效率、寿命得以提高，纳米技术将可能使流体传动与控制系统成为微机械系统的重要组成部分，它的研究已成为流体传动与控制技术新的前沿。

1.2 流体传动与控制系统的工作原理及基本特征

1.2.1 流体传动与控制系统的工作原理

系统由原动机、工作机和传动机构组成，如图 1-2 所示。

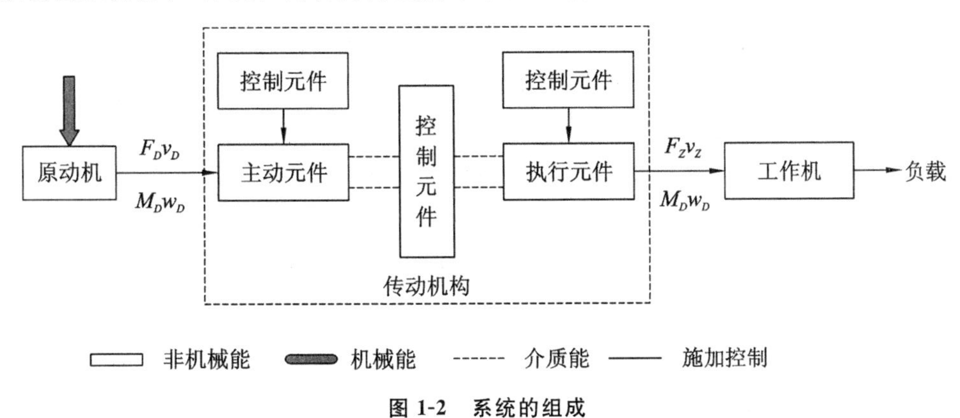

图 1-2 系统的组成

原动机将非机械能转换成机械能，其中机械能常用机械功率来描述。工作机接受从原动机传输过来的机械能，克服机器阻力(负载力)来驱动负载运动。传动机构不但把原动机的机械功率传输给工作机，而且要把原动机输出的力因素和运动因素变换成工作机需要的力因素和运动因素。传动机构的主要元件用来接收原动机的机械功率，并换成某种介质(机械、流体或电气)的能量。传动机构的被动元件把介质的能量变换成工作机需要的机械效率。此外，传动机构还需要控制元件来协调原动机、运动性能与工作机之间的矛盾。根据传动机构中介质的不同，有机械传动、电气传动和流体传动之分。以流体为介质的流体传动又分为以液压为介质的液压传动和以气体为介质的气动传动。

液压传动工作原理可用图 1-3 所示的液压千斤顶原理图说明。

液压传动机构的主动元件是液压泵，它将原动机的机械功率转变成液体的液压功率。液压泵主要由活塞 2 和缸体 3 组成，泵内充满密封的液体。活塞 2 接受原动机(杠杆)的机械能，对液压泵腔内的液体做功，使液压泵的容积不断缩小，迫使液体以一定的压力和速度经过单向阀 5 进入液压执行元件。执行直线运动的执行元件叫液压缸，是液压传动机构的被动元件。液压缸由活塞杆 6 和缸体 7 组成。有压液体进入液压缸后，推动活塞杆 6 上升，举起重物 W，把液压功率转变成机械功率。图中的控制阀 4、5、8 为液压传动机构的控制元件，单向阀 5 控

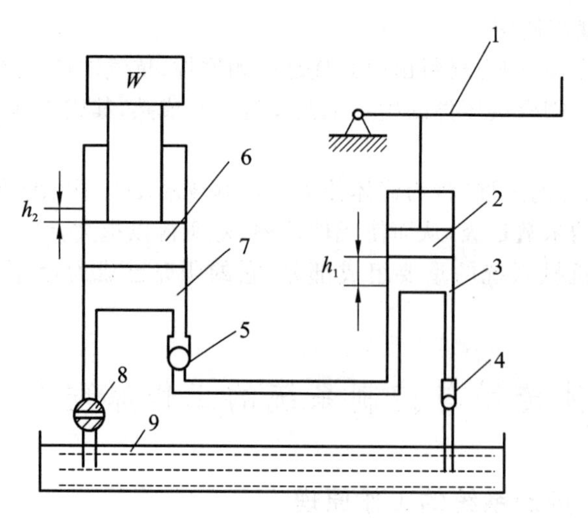

图 1-3　液压千斤顶工作原理

1—标杆手柄；2—活塞；3、7—缸体；4、5—单向阀；6—活塞杆；8—截止阀；9—油箱

制液压缸中的液体不流回液压泵，单向阀 4 控制液压泵中的液体不流回油箱 9。

由液压千斤顶工作原理可以看出：液压传动是靠液体在可变化的密封容积中的压力来实现运动和传递动力的。液压传动装置本质上是一种能量转换装置。

由液压千斤顶的工作原理可以进一步分析液压传动机构的功率传递功能和力因素、运动因素的变换功能。

在稳态工况下，液压泵活塞匀速运动时的力平衡方程为：

$$pA_1 = F_1 \tag{1-1}$$

式中　A_1——液压缸活塞面积；

p——外力 F_1作用下流体建立的压力$\left(p=\dfrac{F_1}{A_1}\right)$。

由静压传递原理“施加于密封容积内平衡流体中的某一个压力等值传递到全部液体”可知，作用在液压缸活塞 2 上的压力也为 p。

液压缸活塞匀速运动时的力平衡方程为：

$$pA_2 = W \tag{1-2}$$

式中　A_2——液压缸活塞面积；

W——重物的质量。

由式(1-1)和式(1-2)得：

$$\frac{W}{F_1}=\frac{A_2}{A_1} \tag{1-3}$$

式(1-3)是液压传动机构的力传递的基本公式。只要 $A_1 \neq A_2$，则 $F_1 \neq W$，这就是液压传动机构的力变换功能。

如果不计液体的压缩性和泄漏损失，液压缸输出的液体容积必然等于液压缸增加的液体容积，即：

$$A_1 h_1 = A_2 h_2 \tag{1-4}$$

式中　h_1、h_2——液压泵、液压缸活塞的位移。

将式(1-4)两边除以活塞的位移时间 t,得:

$$\frac{v_1}{v_2}=\frac{A_2}{A_1} \tag{1-5}$$

式中 v_1、v_2——泵活塞、液压缸的运动速度。

只要 $A_1 \neq A_2$,则 $v_1 \neq v_2$,活塞运动速度和活塞面积成反比。这就是液压传动机构的运动变换功能。

式(1-5)可写成另一种形式,即:

$$A_1 v_1 = A_2 v_2 = Q$$

式中,Q 为流量,是单位时间内流过截面面积为 A 的液体体积。

由式(1-3)和(1-5)可得:

$$\frac{W}{F_1}=\frac{v_1}{v_2}=\frac{A_2}{A_1} \tag{1-6}$$

也可以写成

$$F_1 v_1 = W v_2 = pA_1 v_1 = pA_2 v_2 = pQ \tag{1-7}$$

式(1-7)体现了液压传动机构的功率传递功能。通过液压传动机构可将原动机的机械效率 $F_1 v_1$、通过液体介质的液压功率 pQ 传给工作机,使工作机获得驱动负载的机械功率 Wv_2。

工程实际中,机械功率的传递过程是有损失的,比如液体泄漏的容积损失、液体流动的压力损失、机械摩擦损失等。由于功率损失的存在,实际上原动机输入的机械功率并没有全部变成工作机驱动负载的机械功率。

流体传动的操纵调节方式为手动式或开关式。手动操纵不能实现自动化,开关式控制(电磁阀)能实现自动化,但开关式控制元件只有两种状态,要实现复杂控制时,必须有大量的元件,但难以实现平稳过渡和高精度控制。

要实现连续和成比例的自动控制必须采用伺服控制。根据有无反馈作用,伺服控制可分为两类:开环控制和闭环控制。

(1) 开环控制系统

如果控制器和被控制对象之间只有顺向作用而没有反向联系,即输出端和输入端不存在反馈回路,输出量对系统的控制作用没有影响,这样的系统称为开环系统。

(2) 闭环控制系统

即反馈控制系统,这种系统的特点是系统输出端和输入端之间存在反馈回路,即输出量对控制作用有直接影响。闭环的作用就是利用反馈来减少偏差。

闭环控制突出的优点是精度高。出现干扰时,只要被控制量的实际值偏离给定值,闭环控制就会产生控制作用来减少这一偏差。

流体传动与控制系统框图如图 1-4 所示。

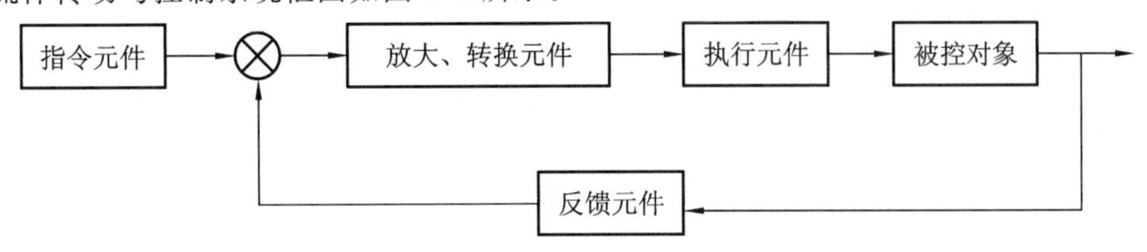

图 1-4 流体传动与控制系统框图

1.2.2 流体传动与控制系统组成

流体传动与控制系统主要由五部分组成：

(1) 传动介质 传递能量的介质，即液压油或压缩空气。

(2) 能源装置 把机械能转换成液压能的转置，一般最常见的是液压泵或气压缩机。

(3) 执行装置 把液压能转换成机械能的装置，具体指做直线运动的液压缸、做回转运动的液压马达等。

(4) 控制调节装置 控制液压系统中油液的压力、流量和流动方向，以及控制和检测执行元件位置等的装置，如单向阀、溢流阀、换向阀、节流阀、压力继电器、行程开关等，这些元件是保证液压系统正常工作不可缺少的组成部分。

(5) 辅助装置 是指除以上四项之外的其他装置，如油箱、滤油器、空气滤清器、油管等，它们可保证液压系统可靠和稳定地工作。

1.3 流体传动与控制系统的分类及组成

1.3.1 开关阀式控制技术

开关阀式液压传动与控制技术出现于20世纪40年代。这项技术采用最基本的液压元件，如液压泵、方向阀、压力阀、流量阀、液压缸或液压油马达组成液压系统，由液压缸或液压油马达驱动执行机构实现机械设备的各种运作。这种液压系统在20世纪80年代主要由继电器控制系统控制。随着微电子技术、自动控制技术和计算机技术的发展，20世纪80年代后普遍采用了PLC控制液压系统。控制系统的功能主要是控制电磁换向阀的换向，实现液压系统工况的转换。但是流量阀控制的流量和压力阀控制的压力是由人工调定的，在液压系统工作循环过程中无法通过电气控制系统改变人工调定的流量和压力。开关阀式液压传动控制技术具有系统简单、应用简便、工作可靠、成本低廉等优点，因此在大功率或要求运动平稳的各行各业的生产机械中应用十分广泛；但其控制精度不如其他液压控制系统的好，而且在系统工作过程中不能改变由人工调定的流量和压力。

1.3.2 电液比例控制技术

电液比例控制技术是指流体传动与控制的系统输出量(如压力、流量、位移、速度、加速度、力、力矩等)随输入电流成比例连续变化的一种模拟量控制技术。电液比例控制技术的发展仅有30年左右的时间，作为联系现代微电子技术和大功率机械设备之间的桥梁，已成为机电一体化的重要内容，是现代控制工程的基本技术构成之一。

尽管工程实践中电液比例控制系统可实现的功能繁多，但其结构基本包括指令放大器件、电-机械转换器件、液压转换及放大器、液压执行元件、控制元件、测量及反馈器件、液压动力元件。

电液比例控制系统有如下优点：

(1) 兼备了电气或电子系统的快速性、灵活性和液压技术输出功率大的双重优势，控制性能好，传动能力强。

(2) 连续、按比例地实现流量、压力、方向三者之间的重复控制功能，便于计算机控制。利用先进的现场总线技术，实现系统的智能化。

(3) 简化了系统回路，减少或避免液压系统的泄漏，节省能耗。

(4) 便于建立故障诊断的专家系统，易于维护。

与开关控制技术相比，电液比例控制技术也存在着明显的缺点：其技术实现复杂，与伺服系统相比，控制精度低、响应慢，组成的闭环系统易出现不稳定状态。

1.3.3 电液伺服控制技术

电液伺服技术是 20 世纪 50 年代末发展起来的一种电液控制技术。它由电气控制装置、电气伺服阀及伺服液压缸组成，用来控制执行机构的直线位移、角位移或力，使其自动地、连续地、精确地复现输入电流或者电压的变化规律。由于点检测器的多样性，因此可以组成很多物理量的闭环控制系统。最常见的是电液位置伺服系统、电液速度控制系统和电液力/压力控制系统。

在电液伺服控制系统中，伺服阀是系统的核心元件，它的功能是将电气信号（电压、电流）变成液压信号（压力、流量），既起到电气信号与液压信号间的转换作用，又起到放大信号作用，因此其性能对系统的特性影响特别大。电液伺服控制系统作为液压技术的一个重要分支和控制领域的重要组成部分，与其他系统相比，具有结构紧凑、功重比（功率重量比）大、响应快、抗干扰能力强、输出功率大、误差小、精度高、低速平稳、调速方位宽且自身可起冷却润滑作用、安全防爆的优点，因此在航空航天、冶金、交通、工程机械等领域，特别是在重载、大功率领域得到了广泛的应用。但其也有明显的缺点：容易受负载、系统压力、油温等的影响，系统参数易变，对液压油的清洁度要求非常高，且价格昂贵。

1.3.4 电液数字控制技术

用数字信号直接控制的液压阀称为数字阀。数字阀种类繁多，有数字换向阀、数字流量阀、数字压力阀和脉冲数字液压缸等。用计算机或单片机对以数字阀为核心的电液控制系统进行实时控制称之为电液数字控制系统。

电液数字控制系统主要由控制器、数字阀、执行元件、检测元件及信号放大和转换等几个部分构成。

系统控制器为一台 PC 机或单片机系统，通过对检测元件采集信号的处理及运算产生控制信号，经阀控制器调制方法，输出一定频率和频宽的电压、电流脉冲信号，数字阀接受驱动信号后，移动或者转动液压阀芯，并根据脉冲频率或者频宽对阀的开度进行控制，输出相应的流量和压力或者压力油的通路。对控制精度要求不高的系统一般采用开环控制；对控制精度要求较高时，采用图 1-5 所示的闭环控制系统。

电液数字控制的特点是：数字阀直接从计算机的 I/O 接口接收脉冲信号，不需要 D/A 转换，结构简单，工作可靠；输出量由脉冲频率或者宽度调节控制，准确可靠、抗干扰能力强，而且滞环小、重复精度高。

随着数字技术及计算机技术的发展，液压技术与计算机技术越来越多地结合在一起。如今已经有公司研制出多种性能先进的数字油缸，利用极为巧妙的结构设计，几乎将液压技术的所有功能集于一身，且与专门研制的智能型可编程数字控制器配合，高精度地完成了液压油缸

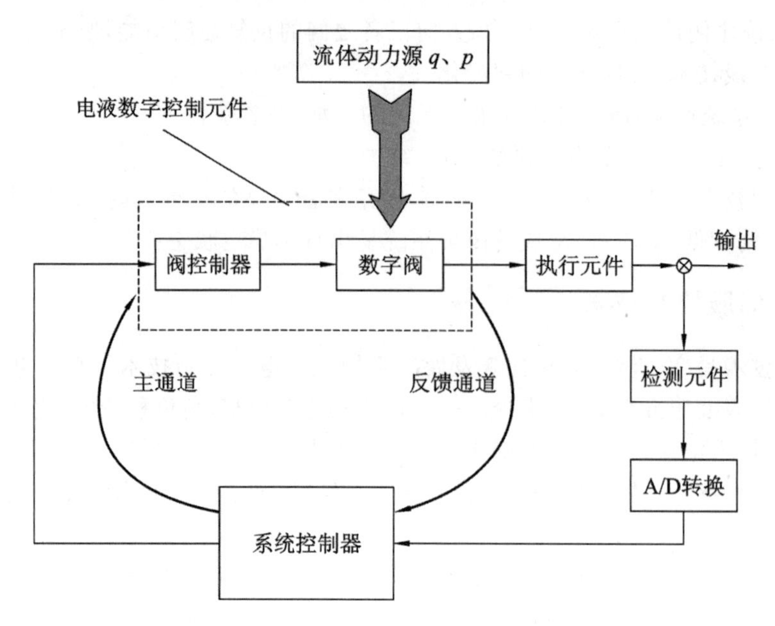

图 1-5 典型电液数字控制系统的方框图

的方向控制、速度控制和位置控制，是集计算机技术、微电子技术、传感技术、机械技术和液压油技术为一身的高科技产品，是用专用控制器和数字油缸组合构成基础级智能化的多功能数字液压系统，无须任何液压元件，只需恒压油源，接通压油口和回油口即可构成任何功能的液压系统。可以用传统的可编程控制器(PLC)对数字油缸进行编程控制，其控制方法与传统的伺服控制完全相同，只是驱动阀芯运动部分采用数字开环控制。

1.4 流体传动与控制系统的优缺点

1.4.1 流体传动与控制系统的优点

(1) 能在运行过程中进行无级调速，操作方便，而且流体传动与控制系统的调速范围比较大，低速性能好。液压传动可以在比较大的调速范围内实现无级调速，调速比可达 100∶1～2000∶1；多作用内曲线液压马达可在 0.5～1 r/min 的转速下平稳运转，单作用静力平衡液压马达的最低转速小于 5 r/min。采用普通电力传动虽可实现无级调速，但调速范围小得多，且低速时不稳定。

(2) 在同等功率的情况下，流体传动与控制系统装置的体积小、质量轻、惯性小，而且能传递大的力或力矩；相同功率下的液压泵或液压马达的功重比要比电机的大十倍，而外形尺寸只有电机的 12%左右。例如，一般发电机和电动机的功重比约为 165 W/kg，而液压泵和液压马达的可达 1650 W/kg，在航空航天领域及高性能机器人领域中应用的液压元件功重比更高。流体传动与控制系统装置启动、制动迅速，例如，启动一个中等功率的电动机需要 1 s 或更长时间，而启动同等功率的液压马达只需 0.1 s 左右。所以，利用流体传动与控制系统易于实现平稳的起、停、变换或换向。

液压缸单位面积的输出力及力-质量比分别可达 700～3000 N/cm^2 及 13000 N/kg，而直线式电动机的则分别为 30 N/cm^2 及 130 N/kg，两者相差近百倍。一般液压马达的转矩-转动惯量比是同容积电动机的 10～20 倍。转矩-转动惯量比较大，就意味着液压系统能产生大的加速度，也就是时间常数小、响应速度快，具有良好的动态品质。

(3) 流体传动与控制系统工作平稳、反应快、冲击小，能高速启动、制动和换向，且换向频率高。

(4) 控制和调节比较简单，操作比较方便，易于实现自动化。例如，与电气控制配合使用，更能实现复杂的动作循环和远程控制。

(5) 流体传动与控制系统易于实现过载保护，还能实现自润滑，因此寿命较长。

(6) 元件实现了系列化、标准化和通用化，且布置灵活，故易于设计、制造和推广使用。

(7) 由于功率损失等原因所产生的热量可由介质带走，从而避免了某些部位发生过度升温现象。

1.4.2 流体传动与控制系统的缺点

(1) 流体传动与控制系统将液体作为工作介质，在液压元件中相对运动的摩擦副之间无法避免泄漏，再加上液体的可压缩性及管路弹性变形等原因，难以实现严格的传动比。油液泄漏将造成环境污染、资源浪费，油液燃烧可能导致重大事故。由于无法避免的泄漏和可压缩性(尤其是气体)，故不能保证严格的传动比。

(2) 传动效率低。流体传动与控制系统中的能量要经过两次转换，在能量转换及传递过程中存在机械摩擦损失、压力损失及泄漏损失，加之对液压系统能量利用不合理等原因，使液压传动的效率偏低。

(3) 流体传动与控制系统的工作可靠性目前不如电力传动和机械传动。其主要原因是工作中液压元件的摩擦副承受很大的比压和相对运动速度，很容易导致磨损失效。特别是当工作介质污染严重时，会使磨损加剧，甚至堵塞控制通道，使寿命和可靠性降低。

(4) 流体传动与控制系统对油温和负载的变化都比较敏感，不宜在低温或高温条件下运行，并要求有较好的过滤设施。

(5) 流体传动与控制系统要求有单独的能源，对元件的制造要求较高。

(6) 流体传动与控制系统各种元件、附件及工作介质均在封闭的系统内工作，其故障征兆难以被及时发现，故障原因较难确定。

流体传动在现代化生产中有着广阔的发展前景，应该扬长避短，合理地予以应用。

1.5 流体传动与控制系统的典型应用

1.5.1 锻造液压机

锻造液压机是机械制造业的一种基础设备，广泛应用于塑性加工领域。作为一个国家大型装备制造能力的重要标志，大型锻造液压机被工业发达国家和新兴工业国家列为国民经济的支柱产业。研发大型锻造液压机，形成大锻件生产基地，对于我国工业的迅速发展和国家的安全具有重大意义(图 1-6)。

锻件经过锻造，能够改善其微观组织结构，提高机械性能，在生产率、金属材料利用率、产

图 1-6 大型锻造液压机

品的机械性能等重要经济指标方面，均比机械切削加工、铸造和焊接工艺占有优势。锻造液压机是一种利用液体压力来传递能量，以实现各种压力加工工艺的机床，主要应用于金属薄板件的冲压拉伸成型、金属机械零件的压力成型、粉末制品行业和非金属材料的压制成型等领域。随着工业的发展和社会的进步，大型液压机得到了广泛的应用，尤其在航空航天、汽车、船舶等领域的应用日趋广泛。为了满足这些重要领域对大型锻件日益增长的需求，大型液压机的开发、研制已成为我国势在必行的攻关项目和重机行业普遍关注的焦点。

锻造液压机由两部分组成，包括锻造液压机组和锻造液压机机架。典型的现代液压机组包括液压机、一台或两台有轨锻造操作机、液压系统、送料回转小车、升降回转台、电控系统、操作监控系统等。目前，应用较多的液压机机架为梁柱组合式上传动机架、整体框架下拉式机架、预应力多拉杆机架等。锻造液压机换向频率高、冲击负载大，要求液压机机架有足够的刚度以及连续生产的高作业率和较长使用寿命。

液压机的工作介质主要有两种：采用乳化液的一般称为水压机，采用油的称为油压机，二者统称为液压机。下面主要介绍油压机的具体情况。

泵-蓄势器传动的水压机和高压油泵直传的油压机成为锻造液压机的两大主流液压系统。油泵直传系统具有以下特点：

(1) 液压机活动横梁的工作行程速度取决于泵的供液量，与工艺过程中工件的变形抗力无关。

(2) 液压系统传递效率高。泵的供液压力和消耗功率取决于加工工件的变形阻力。

(3) 若选用高压定量泵，由于电机的装机功率是按液压机的最大功率选定，致使整个工作循环内电动机功率不能被充分利用。

(4) 基本投资少、占地面积小，日常维护简单。

20 世纪 70 年代，锻造油压机广泛采用新型的液压控制元件——二通插装阀控制，其通流能力大、响应快、抗污染能力强、工作可靠、高度集成等优点逐渐被锻造油压机系统采用，并根据油压机工作特点逐步形成专用的插装阀体系。70 年代末期到 80 年代，油压机系统是以三级插装阀为主的开关型阀控系统，如图 1-7 所示。三级插装阀响应快、换向冲击小，提高了油压机快锻次数，减小了冲击。但是该系统属于开关控制模式，压力冲击是不可避免的，而且三级插装阀结构复杂，难以调试，因此故障检查困难。20 世纪 80 年代，比例技术开始与插装阀相结合，开发出各种不同功能和规格的二通、三通比例插装阀，到了 90 年代后期，电液比例插装阀开始应用于国外的快锻油压机上。电液比例插装阀不仅流量大、响应快，而且具有一定的抗污染能力。近些年，国内研发的现代化程度高的快锻油压机也开始采用大通径比例插装阀，用来提高油压机的快锻速度、精度和自动化水平。但是，比例插装阀主要采用国外元件，价格昂贵且供货周期长。

图 1-7 锻造液压机地下动力泵站

1.5.2 锻造操作机

近年来，随着国家宏观经济政策的调控，电力、石油化工、航运等行业迅速崛起，带动了装备制造行业的快速发展，市场对清洁环保能源的推崇促使锻造行业对风电锻件、核电锻件等新产品的需求不断增加，锻造产品越来越向大型化、高精度、高技术含量的方向发展。

锻造操作机是现代锻造系统的重要设备，是实现锻造工艺的可重复性、提高锻件精度必不可少的装置。随着锻造行业的发展，锻造设备的装配水平日趋先进，锻造操作机替代老式锻造行车并与液压机联动已成为锻造行业发展的必然趋势。

近年来，我国对锻造操作机的研究主要集中在高校及部分科研院所，包括上海交通大学、中南大学、清华大学、燕山大学、东北大学、华中科技大学、太原科技大学以及兰州兰石重工新技术有限公司、中国重型机械研究院等。上海交通大学高峰等人主要对锻造操作机的机构构型进行设计与研究，提出了基于 GF 集的锻造操作机的构型方法及其构型法则，构造出一系列新型锻造操作机；王皓等人对锻造缓冲过程中操作机的顺应能力进行了研究；张普等人针对锻造工况提出了一种平面二自由度并联机构作为锻件变形抗力模拟装置，并进行了设计和仿真研究；中南大学李群明等人主要对锻造操作机重载夹持机构进行研究，提出了夹持机构反作用力响应盲区概念；清华大学王立平等人利用 Buckingham 的 π 定理，设计了一种大型锻造操作机的比例仿真模型；东北大学任云鹏等人采用空间梁单元建立了操作机机械系统有限元动力学模型，并对操作机的主要零部件进行了模态匹配分析；太原科技大学巨鹏飞等人在锻造操作机典型运动的动态分析和精度控制方面进行了研究。

燕山大学是较早研究锻造操作机的高校之一，早在 1962 年就研制了一台 2 t 重的操作机，安装在齐齐哈尔车辆厂，与 6.3 MN 车轴锻造水压机配套使用。1978 年，苏升贵等人与第一重型机器厂合作并成功研制了工具操作机，并与125 MN自由锻造水压机配套使用，实现了锻造工具操作的机械化，它是我国万吨级以上水压机使用的第一台工具操作机。近年来，燕山大学孔祥东、赵永生等人，均针对锻造操作机机构进行了相关研究。

综上所述，我国锻造操作机的技术水平与国外相比存在一定差距，主要表现在锻造操作机机构构型、大型锻造操作机的整机设计、锻造操作机与液压机联动控制以及程序锻造技术（图1-8）。目前，国内对锻造操作机的研究主要集中在操作机的基础理论、构型设计以及优化等方面，并取得了一定的研究成果，但对操作机液压控制系统方面的研究相对较少，其结果将影响国内锻造操作机的整体研发水平。

图1-8　部分国内锻造操作机

锻造操作机液压系统通常采用液压油作为工作介质，利用液压泵将电动机输出的机械能转变为液压能并进行传送，最后通过液压缸和马达等执行元件将液压能转化为操作机的机械能，进而实现各种动作和功能要求。液压式锻造操作机的传动方式分为油泵直接传动和油泵蓄势器传动两种。早期的液压锻造操作机承载能力小，操作机的动作少，仅有钳口松夹、大车行走和夹钳旋转等少数几个动作，液压系统采用油泵直接传动方式。油泵直传系统中操作机执行机构的速度取决于液压泵的排量，随着锻造操作机承载能力的提高和动作功能的不断完善，执行机构动作需要的流量不断增大，若继续采用油泵直接传动方式设计操作机液压系统，将会导致系统的装机功率巨大，油泵直接传动方式受到局限。目前，国外DDS公司、SMS-MEER公司设计的大中型锻造操作机液压系统采用的油泵蓄势器传动方式，具有以下特点：

（1）油泵蓄势器站是一个高压油源，执行机构在较短的时间内可以建立起较高的压力，操作机动作迅速；

（2）液压泵的总流量通常小于操作机执行机构动作在同一时期内最大可能重叠概率所消耗的流量总和，液压系统装机功率小；

（3）蓄势器可以安装在车体上的任意位置，安装空间要求低、操作机结构紧凑。

1.5.3　液压型风力发电机组

我国海岸线长，风能资源十分丰富，陆地加海上的总的风能可开发量有1000～1500 GW，风能是未来能源结构中重要组成部分的资源基础。与其他国家相比，我国的风能资源与美国接近，远远高于印度、德国等风能资源较丰富的国家。

除了目前常见的风力发电机组，如笼型异步发电机、双馈异步发电机、永磁同步发电机，各国研究人员从提高风力发电机组的效率和可靠性、降低大型发电机的制造难度等角度出发，提出了其他一些具有商业化潜力的风力发电机，如开关磁阻发电机、无刷双馈感应发电机、爪极式发电机、高压发电机、定子双绕组异步发电机、横向磁通永磁发电机、双凸极发电机、电气无极变速器、全永磁悬浮发电机等。虽然这些新型的风力发电机组各有优点，但是始终没有彻底摆脱齿轮箱和庞大的整流逆变装置。所以，一种完全摒弃齿轮箱、永磁同步发电机和整流逆变装置的新型风力发电机机型应运而生——液压型风力发电机。

液压型风力发电机组主传动系统如图1-9所示，主要包括风力机、定量泵-变量马达液压传动控制系统、励磁同步发电机和发电控制系统等。

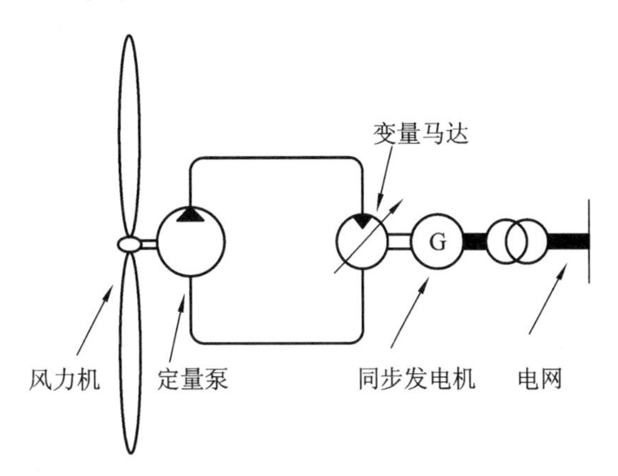

图 1-9 液压传动式风力发电机基本结构

风力机先将风能转换成机械能，机械能推动液压泵，由液压泵转换成液压能。流体能量被传递后，液压能传输到变量马达处，推动变量马达转换成机械能，变量马达驱动励磁同步发电机将液压能转换成电能。采用定量泵-变量马达容积调速系统作为主传动系统，通过改变变量马达的排量来实现液压传动比实时可调，控制发电机工作于同步转速，实现了将励磁同步发电机应用于风电领域这一目标。

液压型风力发电机组采用同步发电机，要求调速系统能够实现发电机准同期并入电网和发电机工作于同步转速的要求。由于风力机转速随风速变化，所以定量泵-变量马达调速系统需要实现变转速输入-恒转速输出控制。由于定量泵-变量马达传动系统只有一个控制变量——变量马达排量，所以在发电机以准同期方式并入电网后，需要通过改变变量马达排量来实现发电功率控制，在发电功率控制的基础上实现最优功率追踪控制。基于以上分析，液压型风力发电机组定量泵-变量马达调速系统的控制要求有：变转速输入-恒转速输出控制、发电机并入电网后功率控制、以最优功率追踪为目的的风力机转速主动控制。

液压型风力发电机组作为新一代风力发电装备已得到广泛的关注，与传统机型相比，其系统优点为：

(1) 选用双叶片泵机型，风力机旋转速度高，与传统机型相比，在输出功率相等时，液压型风力发电机组负载转矩更低。

(2) 采用液压系统传动形式，实现传动比实时可调，系统灵活性较高，且可实现柔性控制，可抑制风速波动对电能质量的影响。

(3) 实现励磁同步发电机在风力发电机组领域的使用，以准同期方式接入电网，省去变频逆变设备，降低对电网的冲击，无谐波，可根据电网的需求调整功率因数，相应发出有功功率和无功功率。励磁同步发电机具有较强的低电压穿越能力，无须增加硬件设备。

(4) 省去齿轮箱、逆变器和箱式变压器，减少功率损耗，大大减小风力发电机组的质量，降低装机成本，能很好地适应陆地和海上风力发电机组的需求。

1.5.4 液压驱动型四足机器人

在自然界中，大多数哺乳类动物采用腿足式的移动方式，几乎可以到达地面上的任何地方，在运动的灵活性、流畅性，环境的适应性，能量的高效利用以及负重等方面具有巨大的优势。例如，羚羊具有较强的环境适应性，可以在悬崖峭壁上自如行走；猎豹具有较快的奔跑速度，可以在高速运动过程中快速调整自身的步态和运动方式；马、骡具有较好的负重能力，在古代一直是货物运输的主要工具。因此，基于动物仿生原理，构造具有四足哺乳动物特征的四足仿生机器人，具有广泛的应用前景，比如：(1)复杂地形环境下的物质运输；(2)反恐装备；(3)野外勘探和探险；(4)星球探测；(5)农业生产；(6)娱乐、休闲产品；(7)人工智能和先进仿生机器人研究平台等。

目前，轮式和履带式移动方式仍是机器人、各种车辆、移动式设备等首选的移动方式，但腿足式移动方式由于其对环境的极强适应性，受到越来越多的关注。构造具有四足哺乳动物的优良特性(环境适应性、高动态特性、大负载能力等)的四足仿生机器人，并将其应用于人类不能到达的危险性区域和复杂的作业环境中，一直是机器人领域研究的重要课题(图 1-10)。

图 1-10　具有代表性的四足仿生机器人

四足仿生机器人通常有电驱动、气动驱动和液压驱动三种方式。电驱动装置具有成熟的技术和低廉的价格，是机器人领域最常用的驱动方式，但是它的很多部件都容易磨损，具有较小的功率密度比。基于电驱动方式构造的四足仿生机器人一般负载较小，或者基本无负载能力。气动驱动装置除了采用压缩空气来取代液压油提供压力外，其他的和液压驱动装置完全相同。气动系统的响应速度很快，但是空气的可压缩性也意味着系统不可能实现对位置的精确控制。液压驱动装置是通过工作在大约 21 MPa(有些系统最高可以达到 70 MPa)的高压密封液压油来进行驱动的，从而使得液压驱动装置具有很大的功率密度比、高带宽、快速响应和一定程度上的柔顺性等特性。由于液压驱动的特性非常适合于具有高动态特性的足式机器人，随着性能指标的提高，液压驱动技术在一些中小功率的机械设备和移动机器人上获得了越来越多的应用，很多科研人员开发出了一些具有高动态特性和高负载能力的基于液压驱动的四足仿生机器人。

最近几年，为了研发具有高动态特性、大负载能力和较强环境适应性的四足仿生机器人，液压驱动方式又引起了研究者的兴趣，特别是在波士顿动力公司陆续研制出两代液压驱动的、具有高动态特性、大负载能力和较强环境适应性的四足仿生机器人后，其他国家或公司也纷纷研制出多台机器人样机，如韩国研制的液压马达驱动的四足仿生机器人，山东大学研发的Scalf四足仿生机器人等。2012年3月，BDI推出了世界上奔跑速度最快的Cheetah液压驱动四足仿生机器人样机，其运动速度创纪录地达到了29 km/h。

液压驱动技术的发展趋势是小型化、轻量化、高带宽、高动态性、机电液高度集成、数字驱动，并易于接入各种自动控制系统。随着液压驱动技术的进步，液压驱动方式已逐渐应用于四足仿生机器人平台的研发，与电驱动系统相比，液压伺服驱动系统有如下优点：

(1) 功重比大，机器人负重能力强；

(2) 添加燃料方便，续航能力强；

(3) 更快速的动态响应能力，有利于机器人的稳定；

(4) 更好的速度刚性，其动态特性受负载变化的影响小；

(5) 关节驱动功率分配更方便，可以将系统驱动功率在短时间内集中提供给指定关节，满足机器人特殊驱动的要求；

(6) 液压缸布置容易，使机器人腿部结构更加简单、紧凑。

1.5.5 冷轧机液压AGC系统

21世纪，钢铁工业逐步发展，其中一个显著特点就是钢材市场的竞争越来越激烈，竞争的焦点主要集中在钢材的质量和成本上。随着使用钢材的相关企业实现并迅速发展了连续化及自动化的作业方式，它们对钢材的要求也越来越高，不仅对钢材的性能提出了要求，而且还对钢材的尺寸精度提出了更高的要求。随着经济的发展，各行各业尤其是制造业对板带材的质量要求越来越高。板带材产品的质量指标主要是指板厚精度和板型精度，对于板带钢，其外形尺寸包括厚度、宽度、板凸度、板型、平面形状等，在这些指标中，板厚精度占有重要地位，是各国专家学者关注的重点。厚度自动控制(Automatic Gauge Control，简称AGC)是控制板厚精度的重要手段，是现代板带制造行业的重要组成部分。

液压AGC能更好地与现代高速化轧机相适应，具体特点如下：

(1) 快速响应性好，调整精度高；

(2) 液压AGC过载保护简单、可靠；

(3) 采用的液压压下系统可根据工艺要求和轧机当量刚度，实现轧机控制从“恒辊缝”到“恒压力”的过渡；

(4) 在大功率控制系统中，液压AGC的质量小、体积小、工作平稳。由于这些优点，现代轧机板厚控制普遍采用液压AGC系统，并与计算机技术相结合，使这一阶段的板厚控制技术得到了快速发展。

轧机板厚控制技术向着大型化、高速化、连续化的方向发展，并且厚度控制高度融入了基础自动化技术和计算机网络控制自动化技术。一方面积极采用最新控制手段，逐步提高板带材性能指标；另一方面采用智能技术，实现系统的多样性和实用性。这两个方面相互补充，实现了板带控制的智能自动化先进水平。这一阶段的主要目标是提高板厚精度并实现连续化生产。总之，通过设定计算机控制系统为较高精度，不断地改进轧机液压AGC系统的设定，最终达到符合标准的板厚精度。

目前，板厚控制技术由原来的粗控逐步达到了现在的精细控制，产品品质有了很大的提高。该技术经历了手动压下的板厚调节、电动压下的板厚调节、电动双压下系统的板厚调节、电液双压下系统的板厚调节、全液压压下的板厚调节五个阶段。现在厚度自动控制技术的研究方向就是把已经拥有的液压 AGC 方法整合，优势互补、劣势相消，形成一套最优的组合方案。为了达到更好的轧制厚度控制效果，将直接或间接影响板厚的系统进行综合考虑，构成 AGC 系统。通常从调整压下、调整张力和调整轧制速度这三个方面来提高板厚控制技术，具体介绍如下。

(1) 调整压下

调整压下是通过调整液压缸伸出的长度来改变空载辊缝的大小，从而消除厚度误差。调整压下的方法包括前馈式、秒流量液压式、厚度计式、测厚仪直接反馈式等厚度自动控制方法。

(2) 调整张力

在连轧机或可逆式板带轧机上，可以通过改变前后张力来改变轧件塑性变形线的斜率来进行厚度控制。与电动压下厚度控制相比，反应速度快，并且易于稳定，可使得厚度控制更加精确。为了防止拉窄和拉断轧件，对于热轧带材和冷轧较薄的带材，张力变化范围不能过大。这种方法普遍用于冷轧，一般情况下不用于热轧，张力微调有时用于末架。在冷轧过程中，通常采用压下和张力联合的控制策略。在厚度偏差较小的情况下，在张力允许范围内，一般采用张力微调；在厚度偏差较大的情况下，则采用调整压下进行厚控。

(3) 调整轧制速度

通过调整轧制速度来调整轧制张力、摩擦系数、温度、金属变形抗力等，从而改变轧件塑性曲线，达到厚度控制的目的。在实际轧制过程中，每道次的轧制速度基本都是根据工艺确定的，这种控制方式在轧制过程中一般很少使用。

我国自行研制的液压 AGC 系统在轧制线上也得到了成功应用。2003 年，鞍钢 1700 连铸连轧(ASP)精轧机组液压 AGC 的改造过程中，在原有的六架精轧机组液压 AGC 的基础上，依靠自行力量设计、研发了响应速度更快、精度更高的液压自动厚度控制系统。设备在调试投产后，各种性能指标均达到了世界同行业先进水平。但是，与世界先进 AGC 系统相比还有一定的差距，许多理论问题和先进的控制思想还需进一步消化吸收。

1.6 流体传动与控制系统数字化设计概述

1.6.1 数字化设计概念

随着信息技术和通信技术的发展，数字化时代即将到来。数字化技术是指利用计算机软硬件及网络、通信技术，对描述的对象进行数字定义、建模、存储、处理、传递、分析、综合优化，从而达到精确描述和科学决策的过程和方法。数字化技术具有描述精度高，可编程，传递迅速，便于存储、转换和集成等特点，为各个领域的科技进步和创新提供了崭新的工具。

数字化设计是将数字化技术应用于产品设计领域，通过基于产品描述的数字化平台，建立数字化产品模型并在产品开发过程中应用，达到减少或避免使用实物模型的一种产品开发技术。近年来，数字化设计的应用范围不断扩大，已逐渐成为各行业产品设计的主流技术和核心技术。目前，制造业正朝着精密化、自动化、集成化、虚拟化、网络化、全球化等几个重要方向发展，无一不与数字化设计技术的发展密切相关。因此，面对日益激烈的全球化竞争，必须重视数字化设计技术在我国的形成和发展。

数字化设计有以下两个显著优点：

(1) 减少设计过程中实物模型的制造。传统设计在产品研制过程中需经过反复多次的"样机生产—样机测试—修改设计"的过程。这不仅耗费物力、财力，还使得产品研制周期延长。数字化设计在制造物理样机之前，针对数字化模型进行仿真分析与测试，可排除某些不合理的设计。

(2) 易于实现设计的并行化。相对于传统设计过程的串行化，数字化设计可以让一项设计工作由多个设计队伍在不同的地域分头并行、共同装配，这在提高产品设计质量与速度方面具有重要的意义。

1.6.2 数字化设计与流体传动和控制系统的关联

进入21世纪以来，随着计算机技术发展以及各种软件的开发，流体传动与控制系统的设计、测试、维修等方面越来越离不开数字化设计。在流体传动与控制方面，数字化设计可归纳为三个方面：构型设计、性能优化设计及网络互动设计。

(1) 构型设计

计算机辅助设计(Computer Aided Design，简称CAD)在近20年来得到飞速发展。CAD大大地提高了计算及绘图的效率。在绘图方面，从系统图、装配图到整个外貌图都可用计算机软件绘出。利用新一代的面向对象的(O-OP)绘图软件可在计算机上演示超过六面的滑阀块立体图，自动检查内部管道是否相交，管道间壁厚度是否足够，设计是否优化等，正朝着智能设计发展。对系统设计来说，除能方便地根据设计要求绘出系统图外，还能演示在系统各种不同参数时输出的动态特性，检查各种控制策略的效果，加/减速液压冲击，以便选择合理的系统参数。虚拟测试(Virtual Measurement)是一种高级的仿真技术，例如借助流体力学及有限元法等理论，在阀门的第一个金属零件加工前，设计者能通过该方法来预测阀门的流体力学特性，如阀腔、流道的压力场及流速场。

(2) 性能优化设计

软件的不断发展促使了软测量、软计算以及进一步的虚拟生产过程或虚拟控制系统的出现。软测量(Soft-sensing)是根据某种最优准则，选择一组既与主导变量(难以直接测到)有密切联系，又容易测得的所谓辅助变量，通过专门的计算机软件估计出主导变量。如通过一段管道的压力动态传播特性测量管道流量。软计算(Soft-computing)是一种不很精确的、不确定的、部分真实的冗错计算，这里要用到模糊逻辑、概率推理、神经网络和遗传算法。虚拟控制系统(Virtual Control Systems)是考虑到被控系统的各种控制目标、制约条件，在计算机上用软件建立虚拟全被控系统，用离线指导与在线闭环控制的方法进行工作。

(3) 网络互动设计

网络技术的发展促使传统的管理信息系统(Management Information system，简称MIS)进行大的变革。在传统的MIS网络中，信息一般是单向流动的，人处在被动执行地位，用内联网通信是双向交流机制，如每个企业内部成员都可以在内联网上表达想法，建议在软件上引入内联网的通信标准和万维网内容标准(Web技术、浏览器、页面、检索工具和超文本链接)，在设计生产、调度、销售过程中，通过内联网的信息流通方式，如电子函件、电子公告板、FTP、生产部门、设计部门、销售部门、管理决策部门等各部门之间，可以方便地交流生产信息、设计信息、管理信息、财经数据等，为企业内部提供信息共享环境。

CAD/CAM 亦要在内联网上运行，并与 MIS 系统相结合。用户要求和设计信息可传给设计部门，设计结果通过网络传达到相应的生产部门及其他机构，可以在网上针对出现的问题交流看法和提出建议，最终实现整个产品设计与生产设计过程的无纸化、文件的电子化。CAD/CAM 的进一步发展就是虚拟制造技术，液压件的生产甚至可以在国际上联网生产。

总之，流体传动与控制系统和数字化设计相结合，大大促进了流体传动与控制系统的发展。

1.7 流体传动与控制系统数字化设计方法及典型分析工具

流体传动与控制系统的复杂性，给研究带来了很大的困难，因此，我们常常需要用到 MATLAB/Simulink、ADAMS、AMESim、LabVIEW、FLUENT 等软件。

1.7.1 MATLAB/Simulink 软件简介

MATLAB 语言是 20 世纪 80 年代中期美国 Math Works 公司推出的高性能数值计算软件，它是一种用于科学工程计算的高效率高级语言，它在一般数值计算、数字信号处理、系统识别、自动控制、时序分析与建模、优化设计、动态仿真学等方面表现出一般高级语言难以比拟的优势。其强大的矩阵运算能力和完美的图形可视化功能，使得它成为国际控制界应用最广范的首选计算机工具。MATLAB 将矩阵运算、图形处理、数值分析、编程技术集合在一起，为使用者提供了解决工程问题的程序设计工具。MATLAB 是系统仿真使用最为广泛，也是最为成熟的软件。

Simulink 是 MATLAB 最重要的组件之一，它提供一个动态系统建模、仿真和综合分析的集成环境。在该环境中，无须大量书写程序，只需要通过简单直观的鼠标操作，就可构造出复杂的系统。Simulink 具有适应面广、结构和流程清晰及仿真精细、贴近实际、效率高、灵活等优点，因此被广泛应用于控制理论和数字信号处理的复杂仿真和设计。同时有大量的第三方软件和硬件可应用于或被要求应用于 Simulink。Simulink 可以对动态系统进行建模、仿真，并输出直观的图形界面，并且可以用于离散、连续和混合的系统仿真，还可以完成多种采样数据的系统仿真，因此 Simulink 广泛用于数字信号处理和控制理论等系统的设计和仿真。Simulink 提供了丰富的模块库，其中包含连续模块、非连续模块和离散模块。进行仿真试验时我们只需要在模块库中提取需要的标准模块，拷贝到 Simulink 的工作界面中，拖动鼠标就可以将各个元件连接起来，形成一个完整的仿真动态结构图，并将各个环节按照特定方法设定参数，使各个模块与实际系统控制相符合，通过接收器模块使仿真呈现试验一般的图形化显示效果。对于较大的系统可以分割模型，将系统分为从高级到低级几个层次，每层又分为几个小部分，将各个小部分完成系统建模后再通过特定方法连接成一个整体的总模型。这个功能可以使我们更方便地组织系统，帮助我们完成试验仿真。Simulink 最大的优点是在仿真的时候可以通过分析诊断工具来检查模型中是否存在错误，以确保仿真输出正确的试验数据，为理论试验提供了方便。

模块库中的标准模块虽然为仿真提供了很大的便利，但使用 MATLAB 开发的应用程序，一旦涉及 Windows 图形用户界面及输出界面可视化时，便不能形成独立于 MATLAB 平台的可执行程序，这是 MATLAB 平台的局限性。因此，人们利用 VB、VC＋＋等软件结合 MATLAB 来实现动态数据的交换，完成系统的仿真模拟。在流体传动与控制系统的仿真中，采用 MATLAB 包含的 Simulink 模块在 Simulink 界面中，用户只需调用图形化的模块，就可以完成建模、对模型的调试和仿真。运用 Simulink 进行仿真的主要步骤为：

(1) 分析仿真对象，并且建立相应的数学模型；

(2) 在 Simulink 中找到与数学模型相对应的模块模型；

(3) 设置各模块模型中的参数和仿真环境参数；

(4) 联合各个模块进行仿真，观察结果，再调整仿真模块中的参数，直至仿真完成，并记录仿真结果。

1.7.2 FLUENT 软件简介

CFD 商业软件 FLUENT 是通用 CFD 软件包，用来模拟从不可压缩到高度可压缩范围内的复杂流动。由于采用了多种求解方法和多重网格加速收敛技术，因而 FLUENT 能够达到最佳的求解精度和收敛速度。灵活的非结构化网格和基于解的自适应网格技术及成熟的物理模型，使得 FLUENT 在转换与湍流、动/变形网格、传热与相变、多相流、化学反应与燃烧、材料加工、旋转机械、燃料电池、噪声等方面具有广泛的应用。FLUENT 软件有如下优点：

(1) 稳定性好。FLUENT 经过大量算例考核，计算结果同试验符合较好。

(2) 适用范围非常广。FLUENT 软件包含了几乎所有与流体相关的领域。

(3) 精度较高，可以使用二阶精度对问题进行求解。此外，FLUENT 还具有以下特点：(a)功能很强大，适用面非常广泛；(b)有污染物生成模型；(c)效率高，省时。

FLUENT 软件包包括以下几个软件：

(1) FLUENT 求解器，它是 FLUENT 软件的核心，所有的计算都是在这里完成的。

(2) prePDF FLUENT 用于 PDF 模型计算燃烧过程的预处理软件。

(3) GAMBIT，主要功能是几何建模和网格划分。

(4) TGRID，用于从表面网格生成空间网格的软件。

(5) 过滤器，也可以叫翻译器，它可以将其他 CAD/CAE 软件生成的网格文件变成能被 FLUENT 识别的网格文件。

1.7.3 AMESim 软件简介

AMESim 是由法国 Imagine 公司开发的多领域系统仿真集成平台，可以创建和运行多物理场仿真模型，以分析复杂的系统特性；支持控制系统的设计，从早期的技术参数确定到子系统测试。AMESim 采用基于物理模型的图形化建模方式，为用户提供了可以直接使用的丰富的元件应用库，使用户从烦琐的数学建模中解放出来，从而专注于物理系统本身的设计。该软件主要由以下几个部分组成。

(1) AMESim

AMESim 是该软件的主要功能，能够为用户提供一个良好的建模、仿真与分析平台。在该子软件中已经存在许多元件库，用户可以根据需要提取并在 AMESim 上构建完整的系统进行仿真。

（2）AMECustom

AMECustom 是改造子模型与超级元件的工具，该款子软件可以修改子模型的外部参数，但是不能修改原始代码。个性化模型图标或者对模型参数的隐藏处理还可以起到对敏感信息加密的作用。

（3）AMERun

AMERun 是 AMESim 软件中的一款运行子软件，它主要的功能是对 AMESim 子软件中已建立的模型进行模型参数或者仿真参数修改。通过 AMERun 可以很明显地分析出不同参数对模型的影响情况。该软件有以下几个特点：

① 模型库涵盖多个领域，如机械、液动、气动、控制、动力传动等，多达 14 类，采用更易于辨认的标准 ISO 国标以及直观简单的多端口框图，便于用户建立复杂的系统。

② 提供了丰富的接口与其他软件连接，如 Adams、MATLAB、iSIGHT 等，可方便地与这些软件联合仿真。

AMESim 专门为液压系统建立了一个标准仿真模型库，如图 1-11 所示。

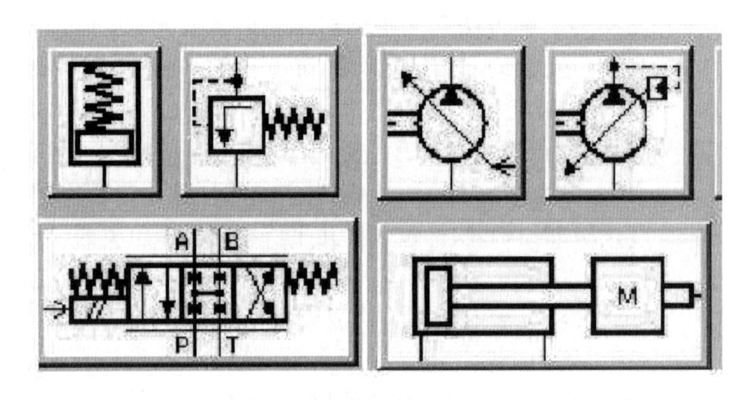

图 1-11　标准液压元件库

由于液压系统元件的多样性，标准库有时无法满足用户的所有建模要求，因此，AMESim 为用户提供了一个液压基本元件设计库 HCD（Hydraulic Component Design），用户可以利用 HCD 元件库来建立标准库中没有的液压模型，当然也可以建立标准库中已有元件的液压模型，如图 1-12 所示。

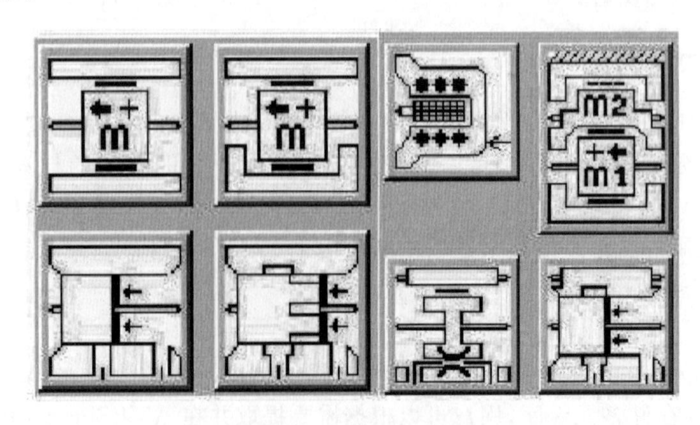

图 1-12　HCD 元件库

1.7.4 LabVIEW 软件简介

LabVIEW(Laboratory Virtual Instrument Engineering Workbench)软件是美国国家仪器公司推出的一种基于图形编程语言(G 语言)的开发环境，该软件集图形开发、调试和运行程序于一体，是第一个借助于虚拟面板用户界面和方框图建立虚拟仪器的图形程序设计系统。LabVIEW 内部集成了大量的生成图形界面的模板，如各种开关、旋钮、刻度杆、指示灯等，包含了组成一个仪器所需的主要部件，用户也能够自行设计库中没有的仪器。

G 语言是 LabVIEW 的核心，是一种适合于任何编程任务、具有扩展函数库的编程语言。和其他高级语言一样，G 语言具有定义数据类型、结构类型和模块调用语法规则等编程语言的基本要素。G 语言包含了丰富扩展函数库，主要用于数据采集、GPIB 和串行仪器控制以及数据显示、分析和存储等。G 语言也有一套调试工具，可以设置断点、单步调试、动态显示执行流程等，对程序的运行进行控制和监视。G 语言与其他语言的主要差别是编程方式的不同，传统的高级语言是用基于文本的语言去编写程序代码，而 G 语言采用图形化的编程方式。

用 LabVIEW 软件设计虚拟仪器具有许多优点：(1)采用图形化编程，使用图标表示功能模块，用图标间的连线表示各功能模块间的数据传递，降低了使用者对编程经验的要求，易学易用；(2)提供了丰富的面板控件，如按钮、开关、控制器等，可以很方便地画出虚拟仪器面板；(3)提供了许多功能强大的函数库、子程序等，还可调用 Windows 动态链接库中的函数，用户可以方便地进行各种数字信号的采集、运算、变换、分析、存储、显示等处理；(4)继承了传统语言中的结构化和模块化编程的优点，采用面向对象的编程方法，便于软件的开发和重复利用；(5)支持多种数据采集设备，如 DAQ 卡、GPIB 设备、串行口设备、VXI 仪器、工业现场总线及特殊用户的硬件板卡，便于用户迅速组建自己的应用系统；(6)支持 TCP 网络协议，网络功能强大，可遥控分布在其他微机上的虚拟仪器设备；(7)提供的调用函数库(CLF)与代码接口节点(CIN)，便于用户使用其他程序语言编写的程序，使其有更好的开放性；(8)提供了实现数据库功能开发的工具模块，便于用户存储、查询、分析、回放测试数据。

1.7.5 ADAMS 软件简介

ADAMS 软件(Automatic Dynamic Analysis of Mechanical Systems)，即机械系统动力学自动分析软件，是美国 MDI 公司开发的虚拟样机分析软件。目前，ADAMS 已经被全世界数百家主要制造商采用。ADAMS 软件使用交互式图形环境和零件库、约束库、力库，创建完全参数化的机械系统几何模型，其求解器采用多刚体系统动力学理论中的拉格朗日方程方法，建立系统动力学方程，对虚拟机械系统进行静力学、运动学和动力学分析，输出位移、速度、加速度和反作用力曲线。ADAMS 软件一方面是虚拟样机分析的应用软件，用户可以运用该软件非常方便地对虚拟机械系统进行静力学、运动学和动力学分析；另一方面，它又是虚拟样机的分析开发工具，其开放性的程序结构和多种接口，可以成为特殊行业用户进行特殊类型虚拟样机分析的二次开发工具平台。

第一篇　高集成伺服阀控缸系统数字化技术

2 高集成伺服阀控缸系统概述

伺服阀控缸系统一般主要由伺服阀和液压缸两部分组成，再加上位移传感器和力传感器就可以实现位置闭环和力闭环，从而实现对液压缸输出位移和输出力的控制。

2.1 伺服阀控缸系统的组成及各部分特点

伺服阀是电液伺服控制系统的核心控制元件，其性能直接决定和制约着整个电液伺服控制系统的控制精度、响应特性、工作可靠性及寿命，此外，伺服阀的灵敏度高、快速性好，能将很小的电信号转换成很大的液压功率，可以驱动多种类型的负载。伺服阀一般由永磁力矩马达、喷嘴、挡板、阀芯、阀套和控制腔组成。阀芯的位移量与力矩马达的输入电流成正比，作用在阀芯上的液压力与弹簧力相平衡，因此，在平衡状态下力矩马达的差动电流与阀芯的位移成正比，如果输入的电流反向，则流量也反向。

液压缸是将液压能转变为机械能的、做直线往复运动（或摆动运动）的液压执行元件，它基本上由缸筒和缸盖、活塞和活塞杆、密封装置、缓冲装置与排气装置组成。液压缸结构简单、工作可靠，可实现往复运动，可免去减速装置，并且没有传动间隙，运动平稳，因此在各种机械的液压系统中得到广泛应用。液压缸输出力与活塞有效面积及其两边的压差成正比。

本篇所讲述的高集成伺服阀控缸系统，是由喷嘴挡板伺服阀、双出杆对称伺服缸、油路连接块、力传感器及位移传感器组成，喷嘴挡板伺服阀和油路连接块集成安装在伺服缸缸体的上部（图 2-1）。伺服缸为双出杆液压缸，它与喷嘴挡板伺服阀连接处、与油路连接块连接处、靠近喷嘴挡板伺服阀一侧的缸体内等部位都设有径向流道及轴向流道，不同的流道相互连通；油路的连接块上并列开设有：水平向进/回油流道和垂直向流道；力传感器安装在伺服缸活塞杆的前端；位移传感器一端固定在与力传感器同侧的伺服缸活塞杆上，另一端固定在伺服缸缸体上。

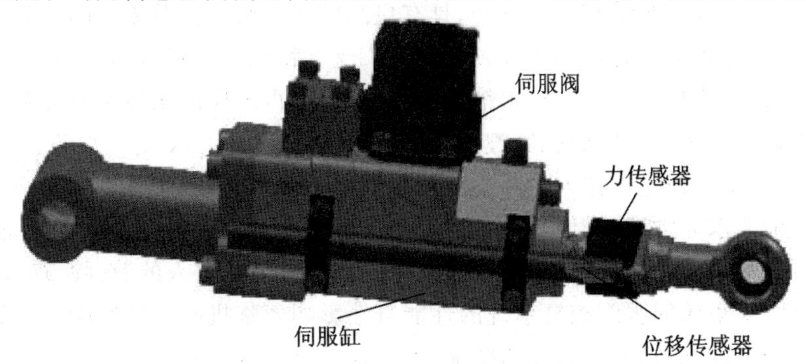

图 2-1　高集成伺服阀控缸系统三维装配图

2.2 伺服阀控缸系统的主要性能指标及主要影响参数

评价伺服阀控缸系统的动态性能的好坏，多用时域的几个特征量来表示：

(1) 延时时间：响应曲线第一次到达稳定值的一半时所需要的时间。

(2) 上升时间：响应曲线从稳态值的10%上升到90%，或者从0上升到100%时所需的时间。

(3) 峰值时间：响应曲线达到超调量的第一个峰值所需要的时间。

(4) 最大超调量：最大峰值与理想稳态值之间的差值。

(5) 调整时间：响应曲线最终收敛在稳态值附近，曲线的变化对于稳态值的百分比在一个允许的范围内，响应曲线第一次达到并永远保持在这一允许的误差范围内的时间。

影响高集成阀控缸动态性能的参数很多，其中包括结构参数、工作参数及控制参数。

(1) 结构参数

对于结构参数，主要有活塞直径、活塞杆直径、流道参数、伺服阀滑阀面积梯度等，依据实际工况条件，定量地掌握这些参数对其动态性能的影响，并与结构参数优化理论相结合，可得到高集成阀控缸的结构参数优化方法。

(2) 工作参数

对于工作参数，主要有由阀芯位置不同引起的伺服阀固有频率和阻尼变化、系统供油压力波动、伺服缸泄漏量变化、外负载力变化、有效体积模量变化等，任何控制方法都难以补偿全部工作参数变化对高集成阀控缸性能的影响，掌握这些参数在实际工作条件下对其动态性能的影响，可为高集成阀控缸控制方法的选取提供借鉴，从而达到重点补偿主要影响参数的时变特性，忽略次要影响参数的时变特性，以保证控制方法的有效性及各种工作条件下的鲁棒性的目的。

(3) 控制参数

对于控制参数，以传统的PID控制为例，有比例增益、积分增益和微分增益3个参数，掌握这3个参数各自对高集成阀控缸动态性能的影响，便可依据实际工况下期望的动态性能指标要求，有针对性地优化和在线整定控制器参数。

2.3 高集成伺服阀控缸系统的数字化设计的目的和意义

液压驱动相对于气压驱动和电机驱动，具有更高的功率密度比及更强的承载能力，在航空航天、重型工业、工程机械和先进制造等领域应用广泛。特别是近年来随着高精密机械加工技术、微电子技术、计算机技术和通信技术等的飞速发展，使得现代液压控制系统朝着高精度、高灵活度、高可靠性的数字电液伺服控制方向发展。

飞机和高性能足式仿生机器人是高集成伺服阀控缸系统的应用对象，不同于传统的机械设备，其整体性能要求非常高，需使其在各种工作条件下均具有灵活有效的反应能力，以保证其军用和民用价值。由于飞机的襟翼、副翼、尾翼等结构以及机器人的骸、膝、踝关节均采用高集成阀控缸驱动，高集成伺服阀控缸系统的性能直接影响着整机的控制性能，这就对高集成伺服阀控缸系统的控制性能提出了更高的要求，需要保证高集成伺服阀控缸系统在工作过程中足够稳定、具有较大的频宽和较高的控制精度。由于高集成伺服阀控缸系统在不同的使用部位对应的工作条件和负载特性均不尽相同，不同使用部位所对应的高集成伺服阀控缸系统的输出功率及结构参数也是不同的。因此，高集成伺服阀控缸系统的控制方法研究和结构参数优化设计尤为重要，以保证其具备优良的工作性能。

2.4 高集成伺服阀控缸系统性能测试实验台

为了便于测试伺服阀控缸系统在不同工作参数及复杂多变载荷特性下的响应性能，验证控制方法的有效性，需要搭建专门用于高集成伺服阀控缸系统的并具有负载模拟功能的性能测试实验台。电液力模拟器是一种以液压缸为执行元件的电液力伺服控制系统，可以较精确地模拟复杂多变的力载荷谱，已在航空航天、船舶、交通等诸多领域获得广泛的应用。这里参照电液力模拟器原理，选取另一套高集成伺服阀控缸系统实现力闭环控制，用于精确地模拟所需的加载力，从而对被测控的高集成伺服阀控缸系统进行同轴对顶加载。

2.4.1 液压部分介绍

该性能测试实验台采用双伺服缸对顶加载原理，液压原理图如图 2-2 所示，一侧的高集成伺服阀控缸进行位置闭环控制，用于研究其位置控制特性，另一侧的高集成伺服阀控缸进行力闭环控制，用于较为准确地模拟复杂多变的力载荷特性。

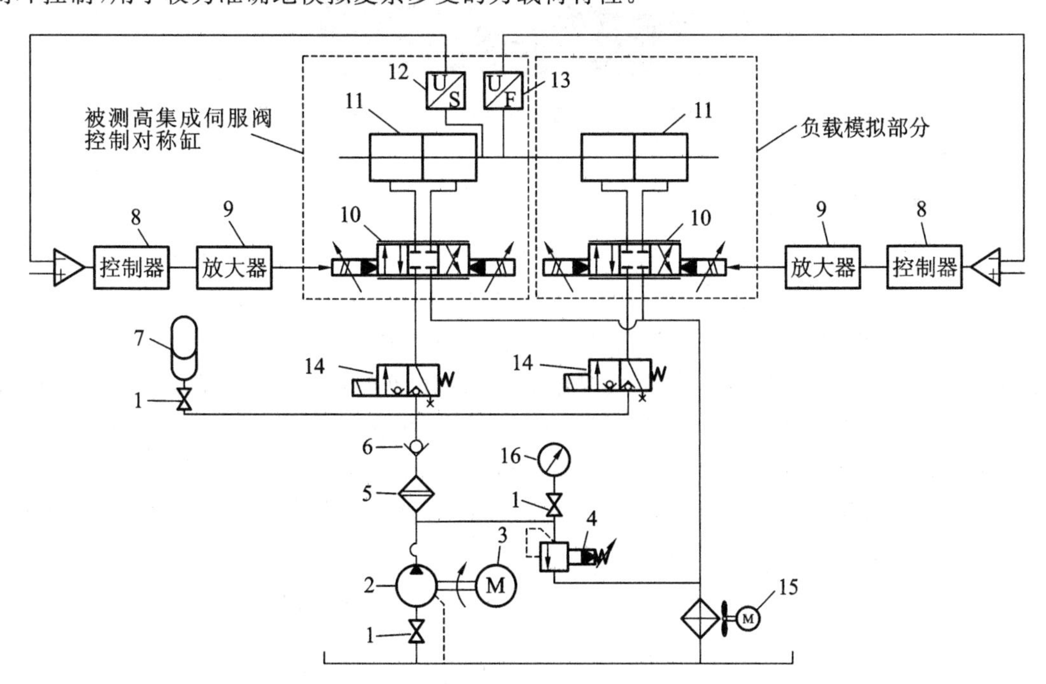

图 2-2 高集成阀控缸性能测试实验台液压原理图

1—截止阀；2—定量泵；3—电机；4—溢流阀；5—高压过滤器；6—单向阀；7—蓄能器；8—dSPACE 控制器；9—伺服阀功率放大器；10—电液伺服阀；11—伺服缸；12—位移传感器；13—力传感器；14—两位三通换向阀；15—风冷却器；16—压力表

截止阀 1 用于控制系统油路的通断，该系统处于常开状态；电机 3 供电后带动定量泵 2 给测试系统提供油源；溢流阀 4 用于调定系统供油压力，通过压力表 16 读取压力数值；在泵口安装高压高精度过滤器 5 以满足伺服阀对油液清洁度很高的需求；蓄能器 7 可以稳定在伺服阀之前的系统供油压力；油液冷却通过在系统回油路中的风冷却器15实现；两位三通换向阀14用于控制子系统的通断；通过电液伺服阀10和位移传感器12完成被测试高集成阀控缸位置控制系统的位置闭环控制；通过电液伺服阀10和力传感器13完成负载模拟部分的力闭环控制。

进行高集成阀控缸位置控制系统空载试验时，关闭两位三通换向阀14，断开被测阀控缸与负载模拟部分的机械连接；进行加载试验时，打开两位三通换向阀14，将被测高集成阀控缸位置控制系统与负载模拟部分用力传感器进行刚性连接；试验过程中，位移传感器12用于检测被测试的高集成阀控缸位置控制系统伺服缸活塞杆的位移信号，力传感器13用于检测作用于被测高集成阀控缸位置控制系统伺服缸活塞杆的力信号。

高集成阀控缸性能测试实验台实物如图2-3所示。

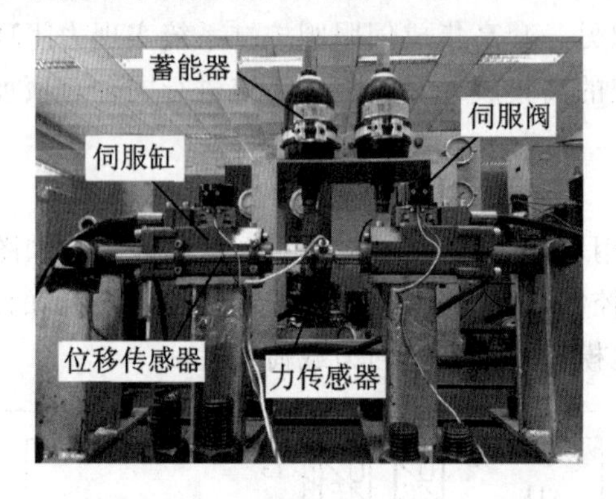

图2-3 高集成阀控缸性能测试实验台

2.4.2 电控部分介绍

控制器采用德国dSPACE控制器，可与MATLAB/Simulink仿真平台实现对接。该控制器一方面可利用RTI将MATLAB/Simulink的控制系统进行模型编译，使之生成可执行代码并下载至DS1104PPC控制器板上运行；另一方面，应用dSPACE提供的ControlDesk软件设计实时控制界面，可实现系统控制量的实时输出和试验数据的在线采集。高集成阀控缸位置控制系统的速度和加速度信号需使用位移传感器获取位移值，并通过所获得的位移信号进行数学运算求得，由此带来的多余噪声影响了采集信号的质量，为保证试验数据真实准确，就需要对这些信号进行滤波消噪处理。本试验系统采用在自动控制、图像、语音、雷达、通信等许多领域有广泛应用的Butterworth滤波器进行滤波消噪。

3 伺服阀控缸位置控制系统分析及控制技术

3.1 伺服阀控缸位置控制系统数学建模及仿真建模

3.1.1 引言

计算机仿真技术现已成为系统性能分析和控制技术改进的首选方式，它的合理利用可极大地缩短系统的设计周期、减小投资风险并降低试验成本，而仿真是否能够达到预期效果，其依托的数学模型至关重要，数学模型若不能充分地表征系统特性，仿真将失去实际意义。因此，建立准确的数学模型是仿真研究的基础。

高集成伺服阀控缸系统在工作过程中存在着工作参数的动态变化和固有的非线性问题，主要包括：油源压力波动、负载特性（负载力、等效负载质量、等效负载刚度）动态变化、液压缸初始工作位置变化、流量-压力非线性、摩擦非线性等，综合考虑多种因素，建立可准确描述高集成伺服阀控缸位置控制系统的数学模型。本章采用机理建模的方法，推导高集成伺服阀控缸系统的数学模型及传递函数，建立其位置控制系统模型，列写系统的状态空间方程，并搭建系统的非线性仿真模型，为后续研究工作提供理论基础和仿真载体。

3.1.2 高集成伺服阀控缸系统数学建模

（1）高集成伺服阀控缸系统的工作原理

高集成伺服阀控缸系统的工作原理为四通伺服滑阀控制双出杆伺服缸，如图 3-1 所示。

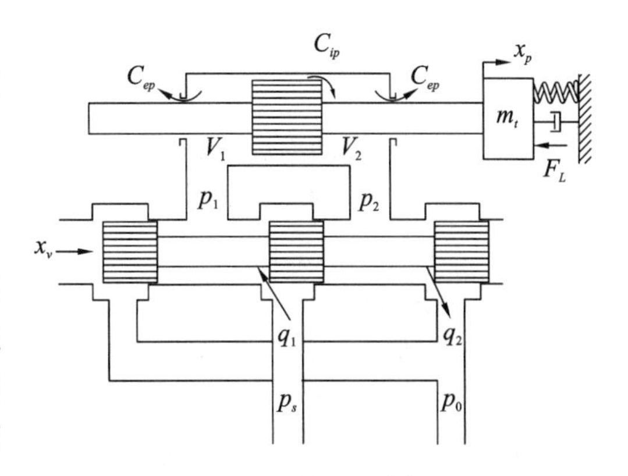

图 3-1 四通伺服滑阀控制双出杆伺服缸原理图

（2）力反馈两级电液伺服阀数学模型

① 滑阀级流量方程

将伺服阀功率级结构等效为理想零开口四边滑阀，四个节流窗口匹配对称，因此，各节流口流量系数相等，可认为管道和阀腔内压力损失远小于阀口处节流损失。由于高集成伺服阀控缸系统的伺服缸有效工作面积远小于普通工业用缸，伺服阀微小的输出流量变化将直接影响缸杆的输出位移和速度特性，因此不应采用伺服阀滑阀特定工作点的近似线性化方法，需要考虑流量-压力非线性，列写伺服阀滑阀流量方程。

伺服阀进油流量为：

$$q_1=\begin{cases}K_d x_v\sqrt{p_s-p_1},x_v\geqslant 0\\K_d x_v\sqrt{p_1-p_0},x_v<0\end{cases}\tag{3-1}$$

伺服阀回油流量为：

$$q_2=\begin{cases}K_d x_v\sqrt{p_2-p_0},x_v\geqslant 0\\K_d x_v\sqrt{p_s-p_2},x_v<0\end{cases}\tag{3-2}$$

式中 x_v——伺服阀阀芯位移(m)；

p_s——系统供油压力(Pa)；

p_1——伺服缸左腔压力(Pa)；

p_2——伺服缸右腔压力(Pa)；

p_0——系统回油压力(Pa)；

K_d——等效流量系数。

等效流量系数 K_d 的表达式为：

$$K_d=C_d W\sqrt{\frac{2}{\rho}}\tag{3-3}$$

式中 C_d——伺服阀滑阀节流口流量系数；

W——面积梯度(m)；

ρ——液压油密度(kg/m^3)。

② 滑阀位移与电压的传递函数

由伺服阀力矩马达每个线圈回路的电压平衡方程、衔铁挡板组件的运动方程、挡板位移与衔铁转角的关系和喷嘴挡板至滑阀的传递函数，可推导力反馈伺服阀的传递函数，由于传递函数涉及的伺服阀的许多内部参数很难获得，本节通过近似拟合所选伺服阀产品样本中的时域特性和频域特性曲线，将伺服阀传递函数简化为二阶振荡环节，得到阀芯位移与功率放大器输入电压的传递函数为：

$$\frac{x_v}{U_g}=\frac{K_a K_{xv}}{\left(\frac{s^2}{\omega_{sv}^2}+\frac{2\zeta_{sv}}{\omega_{sv}}s+1\right)}\tag{3-4}$$

式中 K_a——伺服阀功率放大器增益(A/V)；

K_{xv}——伺服阀增益(m/A)；

ζ_{sv}——伺服阀阻尼比；

ω_{sv}——伺服阀固有频率(rad/s)。

(3) 双出杆伺服缸数学模型

① 流量连续性方程

由于工作过程中高集成伺服阀控缸系统所需瞬时流量很小，用于连接伺服阀与伺服缸的进/回油流道通径足够大，这里可忽略该连接流道的压力损失和管道动态，并认为伺服缸每个工作腔内压力处处相等、油温为常数且伺服阀内泄漏和外泄漏均为层流流动，则可得到伺服缸进/回油流量方程。

伺服缸进油流量和进油腔容积为：

$$\left.\begin{aligned}q_1&=A_p\frac{\mathrm{d}x_p}{\mathrm{d}t}+C_{ip}(p_1-p_2)+C_{ep}p_1+\frac{V_1}{\beta_e}\frac{\mathrm{d}p_1}{\mathrm{d}t}\\V_1&=V_{01}+A_px_p\end{aligned}\right\}\tag{3-5}$$

伺服缸回油流量和回油腔容积为：

$$\left.\begin{aligned}q_2&=A_p\frac{\mathrm{d}x_p}{\mathrm{d}t}+C_{ip}(p_1-p_2)-C_{ep}p_2-\frac{V_2}{\beta_e}\frac{\mathrm{d}p_2}{\mathrm{d}t}\\V_2&=V_{02}-A_px_p\end{aligned}\right\}\tag{3-6}$$

式中　A_p——伺服缸活塞有效面积(m^2)；

x_p——伺服缸活塞位移(m)；

C_{ip}——伺服缸内泄漏系数[m^3/(s·Pa)]；

C_{ep}——伺服缸外泄漏系数[m^3/(s·Pa)]；

β_e——有效体积弹性模量(Pa)；

V_{01}——进油腔初始容积(m^3)；

V_{02}——回油腔初始容积(m^3)。

高集成伺服阀控缸系统为高集成结构，进/回油流道开设于伺服缸缸体内部，其容积相对于伺服缸两腔容积很小，A_px_p 不再远小于 V_{01} 和 V_{02}，因此，应考虑伺服缸活塞初始位置变化对伺服缸进/回油腔容积变化的影响，令

$$\left.\begin{aligned}V_{01}&=V_{g1}+A_pL_0\\V_{02}&=V_{g2}+A_p(L-L_0)\end{aligned}\right\}\tag{3-7}$$

式中　V_{g1}——伺服阀与伺服缸进油连接流道容积(m^3)；

V_{g2}——伺服阀与伺服缸回油连接流道容积(m^3)；

L——伺服缸活塞总行程(m)；

L_0——伺服缸活塞初始位置(m)。

② 力平衡方程

高集成伺服阀控缸系统的静/动态性能受负载力的影响，该负载力一般包括惯性力、阻尼力、弹性力及任意外负载力等，由于高集成伺服阀控缸系统在工作过程中，特别是在空载运行时，库仑摩擦力的大小和方向也直接影响其跟踪性能，因此有必要在方程中考虑摩擦力，得出的伺服缸输出力与负载力平衡方程为：

$$A_pp_1-A_pp_2=m_t\frac{\mathrm{d}x_p^2}{\mathrm{d}t}+B_p\frac{\mathrm{d}x_p}{\mathrm{d}t}+Kx_p+F_f+F_L\tag{3-8}$$

式中　m_t——折算到伺服缸活塞上的总质量，为负载、活塞、位移传感器、力传感器、连接管道和伺服缸内油液以及其他动件的折算质量之和(kg)；

K——负载刚度(N/m)；

B_p——负载及高集成伺服阀控缸系统的阻尼系数[N/(m/s)]；

F_f——负载及高集成伺服阀控缸系统的库仑摩擦力(N)；

F_L——作用在高集成伺服阀控缸系统活塞上的任意外负载力(N)。

(4) 其他环节数学模型

① 饱和与死区环节

数字控制器计算出的偏差信号与其输出至伺服阀功率放大器的电压信号之间具有饱和特性，该特性使系统进入和退出饱和时产生输出与输入的非线性关系，同时考虑伺服阀功率放大器存在的固有死区特性，其功率放大器输入电压与控制器计算出的偏差信号函数关系为：

$$U_g = K_{\lim} E = \begin{cases} 1, E > 1 \\ E, \delta < E \leqslant 1 \\ 0, -\delta \leqslant E < \delta \\ E, -1 \leqslant E < -\delta \\ -1, E < -1 \end{cases} \tag{3-9}$$

式中　E——输入与检测电压偏差(V)；

$K_{\lim}$——死区饱和系数；

δ——死区阈值(V)；

U_g——功率放大器输入电压(V)。

② 传感检测元件

所选用的位移传感器与力传感器为控制系统采样频率的 5 倍以上，因此将其等效为比例环节，其位移反馈电压与伺服缸活塞位移的传递函数为：

$$\frac{U_p}{x_p} = K_x \tag{3-10}$$

式中　K_x——位移传感器增益(V/m)。

力传感器反馈电压与伺服缸活塞杆受力的传递函数为：

$$\frac{U_f}{F} = K_f \tag{3-11}$$

式中　K_f——力传感器增益(V/N)；

F——力传感器检测的力信号(N)；

U_f——力传感器反馈电压(V)。

3.1.3　高集成伺服阀控缸位置控制系统的非线性数学建模

(1) 位置控制系统框图

联立式(3-1)～式(3-11)，可建立高集成伺服阀控缸位置控制系统框图，如图 3-2 所示。

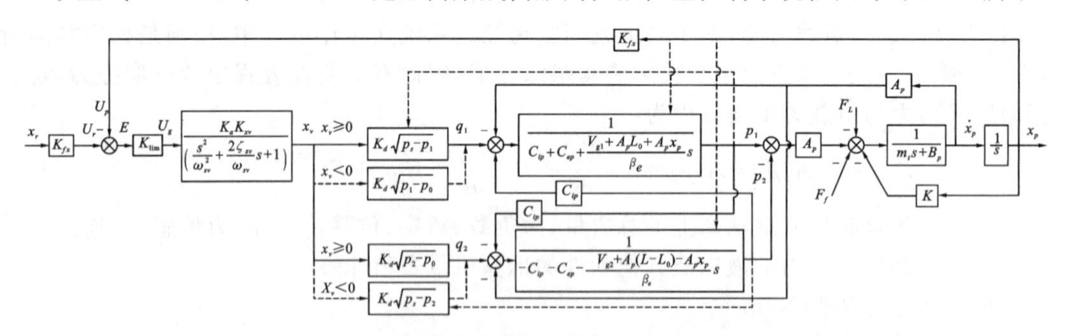

图 3-2　高集成伺服阀控缸位置控制系统框图

上述框图涉及的参量很多，依据高集成伺服阀控缸系统的结构参数和工作参数，可将一部分参量认定为定量，另一部分参量应认定为变量，具体如下所示。

① 定量

K_a、K_{xv} 与 K_d 的乘积为伺服阀空载流量增益，在伺服阀与配套的功率放大器选定后可认为是恒值；V_{g1}、V_{g2}、A_p、L 由伺服缸设计时确定，结构加工完成后为恒值；K_x 为位移传感器检测的伺服缸杆实际值与反馈电压的转换系数，当传感器标定完成后可认为是恒值。

② 变量

ω_{sv}、ζ_{sv}为简化后的伺服阀固有频率和阻尼比，伺服阀为非线性环节，其固有特性受其输入信号、工作参数等因素的影响；p_s 为系统供油压力，在高集成伺服阀控缸系统工作过程中会产生动态波动；p_1、p_2 为伺服缸两腔压力，其值取决于高集成伺服阀控缸系统的负载特性；p_0 为系统回油压力，其值取决于系统背压阀及回油管路的压损特性；C_{ip} 和 C_{ep} 为泄漏系数，与伺服缸两腔压力、活塞及缸杆和缸筒间的磨损程度等因素相关；β_e 为油液体积弹性模量，受油液中气体含量、油液排号和温度影响；L_0 为高集成伺服阀控缸系统活塞的初始位置，取决于其初始运动点；m_t 为高集成伺服阀控缸系统的等效负载质量；F_f 为高集成伺服阀控缸系统所受的库仑摩擦力，其大小与活塞运动速度呈非线性关系；F_L 为外负载合力，各个工况对应的外负载力应不同且发生着动态变化；K 为高集成伺服阀控缸系统处的负载刚度；B_p 为高集成伺服阀控缸系统运动过程中的黏性阻尼系数，随系统工况变化。

(2) 位置控制系统传递函数

① 位置控制系统一般表达式

由于高集成伺服阀控缸位置控制系统框图包含了非线性环节，难以写出其传递函数表达式。为了更好地分析高集成伺服阀控缸系统特性与其参数之间的关系，在推导传递函数时高集成伺服阀控缸系统两腔容积采用 V_1 和 V_2 表示，并令

$$K_1=\begin{cases}K_d\sqrt{p_s-p_1}, x_v\geqslant 0\\ K_d\sqrt{p_1-p_0}, x_v<0\end{cases} \tag{3-12}$$

$$K_2=\begin{cases}K_d\sqrt{p_2-p_0}, x_v\geqslant 0\\ K_d\sqrt{p_s-p_2}, x_v<0\end{cases} \tag{3-13}$$

V_1 和 V_2 不为常数值，随高集成伺服阀控缸系统活塞位置的变化而变化；K_1 和 K_2 不为常数值，随着高集成伺服阀控缸系统两腔压力的变化而变化。以上四个参数仅在本节推导系统数学模型时使用，在后续章节的仿真和试验研究中将依然保留两腔的容积变化和伺服阀的流量-压力非线性环节。对图 3-2 进行化简，可得图 3-3 的形式。

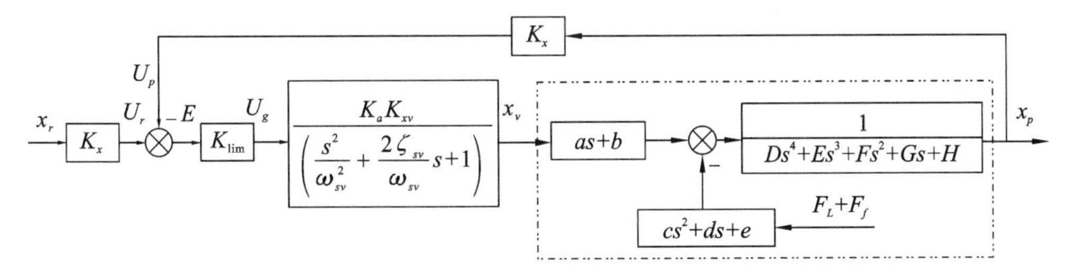

图 3-3　高集成伺服阀控缸位置控制系统简化框图

图中的双点画线区域，表示高集成伺服阀控缸系统输出位移与伺服阀阀芯位置之间的动态关系，可列写成如下所示的一般表达式：

$$x_p=\frac{(as+b)x_v-(cs^2+ds+e)(F_f+F_L)}{Ds^4+Es^3+Fs^2+Gs+H} \tag{3-14}$$

其中

$$a=\frac{(K_1V_2+K_2V_1)}{\beta_e}A_p$$

$$b=(K_1+K_2)C_{ep}A_p$$

$$c=\frac{V_1V_2}{\beta_e^2}$$

$$d=\frac{(V_1+V_2)(C_{ip}+C_{ep})}{\beta_e}$$

$$e=2C_{ep}C_{ip}+C_{ep}^2$$

$$D=\frac{m_tV_1V_2}{\beta_e^2}$$

$$E=\frac{\beta_e m_t(C_{ip}+C_{ep})(V_1+V_2)+B_pV_1V_2}{\beta_e^2}$$

$$F=\frac{KV_1V_2}{\beta_e^2}+\frac{[B_p(C_{ip}+C_{ep})+A_p^2](V_1+V_2)}{\beta_e}+m_t(2C_{ep}C_{ip}+C_{ep}^2)$$

$$G=\frac{K(C_{ip}+C_{ep})(V_1+V_2)}{\beta_e}+B_p(2C_{ip}C_{ep}+C_{ep}^2)+2C_{ep}A_p^2$$

$$H=K(2C_{ip}C_{ep}+C_{ep}^2)$$

式中，分子的第一项为高集成伺服阀控缸系统的活塞空载速度，第二项为外负载力和摩擦力作用引起的活塞速度变化。

将式(3-14)中的分母特征多项式与等号左边的 x_p 相乘，并将等式两端同乘以 $\beta_e/(A_p^2V_ts)$，则可更为清楚地理解式(3-14)中分母各项所表征的物理意义：第一项为惯性力变化引起的压缩流量所产生的活塞速度，第二项为惯性力引起的泄漏流量与阻尼力变化引起的压缩流量所产生的活塞速度之和，第三项主要为弹性力变化引起的压缩流量和阻尼力引起的泄漏流量所产生的活塞速度与活塞理想速度之和，第四项和第五项主要为弹性力引起的泄漏流量所产生的活塞速度。

通过对高集成伺服阀控缸系统中伺服缸的出厂保压试验和长时间的实际使用观察，其外泄漏量基本为零，因此，这里可忽略高集成伺服阀控缸系统的外泄漏量 C_{ep}。研究系统的刚度时认为 $x_r-x_p=0$，若忽略伺服阀的二阶环节，则系统的刚度可表示为：

$$\frac{F_L+F_f}{x_p}=\frac{\frac{m_tV_1V_2}{\beta_e^2}s^3+\frac{\beta_e m_tC_{ip}(V_1+V_2)+B_pV_1V_2}{\beta_e^2}s^2+\left[\frac{KV_1V_2}{\beta_e^2}+\frac{(B_pC_{ip}+A_p^2)(V_1+V_2)}{\beta_e}\right]s+\frac{KC_{ip}(V_1+V_2)}{\beta_e}}{\frac{V_1V_2}{\beta_e^2}s+\frac{(V_1+V_2)C_{ip}}{\beta_e}} \tag{3-15}$$

② 无弹性负载下的固有频率和阻尼比

式(3-15)考虑了惯性负载、黏性负载、弹性负载、油液的压缩性和伺服缸的泄漏，为一个较通用的表达式。

高集成伺服阀控缸系统在实际工作过程中，如果设定负载刚度 K 近似为零，则系统的液压固有频率和液压阻尼比分别为：

$$\omega_h=\sqrt{\frac{F}{D}}=\sqrt{\frac{A_p^2(V_1+V_2)\beta_e}{m_tV_1V_2}+\frac{B_pC_{ip}(V_1+V_2)\beta_e}{m_tV_1V_2}} \tag{3-16}$$

$$\zeta_h=\frac{1}{2}\frac{E}{\sqrt{DF}}=\frac{\beta_e m_tC_{ip}(V_1+V_2)+B_pV_1V_2}{2\sqrt{m_tV_1V_2[B_pC_{ip}(V_1+V_2)+A_p^2(V_1+V_2)]\beta_e}} \tag{3-17}$$

如果高集成伺服阀控缸系统的活塞初始工作位置为中位，此时 V_1 与 V_2 近似相等，当 $B_p C_{ip}(V_1+V_2) \ll A_p^2(V_1+V_2)$ 时，则系统的固有频率和阻尼比可表示为：

$$\omega_h=\sqrt{\frac{4A_p^2\beta_e}{m_tV_t}} \tag{3-18}$$

$$\zeta_h=\frac{C_{ip}}{A_p}\sqrt{\frac{m_t\beta_e}{V_t}}+\frac{1}{4}\frac{B_p}{A_p}\sqrt{\frac{V_t}{m_t\beta_e}} \tag{3-19}$$

其中，$V_t=V_1+V_2$。

（3）位置控制系统状态空间方程

对于一些简单的系统模型或由典型环节组成的线性系统模型，用经典控制理论分析系统的动态特性是一种行之有效的方法，但对于含非线性环节的复杂液压系统模型，可进行必要的简化或线性化处理，但所得到的结论与实际情况会存在较大的出入。而基于现代控制理论的状态变量模型，有效地克服了上述缺点和局限性，不仅解决了非线性时变系统的动态分析问题，而且可求得任意时刻的所有状态变量值，从而有助于了解系统内部状态及其动态变化，获得系统动态特性。

由图 3-3 系统简化框图可知，高集成伺服阀控缸系统的位置控制系统最高阶次为 6，因此取 6 个有代表性且线性不相关的状态变量，分别为：

$$x_1=x_p,x_2=\dot{x}_p,x_3=x_v,x_4=\dot{x}_v,x_5=p_1,x_6=p_2$$

由系统框图可建立如下微分方程，有：

$$\left.\begin{aligned}
&\dot{x}_1=x_2\\
&\dot{x}_2=-\frac{K}{m_t}x_1-\frac{B_p}{m_t}x_2+\frac{A_p}{m_t}x_5-\frac{A_p}{m_t}x_6-\frac{F_f+F_L}{m_t}\\
&\dot{x}_3=x_4\\
&\dot{x}_4=-K_xK_{\lim}K_aK_{xv}\omega_{sv}^2x_1-\omega_{sv}^2x_3-2\zeta_{sv}\omega_{sv}x_4+K_{\lim}K_aK_{xv}\omega_{sv}^2U_r\\
&\dot{x}_5=-\frac{\beta_eA_p}{V_1}x_2+\frac{\beta_eK_1}{V_1}x_3-\frac{\beta_e(C_{ip}+C_{ep})}{V_1}x_5+\frac{\beta_eC_{ip}}{V_1}x_6\\
&\dot{x}_6=\frac{\beta_eA_p}{V_2}x_2-\frac{\beta_eK_2}{V_2}x_3+\frac{\beta_eC_{ip}}{V_2}x_5-\frac{\beta_e(C_{ip}+C_{ep})}{V_2}x_6
\end{aligned}\right\} \tag{3-20}$$

定义输入电压 U_r、摩擦力 F_f 和外负载力 F_L 为输入变量，由于本节主要研究高集成伺服阀控缸系统的位置控制特性，因此以高集成伺服阀控缸系统位移输出 x_p 为输出变量，列写高集成伺服阀控缸系统状态方程和输出方程如下：

$$\begin{bmatrix}\dot{x}_1\\\dot{x}_2\\\dot{x}_3\\\dot{x}_4\\\dot{x}_5\\\dot{x}_6\end{bmatrix}=\begin{bmatrix}
0 & 1 & 0 & 0 & 0 & 0\\
-\frac{k}{m_t} & -\frac{B_p}{m_t} & 0 & 0 & \frac{A_p}{m_t} & -\frac{A_p}{m_t}\\
0 & 0 & 0 & 1 & 0 & 0\\
-K_xK_{\lim}K_aK_{xv}\omega_{sv}^2 & 0 & -\omega_{sv}^2 & -2\zeta_{sv}\omega_{sv} & 0 & 0\\
0 & -\frac{\beta_eA_p}{V_1} & \frac{\beta_eK_1}{V_1} & 0 & -\frac{\beta_e(C_{ip}+C_{ep})}{V_1} & \frac{\beta_eC_{ip}}{V_1}\\
0 & \frac{\beta_eA_p}{V_2} & -\frac{\beta_eK_2}{V_2} & 0 & \frac{\beta_eC_{ip}}{V_2} & -\frac{\beta_e(C_{ip}+C_{ep})}{V_2}
\end{bmatrix}\begin{bmatrix}x_1\\x_2\\x_3\\x_4\\x_5\\x_6\end{bmatrix}$$

$$+\begin{bmatrix} 0 & 0 & 0 \\ 0 & -\dfrac{1}{m_t} & -\dfrac{1}{m_t} \\ 0 & 0 & 0 \\ K_{\lim}K_aK_{xv}\omega_{sv}^2 & 0 & 0 \\ 0 & 0 & 0 \\ 0 & 0 & 0 \end{bmatrix}\begin{bmatrix} U_r \\ F_f \\ F_L \end{bmatrix}$$

$$\boldsymbol{y}=[1\quad 0\quad 0\quad 0\quad 0\quad 0]\begin{bmatrix} x_1 \\ x_2 \\ x_3 \\ x_4 \\ x_5 \\ x_6 \end{bmatrix} \tag{3-21}$$

上述状态空间方程近似满足六维线性时变系统的特殊形式，即：

$$\left.\begin{aligned} \dot{\boldsymbol{X}}&=\boldsymbol{A}(t)\boldsymbol{X}+\boldsymbol{B}(t)\boldsymbol{u} \\ \boldsymbol{y}&=\boldsymbol{CX} \end{aligned}\right\} \tag{3-22}$$

其中，系数矩阵 $\boldsymbol{A}$ 为 6×6 矩阵，输入系数矩阵 $\boldsymbol{B}$ 为 6×3 矩阵，输出系数矩阵 $\boldsymbol{C}$ 为 1×6 矩阵，系数矩阵 $\boldsymbol{A}$ 和 $\boldsymbol{B}$ 中的一部分元素与时间 t 有关，不同的是，矩阵 $\boldsymbol{A}$ 中的个别元素为含有状态变量 x_1、x_5 和 x_6 的非线性元素。理论上讲，若满足线性时变系统的特殊形式，便可采用李亚谱诺夫第一法，分析系统在各工作点处的稳定性，系统稳定的充分必要条件为其系数矩阵 $\boldsymbol{A}$ 的特征根恒为负，高集成伺服阀控缸位置控制系统的稳定性分析将在后续章节中说明。

3.1.4 高集成伺服阀控缸位置控制系统仿真建模

（1）位置控制系统各环节仿真模型

① 电压-阀芯位移仿真模型

高集成伺服阀控缸系统检测的位置偏差需通过控制器、功率放大器及伺服阀内部结构才能转化为伺服阀阀芯位移，因此，在该过程中应考虑控制器的增益和限幅环节、功率放大器的增益和死区环节、伺服阀阀芯动态，其电压偏差-伺服阀阀芯位移仿真模型如图 3-4 所示。

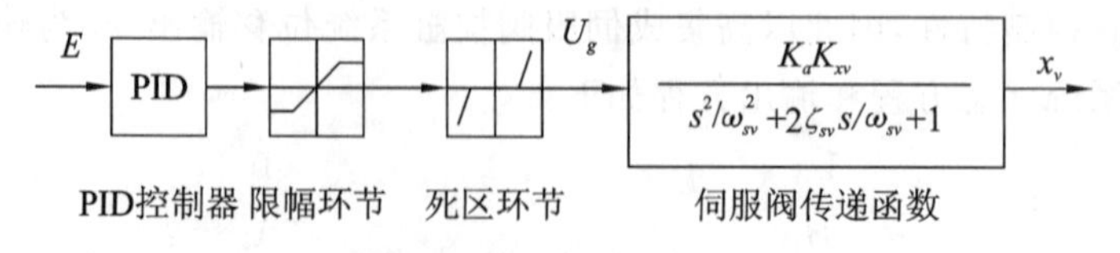

图 3-4　电压偏差-伺服阀阀芯位移仿真模型

② 阀芯位移-伺服阀流量仿真模型

由图 3-3 系统控制框图可知，伺服阀阀芯位移转化为伺服阀的进/回油流量输出过程中，其流量输出值与阀芯位移的方向和大小、供油压力、回油压力及伺服缸两腔工作压力严格相关，且模型中包含符号函数和平方根等非线性环节，据此搭建的伺服阀阀芯位移-伺服阀流量仿真模型如图 3-5 所示。

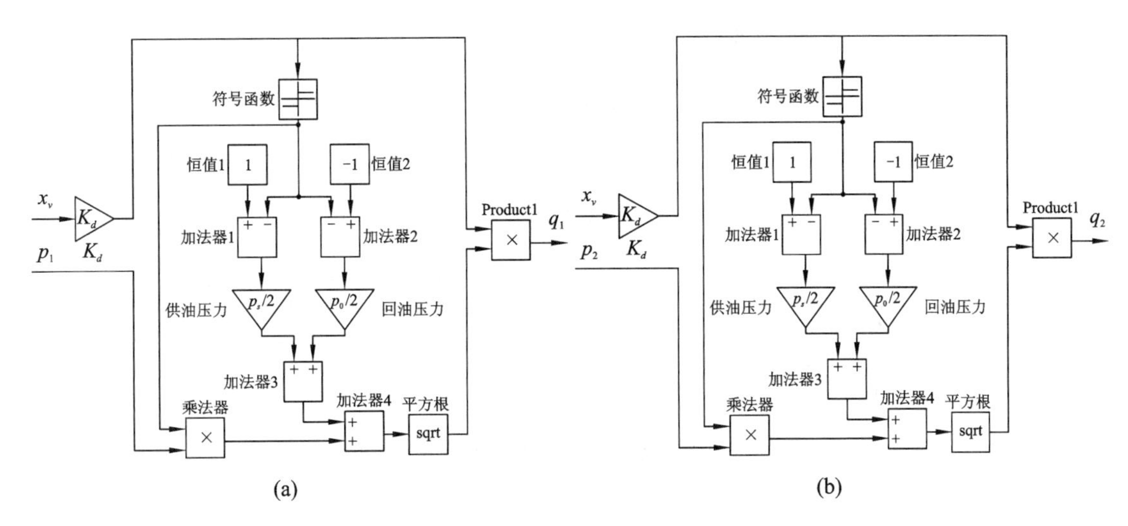

图 3-5 伺服阀阀芯位移-伺服阀流量仿真模型

(a)阀芯位移-进油流量;(b)阀芯位移-回油流量

③ 伺服阀流量-伺服缸两腔压力仿真模型

伺服缸两腔压力主要取决于负载特性,其具体数值可由模型中的参数量和状态变量求得,搭建的伺服阀流量-伺服缸两腔压力的仿真模型如图 3-6 所示。

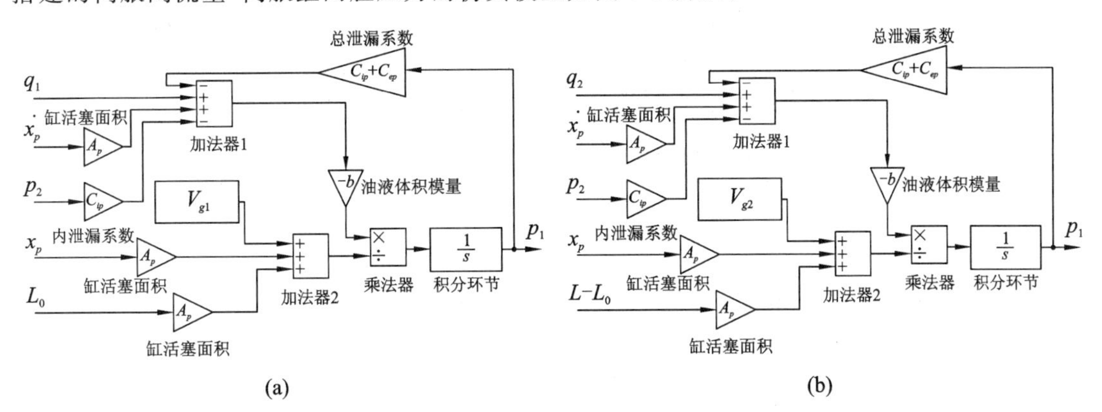

图 3-6 伺服阀流量-伺服缸两腔压力仿真模型

(a) 进油流量-进油腔压力;(b) 回油流量-回油腔压力

④ 摩擦特性仿真模型

高集成伺服阀控缸系统工作过程中的摩擦力为典型非线性负载,其大小和方向与系统工况和伺服缸缸杆运动速度相关。在高集成伺服阀控缸系统空载工况下,摩擦力主要来源于伺服缸的活塞、缸杆与缸筒的摩擦,其方向与缸杆运动方向相反。将摩擦力的值设定为伺服缸缸杆运动速度的函数,当速度为零时该摩擦力表现为静摩擦,其仿真模型如图 3-7 所示。

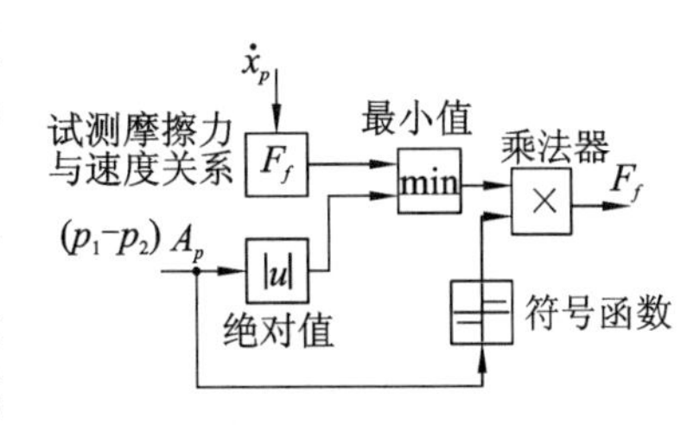

图 3-7 摩擦力输入环节仿真模型

(2) 位置控制系统仿真模型

连接图 3-4～图 3-7,应用 MATLAB/Simulink 仿真平台中的超级元件功能,建立液压驱动单元位置控制系统仿真模型，如图 3-8 所示。

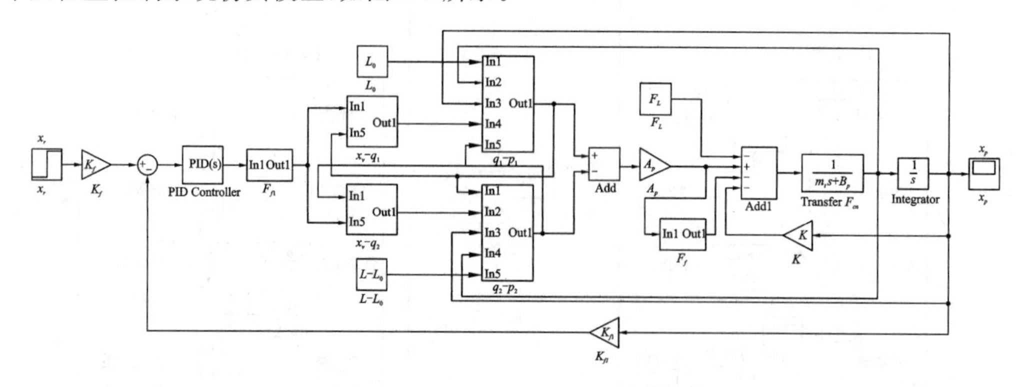

图 3-8　高集成伺服阀控缸位置控制系统整体仿真模型

（3）仿真模型参数

图 3-8 涉及的参数很多，为保证仿真分析结论更为真实可信，其参数的赋值应与实际系统尽可能地保持一致。伺服缸活塞有效面积、总行程、缸内流道容积等为高集成伺服阀控缸系统的结构参数，以高集成伺服阀控缸系统零部件的出厂测量数据为准；供油压力、回油压力等工作参数依据性能测试实验台的实际测量数值设定；功率放大器和伺服阀的参数参照元件样本；位移传感器增益、力传感器增益和伺服缸摩擦力-速度特性曲线经由实验台现场测试并输入仿真模型；折算至活塞上的总质量现只考虑空载情况下的机械和油液等效质量；负载特性暂不考虑，下文将会按实际负载进行参数设定；其他参量按工程经验值选取。

高集成伺服阀控缸系统位置控制系统仿真模型的部分参数及初值如表 3-1 所示。

表 3-1　高集成伺服阀控缸系统仿真模型部分参数初值表

参数/输入	初始值	单位
伺服阀增益 K_{xv}	0.05	m/A
伺服阀功率放大器增益 K_a	0.009	A/V
伺服阀固有频率 ω_{sv}	628	rad/s
伺服阀阻尼比 ζ_{sv}	0.82	—
伺服缸活塞有效面积 A_p	3.368×10^{-4}	m^2
进油腔管道容积 V_{g1}	6.2×10^{-7}	m^3
回油腔管道容积 V_{g2}	8.6×10^{-7}	m^3
伺服缸活塞总行程 L	0.05	m
伺服缸活塞初始位置 L_0	0.02	m
系统供油压力 p_s	7×10^6	Pa
系统回油压力 p_0	0.5×10^6	Pa
10# 航空液压油密度 ρ	0.867×10^3	kg/m^3
伺服缸外泄漏系数 C_{ep}	0	$m^3/(s\cdot Pa)$
伺服缸内泄漏系数 C_{ip}	2.38×10^{-13}	$m^3/(s\cdot Pa)$

续表 3-1

参数/输入	初始值	单位
折算到伺服缸活塞上的总质量 m_t	1.1315	kg
有效体积模量 β_e	8×10^8	Pa
负载刚度 K	0	N/m
阻尼系数 B_p	0	N/(m/s)
折算流量系数 K_d	1.248×10^{-4}	m^2/s
位移传感器增益 K_x	182	V/m
力传感器增益 K_f	7.7×10^{-4}	V/N

本节主要研究高集成伺服阀控缸位置控制系统的数学建模和仿真建模。采用机理建模方法，针对一种典型的对称阀控制对称缸的高集成伺服阀控缸系统结构，考虑控制器饱和特性、伺服阀流量-压力非线性、伺服缸活塞初始位置变化、库仑摩擦力非线性等因素的影响，建立高集成伺服阀控缸位置控制系统的数学模型和状态空间方程；依据系统框图，在 MATLAB/Simulink 仿真平台上搭建仿真模型，并对模型中部分参数进行赋值，为后续章节的研究工作奠定基础。

3.2 伺服阀控缸位置控制系统特性分析

3.2.1 摩擦力测量

摩擦力是高集成伺服阀控缸系统数学模型和仿真模型中的一个输入参量，为提高建模的准确性，应了解和掌握高集成伺服阀控缸系统摩擦力与运动速度的真实关系。由于性能测试实验台原理所限，本节测量的摩擦力为阻尼力与库仑摩擦力之和，其测试原理如图 3-9 所示。

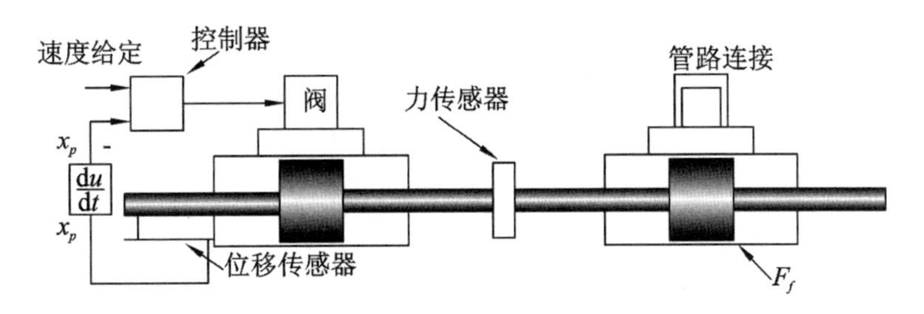

图 3-9 摩擦力与速度曲线测量原理

使用特制的连接块连通右侧高集成伺服阀控缸系统伺服缸的两个工作腔，左侧高集成伺服阀控缸系统输入多组恒定斜率的斜坡信号，则力传感器测量的数值便为右侧伺服缸在该速度点的摩擦力，不同速度值对应的摩擦力曲线如图 3-10 所示。

3.2.2 仿真模型试验验证

阶跃信号相对于正弦信号、斜坡信号等典型信号，其响应曲线可更直观地表征液压系统执行元件动作的快速性、超调量和稳态精度，因此本节以位移阶跃响应曲线来评价高集成伺服阀控缸系统控制特性。

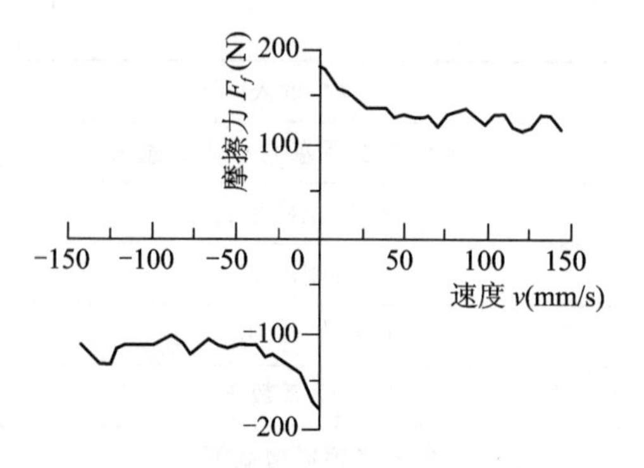

图 3-10 摩擦力与运动速度关系曲线

(1) 不同比例增益下的模型验证

高集成伺服阀控缸系统伺服缸活塞初始位置 $L_0=20$ mm，供油压力 $p_s=7$ MPa，给定 2 mm 位移阶跃输入，断开负载力模拟部分与被测高集成伺服阀控缸系统的机械连接，分别测试控制器比例增益 $K_p=20$、30、40 和 50 的高集成伺服阀控缸系统空载位移阶跃响应曲线，并与仿真曲线对比，如图 3-11 所示。

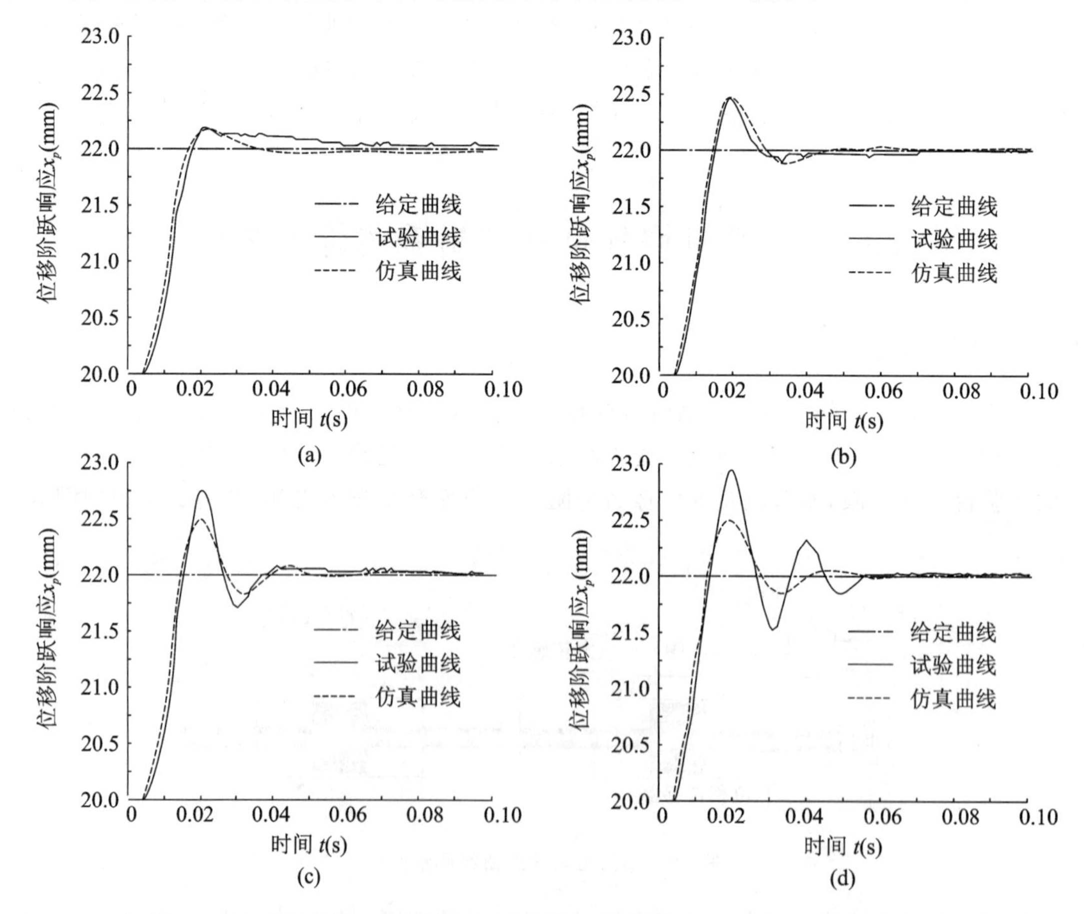

图 3-11 不同比例增益下高集成伺服阀控缸系统位移阶跃响应试验与仿真曲线

(a) 控制器比例增益 $K_p=20$；(b) 控制器比例增益 $K_p=30$；(c) 控制器比例增益 $K_p=40$；(d) 控制器比例增益 $K_p=50$

(2) 不同阶跃量下的模型验证

给定 5 mm 和 10 mm 位移阶跃，测试控制器比例增益 $K_p=40$ 的高集成伺服阀控缸系统空载位移阶跃响应曲线，并与仿真曲线对比，如图 3-12 所示。

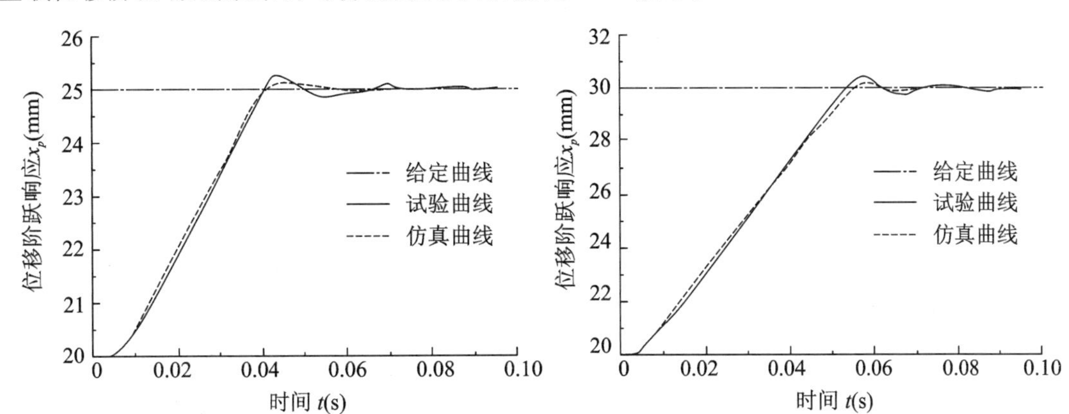

图 3-12 不同阶跃量下高集成伺服阀控缸系统空载位移阶跃响应试验与仿真曲线

(a) 空载阶跃 5 mm；(b) 空载阶跃 10 mm

(3) 不同加载力下的模型验证

给定 2 mm、5 mm 和 10 mm 位移阶跃，分别对比加载 500 N 和 1000 N 时的高集成伺服阀控缸系统的仿真和试验曲线，如图 3-13 所示。

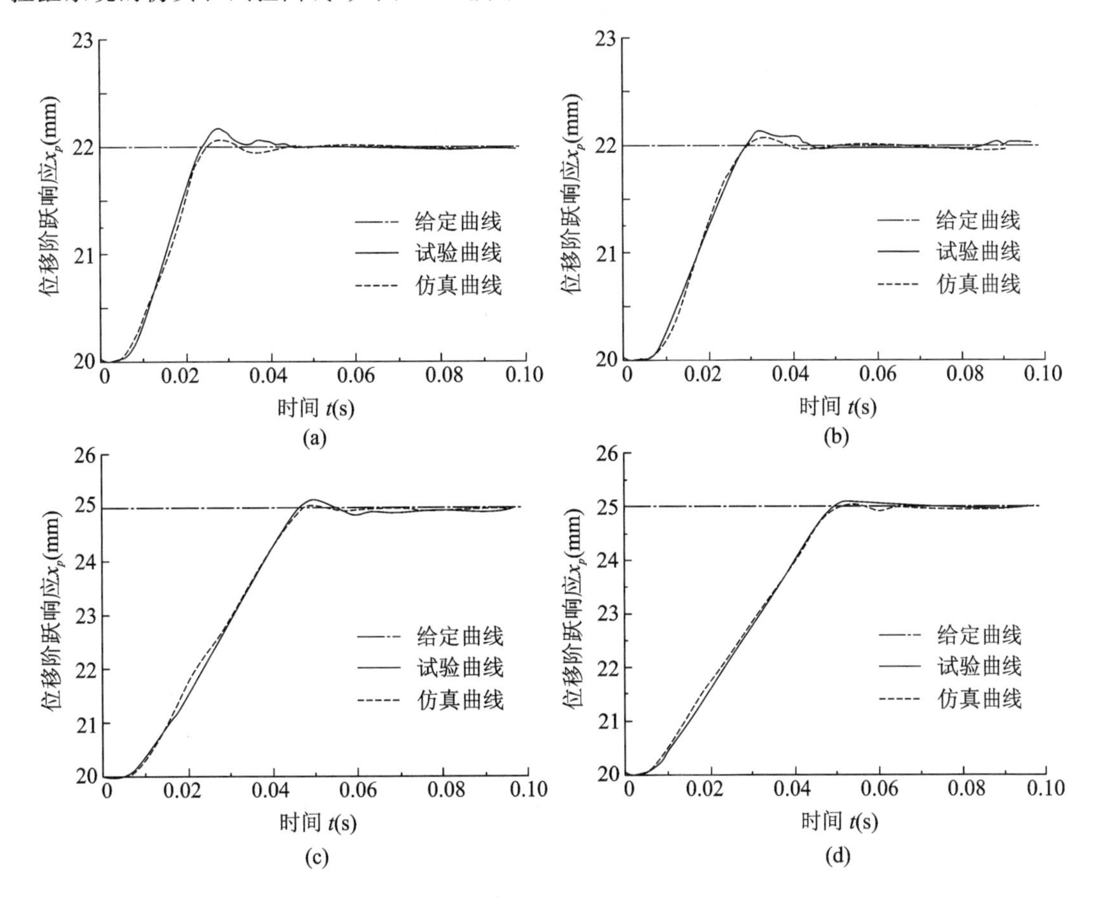

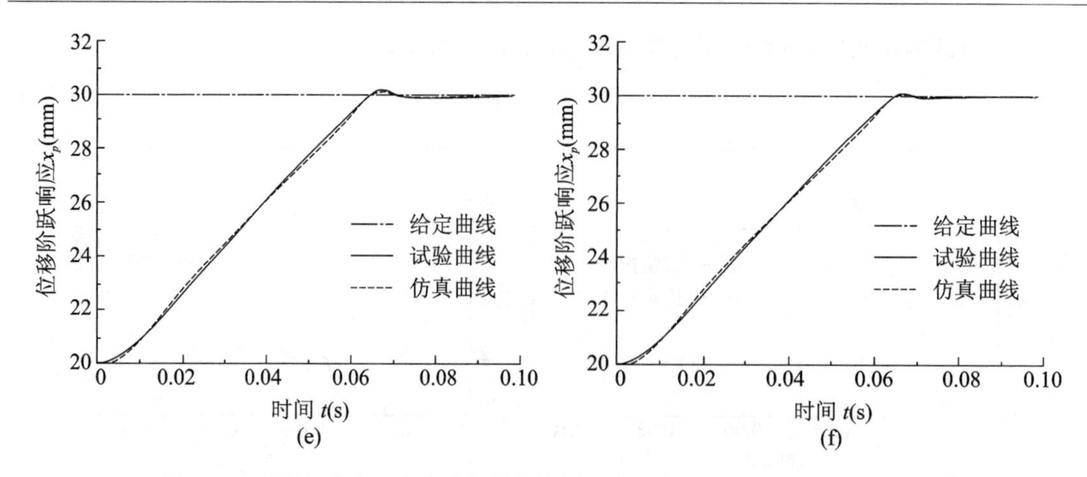

图 3-13　不同加载力下高集成伺服阀控缸系统位移阶跃响应仿真与试验曲线

(a) 500 N 阶跃 2 mm 位移;(b) 1000 N 阶跃 2 mm 位移;

(c) 500 N 阶跃 5 mm 位移;(d) 1000 N 阶跃 5 mm 位移;

(e) 500 N 阶跃 10 mm 位移;(f) 1000 N 阶跃 10 mm 位移

由本节不同参数下的位移阶跃响应曲线可以看出,位移阶跃响应的仿真与试验曲线趋势拟合得很好,证明仿真模型准确度较高,即建立的非线性数学模型及参数设定较完善。

3.2.3　工作参数对位置控制动态特性的影响

(1) 比例增益对位置控制动态特性的影响

控制器的比例增益与高集成伺服阀控缸系统传递函数前向通道增益成正比,增大控制器比例增益可提高高集成伺服阀控缸系统的带宽,但过大的比例增益会导致系统不稳定,当 L_0=20 mm,p_s=7 MPa,K_p=20、30 和 55 时,高集成伺服阀控缸系统的空载位移阶跃响应的试验与仿真曲线如图 3-14 所示。

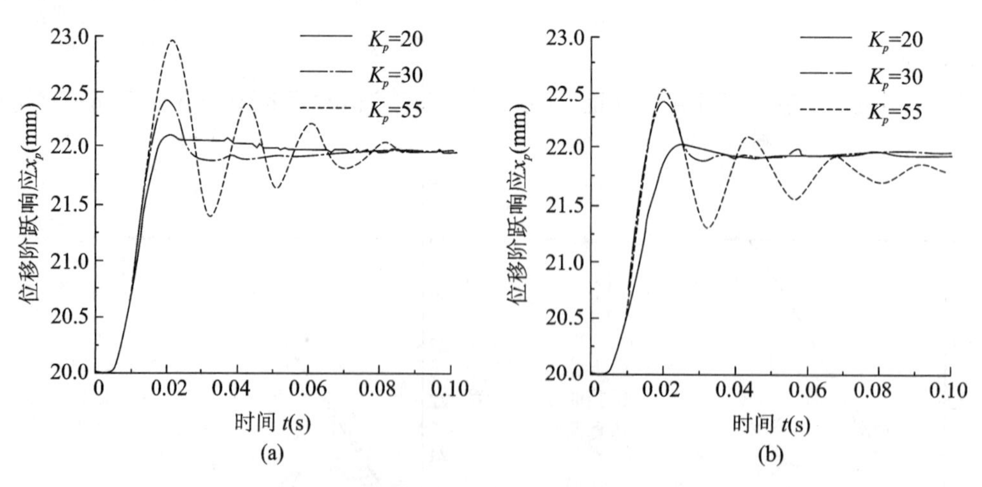

图 3-14　比例增益对高集成伺服阀控缸系统空载动态特性的影响

(a) 试验曲线;(b) 仿真曲线

由上图可以看出,比例增益的增大在提高高集成伺服阀控缸系统响应快速性的同时,增大了超调量。

(2) 供油压力对位置控制动态特性的影响

供油压力的差别会影响高集成伺服阀控缸系统的动态性能。当 $L_0=20$ mm, $K_p=30$, $p_s=5$ MPa、7 MPa 和 9 MPa 时,高集成伺服阀控缸系统空载位移阶跃响应的试验及仿真曲线如图 3-15 所示。

由图 3-15 可以看出,随着供油压力的提高,高集成伺服阀控缸系统位移阶跃响应的上升时间缩短,最大超调量增加。其原因为:供油压力的提高增大了高集成伺服阀控缸系统前向通道增益,由图 3-2 可知, K_q 正比于 $\sqrt{p_s-p_1}$。

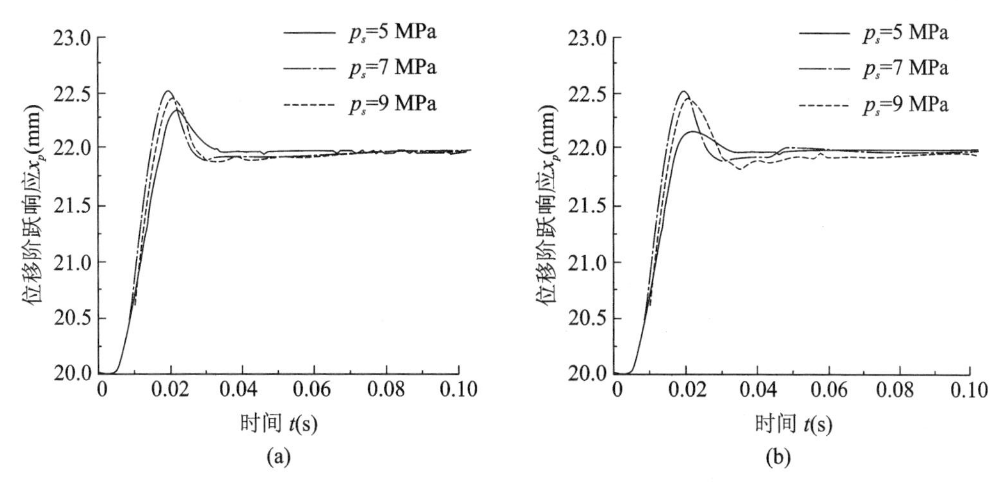

图 3-15　供油压力对高集成伺服阀控缸系统空载动态特性的影响

(a) 试验曲线;(b) 仿真曲线

(3) 初始位置对位置控制动态特性的影响

伺服缸活塞初始位置不同,也会影响高集成伺服阀控缸系统的动态特性。当 $p_s=7$ MPa, $K_p=30$, $L_0=10$ mm、20 mm、30 mm 和 40 mm 时,高集成伺服阀控缸系统空载位移阶跃响应的试验与仿真曲线如图 3-16 所示。

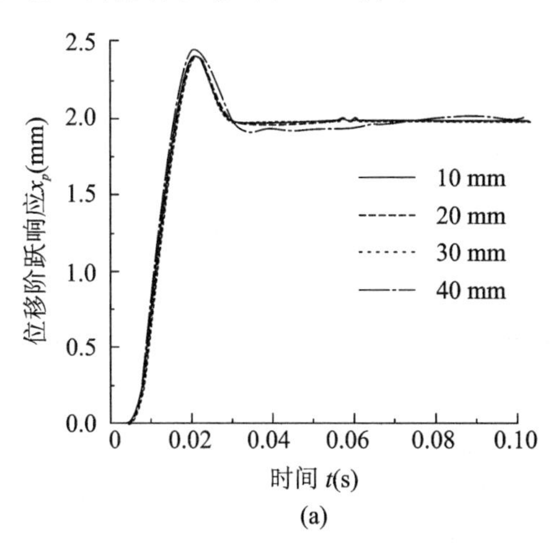

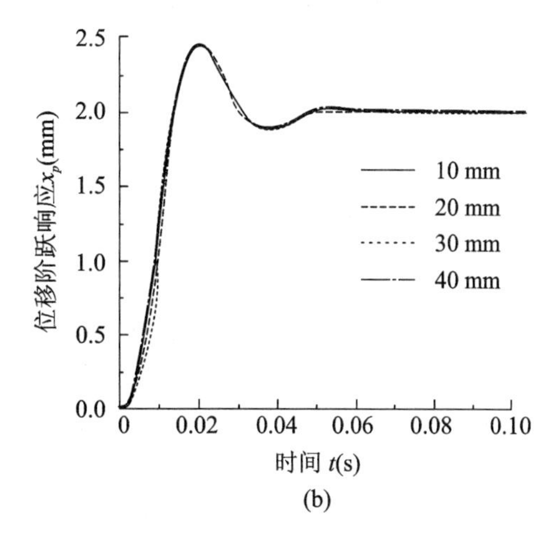

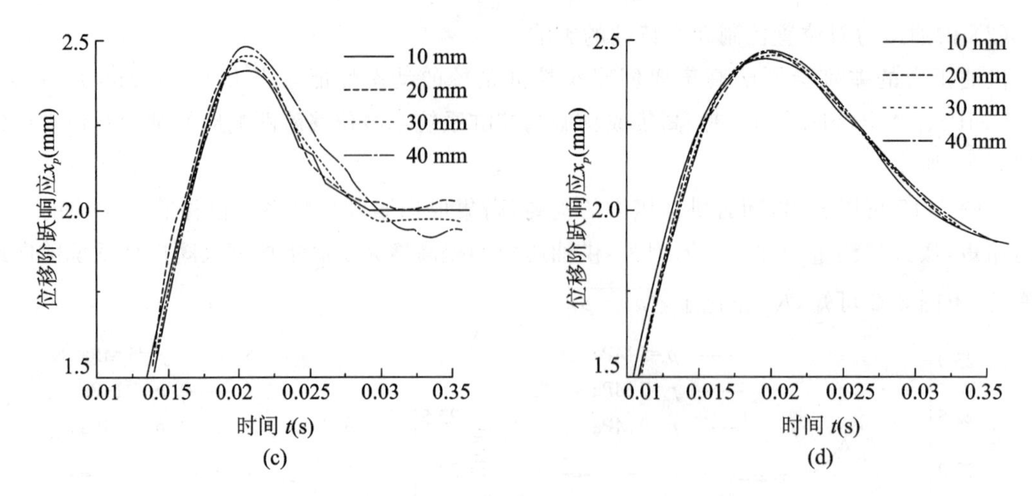

图 3-16　初始位置对高集成伺服阀控缸系统空载动态特性的影响

(a) 试验曲线;(b) 仿真曲线;(c) 试验曲线波动过程局部放大图;(d) 仿真曲线波动过程局部放大图

由图 3-16 可以看出,随着活塞初始位置与高集成伺服阀控缸系统高压进油端距离的增大,其上升时间增加,最大超调量增大,但总体来说,活塞初始位置对高集成伺服阀控缸系统动态响应的影响不大。

3.2.4　负载对位置控制动态特性的影响

(1) 负载力对位置控制动态特性的影响

连接负载模拟部分与被测高集成伺服阀控缸系统,采用参数自整定补偿控制方法,当 $L_0=20$ mm,$p_s=7$ MPa,$K_p=30$ 时,负载力 $F_L=0$ N、500 N 和 1000 N,高集成伺服阀控缸系统位移阶跃响应的试验与仿真曲线如图 3-17 所示。

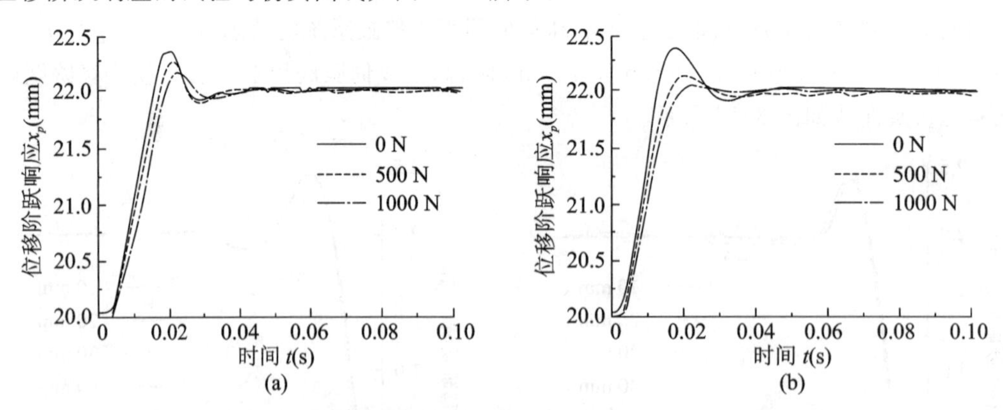

图 3-17　负载力对高集成伺服阀控缸系统空载动态特性的影响

(a) 试验曲线;(b) 仿真曲线

由图 3-17 可以看出,随着负载力的增大,高集成伺服阀控缸系统稳态误差增加,上升时间增加。其原因为:在无摩擦力和外负载力影响时,高集成伺服阀控缸系统前向通道传递函数对阶跃响应是无静差的;只引入摩擦力干扰时,由于摩擦力相对较小,其空载位移阶跃响应精度可以得到保证;但引入负载力干扰时,由于负载力较大,使其前向通道传递函数对阶跃响应变为有静差,从而降低了稳态精度。同时,前向通道传递函数力平衡节点处的输出合外力减小,高集成伺服阀控缸系统的运动速度减慢，上升时间延长。

(2) 负载质量对位置控制动态特性的影响

当 $L_0=20$ mm，$p_s=7$ MPa，$K_p=30$ 且不安装质量块、安装质量块分别为 1 kg 和 2 kg 时，高集成伺服阀控缸系统空载位移阶跃响应试验与仿真曲线如图 3-18 所示。

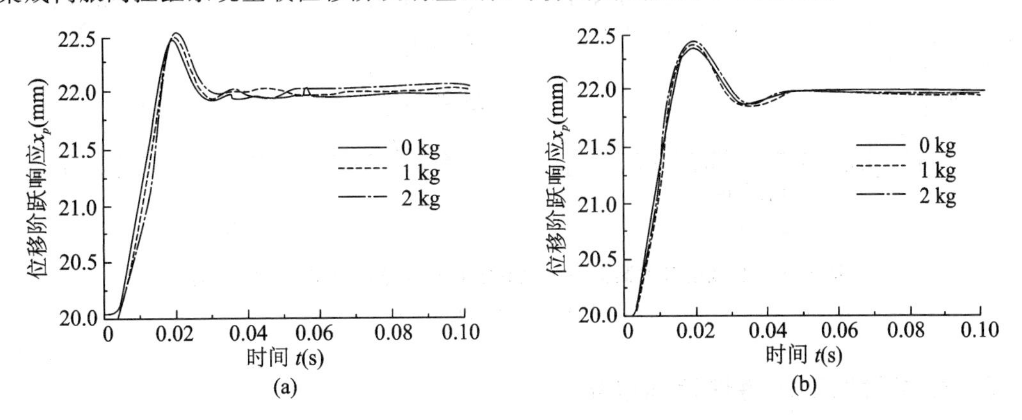

图 3-18 负载质量对高集成伺服阀控缸系统空载动态特性的影响

(a) 试验曲线；(b) 仿真曲线

由图 3-18 可以看出，随着负载质量的增加，高集成伺服阀控缸系统上升时间减小，最大超调量增加。其原因为：负载质量正比于前向通道传递函数合外力输出后的惯性环节时间常数，其值的增大，导致位移增量变化缓慢，从而降低了高集成伺服阀控缸系统的快速性。

(3) 负载刚度对位置控制动态特性的影响

通过在线检测高集成伺服阀控缸系统输出位移，并与所需模拟的负载刚度的乘积作为负载模拟部分的力给定信号，其负载刚度模拟试验的原理如图 3-19 所示。

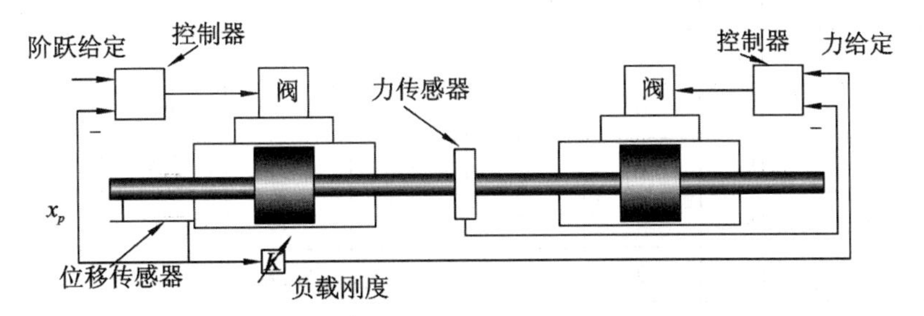

图 3-19 负载刚度模拟试验原理示意图

当 $L_0=20$ mm，$p_s=7$ MPa，$K_p=30$，负载刚度分别为 0 N/m、1×10^4 N/m 和 1×10^5 N/m 时，高集成伺服阀控缸系统的空载位移阶跃响应的试验与仿真曲线如图 3-20 所示。

可以看出，随着负载刚度的增大，高集成伺服阀控缸系统上升时间减小，调整时间增加，最大超调量减小，稳态误差增大，且负载刚度在一定范围内变化，对高集成伺服阀控缸系统动态特性和稳态精度影响很小，超出该范围，其对系统动态特性和稳态精度影响较大。其原因为：负载刚度作为合外力至位移输出的反馈环节中，其值的增大，减小了该部分闭环传递函数的增益，降低了高集成伺服阀控缸系统的快速性；负载刚度的反馈也引起了高集成伺服阀控缸系统合外力的变化，从而影响其稳态精度。负载刚度的引入，使高集成伺服阀控缸系统的开环传递函数阶次提升至六阶，减少了 1 个零值极点，增加了 2 个非零值极点。

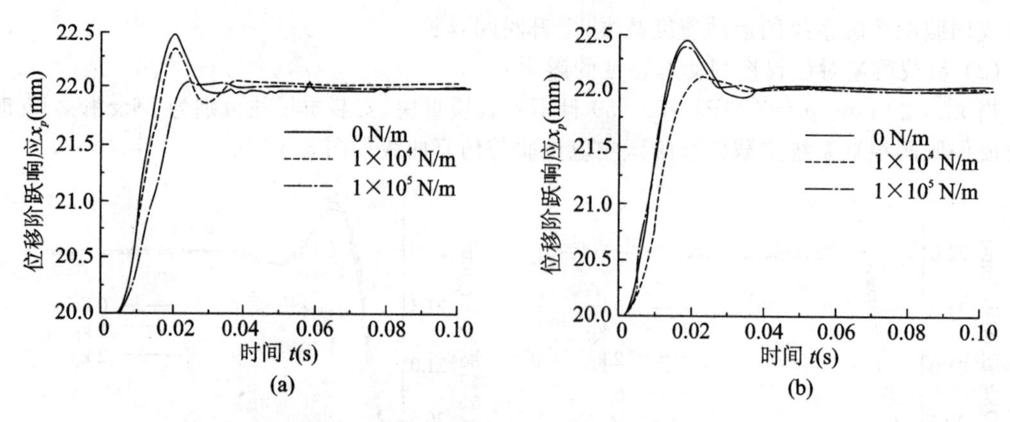

图 3-20 负载刚度对高集成伺服阀控缸系统空载动态特性的影响

(a) 试验曲线;(b) 仿真曲线

3.2.5 位移阶跃响应特性指标量化

上述工作参数和负载参数的改变,对应高集成伺服阀控缸系统位移阶跃响应曲线的超调量 M_p 和上升时间 t_r 的量化值,如表 3-2 所示。

表 3-2 参数改变对应高集成伺服阀控缸系统位移阶跃响应曲线的超调量和上升时间量化表

序号	比例增益 K_p	系统供油压力 p_s(MPa)	活塞杆初始位移 L_0(mm)	负载力 F_L(N)	负载质量 m_t(kg)	负载刚度 K(N/m)	最大超调量 M_p(%)		上升时间 t_r(ms)	
							试验	仿真	试验	仿真
1	20	7	19	0	0	0	8.6	6.5	17.21	16.91
2	30	7	19	0	0	0	21.5	16.2	15.81	14.33
3	55	7	19	0	0	0	48.3	38.4	13.91	13.38
4	30	5	19	0	0	0	17.4	8.7	17.12	16.78
5	30	9	19	0	0	0	26.1	20.1	14.83	13.57
6	30	7	10	0	0	0	20.8	16.5	15.64	14.14
7	30	7	20	0	0	0	21.9	17.4	15.83	14.36
8	30	7	30	0	0	0	22.3	23.3	15.96	14.48
9	30	7	40	0	0	0	23.8	23.5	16.09	14.61
10	30	7	19	500	0	0	14.8	7.7	17.08	16.23
11	30	7	19	1000	0	0	9.2	2.5	18.71	18.12
12	30	7	19	0	1	0	23.8	19.4	15.98	14.83
13	30	7	19	0	2	0	25.7	23.5	16.11	15.05
14	30	7	19	0	0	1×10^4	17.5	15.3	15.96	14.44
15	30	7	19	0	0	1×10^5	3.9	2.6	21.33	18.35

本节将实测的高集成伺服阀控缸系统摩擦力-速度数据导入仿真模型，通过不同的比例增益、位移阶跃量和负载力工况下的试验和仿真曲线对比，验证了非线性仿真模型的准确性，进而定性分析了不同工作参数和负载参数对高集成伺服阀控缸系统位置阶跃响应特性的影响。

3.3 伺服阀控缸位置控制系统灵敏度优化设计

3.3.1 概述

掌握高集成伺服阀控缸系统位置控制全动作周期内影响其控制特性的关键结构参数和时变参数，才能依据实际工况有针对性地进行结构优化及控制补偿，以提高高集成伺服阀控缸系统的控制性能。仅通过有级地改变各参数的大小，依托高集成伺服阀控缸系统位移试验测试曲线和仿真曲线来判断其参数的影响，一般只能给出定性的分析结果，难以定量地分析各参数变化对其位置控制性能的影响程度。

将灵敏度分析理论应用于伺服阀控缸结构性能分析中，从而得到高集成伺服阀控缸性能对其结构参数、工作参数及控制参数的灵敏度，将作为上述问题成功解决的有效手段。对于液压系统来说，由于其数学模型具有高阶次、强非线性和多时变参数的特点，在保证灵敏度分析结论准确性的前提下，系统各参数灵敏度求解过程应尽可能简单，以减小由于液压系统组成环节及控制环节的人为调整所导致的灵敏度模型推导过程烦琐的问题，并能够缩短系统不同工况及初始条件下系统各参数灵敏度的计算周期。

本节基于高集成伺服阀控缸系统六阶非线性数学模型，建立其一阶轨迹灵敏度方程，求解不同负载力作用下其位移阶跃响应对伺服阀固有频率、阻尼比、负载力等 17 个参数灵敏度的变化规律及数值。为保证分析结果的准确性，利用高集成伺服阀控缸系统性能测试实验台对部分参数灵敏度指标进行试验验证。

3.3.2 高集成伺服阀控缸位置控制系统灵敏度方程

(1) 状态空间方程

为便于数学推导，在公式(3-1)、公式(3-2)中引入符号函数，可得伺服阀进油流量为：

$$q_1 = K_d x_v \sqrt{\left\{\frac{[1+\mathrm{sgn}(x_v)p_s]}{2}+\frac{[-1+\mathrm{sgn}(x_v)]p_0}{2}\right\}-\mathrm{sgn}(x_v)p_1} \tag{3-23}$$

伺服阀回油流量为：

$$q_2 = K_d x_v \sqrt{\left\{\frac{[1-\mathrm{sgn}(x_v)p_s]}{2}+\frac{[-1-\mathrm{sgn}(x_v)]p_0}{2}\right\}+\mathrm{sgn}(x_v)p_2} \tag{3-24}$$

则高集成伺服阀控缸位置控制系统框图可转化为图 3-21 所示。

系统的状态方程为：

$$\dot{\boldsymbol{x}} = \boldsymbol{f}(\boldsymbol{x},\boldsymbol{u},\boldsymbol{\alpha},t) \tag{3-25}$$

式中 $\boldsymbol{x}$——n 维状态矢量；

$\boldsymbol{u}$——与 $\boldsymbol{\alpha}$ 无关的 r 维输入矢量；

$\boldsymbol{\alpha}$——i 维参数矢量；

t——时间。

式(3-25)的解可以表示为：

$$\boldsymbol{x}_n(t)=\boldsymbol{\varphi}(t,\boldsymbol{\alpha}_n) \tag{3-26}$$

基于图 3-21 位置控制框图可得：

$$\boldsymbol{x}=[x_1,x_2,x_3,x_4,x_5,x_6]^{\mathrm{T}}$$

$$\boldsymbol{u}=[u_1]^{\mathrm{T}}$$

$$\boldsymbol{\alpha}=[\alpha_1,\alpha_2,\alpha_3,\alpha_4,\alpha_5,\alpha_6,\alpha_7,\alpha_8,\alpha_9,\alpha_{10},\alpha_{11},\alpha_{12},\alpha_{13},\alpha_{14},\alpha_{15},\alpha_{16},\alpha_{17}]^{\mathrm{T}}$$

其中，状态矢量 $\boldsymbol{x}$ 中的状态变量为：

$$x_1=x_p,x_2=\dot{x}_p,x_3=x_v,x_4=\dot{x}_v$$

输入矢量 $\boldsymbol{u}$ 中的输入为：

$$u_1=x_r$$

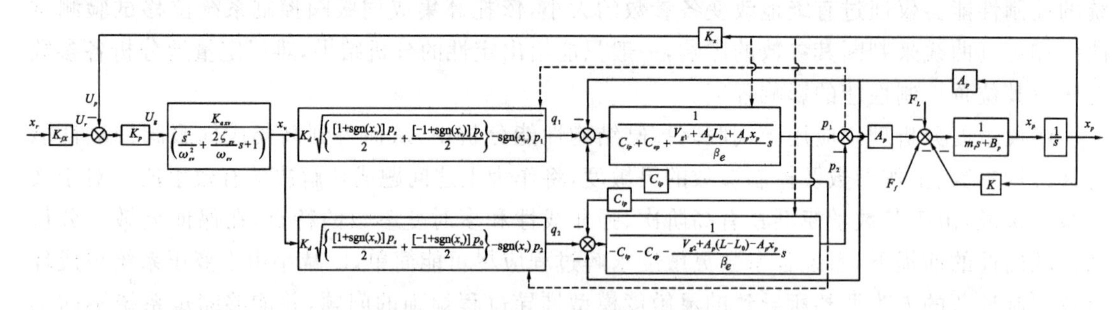

图 3-21 转化后的高集成伺服阀控缸系统位置控制框图

由于 K_a 和 K_{xv} 均为系统前向通道增益，其值的变化对高集成伺服阀控缸系统的位移输出影响特性相同，为简化分析，定义参量 $K_{axv}=K_aK_{xv}$，该参量表征伺服阀及其配套功率放大器的共同增益值，则矢量 $\boldsymbol{\alpha}$ 中的参数可定义为：

$\alpha_1=\omega_{sv},\alpha_2=\zeta_{sv},\alpha_3=K_d,\alpha_4=p_s,\alpha_5=p_0,\alpha_6=C_{ip},\alpha_7=L,\alpha_8=L_0,\alpha_9=A_p,\alpha_{10}=\beta_e,\alpha_{11}=m_t,\alpha_{12}=K_x,\alpha_{13}=K_p,\alpha_{14}=K_{axv},\alpha_{15}=K,\alpha_{16}=B_p,\alpha_{17}=F_L$

因此，式(3-20)可展开为：

$$\left.\begin{aligned}
\dot{x}_1&=x_2\\
\dot{x}_2&=-\frac{K}{m_t}x_1-\frac{B_p}{m_t}x_2+\frac{A_p}{m_t}x_5-\frac{A_p}{m_t}x_6-\frac{F_f+F_L}{m_t}\\
\dot{x}_3&=x_4\\
\dot{x}_4&=-K_xK_{axv}K_p\omega_{sv}^2x_1-\omega_{sv}^2x_3-2\zeta_{sv}\omega_{sv}x_4+K_{axv}K_pK_x\omega_{sv}^2x_r\\
\dot{x}_5&=\beta_e(V_{g1}+A_pL_0+A_px_1)^{-1}\Big[-A_px_2\\
&\quad+K_dx_3\sqrt{\left\{\frac{[1+\mathrm{sgn}(x_3)]p_s}{2}+\frac{[-1+\mathrm{sgn}(x_3)]p_0}{2}\right\}-\mathrm{sgn}(x_3)x_5}-(C_{ip}+C_{ep})x_5+C_{ip}x_6\Big]\\
\dot{x}_6&=\beta_e[V_{g2}+A_p(L-L_0)-A_px_1]^{-1}\Big[-A_px_2\\
&\quad-K_dx_3\sqrt{\left\{\frac{[1-\mathrm{sgn}(x_3)]p_s}{2}+\frac{[-1-\mathrm{sgn}(x_3)]p_0}{2}\right\}+\mathrm{sgn}(x_3)x_6}+C_{ip}x_5-(C_{ip}+C_{ep})x_6\Big]
\end{aligned}\right\} \tag{3-27}$$

(2) 灵敏度函数

选用比较常用且精度较高的一阶灵敏度模型进行高集成伺服阀控缸系统的灵敏度分析。

由于 $\boldsymbol{x}$ 是 $\boldsymbol{\alpha}$ 的函数，在输入矢量 $\boldsymbol{u}$ 与参数矢量 $\boldsymbol{\alpha}$ 相互独立的情况下，式(3-25)在等式两边同时对参数矢量 $\boldsymbol{\alpha}$ 求偏导数，得：

$$\left(\frac{\partial \dot{\boldsymbol{x}}}{\partial \alpha_i}\right)_n=\frac{\partial \boldsymbol{f}(\boldsymbol{x},\boldsymbol{u},\boldsymbol{\alpha},t)}{\partial \alpha_i} \quad (i=1,\cdots,17) \tag{3-28}$$

展开式(3-28)，得：

$$\left(\frac{\partial \dot{\boldsymbol{x}}}{\partial \alpha_i}\right)_n=\left(\frac{\partial \boldsymbol{f}}{\partial \boldsymbol{x}}\right)_n \cdot \left(\frac{\partial \boldsymbol{x}}{\partial \alpha_i}\right)_n+\left(\frac{\partial \boldsymbol{f}}{\partial \alpha_i}\right)_n \quad (n=1,\cdots,6) \tag{3-29}$$

将状态矢量 $\boldsymbol{x}$ 对参数矢量 $\boldsymbol{\alpha}$ 的灵敏度函数定义为：

$$\boldsymbol{\lambda}^i=\left(\frac{\partial \boldsymbol{x}}{\partial \alpha_i}\right)_n \tag{3-30}$$

其初始条件为：

$$\lambda_0^i=\left(\frac{\partial x_0}{\partial \alpha_i}\right)_n \tag{3-31}$$

将式(3-31)代入式(3-30)，得：

$$\dot{\boldsymbol{\lambda}}^i=\left(\frac{\partial \boldsymbol{f}}{\partial \boldsymbol{x}}\right)_n \boldsymbol{\lambda}^i+\left(\frac{\partial \boldsymbol{f}}{\partial \alpha_i}\right)_n \tag{3-32}$$

式(3-32)为高集成伺服阀控缸系统的灵敏度方程。式中，$(\partial \boldsymbol{f}/\partial \boldsymbol{x})_n$ 为灵敏度方程系数项矩阵，$(\partial \boldsymbol{f}/\partial \alpha_i)_n$ 为灵敏度方程自由项矩阵。

(3) 系数项及自由项矩阵

求解式(3-25)中函数 $\boldsymbol{f}(\boldsymbol{x},\boldsymbol{u},\boldsymbol{\alpha},t)$ 对状态矢量 $\boldsymbol{x}$ 的偏导数，可得如下雅可比矩阵：

$$\frac{\partial f}{\partial x_1}=\begin{bmatrix} 0,-\dfrac{K}{m_t},0,-K_x K_{axv} K_p \omega_{sv}^2, \\ A_p\beta_e(V_{g1}+A_pL_0+A_px_1)^{-2}\cdot \\ \left[A_px_2-K_dx_3\sqrt{\left\{\dfrac{[1+\operatorname{sgn}(x_3)]p_s}{2}+\dfrac{[-1+\operatorname{sgn}(x_3)]p_0}{2}\right\}-\operatorname{sgn}(x_3)x_5}\right. \\ \left.+(C_{ip}+C_{ep})x_5-C_{ip}x_6\right], \\ A_p\beta_e[V_{g2}+A_p(L-L_0)-A_px_1]^{-2}\cdot \\ \left[A_px_2-K_dx_3\sqrt{\left\{\dfrac{[1-\operatorname{sgn}(x_3)]p_s}{2}+\dfrac{[-1-\operatorname{sgn}(x_3)]p_0}{2}\right\}+\operatorname{sgn}(x_3)x_6}\right. \\ \left.+C_{ip}x_5-(C_{ip}+C_{ep}x_6)\right] \end{bmatrix}^{\mathrm{T}}$$

$$\frac{\partial f}{\partial x_2}=\left[1,-\frac{B_p}{m_t},0,0,-\beta_eA_p(V_{g1}+A_pL_0+A_px_1)^{-1},\beta_eA_p[V_{g2}+A_p(L-L_0)-A_px_1]^{-1}\right]^{\mathrm{T}}$$

$$\frac{\partial f}{\partial x_3}=\begin{bmatrix} 0,0,0,-\omega_{sv}^2,K_d\beta_e(V_{g1}+A_pL_0+A_px_1)^{-1}\sqrt{\left\{\dfrac{[1+\operatorname{sgn}(x_3)]p_s}{2}+\dfrac{[-1+\operatorname{sgn}(x_3)]p_0}{2}\right\}-\operatorname{sgn}(x_3)x_5}, \\ -K_d\beta_e[V_{g2}+A_p(L-L_0)-A_px_1]^{-1}\sqrt{\left\{\dfrac{[1-\operatorname{sgn}(x_3)]p_s}{2}+\dfrac{[-1-\operatorname{sgn}(x_3)]p_0}{2}\right\}+\operatorname{sgn}(x_3)x_6} \end{bmatrix}^{\mathrm{T}}$$

$$\frac{\partial f}{\partial x_4}=[0,0,1,-2\zeta_{sv}\omega_{sv},0,0]^{\mathrm{T}}$$

$$\frac{\partial f}{\partial x_5}=\begin{bmatrix}0,\dfrac{A_p}{m_t},0,0,-\dfrac{1}{2}\mathrm{sgn}(x_3)K_d\beta_e(V_{g1}+A_pL_0+A_px_1)^{-1}x_3\cdot\\ \left\{\left\{\dfrac{[1+\mathrm{sgn}(x_3)]p_s}{2}+\dfrac{[-1+\mathrm{sgn}(x_3)]p_0}{2}\right\}-\mathrm{sgn}(x_3)x_5\right\}^{-\frac{1}{2}}\\ -\beta_e(C_{ip}+C_{ep})(V_{g1}+A_pL_0+A_px_1)^{-1},\beta_eC_{ip}[V_{g2}+A_p(L-L_0)-A_px_1]^{-1}\end{bmatrix}^{\mathrm{T}}$$

$$\frac{\partial f}{\partial x_6}=\begin{bmatrix}0,-\dfrac{A_p}{m_t},0,0,\beta_eC_{ip}(V_{g1}+A_pL_0+A_px_1)^{-1},\\ -\dfrac{1}{2}\mathrm{sgn}(x_3)K_d\beta_e[V_{g2}+A_p(L-L_0)-A_px_1]^{-1}x_3\cdot\\ \left\{\left\{\dfrac{[1-\mathrm{sgn}(x_3)]p_s}{2}+\dfrac{[-1-\mathrm{sgn}(x_3)]p_0}{2}\right\}+\mathrm{sgn}(x_3)x_6\right\}^{-\frac{1}{2}}\\ -\beta_e(C_{ip}+C_{ep})[V_{g2}+A_p(L-L_0)-A_px_1]^{-1}\end{bmatrix}$$

上述求得的六阶含有时变元素的矩阵为式(3-30)灵敏度函数 $\boldsymbol{\lambda}^i$ 的系数项矩阵。求式(3-25)中函数 $\boldsymbol{f}(\boldsymbol{x},\boldsymbol{u},\boldsymbol{\alpha},t)$ 对参数矢量 $\boldsymbol{\alpha}$ 的偏导数，可得：

$$\frac{\partial f}{\partial \alpha_1}=[0,0,0,-2K_xK_{axv}K_p\omega_{sv}x_1-2\omega_{sv}x_3-2\zeta x_4+2K_{axv}K_pK_x\omega_{sv}x_r,0,0]^{\mathrm{T}}$$

$$\frac{\partial f}{\partial \alpha_2}=[0,0,0,-2\omega_{sv}x_4,0,0]^{\mathrm{T}}$$

$$\frac{\partial f}{\partial \alpha_3}=$$

$$\begin{bmatrix}0,0,0,0,\beta_e(V_{g1}+A_pL_0+A_px_1)^{-1}x_3\sqrt{\left\{\dfrac{[1+\mathrm{sgn}(x_3)]p_s}{2}+\dfrac{[-1+\mathrm{sgn}(x_3)]p_0}{2}\right\}-\mathrm{sgn}(x_3)x_5},\\ -\beta_e[V_{g2}+A_p(L-L_0)-A_px_1]^{-1}x_3\sqrt{\left\{\dfrac{[1-\mathrm{sgn}(x_3)]p_s}{2}+\dfrac{[-1-\mathrm{sgn}(x_3)]p_0}{2}\right\}+\mathrm{sgn}(x_3)x_6}\end{bmatrix}^{\mathrm{T}}$$

$$\frac{\partial f}{\partial \alpha_4}=\begin{bmatrix}0,0,0,0,\dfrac{[1+\mathrm{sgn}(x_3)]}{4}K_d\beta_ex_3(V_{g1}+A_pL_0+A_px_1)^{-1}\cdot\\ \left\{\left\{\dfrac{[1+\mathrm{sgn}(x_3)]p_s}{2}+\dfrac{[-1+\mathrm{sgn}(x_3)]p_0}{2}\right\}-\mathrm{sgn}(x_3)x_5\right\}^{-\frac{1}{2}},\\ -\dfrac{[1-\mathrm{sgn}(x_3)]}{4}K_d\beta_ex_3[V_{g2}+A_p(L-L_0)-A_px]^{-1}\cdot\\ \left\{\left\{\dfrac{[1-\mathrm{sgn}(x_3)]p_s}{2}+\dfrac{[-1-\mathrm{sgn}(x_3)]p_0}{2}\right\}+\mathrm{sgn}(x_3)x_6\right\}^{-\frac{1}{2}}\end{bmatrix}^{\mathrm{T}}$$

$$\frac{\partial f}{\partial \alpha_5}=\begin{bmatrix}0,0,0,0,\dfrac{[-1+\mathrm{sgn}(x_3)]}{4}K_d\beta_ex_3(V_{g1}+A_pL_0+A_px_1)^{-1}\cdot\\ \left\{\left\{\dfrac{[1+\mathrm{sgn}(x_3)]p_s}{2}+\dfrac{[-1+\mathrm{sgn}(x_3)]p_0}{2}\right\}-\mathrm{sgn}(x_3)x_5\right\}^{-\frac{1}{2}},\\ -\dfrac{[-1-\mathrm{sgn}(x_3)]}{4}K_d\beta_ex_3[V_{g2}+A_p(L-L_0)-A_px_1]^{-1}\cdot\\ \left\{\left\{\dfrac{[1-\mathrm{sgn}(x_3)]p_s}{2}+\dfrac{[-1-\mathrm{sgn}(x_3)]p_0}{2}\right\}+\mathrm{sgn}(x_3)x_6\right\}^{-\frac{1}{2}}\end{bmatrix}^{\mathrm{T}}$$

$$\frac{\partial f}{\partial \alpha_6}=[0,0,0,0,(V_{g1}+A_pL_0+A_px_1)^{-1}\beta_e(-x_5+x_6),[V_{g2}+A_p(L-L_0)-A_px_1]^{-1}\beta_e(x_5-x_6)]^{\mathrm{T}}$$

$$\frac{\partial f}{\partial \alpha_7}=\begin{bmatrix}0,0,0,0,0,-A_p\beta_e[V_{g2}+A_p(L-L_0)-A_px_1]^{-2}\cdot\\ \left[A_px_2-K_dx_3\sqrt{\left\{\frac{[1-\mathrm{sgn}(x_3)]p_s}{2}+\frac{[-1-\mathrm{sgn}(x_3)]p_0}{2}\right\}}+\mathrm{sgn}(x_3)x_6+C_{ip}x_5-(C_{ip}+C_{ep})x_6\right]\end{bmatrix}^{\mathrm{T}}$$

$$\frac{\partial f}{\partial \alpha_8}$$

$$=\begin{bmatrix}0,0,0,0,-A_p\beta_e(V_{g1}+A_pL_0+A_px_1)^{-2}\cdot\\ \left[-A_px_2+K_dx_3\sqrt{\left\{\frac{[1+\mathrm{sgn}(x_3)]p_s}{2}+\frac{[-1+\mathrm{sgn}(x_3)]p_0}{2}\right\}}-\mathrm{sgn}(x_3)x_5-(C_{ip}+C_{ep})x_5+C_{ip}x_6\right],\\ A_p\beta_e[V_{g2}+A_p(L-L_0)-A_px_1]^{-2}\cdot\\ \left[A_px_2-K_dx_3\sqrt{\left\{\frac{[1-\mathrm{sgn}(x_3)]p_s}{2}+\frac{[-1-\mathrm{sgn}(x_3)]p_0}{2}\right\}}+\mathrm{sgn}(x_3)x_6+C_{ip}x_5+(C_{ip}+C_{ep})x_6\right]\end{bmatrix}^{\mathrm{T}}$$

$$\frac{\partial f}{\partial \alpha_9}$$

$$=\begin{bmatrix}0,\frac{x_5}{m_t}-\frac{x_6}{m_t},0,0,-\beta_ex_2(V_{g1}+A_pL_0+A_px_1)^{-1}-\beta_e(L_0+x_1)(V_{g1}+A_pL_0+A_px_1)^{-2}\cdot\\ \left[-A_px_2+K_dx_3\sqrt{\left\{\frac{[1+\mathrm{sgn}(x_3)]p_s}{2}+\frac{[-1+\mathrm{sgn}(x_3)]p_0}{2}\right\}}-\mathrm{sgn}(x_3)x_5-(C_{ip}+C_{ep})x_5+C_{ip}x_6\right],\\ \beta_ex_2[V_{g2}+A_p(L-L_0)-A_px_1]^{-1}-\beta_e(L-L_0-x_1)[V_{g2}+A_p(L-L_0)-A_px_1]^{-2}\cdot\\ \left[A_px_2-K_dx_3\sqrt{\left\{\frac{[1-\mathrm{sgn}(x_3)]p_s}{2}+\frac{[-1-\mathrm{sgn}(x_3)]p_0}{2}\right\}}+\mathrm{sgn}(x_3)x_6+C_{ip}x_5-(C_{ip}+C_{ep})x_6\right]\end{bmatrix}^{\mathrm{T}}$$

$$\frac{\partial f}{\partial \alpha_{10}}$$

$$=\begin{bmatrix}0,0,0,0,(V_{g1}+A_pL_0+A_px_1)^{-1}\cdot\\ \left[-A_px_2+K_dx_3\sqrt{\left\{\frac{[1+\mathrm{sgn}(x_3)]p_s}{2}+\frac{[-1+\mathrm{sgn}(x_3)]p_0}{2}\right\}}-\mathrm{sgn}(x_3)x_5-(C_{ip}+C_{ep})x_5+C_{ip}x_6\right],\\ [V_{g2}+A_p(L-L_0)-A_px_1]^{-1}\cdot\\ \left[A_px_2-K_dx_3\sqrt{\left\{\frac{[1-\mathrm{sgn}(x_3)]p_s}{2}+\frac{[-1-\mathrm{sgn}(x_3)]p_0}{2}\right\}}+\mathrm{sgn}(x_3)x_6+C_{ip}x_5-(C_{ip}+C_{ep})x_6\right]\end{bmatrix}^{\mathrm{T}}$$

$$\frac{\partial f}{\partial \alpha_{11}}=\left[0,\frac{K}{m_t^2}x_1+\frac{B_p}{m_t^2}x_2-\frac{A_p}{m_t^2}x_5+\frac{A_p}{m_t^2}x_6+\frac{F_f+F}{m_t^2},0,0,0,0\right]^{\mathrm{T}}$$

$$\frac{\partial f}{\partial \alpha_{12}}=[0,0,0,-K_{axv}K_P\omega_{sv}^2x_1+K_{axv}K_P\omega_{sv}^2x_r,0,0]^{\mathrm{T}}$$

$$\frac{\partial f}{\partial \alpha_{13}}=[0,0,0,-K_xK_{axv}\omega_{sv}^2x_1+K_{axv}K_x\omega_{sv}^2x_r,0,0]^{\mathrm{T}}$$

$$\frac{\partial f}{\partial \alpha_{14}}=[0,0,0,-K_xK_p\omega_{sv}^2x_1+K_pK_x\omega_{sv}^2x_r,0,0]^{\mathrm{T}}$$

$$\frac{\partial f}{\partial \alpha_{15}}=\left[0,-\frac{1}{m_t}x_1,0,0,0,0,0\right]^{\mathrm{T}}$$

$$\frac{\partial f}{\partial \alpha_{16}}=\left[0,-\frac{1}{m_t}x_2,0,0,0,0,0\right]^{\mathrm{T}}$$

$$\frac{\partial f}{\partial \alpha_{17}}=\left[0,-\frac{1}{m_t},0,0,0,0\right]^{\mathrm{T}}$$

上述求得的 6×17 阶含有时变元素的矩阵为式(3-30)的自由项矩阵。由于伺服阀阀芯初始位移及伺服缸两腔压力初值为零，故其状态矢量 $\boldsymbol{x}$ 的初值为 $x_0=0$，根据式(3-31)可知，灵敏度函数 $\boldsymbol{\lambda}^i$ 的初值为：

$$\lambda_0^i=0 \quad (i=1,\cdots,17) \tag{3-33}$$

(4) 灵敏度衡量指标

式(3-30)的灵敏度函数 $\boldsymbol{\lambda}$ 表征参数矢量 $\boldsymbol{\alpha}$ 的变化对状态矢量 $\boldsymbol{x}$ 的影响，由于系统在采样时间内各时间点的状态不同，灵敏度函数 $\boldsymbol{\lambda}$ 的值随时间变化。将灵敏度函数 $\boldsymbol{\lambda}$ 随时间 t 变化的曲线定义为灵敏度函数时程曲线，该曲线描述了灵敏度函数的动态变化过程。为了更直观地评价参数矢量 $\boldsymbol{\alpha}$ 对状态矢量 $\boldsymbol{x}$ 的影响程度，需要定义灵敏度的衡量指标。

由于参数矢量变化 $\Delta\boldsymbol{\alpha}$ 会引起状态矢量变化 $\Delta\boldsymbol{x}$，代入式(3-25)中求差，并利用泰勒公式展开，可得：

$$\Delta\boldsymbol{x}=\left(\frac{\partial\boldsymbol{x}}{\partial\boldsymbol{\alpha}}\right)_n\Delta\boldsymbol{\alpha}+o(\boldsymbol{\alpha}) \tag{3-34}$$

式中　$(\partial\boldsymbol{x}/\partial\boldsymbol{\alpha})_n$——灵敏度函数 $\boldsymbol{\lambda}_n^i$；

$o(\boldsymbol{\alpha})$——高阶项。

对于高集成伺服阀控缸系统位移阶跃响应，由于系统的给定位移和高集成伺服阀控缸系统的初始位移均为恒值，因此采用状态矢量变化相对于其位移阶跃量的稳态值 x_{sj} 的百分比(即状态矢量变化相对于给定位移与初始位移差值的百分比)，来衡量各参数变化对状态矢量的影响程度。忽略式(3-32)中的高阶项，该百分比可表示为：

$$\frac{\Delta x_j}{x_{sj}}\times100\%=\frac{\lambda_j^i\Delta\alpha_i}{x_{sj}}\times100\% \tag{3-35}$$

把参数变化引起 x_1 变化的百分比最大值作为位移阶跃响应的第 1 项灵敏度衡量指标，以下简称灵敏度指标 1。

对于高集成伺服阀控缸系统其他给定信号下的位移响应，由于给定位移曲线不为恒值，用百分比来衡量灵敏度会造成误解，因此非阶跃给定信号下，把参数变化引起 x_1 变化的最大值作为灵敏度指标 1，其表达式为：

$$\Delta x_{\max}\approx\left|\frac{\partial x_1}{\partial\alpha_i}\right|_{\max}\Delta\alpha_i \quad (i=1,\cdots,17) \tag{3-36}$$

灵敏度指标 1 表征采样时间内各参数变化对 x_1 变化影响的瞬时最大值。

为便于衡量采样时间内各参数变化对 x_1 影响的总体程度，把 $|(\partial x/\partial\alpha)_n|\Delta\alpha$ 对时间 t 积分的总和 I_q 作为第 2 项灵敏度衡量指标，以下简称灵敏度指标 2，其表达式为：

$$I_q=\int_0^t\left|\left(\frac{\partial x}{\partial\alpha}\right)_n\right|\Delta\alpha\mathrm{d}t \tag{3-37}$$

3.3.3　位移阶跃响应特性参数的灵敏度分析

(1) 位移阶跃响应的灵敏度函数

灵敏度方程式(3-33)是带有时变系数项和时变自由项的一阶线性非齐次微分方程组，有 $n\times(p+1)$ 个表达式待求解(n 个状态方程表达式以及 $n\times p$ 个灵敏度方程表达式)，这里更关注高集成伺服阀控缸系统的位置控制特性，因此只研究位移阶跃响应 x_1 对参数矢量 $\boldsymbol{\alpha}$ 的灵敏度。

利用精度较高的四阶/五阶 Runge-Kutta 算法，在 MATLAB 主界面中进行编程，基于灵敏度方程式(3-32)及位置控制的仿真模型(图 3-8)进行联合求解，方程及仿真模型中比例增益 $K_p=30$，其他参数初值见表 3-1。

可求解空载情况下高集成伺服阀控缸系统位移阶跃为 2 mm 时的 x_1 对参数 $\alpha_i(i=1,\cdots,16)$ 的灵敏度函数 λ_1^i 时程曲线($i=1,\cdots,16$)，如图 3-22 所示。

同理可求解出其他位移阶跃量及加载情况下的灵敏度函数曲线，由于篇幅限制，相应的灵敏度函数曲线不再一一列出。

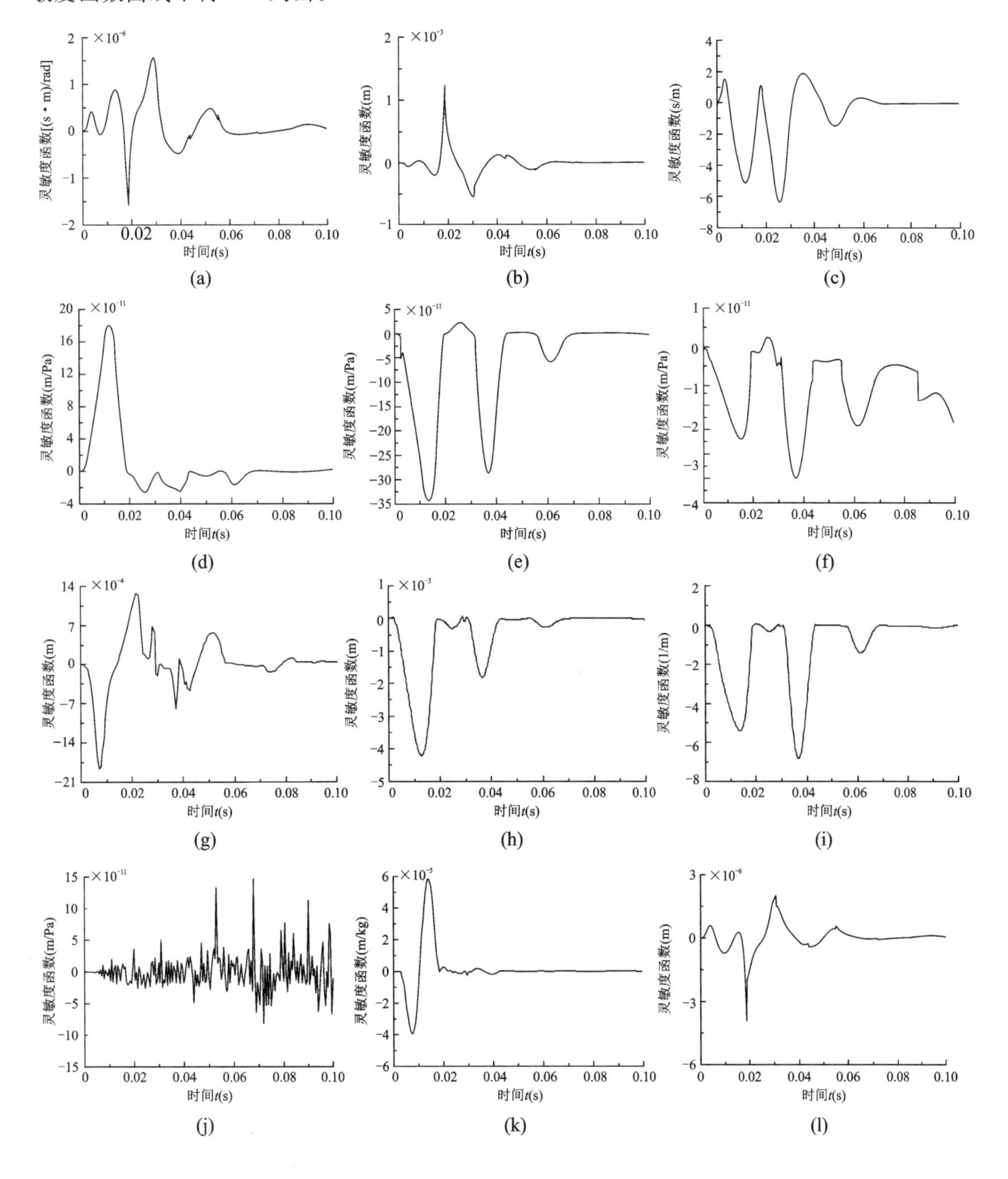

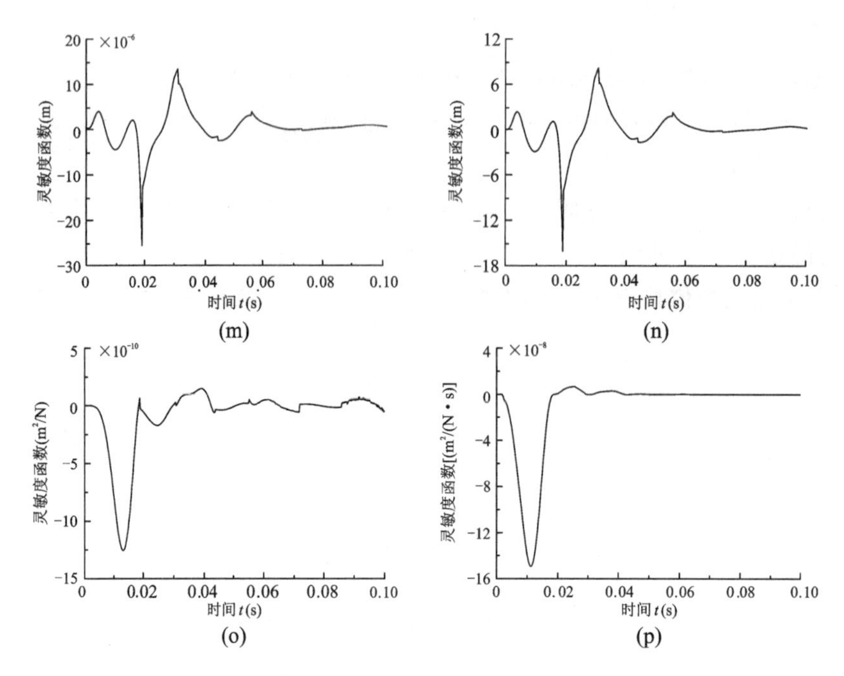

图 3-22　空载位移阶跃 2 mm 时灵敏度函数时程曲线

(a) 灵敏度函数 λ_1^1；(b) 灵敏度函数 λ_1^2；(c) 灵敏度函数 λ_1^3；(d) 灵敏度函数 λ_1^4；(e) 灵敏度函数 λ_1^5；(f) 灵敏度函数 λ_1^6；(g) 灵敏度函数 λ_1^7；(h) 灵敏度函数 λ_1^8；(i) 灵敏度函数 λ_1^9；(j) 灵敏度函数 λ_1^{10}；(k) 灵敏度函数 λ_1^{11}；(l) 灵敏度函数 λ_1^{12}；(m) 灵敏度函数 λ_1^{13}；(n) 灵敏度函数 λ_1^{14}；(o) 灵敏度函数 λ_1^{15}；(p) 灵敏度函数 λ_1^{16}

在各参数变化 10％的情况下，以高集成伺服阀控缸系统空载且位移阶跃为 2 mm 为例，$\Delta\boldsymbol{\alpha}$ 引起 x_1 变化的百分比时程曲线如图 3-23 所示。

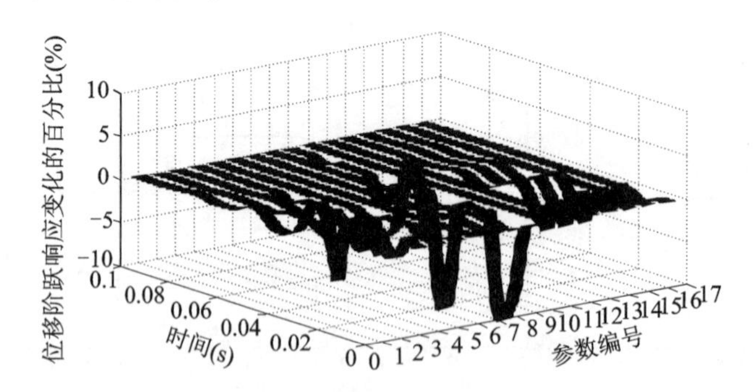

图 3-23　空载且位移阶跃为 2 mm 时 $\Delta\boldsymbol{\alpha}$ 引起 x_1 变化的百分比时程曲线

同理可求得高集成伺服阀控缸系统空载且位移阶跃分别为 5 mm 和 10 mm 时 $\Delta\boldsymbol{\alpha}$ 引起 x_1 变化的百分比时程曲线，将曲线转化为灵敏度指标 1 和灵敏度指标 2 对应的柱形图，如图3-24 所示。

由图 3-24 可以看出，随位移阶跃量的增大，系统回油压力 α_5、伺服缸内泄漏 α_6、伺服缸活塞杆总行程 α_7、伺服缸活塞杆初始位置 α_8、有效体积模量 α_{10} 和折算到伺服缸活塞上的总质量 α_{11} 的灵敏度指标 1 均在 1％以内，灵敏度指标 2 在柱形图中相对于纵坐标轴所占的比例(以下简称：灵敏度指标 2 所占比例)也很小，由此可知上述参数对位移阶跃响应 x_1 影响很小。

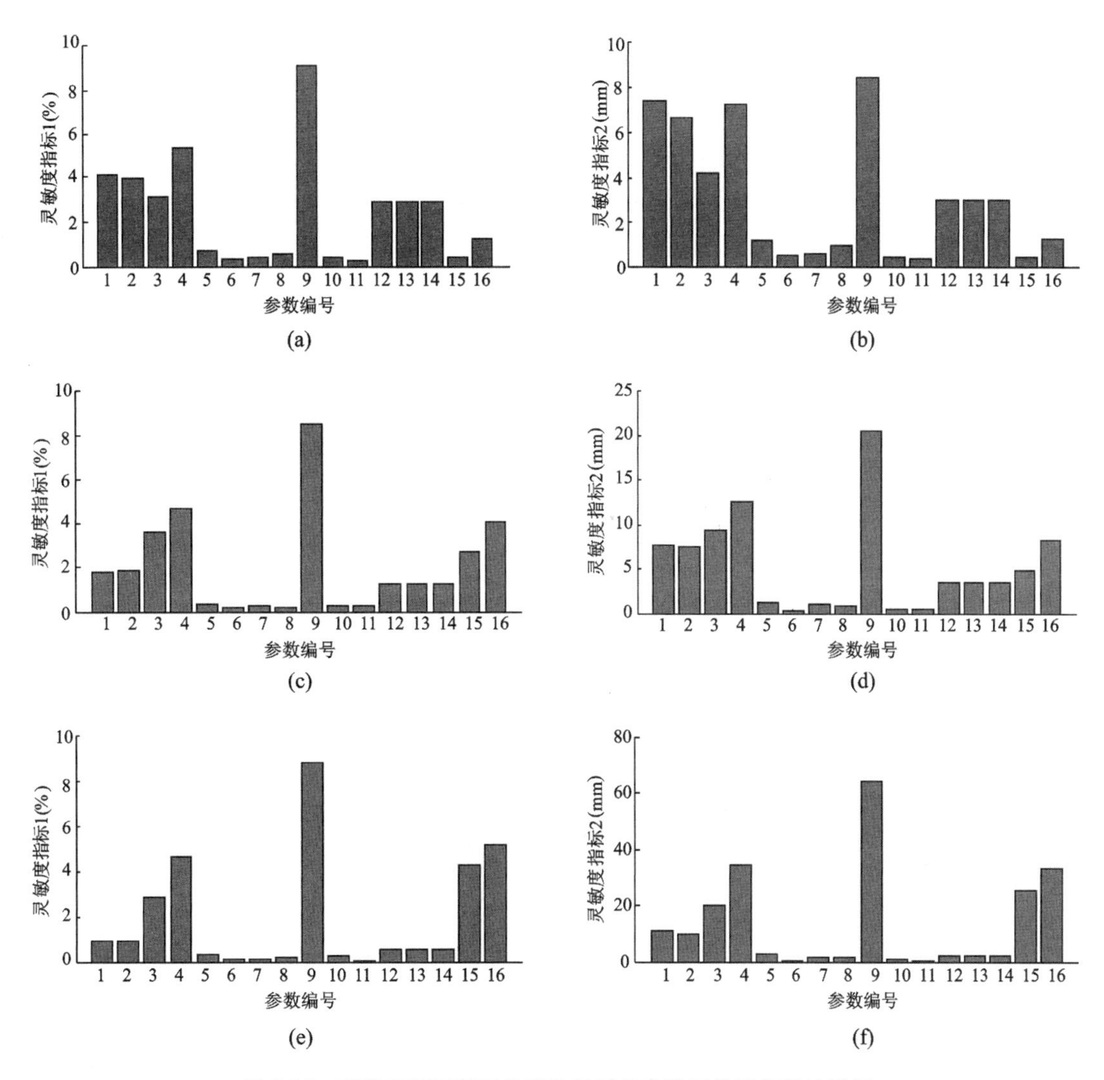

图 3-24 空载工况下不同位移阶跃时各参数灵敏度指标柱形图

(a) 2 mm 时灵敏度指标 1;(b) 2 mm 时灵敏度指标 2;(c) 5 mm 时灵敏度指标 1;

(d) 5 mm 时灵敏度指标 2;(e) 10 mm 时灵敏度指标 1;(f) 10 mm 时灵敏度指标 2

折算流量系数 α_3、系统供油压力 α_4 和伺服缸活塞杆有效面积 α_9 的两项灵敏度指标所占比例基本不变,且变化规律相同。其灵敏度指标 1 分别保持在 3%、5%和 8%左右,灵敏度指标 2 所占比例基本不变。从两项灵敏度指标大小可知,上述参数对位移阶跃响应 x_1 影响较大。

位移传感器增益 α_{12}、比例增益 α_{13} 和伺服阀增益 α_{14} 对位移阶跃响应 x_1 影响相同;伺服阀固有频率 α_1 和阻尼比 α_2 在位移阶跃量较小时,其两项灵敏度指标所占比例较大。上述 5 个参数的两项灵敏度指标所占比例与位移阶跃量成反比关系。在位移阶跃为 2 mm 时,伺服阀固有频率 α_1、阻尼比 α_2 的灵敏度指标 1 在 4%左右,位移传感器增益 α_{12}、比例增益 α_{13}、伺服阀增益 α_{14} 的灵敏度指标 1 比伺服阀固有频率 α_1、阻尼比 α_2 略小。

负载刚度 α_{15} 和阻尼系数 α_{16} 的两项灵敏度指标所占比例相似,且均随位移阶跃量增大而增大。具体而言,位移阶跃为 2 mm 时,负载刚度 α_{15} 灵敏度指标 1 在 1%以内,阻尼系数 α_{16} 灵敏度指标 1 在 2%以内;位移阶跃量为 5 mm 时,α_{15}、α_{16} 的灵敏度指标 1 分别为 3%和 4%;位移阶跃量为 10 mm 时,α_{15}、α_{16} 的灵敏度指标 1 分别为 4%和 5%。

(2) 阶跃加载力下位移阶跃响应的灵敏度分析

位移阶跃为 2 mm、5 mm 和 10 mm 时,分别给出外负载力为 500 N 和 1000 N 的两项灵敏度指标柱形图,如图 3-25 和图 3-26 所示。

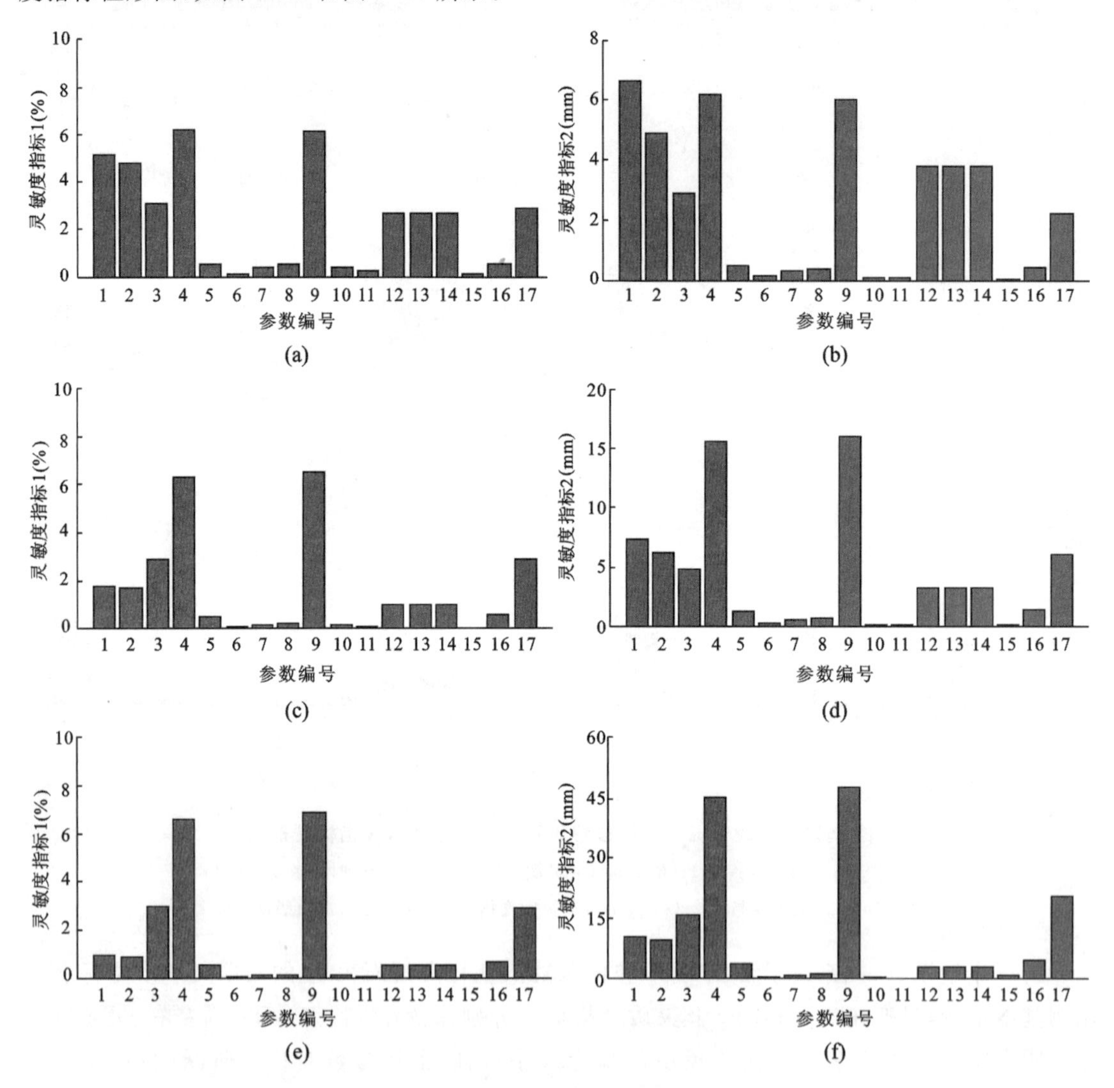

图 3-25 加载 500 N 时各参数灵敏度指标

(a) 2 mm 时灵敏度指标 1;(b) 2 mm 时灵敏度指标 2;(c) 5 mm 时灵敏度指标 1

(d) 5 mm 时灵敏度指标 2;(e) 10 mm 时灵敏度指标 1;(f) 10 mm 时灵敏度指标 2

可以看出,加载时大部分参数对 x_1 的影响与上述空载灵敏度分析结论相近,而有些参数对 x_1 的影响变化程度不同。在 500 N 和 1000 N 两种负载力情况下,伺服阀固有频率 α_1、伺服阀阻尼比 α_2、折算流量系数 α_3、系统供油压力 α_4、伺服缸活塞杆有效面积 α_9、位移传感器增益 α_{12}、比例增益 α_{13} 和伺服阀增益 α_{14} 的两项灵敏度指标的变化规律与空载灵敏度的分析结论相

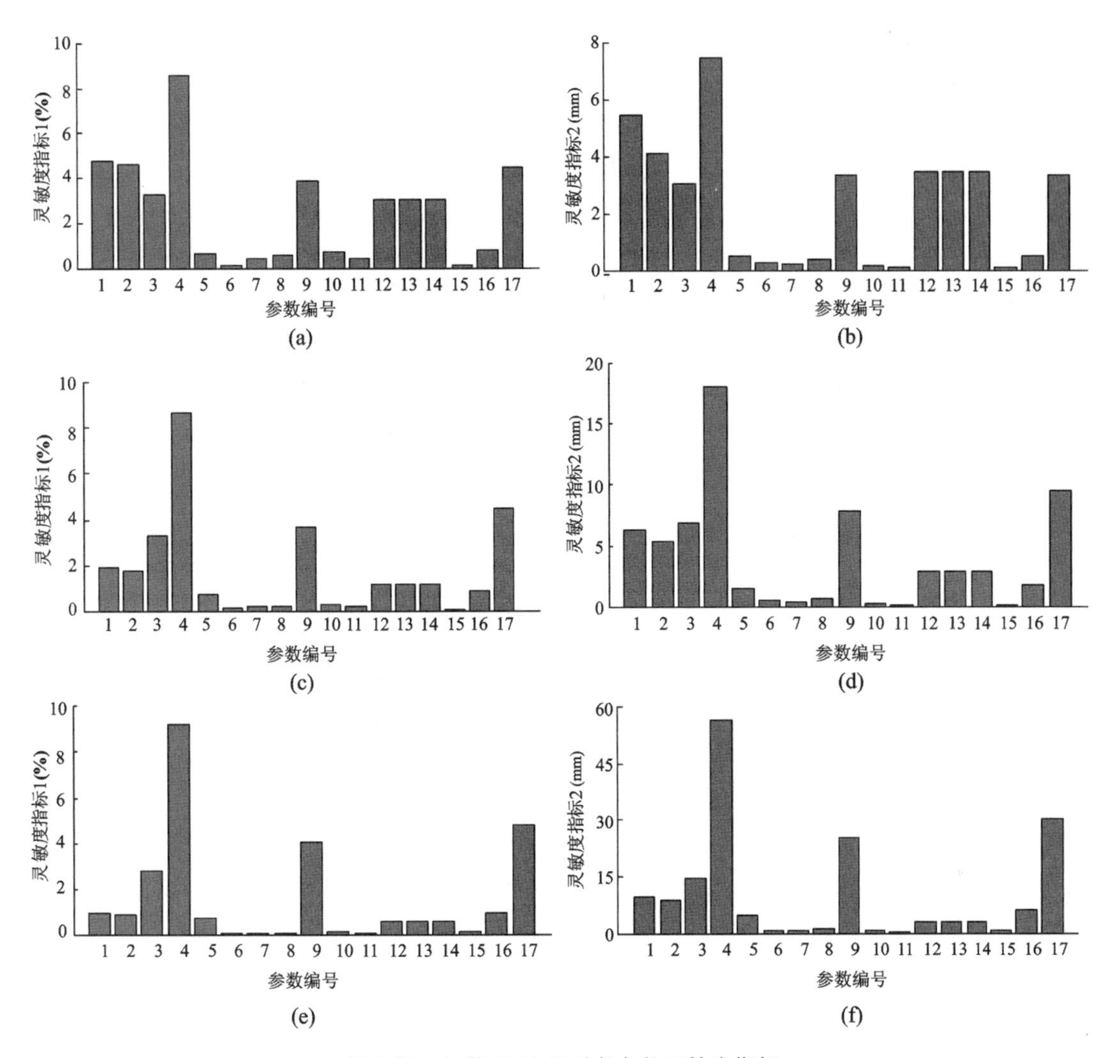

图 3-26 加载 1000 N 时各参数灵敏度指标

(a) 2 mm 时灵敏度指标 1;(b) 2 mm 时灵敏度指标 2;(c) 5 mm 时灵敏度指标 1

(d) 5 mm 时灵敏度指标 2;(e) 10 mm 时灵敏度指标 1;(f) 10 mm 时灵敏度指标 2

近。系统供油压力 α_4 的两项灵敏度指标所占比例均随外负载力 F_L 的增大而增大,在外负载力 F_L 为 500 N 时,其灵敏度指标 1 达到 6%,而在外负载力 F_L 变为 1000 N 时,其两项灵敏度指标均已超过其他参数,成为对 x_1 影响最大的参数;伺服缸活塞杆有效面积 α_9 的两项灵敏度指标所占比例均随外负载力 F_L 的增大而减小,在外负载力 F_L 为 500 N 时,与系统供油压力 α_4 的两项灵敏度指标相近,在外负载力 F_L 为 1000 N 时,其灵敏度指标 1 已经小于 4%;其余参数的两项灵敏度指标所占比例不再随外负载力 F_L 的增加而发生显著变化。

系统回油压力 α_5、伺服缸内泄漏系数 α_6、伺服缸活塞杆总行程 α_7、伺服缸活塞杆初始位置 α_8、有效体积模量 α_{10}、折算到伺服缸活塞上的总质量 α_{11}、负载刚度 α_{15} 和阻尼系数 α_{16} 的灵敏度指标 1 都在 1%以内,灵敏度指标 2 所占比例也很小,可知上述参数对位移阶跃响应 x_1 影响很小。特别是负载刚度 α_{15} 和阻尼系数 α_{16},加载以后,其两项灵敏度指标所占比例不再随着位移阶跃量的增大而增大,而是基本保持不变。

外负载力 α_{17} 的两项灵敏度指标变化规律相同。在相同加载情况下，两项灵敏度指标所占比例无显著变化；负载力增大后，两项灵敏度指标所占比例随之增大，其中加载 500 N 时的灵敏度指标 1 在 3%左右，加载 1000 N 时的灵敏度指标 1 接近 5%。

(3) 位移阶跃响应的灵敏度分析结果试验验证

为验证上述空载和加载时灵敏度分析的结果，通过改变系统供油压力 α_4、伺服缸活塞杆初始位置 α_8、比例增益 α_{13} 和外负载力 α_{17} 的参数值，在高集成伺服阀控缸系统性能测试实验台上采集相应位移阶跃响应曲线，对上述理论分析结果进行试验验证。

试验给定 2 mm、5 mm 和 10 mm 三个位移阶跃量，比例增益 $K_p=30$，系统供油压力 $p_s=7$ MPa，初始位置 $L_0=20$ mm，外负载力 F_L 分别取 500 N 和 1000 N，并使上述参数分别变化 10%，测试高集成伺服阀控缸系统的位移阶跃响应。为保证试验结果的准确性，采用多样本求均值的方法，整理得出上述 4 个参数的两项灵敏度指标试验与理论计算对比柱形图，如图3-27 所示。

由图 3-27 可以看出，试验测得以上 4 个参数的两项灵敏度指标变化规律和数值均与理论分析结果吻合，充分证实了理论分析结论的准确性。

(4) 位移阶跃响应灵敏度分析结果的综合

综合本节位移阶跃响应的灵敏度理论与试验，其分析结果可总结如下：

① 当高集成伺服阀控缸系统的位移阶跃量与加载力变化时，系统回油压力、伺服缸内泄漏系数、伺服缸活塞杆总行程、伺服缸活塞杆初始位置、有效体积模量和折算到伺服缸活塞上总质量的两项灵敏度指标所占比例均较小。折算流量系数的两项灵敏度指标所占比例较大且基本不变。

② 伺服阀固有频率、伺服阀阻尼比、位移传感器增益、比例增益和伺服阀增益的两项灵敏度指标所占比例与位移阶跃量基本成反比关系，与加载力关系不大。

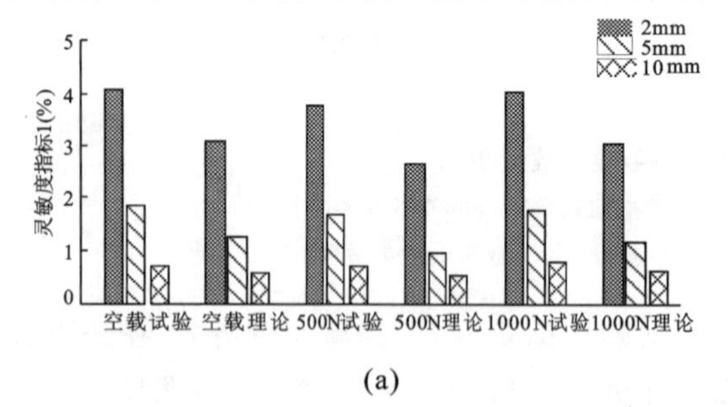

(a)

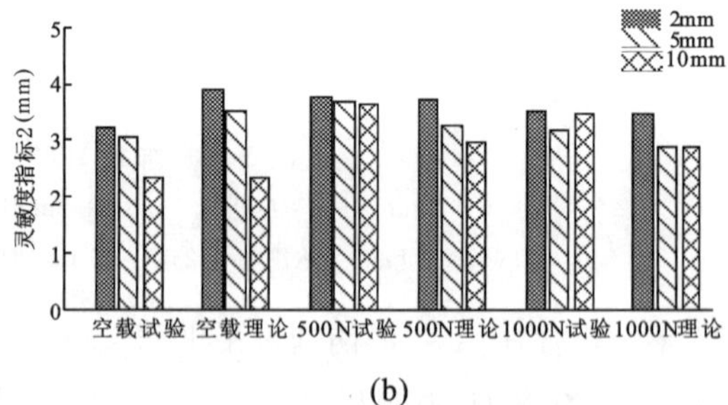

(b)

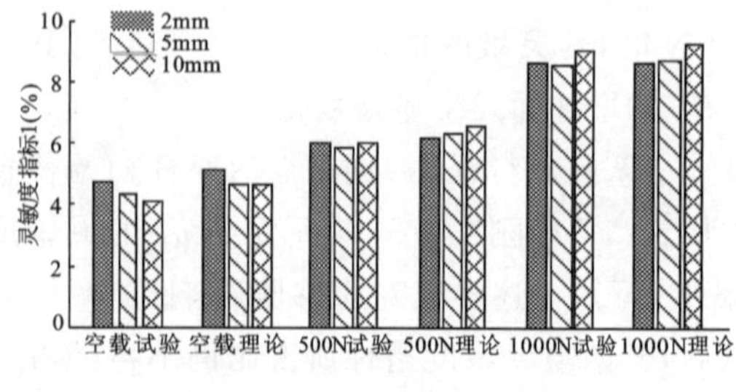

(c)

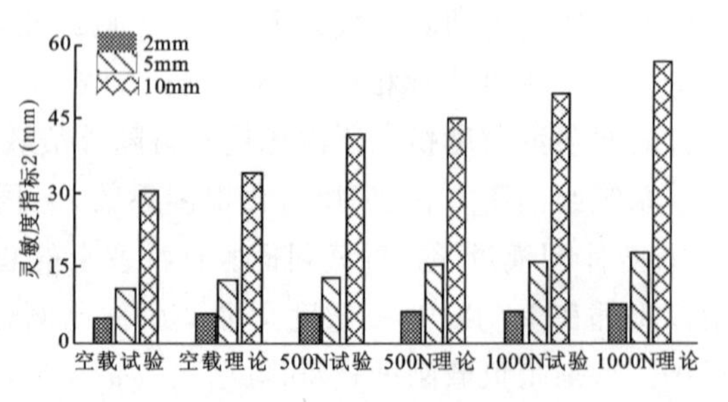

(d)

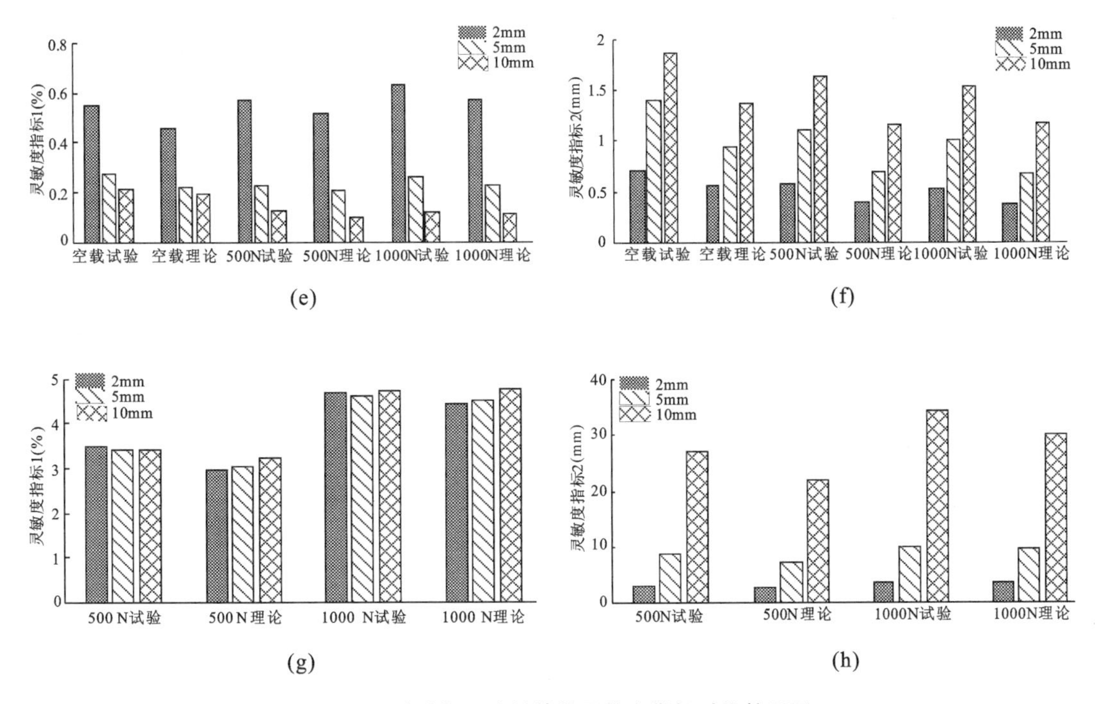

图 3-27　试验与理论计算的灵敏度指标对比柱形图

(a) 比例增益 K_p 灵敏度指标 1；(b) 比例增益 K_p 灵敏度指标 2；(c) 供油压力 p_s 灵敏度指标 1；(d) 供油压力 p_s 灵敏度指标 2
(e) 初始位置 L_0 灵敏度指标 1；(f) 初始位置 L_0 灵敏度指标 2；(g) 外负载力 F_L 灵敏度指标 1；(h) 外负载力 F_L 灵敏度指标 2

③ 系统供油压力和外负载力的两项灵敏度指标所占比例随加载力的增大而增大，伺服缸活塞杆有效面积的两项灵敏度指标所占比例随加载力的增大而减小，且均与位移阶跃量关系不大。

④ 负载刚度和阻尼系数的两项灵敏度指标变化规律及数值受加载力的影响显著，空载时其两项灵敏度指标所占比例随位移阶跃量的增大而增大，加载时基本不受位移阶跃量影响。

本节主要分析了阶跃给定信号下高集成伺服阀控缸系统位置控制特性对模型中 17 个参数的灵敏度。基于高集成伺服阀控缸系统位置控制状态方程，推导含非线性和时变参数的灵敏度方程表达式，得到高集成伺服阀控缸系统各状态矢量时程曲线，进而求解高集成伺服阀控缸系统位置控制特性对各参数的灵敏度函数，以采样时间内参数变化引起输出变化的最大值及参数变化引起输出变化绝对值的总和为两项灵敏度衡量指标，给出灵敏度变化柱形图，并完成供油压力、比例增益、活塞初始位置及外负载力 4 个参数的灵敏度衡量指标的试验验证，本节的灵敏度分析结论为高集成伺服阀控缸系统的优化设计和补偿控制提供了理论依据。

3.4　伺服阀控缸位置控制系统高精度控制技术

3.4.1　概述

高集成伺服阀控缸位置控制系统性能的优劣直接影响着主机运动控制效果，在保证位置控制系统稳定性的前提下，其控制精度和响应速度是评价其控制性能的关键指标。仅使用单一的PID控制方法一般难以兼顾其快速性和准确性，因此，研究高集成伺服阀控缸系统的高性能位置控制方法具有实际意义。

本节基于高集成伺服阀控缸位置控制系统数学模型，应用李亚普诺夫第一法获得其大范围渐近稳定的前向通道增益的阈值，采用积分分离的控制方法实现高集成伺服阀控缸位置控制系统的无超调和高精度控制，并针对负载特性变化给系统带来的速度减慢和静差问题，利用负载压力状态观测的方法，引入负载前馈补偿环节，以提高高集成伺服阀控缸位置控制系统的刚度，显著地改善高集成伺服阀控缸位置控制系统的抗扰性能。

3.4.2 高集成伺服阀控缸位置控制系统PI控制器设计

(1) 位置控制系统稳定性分析

任何一个实际系统总是在各种偶然和持续的干扰下运动或工作的，当系统承受干扰之后，稳妥地保持预定的运动轨迹或者工作状态，即是系统的稳定性问题。稳定是控制系统能实际应用的首要条件，分析系统的稳定性是控制理论的重要组成部分。在控制理论中，判别一个线性定常系统是否稳定有多种方法，其中包括基于系统传递函数的代数判据、基于系统奈氏图和伯德图的几何判据，以及基于系统状态空间描述的李亚普诺夫稳定法等，而对于一个含非线性环节的定常系统，可以有一个、两个、多个甚至无穷多个平衡点，稳定性不仅与系统的结构和参数有关，还与外作用及初始条件有关，不能直接用线性理论去分析，否则易得出错误的结论。

高集成伺服阀控缸位置控制系统的稳定性分析可为控制器增益的确定提供指导，即可通过稳定性分析来确定保证系统恒稳的控制器增益阈值，只要控制器增益的选取数值严格控制在该阈值内，理论上系统便能够可靠工作、不失稳。而高集成伺服阀控缸位置控制系统为一个典型的非线性、高阶时变系统，其系数矩阵 $\boldsymbol{A}$ 中不仅含有典型非线性环节，某些元素的数值也随工况(系统输入、工作参数)和时间的不同而变化，这样就无法确定整个系统的稳定性，其稳定性只是针对各个平衡点而言的。

单纯从理论上很难分析高集成伺服阀控缸位置控制系统的稳定性，因此本节基于MATLAB仿真软件平台，采用离散化的方法实时调取系统仿真模型运行的状态和参数，然后通过各离散点处系数矩阵 $\boldsymbol{A}$ 的局部线性化方法，求取系数矩阵 $\boldsymbol{A}$ 的特征值，最后应用李亚普诺夫第一法判定系统在各离散点的稳定性问题。

在高集成伺服阀控缸系统空载位移输入为2 mm，供油压力为7 MPa时，进行系数矩阵 $\boldsymbol{A}$ 在各仿真时长(0.1 ms)对应时刻的流量-压力特性线性化，通过系统仿真模型确定各离散点(仿真时长200 ms，2000个离散点)对应的系数矩阵 $\boldsymbol{A}$ 的元素初值，在MATLAB中编程求解系数矩阵 $\boldsymbol{A}$ 的特征根，为保证所有离散点对应的系数矩阵 $\boldsymbol{A}$ 的特征根均为负，可得到该工况下系统稳定对应的比例增益 K_p 的阈值为[0 96]。同理可求得相同工况下供油压力为5 MPa和9 MPa时，比例增益 K_p 的阈值分别为[0 117]和[0 84]。

对于上述工况下，控制器比例增益若超出确定的相应阈值，系统也有可能稳定，这是因为系统响应过程中，系数矩阵 $\boldsymbol{A}$ 中的元素是时变的，因此系统在各个工作点之间过渡时，某些工作点的不稳定并不一定会导致系统的不稳定。因此，应使控制器增益恒在该阈值内，则系统对于各个工作点都稳定，这时系统理论上将不会出现失稳状态，在后续的控制方法研究中，就是按此要求，严格保证了各工况下控制器增益的取值范围。

(2) 积分分离控制方法

① 控制方法的选取

PID 控制是工程实践中最常用的一种控制方式,控制规律为比例、积分和微分协同控制,其结构简单、稳定性好、工作可靠且调整方便,其中,比例控制信号与系统输出和输入的偏差信号成正比关系,主要用于提高系统的快速性并减小稳态误差;积分控制信号与偏差信号的积分成正比关系,其大小取决于偏差对时间的积分值,主要用于消除系统的稳态误差;微分控制信号与偏差信号的变化率成正比关系,能在偏差信号急剧变化之前给出早期修正信号,主要用于加快系统的响应速度,抑制由偏差信号急剧变化而引起的系统振荡及失稳。

为保证高集成伺服阀控缸系统的位置跟踪精度,同时考虑工程实用性,应在比例控制的基础上引入积分控制,其积分控制增益越大,稳态误差消除越明显。但足式机器人关节驱动的高稳定性、无超调要求,无疑限制了比例增益和积分增益的提高,为了避免由于积分作用而引起的系统稳定性降低,应尽可能地消除积分积累导致的系统超调,并能更大地发挥积分环节对高集成伺服阀控缸系统位置精度的控制效果,本节采用积分分离的 PI 控制方法。

需要说明的是,微分控制虽可提高系统的响应速度、减少调整时间,但经过大量的仿真和试验研究后,仍难以建立微分增益与高集成伺服阀控缸系统不同工况下的对应关系,因此,对于高集成伺服阀控缸系统位置控制响应性能的改善方法,将在后续章节中采用负载前馈的控制方法进行有针对性的补偿,此处暂时不引入微分控制。

② 积分分离控制规则

积分分离 PI 控制的基本思想是:当系统输出与输入的偏差信号较大时,取消积分作用,以免由于积分作用导致的系统超调量增大;当系统输出与输入偏差信号较小时,引入积分控制,以便消除系统静差,提高控制精度。即人为设定阈值 $\varepsilon(\varepsilon>0)$,当 $|error(k)|>\varepsilon$ 时,采用 P 控制;当 $|error(k)|<\varepsilon$ 时,采用 PI 控制。

积分分离 PI 控制数学模型可表示为:

$$u(k)=K_p error(k)+\beta K_I\sum_{j=0}^{k} error(j)T \tag{3-38}$$

其中,T 为采样时间,β 为积分项的开关系数,β 可表示为:

$$\beta=\begin{cases}1, |error(k)|\leqslant\varepsilon \\ 0, |error(k)|>\varepsilon\end{cases} \tag{3-39}$$

高集成伺服阀控缸系统位置 PI 控制框图如图 3-28 所示。

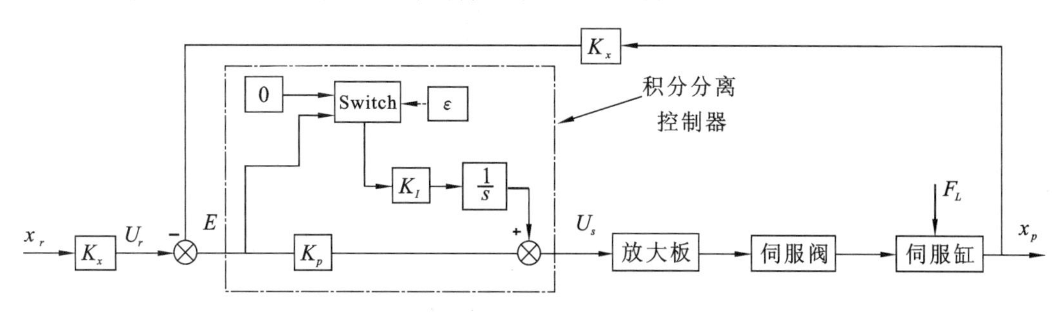

图 3-28 系统积分分离控制框图

③ 空载下积分分离控制效果分析

在本节及后续章节的控制方法研究过程中,采用了仿真分析和试验测试相结合的方法,但为保证定量分析结论的准确性，后续分析均依据试验曲线。

为限制高集成伺服阀控缸系统位移响应的超调量，定增益 PI 控制器的比例增益和积分增益不能过大。在高集成伺服阀控缸系统空载情况下，通过多组定增益 PI 控制器参数的高集成伺服阀控缸系统位移阶跃响应试验测试，得出当 $K_p=10$、$K_I=7$ 时，其位移响应速度和控制精度相对较好，且超调量很小。采用图 3-28 所示的积分分离控制方法，在位移阶跃为 2 mm 时，定增益 PI 控制的试验与仿真对比曲线如图 3-29 所示。

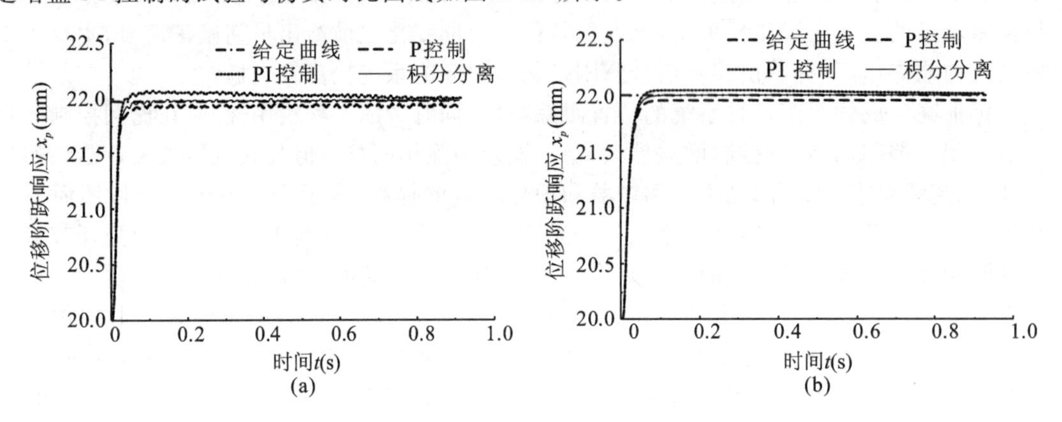

图 3-29　空载下位移阶跃响应的积分分离控制效果

(a) 空载下各控制方法试验曲线；(b) 空载下各控制方法仿真曲线

由图 3-29 可以看出，定增益 PI 控制的位移响应消差速度并不理想，试验测试为 800 ms，该消差速度很慢。采用积分分离的方法，不仅抑制了超调量，而且消差效果明显，60 ms 完成了全部消差过程。可见，积分分离的 PI 控制方法相对于传统定增益 PI 控制，具有一定的优势。

④ 加载下积分分离控制效果分析

然而，高集成伺服阀控缸系统在实际工作过程中，一般是受负载力作用的，负载力作为高集成伺服阀控缸系统位置控制的扰动量，会导致位置控制存在静差，为了解积分分离控制方法在高集成伺服阀控缸系统带载情况下的控制效果，分别测试了 500 N 和 1000 N 恒定加载力作用下高集成伺服阀控缸系统的位移响应曲线，如图 3-30 所示。

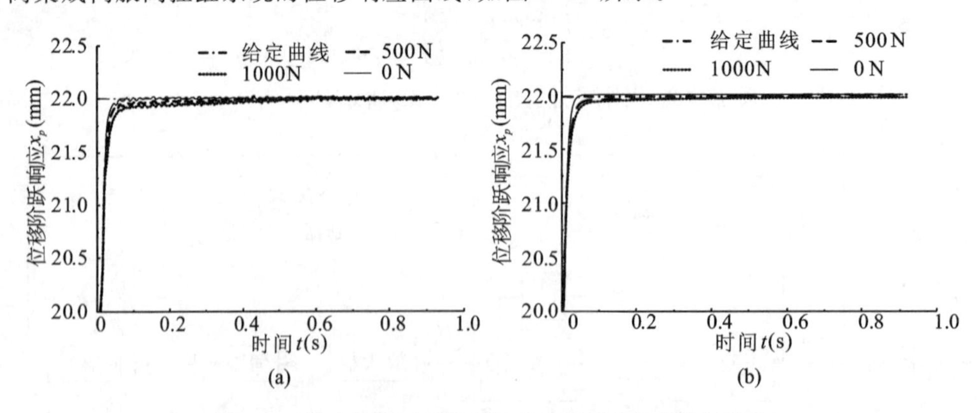

图 3-30　恒力加载下位移阶跃响应的积分分离控制效果

(a) 恒力加载下各控制方法试验曲线；(b) 恒力加载下各控制方法仿真曲线

由图 3-30 可以看出，相对于空载而言，负载力的引入导致了高集成伺服阀控缸系统位移响应达到稳态后存在初始偏差，负载力增大，其响应时间变长，初始偏差增大。由于积分分离环节的存在，该初始偏差最终仍会消除，但即使在 500 N 恒定加载力下，其消差时间也在400 ms以上。

高集成伺服阀控缸系统工作过程中，由于机器人步态及环境结构等的变化，其所受负载力是动态波动的。为了解积分分离控制方法对负载力动态变化的控制效果，保持高集成伺服阀控缸系统位置给定信号恒定，在 5 Hz 正弦加载 500 N 和 1000 N 情况下，高集成伺服阀控缸位置控制系统的试验和仿真曲线如图 3-31 所示。

由图 3-31 可以看出，即使采用积分分离的方法，其负载力的变化仍会对高集成伺服阀控缸位置控制系统产生较大的影响，5 Hz 频率下 500 N 正弦加载力会产生 0.1 mm 的最大偏差，1000 N 正弦加载力会产生 0.3 mm 的最大偏差，由于负载力的增大，使得高集成伺服阀控缸系统两腔压力差增大，进而减小了前向通道的增益，减慢了系统的调整时间。同时，负载力作为系统的干扰量，又会引起静差，由于负载力的变化导致了静差的动态变化，而积分分离动态消除误差需要一定的响应时间，因此控制效果并不理想，有必要在积分分离控制方法的基础上，再采用相应的控制方法来提高系统的抗负载扰动性，最大程度地消减负载力对高集成伺服阀控缸位置控制系统性能的影响。

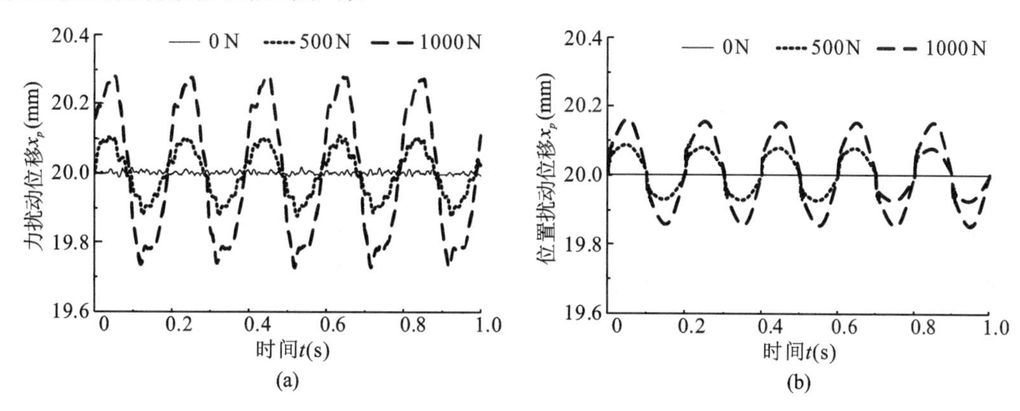

图 3-31　正弦力加载下位移阶跃响应的积分分离控制效果

(a) 正弦力加载下各控制方法试验曲线；(b) 正弦力加载下各控制方法仿真曲线

3.4.3　负载压力观测器设计

(1) 负载压力状态空间方程

从 3.4.2 节可以看出，由于积分环节本质上是滞后环节，若仅依靠积分环节来保证高集成伺服阀控缸系统的位置控制精度，即使采用积分分离的方法，高集成伺服阀控缸系统的消差速度也不理想，特别是在负载力作用下，其问题尤为突出。根据高集成伺服阀控缸位置控制系统参数灵敏度分析结果可知，伺服阀固有频率、阻尼比、系统供油压力、负载力、负载刚度和负载阻尼是影响其控制特性的关键参数，在控制过程中应重点针对以上参数的变化进行控制补偿，其中，固有频率和阻尼比是伺服阀的固有特性，由于伺服阀本身为高阶、非线性环节，其变化规律难以确定，不易在控制器中实现补偿；系统供油压力在工作过程中一般调定为恒值，不易实现压力在线调节。因此，只能在控制过程中通过压力传感器将其波动特性送入控制器参数中，以避免供油压力波动而导致控制器效果变差；负载力、负载刚度和负载阻尼均影响系统的负载特性，由于高集成伺服阀控缸系统集成了高精度的力传感器，易于获得负载力、负载刚度和负载阻尼的变化，从而进行控制补偿。

由高集成伺服阀控缸位置控制系统数学模型可知，负载力、负载刚度和负载阻尼的改变通过负载力平衡方程对高集成伺服阀控缸系统两腔压力产生直接作用，进而影响伺服阀的输出流量，为有效补偿这些参数变化的影响，本节拟引入负载前馈补偿控制方法，实现位置抗扰控制效果。这样就需要实时获得高集成伺服阀控缸系统的两腔压力状态才能进行控制补偿，而高集成伺服阀控缸系统的高集成结构使得其没有足够的空间在两腔安装压力传感器，难以直接检测两腔压力的变化量，只能借助力传感器和位移传感器的检测信号间接获取其两腔压力特性。由于前馈补偿控制属于开环控制，要求补偿控制的参数具有较高的稳定性和精度，否则不仅难以达到理想的补偿效果，甚至会给系统增加新的误差，而传感器的信噪干扰无疑会对系统真实状态参数的提取产生不利影响，因此本节在获取高集成伺服阀控缸系统两腔压力状态时引入了状态观测的方法。

根据高集成伺服阀控缸系统负载力平衡方程，可推导：

$$\ddot{x}_p=\frac{1}{m_t}(p_L A_p-B_p\dot{x}_p-Kx_p-F_f-F_L) \tag{3-40}$$

对式(3-40)进行拉普拉斯变换，可得高集成伺服阀控缸系统力平衡框图，如图 3-32 所示。

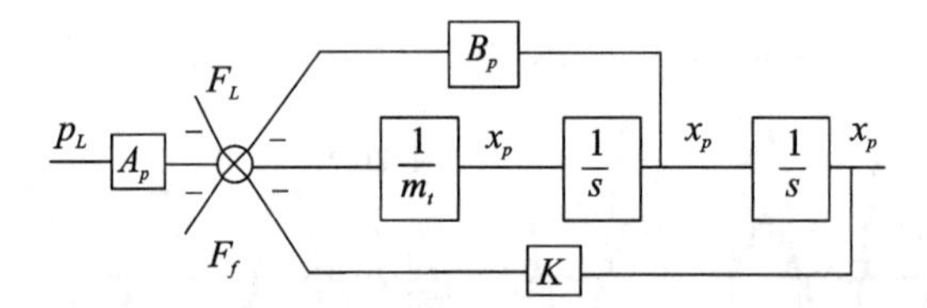

图 3-32 高集成伺服阀控缸系统力平衡框图

列写高集成伺服阀控缸系统力平衡状态空间方程为：

$$\begin{bmatrix}\dot{p}_L\\ \dot{x}_p\\ \ddot{x}_p\end{bmatrix}=\begin{bmatrix}0&0&0\\0&0&1\\ \dfrac{A_p}{m_t}&\dfrac{-K}{m_t}&\dfrac{-B_p}{m_t}\end{bmatrix}\begin{bmatrix}p_L\\ x_p\\ \dot{x}_p\end{bmatrix}+\begin{bmatrix}0\\0\\ \dfrac{-1}{m_t}\end{bmatrix}(F_f+F_L) \tag{3-41}$$

式中，$x_1=x_p$、$x_2=\dot{x}_p$、负载压力 $p_L=x_5-x_6=p_1-p_2$，令 u 为摩擦力 F_f 与外负载力 F_L 之和，即 $u=F_f+F_L$，在稳态情况下，高集成伺服阀控缸系统负载压力满足 $\dot{p}_L=0$，因此高集成伺服阀控缸系统力平衡状态空间可转化为：

$$\begin{bmatrix}\dot{p}_L\\ \dot{x}_1\\ \dot{x}_2\end{bmatrix}=\begin{bmatrix}0&0&0\\0&0&1\\ \dfrac{A_p}{m_t}&\dfrac{-K}{m_t}&\dfrac{-B_p}{m_t}\end{bmatrix}\begin{bmatrix}p_L\\ x_1\\ x_2\end{bmatrix}+\begin{bmatrix}0\\0\\ \dfrac{-1}{m_t}\end{bmatrix}u \tag{3-42}$$

令输出方程为 $y=\boldsymbol{C}'\boldsymbol{x}$，则式(3-42)状态空间的增广系统状态方程为：

$$\left.\begin{aligned}\dot{\boldsymbol{X}}&=\boldsymbol{A}'\boldsymbol{X}+\boldsymbol{B}'u\\ y&=\boldsymbol{C}'\boldsymbol{X}\end{aligned}\right\} \tag{3-43}$$

令 $\boldsymbol{x}_0=[x_1\quad x_2]^{\mathrm{T}}=[x_p\quad \dot{x}_p]^{\mathrm{T}}$，则式(3-42)可表示为：

$$\left.\begin{aligned}\begin{bmatrix}\dot{p}_L\\ \dot{\boldsymbol{x}}_0\end{bmatrix}&=\begin{bmatrix}\boldsymbol{A}_{11}&\boldsymbol{A}_{12}\\ \boldsymbol{A}_{21}&\boldsymbol{A}_{22}\end{bmatrix}\begin{bmatrix}p_L\\ \boldsymbol{x}_0\end{bmatrix}+\begin{bmatrix}\boldsymbol{B}_0\\ \boldsymbol{B}_1\end{bmatrix}u\\ y&=[0\quad \boldsymbol{C}_1]\begin{bmatrix}p_L\\ \boldsymbol{x}_0\end{bmatrix}=\boldsymbol{C}\boldsymbol{x}_0\end{aligned}\right\} \tag{3-44}$$

其中，$\boldsymbol{A}_{11}=\boldsymbol{B}_0=0$，$\boldsymbol{A}_{12}=[0\quad 0]$，$\boldsymbol{A}_{21}=\begin{bmatrix}0 & \dfrac{A_p}{m_t}\end{bmatrix}^{\mathrm{T}}$，$\boldsymbol{A}_{22}=\begin{bmatrix}0 & 1\\ \dfrac{-K}{m_t} & \dfrac{-B_p}{m_t}\end{bmatrix}$，$\boldsymbol{B}_1=\begin{bmatrix}0 & \dfrac{-1}{m_t}\end{bmatrix}^{\mathrm{T}}$，$\boldsymbol{C}_1=[1\quad 1]$，$\boldsymbol{C}=[0\quad 1\quad 1]$。

$\boldsymbol{x}_0$ 为高集成伺服阀控缸系统的位移和速度输出，是可直接进行测量的物理量，p_L 为高集成伺服阀控缸系统两腔压力差，是待观测的物理量。求解式(3-44)系数矩阵的值可得：

$$Rank[\boldsymbol{C}\quad \boldsymbol{CA}\quad \boldsymbol{CA}^2]=Rank\begin{bmatrix}0 & 1 & 1\\ \dfrac{A_p}{m_t} & \dfrac{-K}{m_t} & 1-\dfrac{B_p}{m_t}\\ \dfrac{A_p}{m_t}-\dfrac{A_pB_p}{m_t^2} & \dfrac{KB_p}{m_t^2}-\dfrac{K}{m_t} & \dfrac{B_p^2}{m_t^2}-\dfrac{B_p}{m_t}-\dfrac{K}{m_t}\end{bmatrix} \tag{3-45}$$

其中，$B_p\neq 0$、$m_t\neq 0$，则 $Rank[\boldsymbol{C}\quad \boldsymbol{CA}\quad \boldsymbol{CA}^2]^{\mathrm{T}}=3$，由线性定常系统的观测性判据可知，该系统状态完全可观。

(2) 负载压力观测器设计

为了便于获得待观测的物理量 p_L，将式(3-44)转换至如下形式：

$$\left.\begin{aligned}\dot{p}_L&=\boldsymbol{A}_{11}p_L+\boldsymbol{A}_{12}\boldsymbol{x}_0+\boldsymbol{B}_0u\\ \dot{\boldsymbol{x}}_0&=\dot{y}=\boldsymbol{A}_{21}p_L+\boldsymbol{A}_{22}\boldsymbol{x}_0+\boldsymbol{B}_1u\end{aligned}\right\} \tag{3-46}$$

令 $y_1=\dot{y}-\boldsymbol{A}_{22}y-\boldsymbol{B}_1u$，则有：

$$\left.\begin{aligned}\dot{p}_L&=\boldsymbol{A}_{11}p_L+(\boldsymbol{A}_{12}y+\boldsymbol{B}_0u)\\ y_1&=\boldsymbol{A}_{21}p_L\end{aligned}\right\} \tag{3-47}$$

式(3-47)是以 p_L 为状态变量的系统状态方程，$(\boldsymbol{A}_{12}y+\boldsymbol{B}_0u)$ 为系统输入，$y_1=\boldsymbol{A}_{21}p_L$ 为系统输出方程，构造式(3-47)的观测器方程为：

$$\dot{\hat{p}}_L=(\boldsymbol{A}_{11}-\boldsymbol{GA}_{21})\hat{p}_L+(\boldsymbol{A}_{12}y+\boldsymbol{B}_0u)+\boldsymbol{G}y_1 \tag{3-48}$$

引入如下变换

$$\left.\begin{aligned}\boldsymbol{w}&=\hat{p}_L-\boldsymbol{G}y\\ \dot{\boldsymbol{w}}&=\dot{\hat{p}}_L-\boldsymbol{G}\dot{y}\end{aligned}\right\} \tag{3-49}$$

则对应的降阶观测器为：

$$\left.\begin{aligned}\dot{\boldsymbol{w}}&=(\boldsymbol{A}_{11}-\boldsymbol{GA}_{21})\boldsymbol{w}+(\boldsymbol{B}_0-\boldsymbol{GB}_1)u+[(\boldsymbol{A}_{12}-\boldsymbol{GA}_{22})+(\boldsymbol{A}_{11}-\boldsymbol{GA}_{21})\boldsymbol{G}]y\\ \hat{p}_L&=\boldsymbol{w}+\boldsymbol{G}y\end{aligned}\right\} \tag{3-50}$$

其中，$\boldsymbol{G}$ 为观测器的 1×2 校正矩阵，令 $\boldsymbol{G}=[g_1\quad g_2]$，为了使 $\hat{p}_L$ 尽快逼近 p_L，则需 $\boldsymbol{A}_{11}-\boldsymbol{GA}_{21}$ 赫尔维茨稳定，得 $g_2>0$，g_1 可取任何值，为了便于计算，取 $g_1=0$。

将矩阵 $\boldsymbol{G}$ 带入式(3-48)并化简，可得：

$$\dot{\boldsymbol{w}}=\frac{-A_p}{m_t}g_2\boldsymbol{w}+\frac{F_L+F_f}{m_t}g_2+\frac{K}{m_t}g_2x_p+\frac{B_p}{m_t}g_2\dot{x}_p-\frac{A_p}{m_t}g_2^2\dot{x}_p \tag{3-51}$$

等式两端同时作拉普拉斯变换，可得：

$$sw(s)=\frac{-A_p}{m_t}g_2w(s)+\frac{F_L(s)+F_f(s)}{m_t}g_2+\frac{K}{m_t}g_2x_p(s)+\frac{B_p}{m_t}g_2sx_p(s)-\frac{A_p}{m_t}g_2^2sx_p(s) \tag{3-52}$$

即

$$w(s)=\frac{[F_L(s)+F_f(s)+Kx_p(s)]g_2+[B_p-g_2A_p]g_2sx_p(s)}{m_ts+A_pg_2} \tag{3-53}$$

则负载压力观测的表达式为：

$$\hat{p}_L=\frac{g_2[F_L(s)+F_f(s)+Kx_p(s)]+g_2(B_p+m_ts)sx_p(s)}{m_ts+A_pg_2} \tag{3-54}$$

(3) 负载压力观测效果分析

为验证负载压力观测器的有效性，在 dSPACE 控制器中搭建负载压力观测器模型，保持高集成伺服阀控缸系统给定位移信号为恒值，在频率为 5 Hz、幅值为 500 N 和 1000 N 正弦加载力下，通过力传感器检测力信号数据，再利用负载压力观测器模型实时观测系统的负载压力 $\hat{p}_L$，从 dSPACE 控制器中采集的负载压力试验观测曲线如图 3-33 所示。

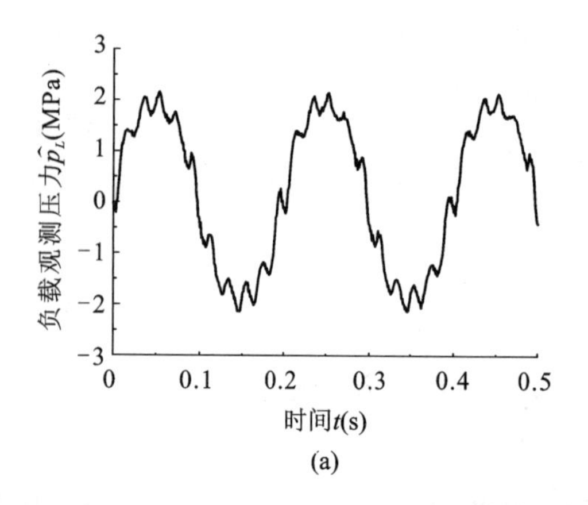

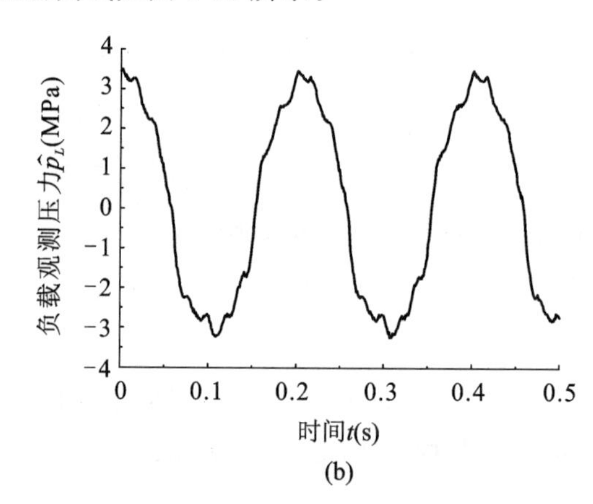

图 3-33　正弦加载力下负载压力试验观测曲线

(a) 500 N 正弦加载力；(b) 1000 N 正弦加载力

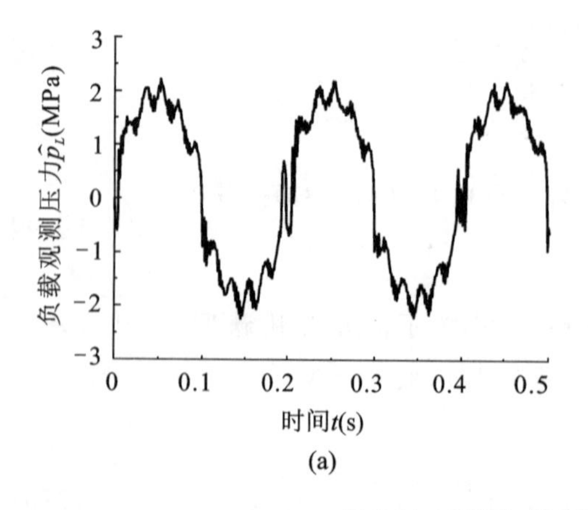

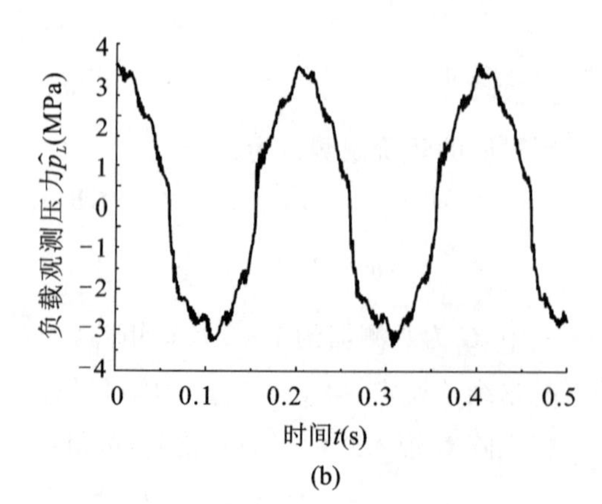

图 3-34　正弦加载力下负载压力仿真计算曲线

(a) 500 N 正弦加载力；(b) 1000 N 正弦加载力

将上述工况下力传感器测得的两组数据，作为力干扰导入高集成伺服阀控缸位置控制系统仿真模型中，可通过仿真获得高集成伺服阀控缸系统两腔压力随负载力变化的动态曲线，进而得出负载压力的仿真计算曲线，如图 3-34 所示。

由图 3-33 和图 3-34 可以看出，采用负载压力观测的方法能够观测出高集成伺服阀控缸系统的负载压力，观测曲线与仿真计算得出的压力曲线吻合，且观测得出的曲线相对于仿真曲线更为平滑，基本不受力信号抖动的影响，这样观测出的负载压力数据用于控制时不易引起控制器输出信号的波动。

3.4.4 高集成伺服阀控缸系统位置抗扰控制方法研究

（1）负载前馈补偿环节设计

① 负载前馈补偿环节的数学模型

通过 3.4.3 节的研究可知，高集成伺服阀控缸系统负载扰动量是可观测的，本节采用负载前馈补偿的控制方法，以抵消扰动对位置控制系统的不利影响。该补偿方法是基于系统数学模型推导得出的，实际上无法实现真实系统干扰的完全补偿，但近似补偿是可以做到的，这不仅在一定程度上补偿了由扰动量引起的速度降低，而且能够抵消系统的一部分稳态误差，系统 PI 控制器中积分环节只需消除补偿后的小偏差信号，无疑提高了消差速度。

将高集成伺服阀控缸系统的摩擦特性和外负载力共同作为干扰量补偿，则带前馈补偿环节的高集成伺服阀控缸位置控制系统框图如图 3-35 所示。

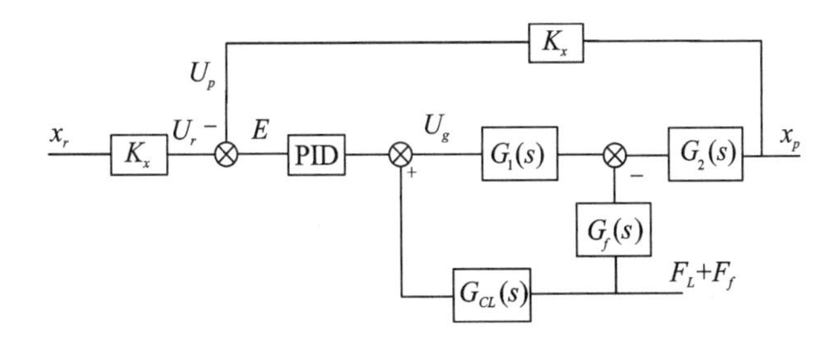

图 3-35 带前馈补偿环节的高集成伺服阀控缸位置控制系统示意图

图中 $G_f(s)$为干扰的传递函数，$G_1(s)$、$G_2(s)$为系统各部分传递函数，$G_{CL}(s)$为负载前馈补偿控制器的传递函数，可得：

$$G_{CL}(s)=\frac{G_f(s)}{G_1(s)} \tag{3-55}$$

由高集成伺服阀控缸位置控制系统灵敏度分析可知，高集成伺服阀控缸系统活塞初始位置对其动态特性影响很小，为简化控制补偿环节，令 $V_1=V_2=V_t/2$，基于高集成伺服阀控缸系统位置控制框图，可得前馈补偿控制器表达式为：

$$G_{CL}(s)=\frac{1}{K_aK_{sv}A_p}\left[\frac{V_ts}{4\beta_eK_d\sqrt{p_s-p_0-\hat{p}_L}}+\frac{C_{ip}}{K_d\sqrt{p_s-p_0-\hat{p}_L}}+\frac{x_v}{2(p_s-p_0-\hat{p}_L)}\right]\left(\frac{s^2}{\omega_{sv}^2}+\frac{2\zeta}{\omega_{sv}}s+1\right) \tag{3-56}$$

其中，$1/(K_aK_{sv}A_p)$为负载前馈补偿系数，$V_ts/(4\beta_eK_d\sqrt{p_s-p_0-\hat{p}_L})$为负载干扰变化下

由于油液可压缩性导致的高集成伺服阀控缸系统两腔容积变化引起的瞬时位置偏差补偿，$C_{ip}/(K_d\sqrt{p_s-p_-\hat{p}_L})$为负载干扰作用下泄漏引起的高集成伺服阀控缸系统位置偏差补偿，$x_v/[2(p_s-p_0-\hat{p}_L)]$为负载干扰引起的伺服阀输出流量变化补偿，$\hat{p}_L$可通过负载压力观测器实时观测，$(s^2/\omega_{sv}^2+2\zeta s/\omega_{sv}+1)$用于补偿伺服阀的动态特性导致的补偿环节滞后。式(3-56)含有时变参数(x_v、p_s和$\hat{p}_L$)、压力非线性环节($\sqrt{p_s-p_0-\hat{p}_L}$)和二阶微分环节。

由于二阶微分环节在真实控制过程中难以实现，且伺服阀的固有频率远高于高集成伺服阀控缸系统正常工况下的工作频率，因此在补偿环节中忽略二阶微分环节。根据图3-35可列写如下方程：

$$[(x_r-x_p)K_xK_p+(F_L+F_f)G_{CL}(s)]G_1(s)-(F_L+F_f)G_f(s)=\frac{x_p}{G_2(s)} \tag{3-57}$$

高集成伺服阀控缸位置控制系统的刚度表征着其抗干扰的能力，刚度越大则其抗干扰能力越强，认为$x_r-x_p=0$，忽略伺服阀的二阶环节，则前馈补偿后的系统刚度为：

$$\frac{F_L+F_f}{x_p}=\frac{\frac{m_tV_t^2}{4\beta_e^2}s^3+\frac{4\beta_em_tC_{ip}V_t+B_pV_t^2}{4\beta_e^2}s^2+\left[\frac{KV_t^2}{4\beta_e^2}+\frac{(B_pC_{ip}+A_p^2)V_t}{\beta_e}\right]s+\frac{KC_{ip}V_t}{\beta_e}}{\left(\frac{K_1+K_2}{\hat{K}_2+\hat{K}_1}-1\right)\frac{V_t^2}{4\beta_e^2}s+\left(\frac{K_1+K_2}{\hat{K}_2+\hat{K}_1}-1\right)\frac{V_tC_{ip}}{\beta_e}} \tag{3-58}$$

由式(3-58)可以看出，当状态观测器观测的$\hat{p}_L\to p_L$时，计算的高集成伺服阀控缸系统两腔压力$\hat{p}_1\to p_1$且$\hat{p}_2\to p_2$，此时$\hat{K}_1\to K_1$且$\hat{K}_1\to K_2$，系统刚度$(F_L+F_f)/x_p\to\infty$，远大于补偿前系统的刚度，可见理论上该前馈补偿是有效的。进而得出高集成伺服阀控缸系统位置前馈补偿控制框图，如图3-36所示。

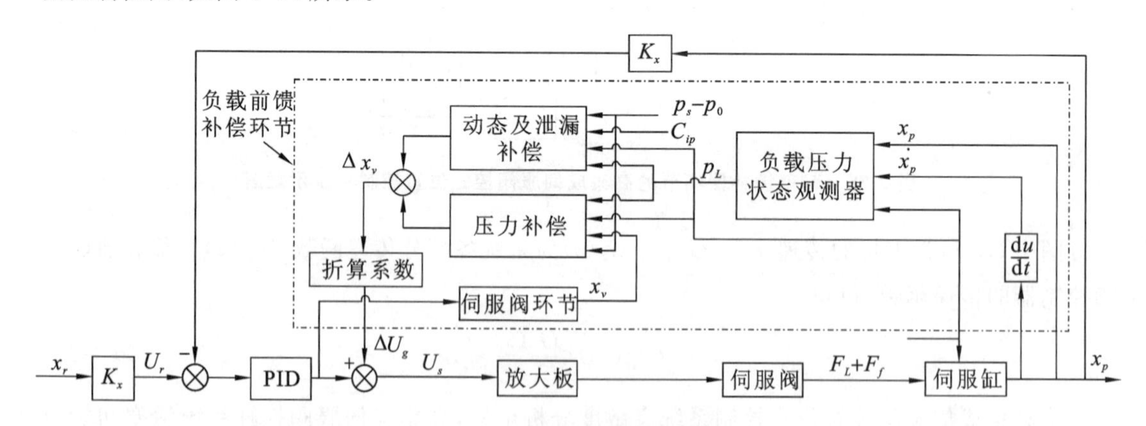

图3-36 负载前馈补偿控制框图

② 位置抗扰控制的实现方法

由于高集成伺服阀控缸系统力传感器安装于高集成伺服阀控缸系统和负载之间，外负载力、负载惯性力、负载阻尼力、负载弹性力和负载摩擦力的变化直接作用于力传感器，将力传感器的信号直接引入补偿环节即可实现上述各类力干扰的补偿控制，因此，可得高集成伺服阀控缸系统在实际工作中的前馈补偿原理，如图3-37所示。

由于性能测试实验台中两个高集成伺服阀控缸系统相同，可认为$F_{fw}=F_{fl}=F_f/2$且

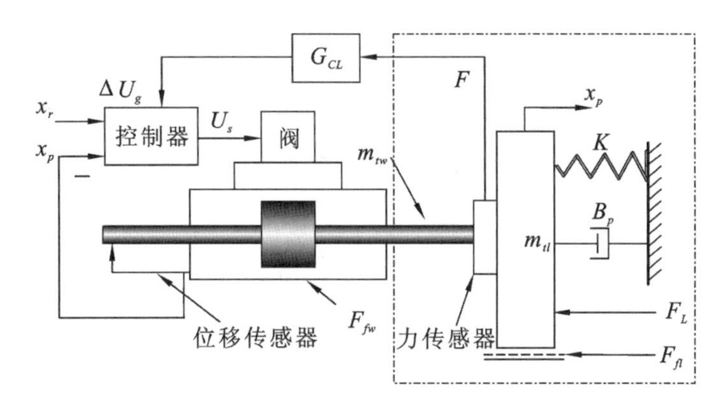

图 3-37 高集成伺服阀控缸系统前馈补偿控制原理

$m_{tw}=m_{tl}=m_t/2$,此时力传感器检测的力信号 $F=m_{tl}\ddot{x}_p+B_p\dot{x}_p+Kx_p+F_{fl}+F_L$,则其前馈补偿控制试验原理如图 3-38 所示。

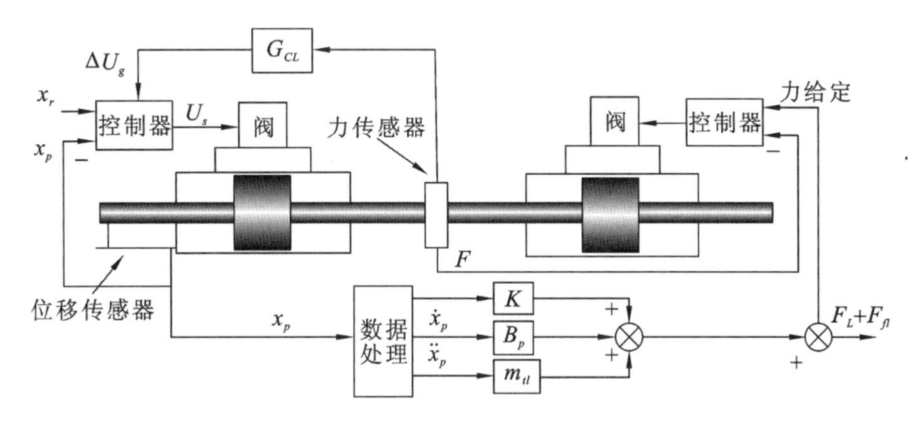

图 3-38 前馈补偿控制实现方法

(2) 典型加载力的位置抗扰控制效果

① 恒加载力的位置抗扰控制效果

在积分分离控制方法的基础上,在控制器中引入图 3-38 所示的负载前馈补偿控制环节,输入位移阶跃量为 2 mm,加载力为 500 N 和 1000 N,与单纯采用积分分离控制方法进行对比,所得到的试验与仿真曲线如图 3-39 所示。

由图 3-39 可以看出,引入了负载前馈补偿控制,高集成伺服阀控缸系统位移响应的初始偏差很小,因此消差速度大幅提升,其位置控制性能显著提高。这是由于负载前馈环节实际上是在伺服阀控制信号中增加了一个补偿信号,该信号的大小通过检测负载力大小进行实时调整,越过 PI 控制环节而直接作用于伺服阀,从而补偿了 PI 控制器在小偏差位置控制时的缺陷。

② 正弦加载力的位置抗扰控制效果

为了解负载前馈补偿控制对负载力动态变化的补偿效果,高集成伺服阀控缸系统位置给定信号恒定,在频率为 2 Hz、幅值为 500 N 和 1000 N 正弦加载下,可得高集成伺服阀控缸位置控制系统的试验和仿真曲线,如图 3-40 所示。

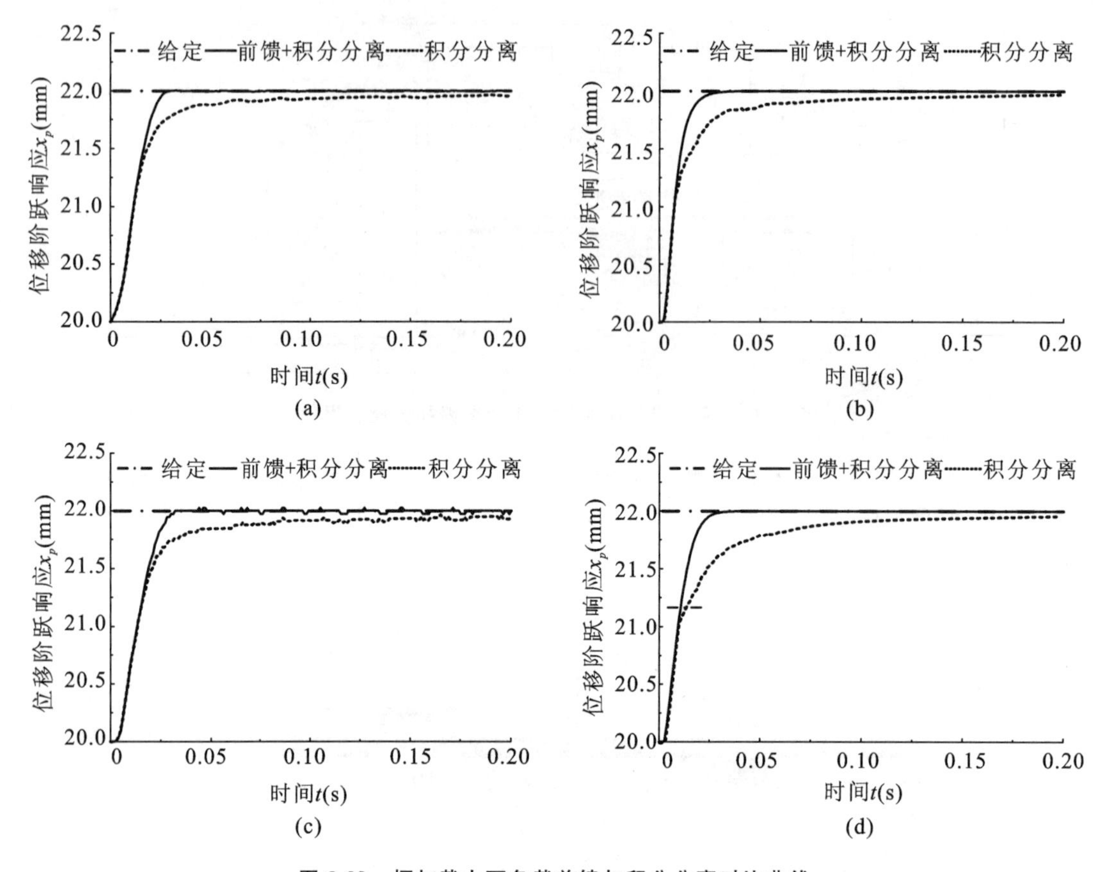

图 3-39 恒加载力下负载前馈与积分分离对比曲线

(a) 500 N 加载力下试验对比曲线;(b) 500 N 加载力下仿真对比曲线

(c) 1000 N 加载力下试验对比曲线;(d) 1000 N 加载力下仿真对比曲线

由图 3-40 可以看出,对于 2 Hz 正弦加载力,采用负载前馈补偿的控制,能够补偿约 70% 由负载力动态变化引起的高集成伺服阀控缸系统位置扰动量,虽未全部补偿,但也起到了一定的抗扰控制效果。

不能完全补偿的原因主要有两个方面:a. 前馈补偿环节由数学模型推导,数学模型不可能完全描述真实系统特性,这样得出的补偿信号必然存在一定的误差,该误差的存在使高集成伺服阀控缸系统产生了初始的位置静差,需通过积分分离控制器补偿,需要一定的消差时间;b. 前馈补偿环节计算出的补偿信号输入伺服阀,由于伺服阀、伺服缸均为滞后环节,高集成伺服阀控缸系统位移的输出需要一定的响应时间。

本节主要研究了高集成伺服阀控缸系统的位置抗扰控制方法。在高集成伺服阀控缸位置控制系统非线性模型的基础上,得到了保证系统稳定的控制器增益范围,设计了积分分离控制方法,以适应高集成伺服阀控缸位置控制系统的高精度、无超调要求。并针对负载干扰对其控制性能的不利影响,设计负载压力状态观测器,将负载压力间接观测值通过前馈环节引入系统的抗扰控制中,通过对系统抗扰特性的试验和仿真结果对比可知,该控制方法提高了系统对负载扰动的鲁棒性,减小了由负载扰动引起的高集成伺服阀控缸系统的速度降低和稳态误差。

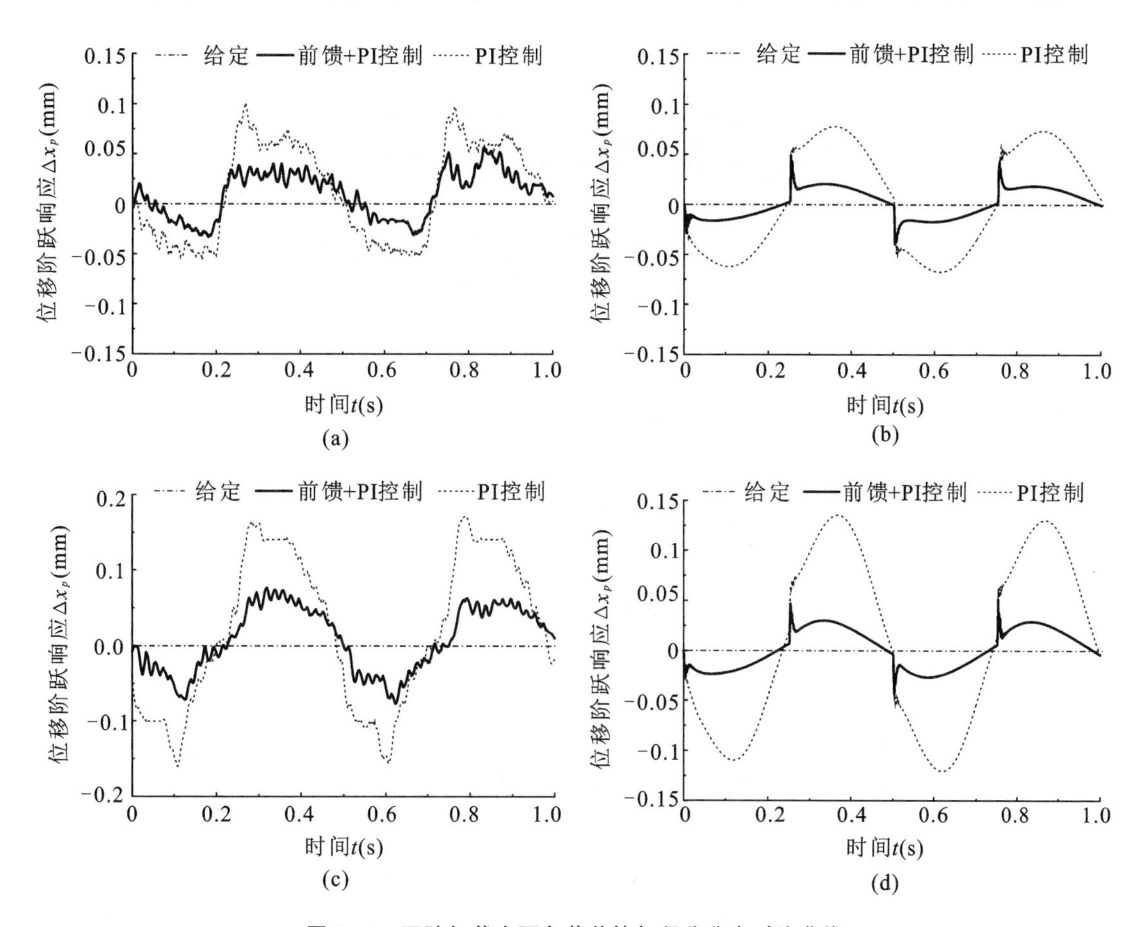

图 3-40 正弦加载力下负载前馈与积分分离对比曲线

(a) 500 N 正弦加载力下试验对比曲线；(b) 500 N 正弦加载力下仿真对比曲线

(c) 1000 N 正弦加载力下试验对比曲线；(d) 1000 N 正弦加载力下仿真对比曲线

4 伺服阀控缸力控制系统分析及控制技术

4.1 伺服阀控缸力控制系统数学建模及仿真建模

本节采用机理建模方法，通过推导高集成伺服阀控缸系统各组成部件的传递函数，建立高集成伺服阀控缸力控制系统较完整的数学模型。

4.1.1 力反馈两级电液伺服阀数学模型

(1) 滑阀级流量方程

在推导滑阀级流量方程时，作如下假设：(1)液压能源是理想的恒压源，溢流阀调定之后默认系统供油压力 p_s 和回油压力 p_0 均为定值；(2)忽略管道和阀腔内的压力损失；(3)忽略油温变化对油液黏度的影响；(4)将伺服阀功率级结构等效为理想零开口四边滑阀，四个节流窗口匹配且对称，此时，滑阀各节流口流量系数相等。

由于高集成伺服阀控缸系统的伺服缸实际有效工作面积远小于普通液压缸，伺服阀输出流量微小的变化都将直接影响活塞杆的输出位移和速度，如若采用线性化方法对伺服阀滑阀特定工作点进行局部线性化处理，将不能真实反映伺服阀整个动态过程的流量输出特性。考虑到压力-流量非线性因素，伺服阀进油流量为：

$$q_1=\begin{cases}K_d x_v\sqrt{p_s-p_1},x_v\geqslant 0\\K_d x_v\sqrt{p_1-p_0},x_v<0\end{cases}\tag{4-1}$$

伺服阀回油流量为：

$$q_2=\begin{cases}K_d x_v\sqrt{p_2-p_0},x_v\geqslant 0\\K_d x_v\sqrt{p_s-p_2},x_v<0\end{cases}\tag{4-2}$$

式中 x_v——高集成伺服阀控缸系统伺服阀阀芯位移(m)；

p_s——系统供油压力(Pa)；

p_1——高集成伺服阀控缸系统伺服缸左腔压力(Pa)；

p_2——高集成伺服阀控缸系统伺服缸右腔压力(Pa)；

p_0——系统回油压力(Pa)；

K_d——等效流量系数。

等效流量系数 K_d 的表达式为：

$$K_d=C_d W\sqrt{\frac{2}{\rho}}\tag{4-3}$$

式中 C_d——伺服阀滑阀节流口流量系数；

W——阀的面积梯度(m)；

ρ——航空液压油密度(kg/m^3)。

(2) 滑阀位移与电压的传递函数

理论上通过伺服阀力矩马达运动方程、衔铁挡板组件的运动方程、挡板位移与衔铁转角的关系和喷嘴挡板至滑阀的传递函数，可推导出力反馈两级电液伺服阀的传递函数，但伺服阀传递函数所涉及的诸多内部参数很难获得，因此本节通过辨识的方法确定伺服阀传递函数涉及的参数值。本节选用的伺服阀产品样本中给出了伺服阀开口度为25%和100%时的频域特性曲线，考虑到伺服阀在力控制过程中，一般工作在阀芯小开口范围，因此依照25%开口度时的频域特性曲线进行辨识。

对于力反馈两级喷嘴挡板伺服阀而言，一般情况下力矩马达控制线圈和滑阀的固有频率均远大于衔铁挡板组件的固有频率，可将力矩马达控制线圈的动态和滑阀的动态忽略；作用于挡板上的压力反馈的影响要远小于力反馈，可将压力反馈回路忽略。此时，伺服阀的传递函数可近似等效为惯性环节与二阶振荡环节的乘积，因此，伺服阀阀芯位移与输入功率放大器的电压信号之间的传递函数可简化为：

$$\frac{x_v}{U_g}=\frac{K_aK_{xv}}{\left(\frac{s}{K_{vf}}+1\right)\left(\frac{s^2}{\omega_{mf}^2}+\frac{2\zeta_{mf}}{\omega_{mf}}s+1\right)} \tag{4-4}$$

式中　K_a——伺服阀功率放大器增益(A/V)；

K_{xv}——伺服阀增益(m/A)；

K_{vf}——力反馈回路开环放大系数(rad/s)；

ω_{mf}——高集成伺服阀控缸系统伺服阀固有频率(rad/s)；

ζ_{mf}——高集成伺服阀控缸系统伺服阀阻尼比。

将式(4-4)的分母进行因式分解，可得到分母三阶传递函数的各系数项表达式，即：

$$as^3+bs^2+cs+1=\frac{1}{K_{vf}\omega_{mf}^2}s^3+\left(\frac{2\zeta_{mf}}{K_{vf}\omega_{mf}}+\frac{1}{\omega_{mf}^2}\right)s^2+\left(\frac{1}{K_{vf}}+\frac{2\zeta_{mf}}{\omega_{mf}}\right)s+1 \tag{4-5}$$

$$\left.\begin{aligned}a&=\frac{1}{K_{vf}\omega_{mf}^2}\\b&=\frac{2\zeta_{mf}}{K_{vf}\omega_{mf}}+\frac{1}{\omega_{mf}^2}\\c&=\frac{1}{K_{vf}}+\frac{2\zeta_{mf}}{\omega_{mf}}\end{aligned}\right\} \tag{4-6}$$

依据伺服阀样本给出的25%开口度的频域数据，基于MATLAB仿真平台，采用最小二乘法辨识得到伺服阀三阶传递函数的各未知系数项数值，有：

$$\left.\begin{aligned}a&=1.346\times10^{-9}\\b&=2.954\times10^{-6}\\c&=3.347\times10^{-3}\end{aligned}\right\} \tag{4-7}$$

联立式(4-6)和式(4-7)，可求得式(4-4)分母各参数的数值，并进行圆整，如表4-1所示。

表4-1　伺服阀传递函数中的参数表

参数名称	K_{vf}	ω_{mf}	ζ_{mf}
参数值	427 rad/s	1319 rad/s	0.67

依据表 4-1 的参数值，绘制伺服阀传递函数的幅频和相频伯德图，并与样本 25%开口度的频域特性曲线进行对比，如图 4-1 所示。可以看出，求得的传递函数与伺服阀样本曲线拟合度较高。

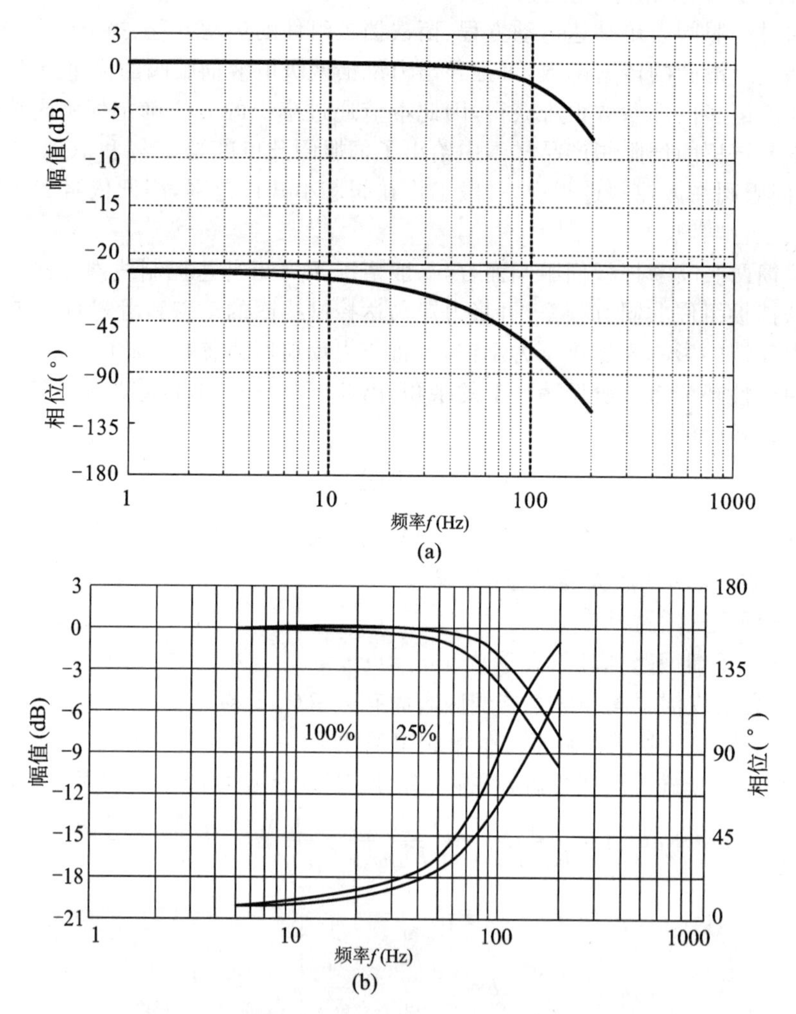

图 4-1 伺服阀传递函数和样本频域特性曲线对比

(a) 参数辨识的频域曲线；(b) 样本不同开口度的频域曲线

4.1.2 阀控缸系统基本方程

(1) 流量连续性方程

假设伺服缸各工作腔内压力处处相等、油温和体积弹性模量为常数且伺服缸内外泄漏均为层流流动，忽略伺服阀与伺服缸连接流道的压力损失和流道动态，可得伺服缸进油流量和进油腔容积为：

$$\left.\begin{aligned} q_1 &= A_p \frac{\mathrm{d}x_p}{\mathrm{d}t} + C_{ip}(p_1 - p_2) + C_{ep}p_1 + \frac{V_1}{\beta_e}\frac{\mathrm{d}p_1}{\mathrm{d}t} \\ V_1 &= V_{01} + A_p x_p \end{aligned}\right\} \tag{4-8}$$

伺服缸回油流量和回油腔容积为：

$$\left.\begin{aligned}q_2&=A_p\frac{\mathrm{d}x_p}{\mathrm{d}t}+C_{ip}(p_1-p_2)-C_{ep}p_2-\frac{V_2}{\beta_e}\frac{\mathrm{d}p_2}{\mathrm{d}t}\\V_2&=V_{02}-A_px_p\end{aligned}\right\}\tag{4-9}$$

式中 A_p——伺服缸活塞有效面积(m)；

x_p——高集成伺服阀控缸系统伺服缸活塞位移(m)；

C_{ip}——伺服缸内泄漏系数[$m^3/(s\cdot Pa)$]；

C_{ep}——伺服缸外泄漏系数[$m^3/(s\cdot Pa)$]；

β_e——有效体积弹性模量(Pa)；

V_{01}——高集成伺服阀控缸系统进油腔初始容积(m^3)；

V_{02}——高集成伺服阀控缸系统回油腔初始容积(m^3)。

由于高集成伺服阀控缸系统进/回油流道均开设于伺服缸缸体内部，其容积相对于伺服缸运动过程中产生的容积变化数量级相近，在高集成伺服阀控缸系统进油腔和回油腔初始容积中考虑伺服缸缸体内部流道容积，可得到以下表达式：

$$\left.\begin{aligned}V_{01}&=V_{g1}+A_pL_0\\V_{02}&=V_{g2}+A_p(L-L_0)\end{aligned}\right\}\tag{4-10}$$

式中 V_{g1}——伺服阀与伺服缸进油连接流道容积(m^3)；

V_{g2}——伺服阀与伺服缸回油连接流道容积(m^3)；

L——伺服缸活塞总行程(m)；

L_0——高集成伺服阀控缸系统伺服缸活塞初始位置(m)。

高集成伺服阀控缸系统动静态特性均受到负载力的影响，负载力一般包括惯性力、黏性阻尼力、弹性力和任意外负载力等，伺服缸输出力和负载力平衡方程为：

$$A_pp_1-A_pp_2=m_t\frac{\mathrm{d}x_p^2}{\mathrm{d}t}+B_p\frac{\mathrm{d}x_p}{\mathrm{d}t}+Kx_p+F_L+F_f\tag{4-11}$$

式中 m_t——折算到伺服缸活塞上的总质量，包括负载、活塞、位移传感器、力传感器、连接管道和伺服缸内油液以及其他动件的折算质量和(kg)；

K——高集成伺服阀控缸系统负载刚度(N/m)；

B_p——负载及高集成伺服阀控缸系统的阻尼系数[N/(m/s)]；

F_f——负载及高集成伺服阀控缸系统的库仑摩擦力(N)；

F_L——作用在高集成伺服阀控缸系统活塞上的任意外负载力(N)。

(2) 其他环节数学模型

所选用的位移传感器与力传感器的采样频率均为控制系统采样频率的5倍以上，因此将传感器传递函数等效为比例环节，对于力传感器而言，其反馈电压与伺服缸活塞杆受力的传递函数为：

$$\frac{U_f}{F}=K_f\tag{4-12}$$

式中 K_f——力传感器增益(V/N)；

F——力传感器检测的力信号(N)。

对于位移传感器而言，其反馈电压与伺服缸活塞杆位移的传递函数为：

$$\frac{U_p}{x_p}=K_x\tag{4-13}$$

式中 K_x——位移传感器增益(V/m)。

4.1.3 高集成伺服阀控缸力控制系统数学建模

(1) 高集成伺服阀控缸力控制系统框图

本节后续的力控制系统试验研究需要借助高集成伺服阀控缸系统性能测试实验台，该实验平台由两套高集成伺服阀控缸系统组成，一套采用力闭环控制，用于力控制性能的测试及力控制方法的试验验证，另一套采用位置闭环控制，用于模拟力控制系统的负载特性。由于两套高集成伺服阀控缸系统结构参数相同，且共用一个油源，此时认为两套高集成伺服阀控缸系统的伺服阀传递函数和折算系数相同、伺服缸的结构参数和泄漏系数相同、供油压力和回油压力相同，但力控制系统和位置控制系统中的伺服阀阀芯位移、输出流量、伺服缸两腔压力等状态变量是有区别的，为了便于区分，在本节的建模过程中，将两套高集成伺服阀控缸系统有区别的物理量引入下标，力控制系统采用下标“F”(Force 的首写字母)，位置控制系统采用下标“P”(Position 的首写字母)。

联立式(4-1)～式(4-4)和式(4-8)～式(4-13)，可建立高集成伺服阀控缸力控制系统框图，如图 4-2 所示。

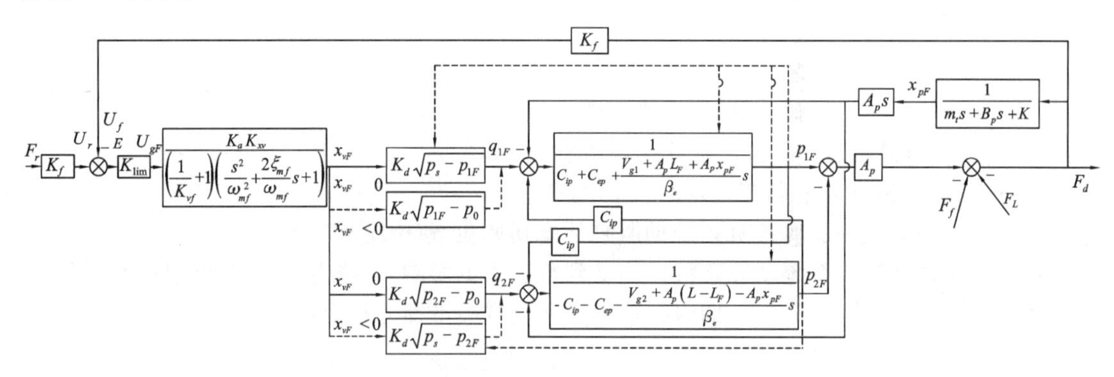

图 4-2 高集成伺服阀控缸力控制系统框图

(2) 高集成伺服阀控缸力控制系统仿真建模

① 力控制系统各环节仿真模型

依据图 4-2 高集成伺服阀控缸力控制系统框图，在 MATLAB/Simulink 仿真平台上分别建立力控制系统各主要环节的仿真模型，其中伺服阀流量-伺服缸两腔压力的仿真模型、电压偏差-伺服阀阀芯位移、伺服阀阀芯位移-伺服阀流量分别如图 4-3～图 4-5 所示。

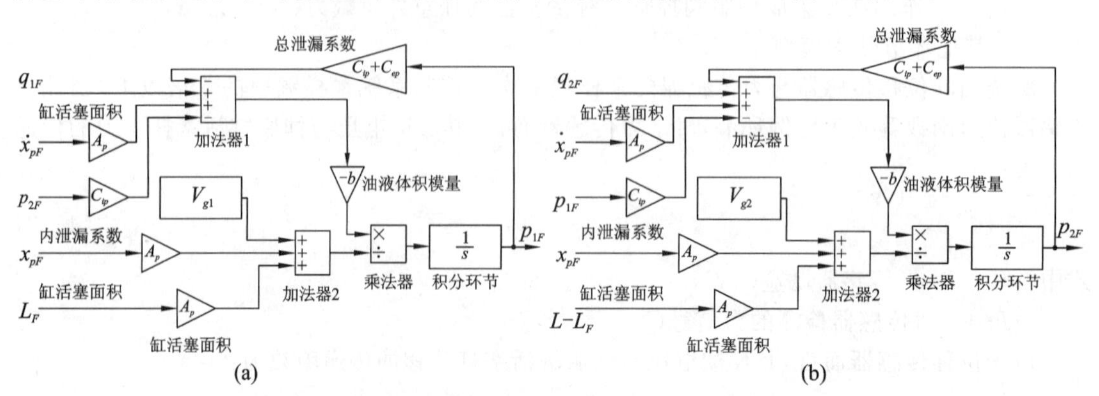

图 4-3 伺服阀流量-伺服缸两腔压力仿真模型

(a) 进油流量-进油腔压力；(b) 回油流量-回油腔压力

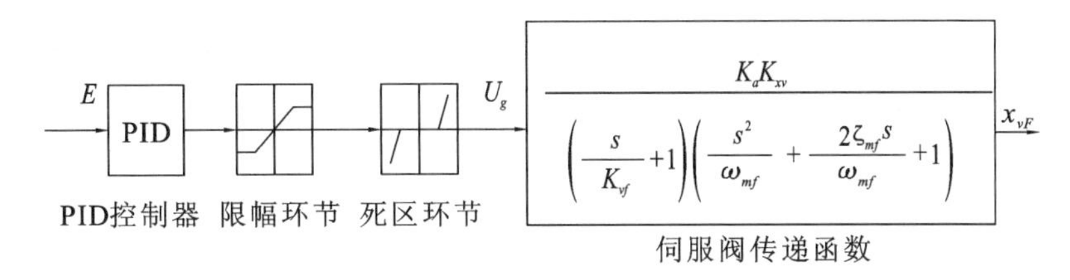

图 4-4 电压偏差-伺服阀阀芯位移仿真模型

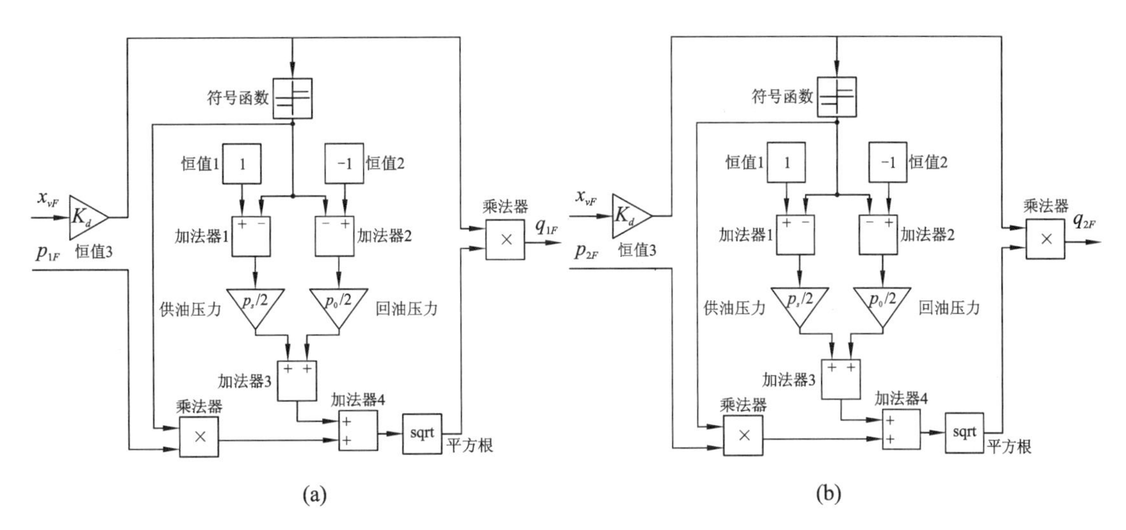

图 4-5 伺服阀阀芯位移-伺服阀流量仿真模型

(a) 阀芯位移-进油流量;(b) 阀芯位移-回油流量

② 力控制系统仿真模型

连接图 4-3～图 4-5,采用 MATLAB/Simulink 中子模型功能进行封装,建立的高集成伺服阀控缸力控制系统仿真模型如图 4-6 所示。

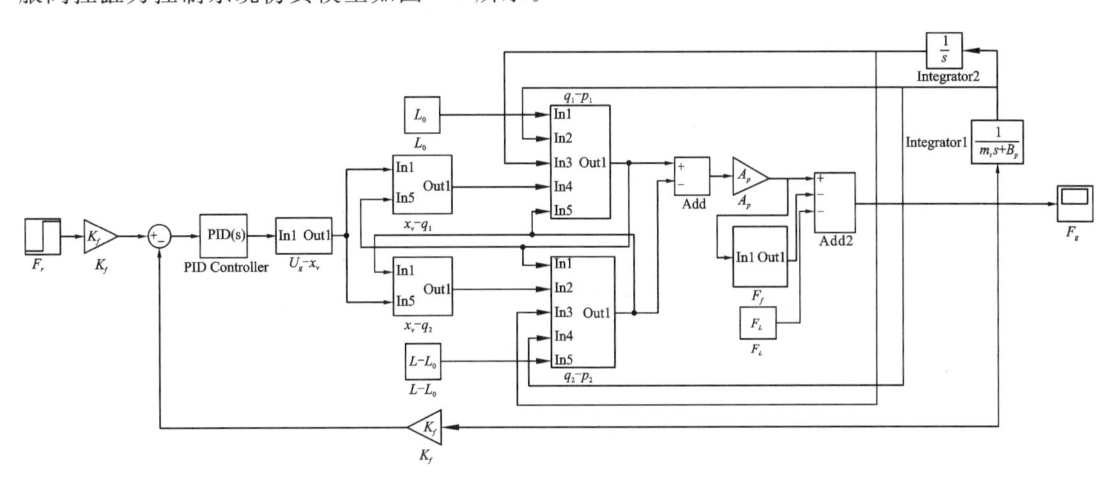

图 4-6 高集成伺服阀控缸力控制系统整体仿真模型

忽略高集成伺服阀控缸系统的外泄漏,系统仿真模型中的参数及初值如表 4-2 所示。

表 4-2 高集成伺服阀控缸力控制系统仿真模型参数及初值表

参数/输入	初始值	单位
伺服阀增益 K_{xv}	0.05	m/A
伺服阀功率放大器增益 K_a	0.009	A/V
伺服缸活塞有效面积 A_p	3.368×10^{-4}	m^2
进油腔管道容积 V_{g1}	6.2×10^{-7}	m^3
回油腔管道容积 V_{g2}	8.6×10^{-7}	m^3
伺服缸活塞总行程 L	0.05	m
伺服缸活塞初始位置 L_F	0.03	m
系统供油压力 p_s	7×10^6	Pa
系统回油压力 p_0	0.5×10^6	Pa
10# 航空液压油密度 ρ	0.867×10^3	kg/m^3
伺服缸外泄漏系数 C_{ep}	0	$m^3/(s\cdot Pa)$
伺服缸内泄漏系数 C_{ip}	2.38×10^{-13}	$m^3/(s\cdot Pa)$
折算到伺服缸活塞上的总质量 m_t	1.1315	kg
有效体积模量 β_e	8×10^8	Pa
负载刚度 K	5×10^5	N/m
阻尼系数 B_p	2000	N/(m/s)
折算流量系数 K_d	1.248×10^{-4}	m^2/s
位移传感器增益 K_x	182	V/m
力传感器增益 K_f	7.7×10^{-4}	V/N

4.2 伺服阀控缸力控制系统负载特性模拟

4.2.1 负载特性模拟数学模型

由高集成伺服阀控缸力控制系统框图可知，高集成伺服阀控缸系统在进行力闭环控制过程中，负载刚度和阻尼的变化改变了系统框图中的内部参数，从而影响系统的力控制性能，力控制系统与负载特性的关系示意如图 4-7 所示。

要想研究负载特性动态变化时力控制系统的鲁棒性，需先进行较为准确的变刚度阻尼负载特性的模拟。以力传感器为质心，由于力传感器质量相对很小，忽略其质量，可建立如下动力学方程：

$$F=B_p\dot{x}_F+Kx_F \tag{4-14}$$

式中 F——力传感器实测力(N)；

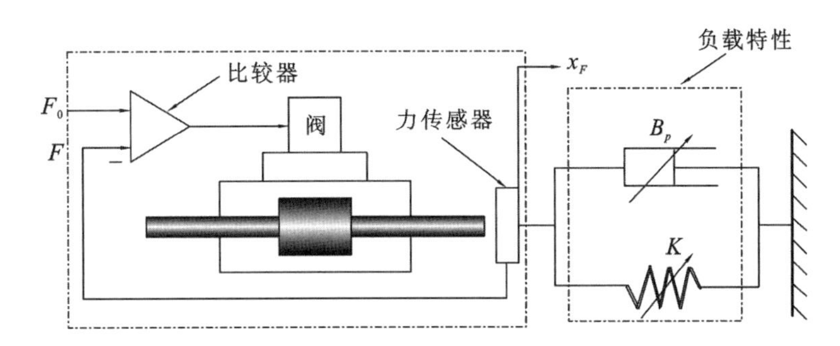

图 4-7 力控制系统与负载特性的关系示意图

x_F——理论上输出力引起的力控制系统活塞位移变化(m)；

$\dot{x}_F$——理论上输出力引起的力控制系统活塞速度变化(m/s)。

一般来说，将某一真实的环境结构模拟为刚度和阻尼特性，为保证模拟的真实性，其刚度和阻尼参数是动态变化的，通常随着位移压缩量的增大，相应的刚度和阻尼参数将变大，可将刚度和阻尼参数近似地设定为位移变化量的函数。本节设定负载刚度 K 与位移变化量 x_F 呈 3 次指数关系，其表达式为：

$$K=K_0+Mx_F^3 \tag{4-15}$$

式中 K_0——负载刚度初始值(N/m)；

M——负载刚度变化系数。

设定负载阻尼 B_p 与位移变化量 x_F 呈 2 次指数关系，其表达式为：

$$B_p=B_{p0}+Nx_F^2 \tag{4-16}$$

式中 B_{p0}——负载阻尼初始值[N/(m/s)]；

N——负载阻尼变化系数。

联立式(4-14)至式(4-16)，设定位移变化量 x_F 为状态变量，则可将式(4-14)转化为：

$$\dot{x}_F=-\frac{K_0+Mx_F^3}{B_{p0}+Nx_F^2}x_F+\frac{F}{B_{p0}+Nx_F^2} \tag{4-17}$$

式(4-17)表征了变刚度阻尼负载特性下高集成伺服阀控缸系统的输出力与位移变化量的动力学关系，由此可建立输出力与位移变化量的传递框图，如图 4-8 所示。

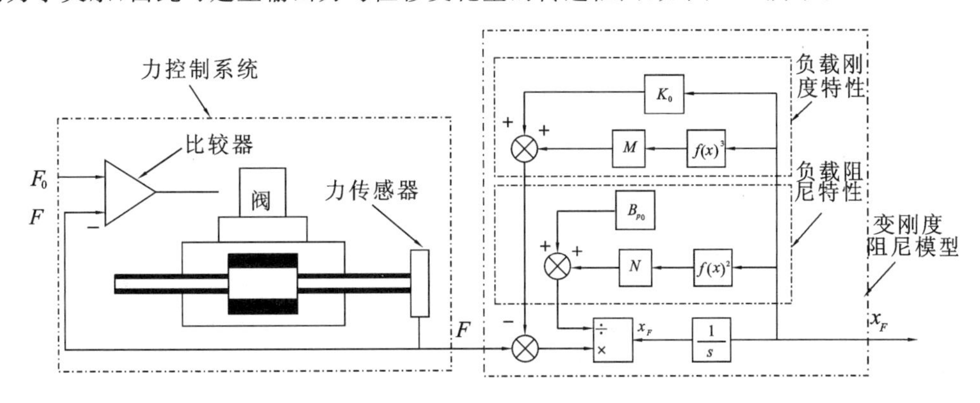

图 4-8 输出力与位移变化量的传递框图

本节给出的高集成伺服阀控缸系统负载刚度和阻尼变化特性满足式(4-15)和式(4-16)，式中涉及的参数值及负载特性模拟高集成伺服阀控缸系统对应的工作参数如表 4-3 所示，在本节后续的仿真和试验中将以此表的参数作为给定参数，用于分析模拟效果。

表 4-3　负载特性模拟对应的参数初值表

参　　数	初始值	单位
负载刚度初始值 K_0	1×10^6	N/m
负载刚度变化系数 M	1×10^{15}	—
负载阻尼初始值 B_{p0}	5×10^4	N/(m/s)
负载阻尼变化系数 N	5×10^{10}	—
活塞杆初始位置 L_{0p}	20	mm
系统供油压力 p_s	7	MPa
控制器比例增益 K_p	20	—
控制器积分增益 K_L	3	—

搭建基于高集成伺服阀控缸位置控制系统的负载特性模拟 MATLAB/Simulink 仿真模型，如图 4-9 所示。

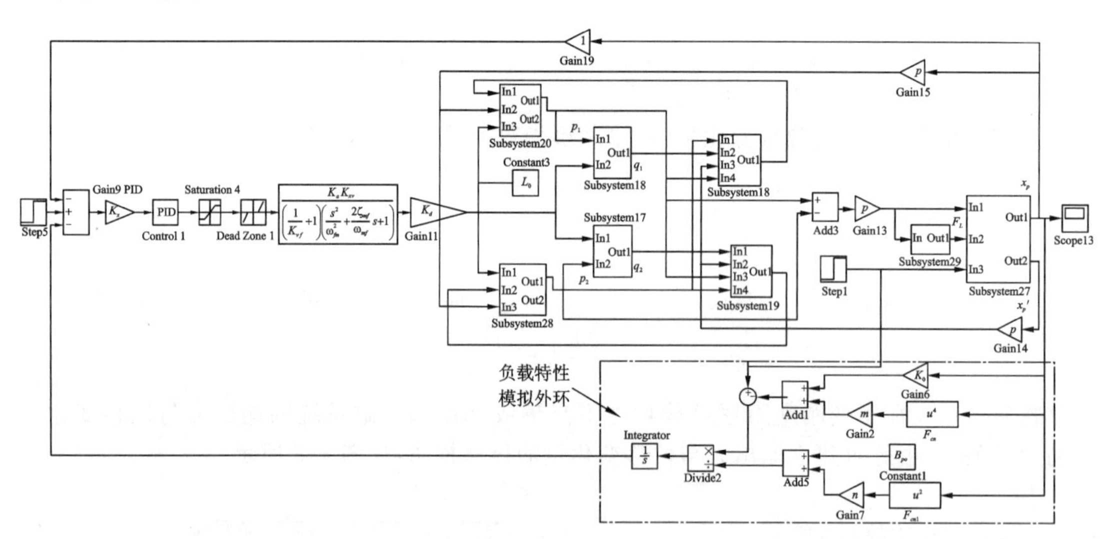

图 4-9　高集成伺服阀控缸位置控制系统负载特性模拟 MATLAB/Simulink 仿真模型

高集成伺服阀控缸系统性能测试实验台中，用于负载特性模拟数据的采集界面如图 4-10 所示。

4.2.2　负载特性模拟效果分析

为清晰地得出典型加载力下的负载刚度和阻尼模拟效果，本节将分别分析变刚度模拟效果和变阻尼模拟效果，最后给出变刚度阻尼负载特性的整体模拟效果。由于本节模拟的刚度和阻尼值均为高集成伺服阀控缸系统输出位移的函数，而刚度和阻尼值又无法直接测得，因此刚度和阻尼的理论计算值和实际模拟值均需通过相应的数据处理求得。对于刚度而言，其理论计算值应满足公式(4-15)，但其实际模拟值反映的是高集成伺服阀控缸系统在受力时抵抗

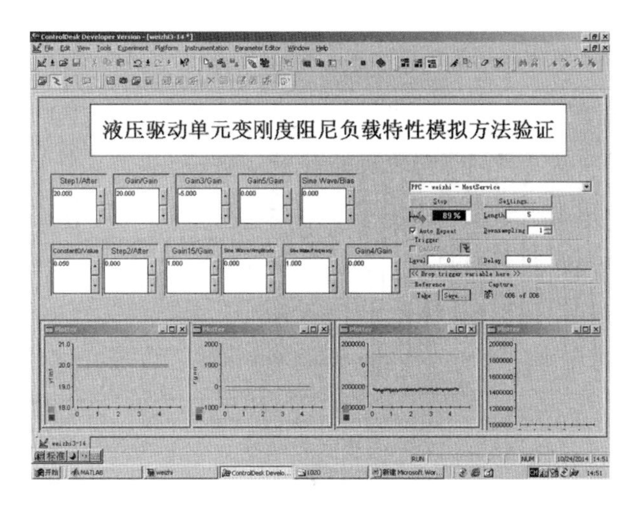

图 4-10　负载特性模拟数据采集界面

变形的能力，需用实测负载力 F 除以实际变化量 (x_p-x_r) 计算得出，通过理论计算值和实际模拟值的对比，可获得刚度模拟的效果；对于阻尼而言，其理论计算值应满足公式(4-16)，而由于高集成伺服阀控缸系统的行程很小，单独测量阻尼易导致系统失速，且实际的接触环境产生的负载力一般以刚性力为主，不存在单纯阻尼负载的情况，仅进行阻尼模拟没有实际意义，因此，本节阻尼模拟的仿真和试验是在刚度 $K=1\times10^6$ N/m 条件下完成的，通过位移变化量的变化速率间接观察阻尼模拟的有效性。

由于篇幅所限，并使后续的数据更具说服力，本节分析将以试验曲线为主。

(1) 典型加载下变刚度模拟

① 正弦加载下变刚度模拟效果

给负载特性模拟高集成伺服阀控缸系统施加基准值 1000 N、幅值 500 N 的正弦加载力，加载力的频率分别为 $f=3$ Hz、5 Hz，负载特性模拟高集成伺服阀控缸系统的位移响应仿真曲线、理论计算刚度和模拟刚度试验曲线如图 4-11 所示。

由对比分析可知，变刚度模拟方法具有模拟效果，其位移变化量均值分别为0.655 mm、0.678 mm；两组理论计算刚度和实际模拟刚度均值分别为 1.36×10^6 N/m、1.29×10^6 N/m，1.35×10^6 N/m、1.32×10^6 N/m，且均值都非常接近。

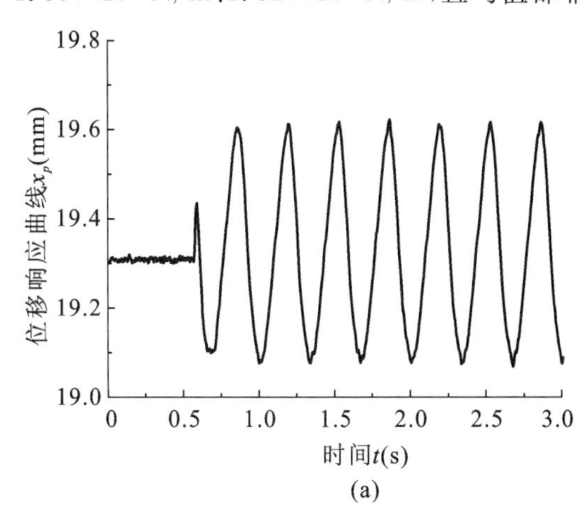

(a)

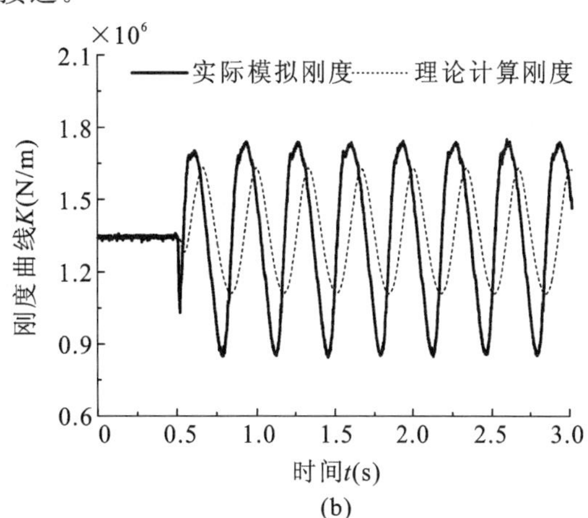

(b)

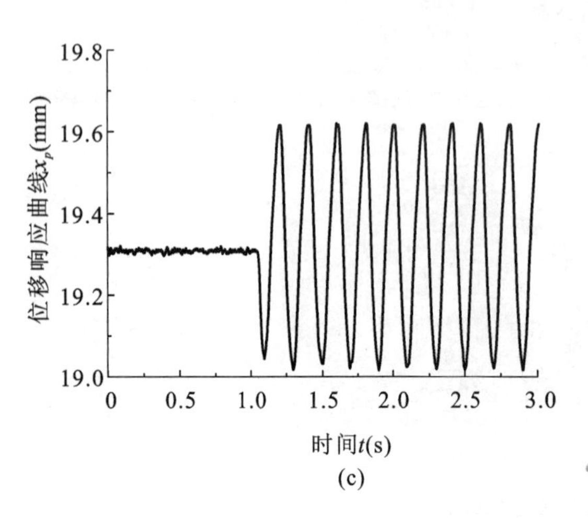

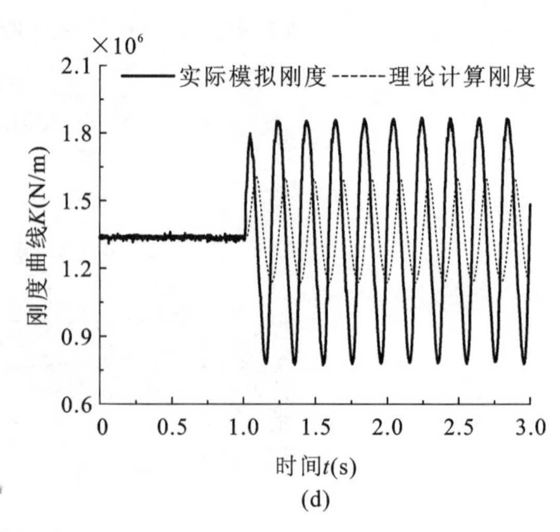

图 4-11 正弦加载力下变目标刚度模拟试验曲线

(a) f=3 Hz 正弦加载力下的位移响应曲线;(b) 理论计算刚度与实际模拟刚度曲线

(c) f=5 Hz 正弦加载力下的位移响应曲线;(d) 理论计算刚度与实际模拟刚度曲线

通过试验曲线也可以发现以下几个问题:a. 理论计算刚度滞后于实际模拟刚度,这是由于两者的计算方法不同,理论计算刚度是位移变化量的函数,而实际模拟刚度是力传感器实测加载力和位移变化量的函数,由于位移变化是由加载力引起的,因此位移变化量滞后于加载力,这是导致理论计算刚度值滞后于实际模拟刚度值的主要原因;b. 随着加载频率的增大,理论计算刚度逐渐变小,而实际模拟刚度逐渐增大,这是实际的检测位移变化存在一定滞后性,加载频率越大,滞后越明显,理论计算刚度与位移变化量呈 3 次指数关系,而实际模拟刚度则与位移呈倒数关系,从而导致理论计算刚度逐渐减小,实际模拟刚度逐渐增大。

② 斜坡加载下变刚度模拟效果

给负载特性模拟高集成伺服阀控缸系统施加起始值为 500 N、终值为 1500 N 的斜坡加载力,斜率分别为 1000 N/s 和 2000 N/s,负载特性模拟高集成伺服阀控缸系统的位移响应仿真曲线、理论计算刚度和实际模拟刚度试验曲线如图 4-12 所示。

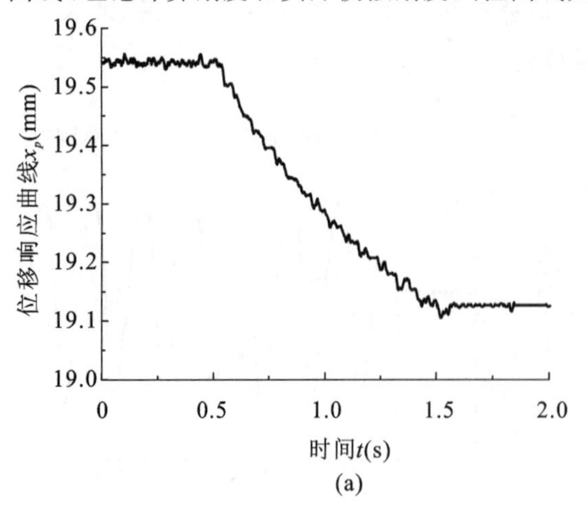

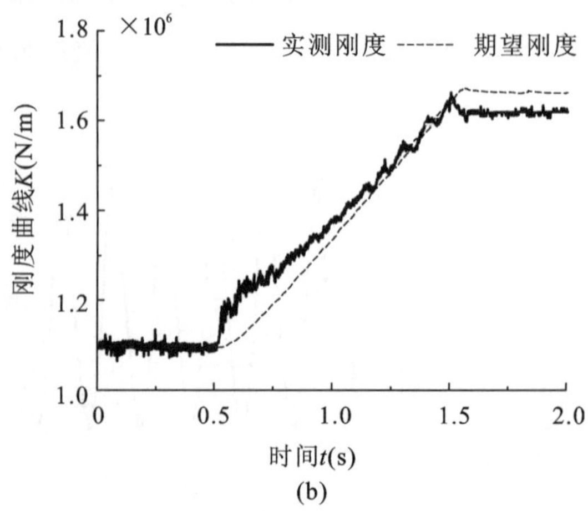

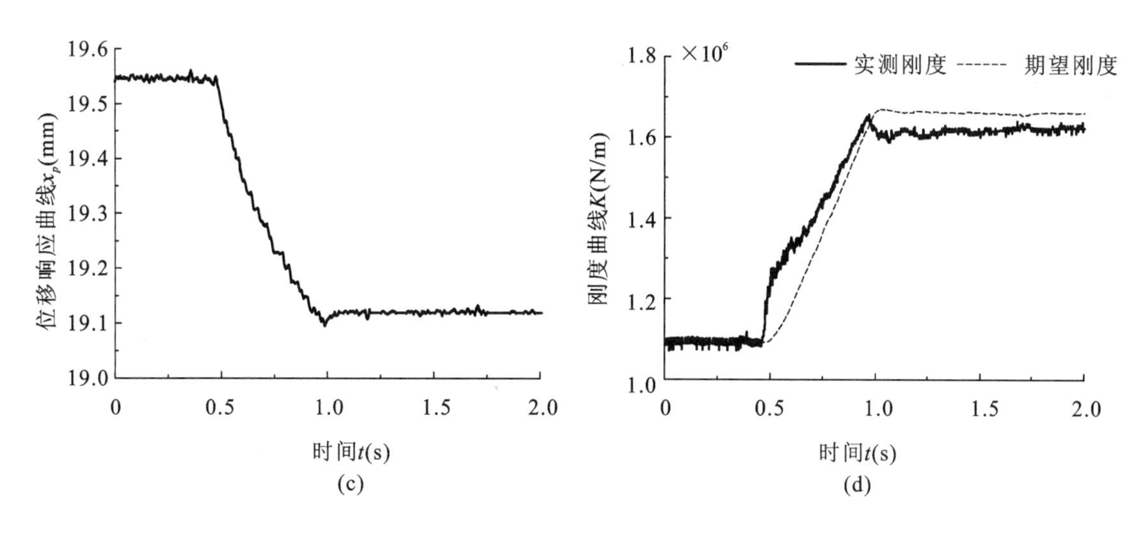

图 4-12 斜坡加载力下变刚度模拟试验曲线

(a) 1000 N/s 斜坡加载力下的位移响应曲线;(b) 理论计算刚度与实际模拟刚度曲线

(c) 2000 N/s 斜坡加载力下的位移响应曲线;(d) 理论计算刚度与实际模拟刚度曲线

对比分析可知,负载特性模拟高集成伺服阀控缸系统位移在不同斜率的斜坡加载力下具有较好的线性度,其位移变化量均在 4.1 mm 左右,两组理论计算刚度与实际模拟刚度终值分别为 1.664×10^6 N/m、1.622×10^6 N/m,1.657×10^6 N/m、1.626×10^6 N/m,且在跟踪过程中理论计算刚度与实际模拟刚度最大误差分别为 1×10^5 N/m、1.42×10^5 N/m,可见该刚度模拟方法对斜坡加载具有较高的模拟精度。

(2) 典型加载下变阻尼模拟

① 阶跃加载下变阻尼模拟效果

给负载特性模拟高集成伺服阀控缸系统施加幅值 F=1000 N 和 1500 N 的阶跃加载力,得负载特性模拟高集成伺服阀控缸系统的位移响应试验曲线和理论计算阻尼曲线,并与定阻尼的位移响应试验曲线进行对比,其对应的试验曲线如图 4-13 所示。

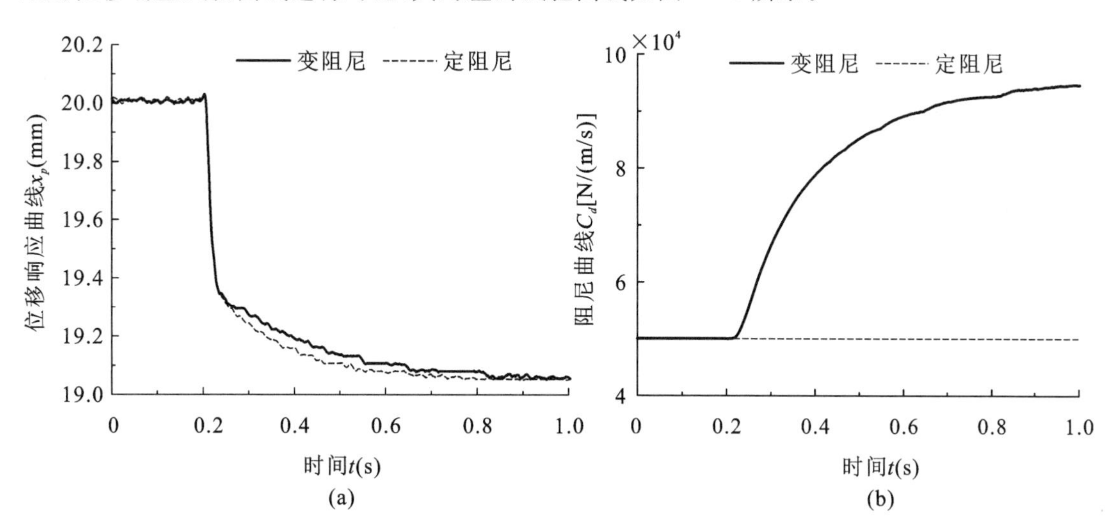

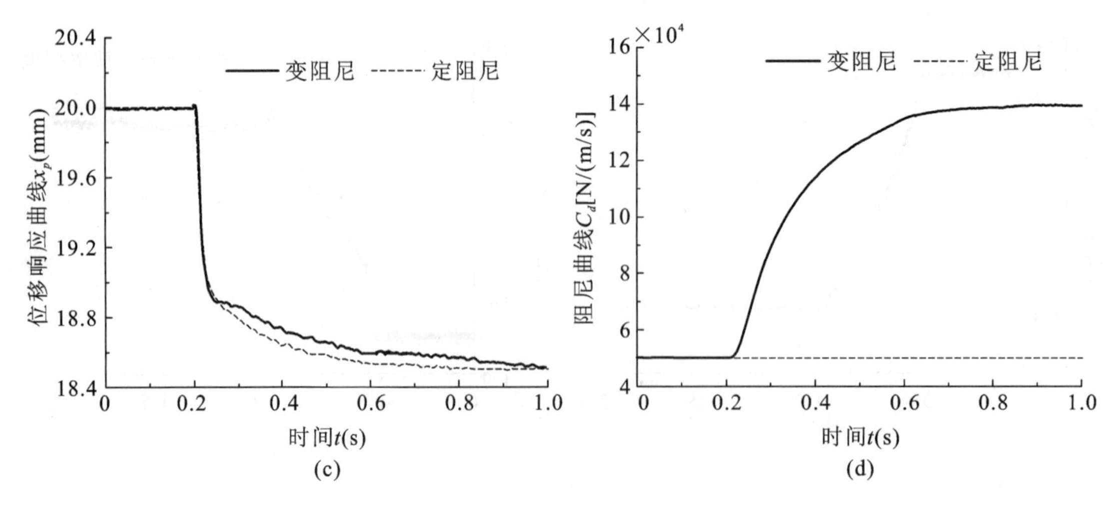

图 4-13 阶跃加载力下变阻尼模拟试验曲线

(a) 1000 N 阶跃加载力下位移响应试验曲线;(b) 理论计算阻尼与定阻尼曲线

(c) 1500 N 阶跃加载力下位移响应试验曲线;(d) 理论计算阻尼与定阻尼曲线

由对比分析可知,在定刚度条件下,随着加载力幅值的增大,负载特性模拟高集成伺服阀控缸系统的位移响应速度变慢,达到稳态所需的时间变长,达到稳态所需的时间分别为 619 ms 和 781 ms,其对应的定阻尼达到稳态所需的时间分别为 529 ms 和 585 ms,证明变阻尼模拟是有效的。

② 正弦加载力下变阻尼模拟效果

给负载特性模拟高集成伺服阀控缸系统施加基准值 1000 N、幅值 500 N 的正弦加载力,加载力的频率分别为 $f=3$ Hz、5 Hz,负载特性模拟高集成伺服阀控缸系统的位移响应试验曲线如图 4-14 所示。

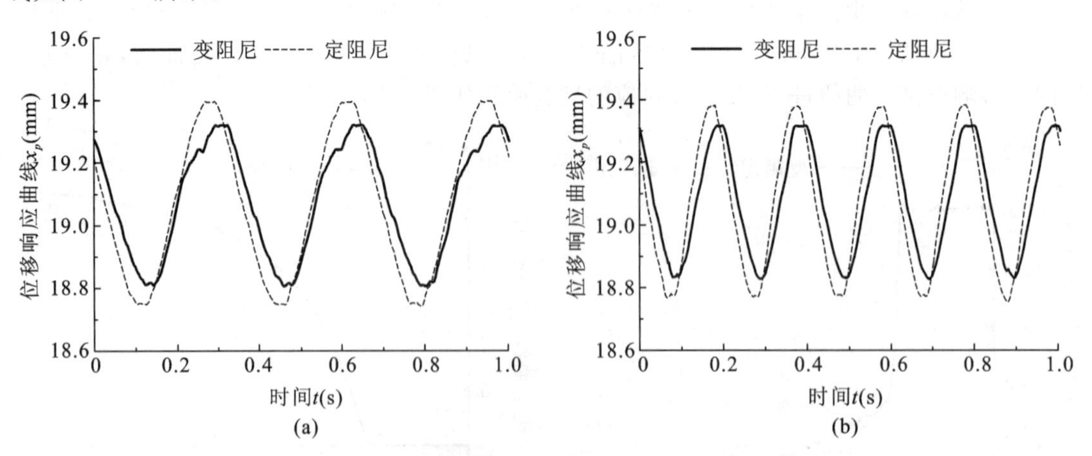

图 4-14 正弦加载力下变阻尼模拟试验曲线

(a) $f=3$ Hz 正弦加载力下的位移响应试验曲线;(b) $f=5$ Hz 正弦加载力下的位移响应试验曲线

由图 4-14 可以看出,负载特性模拟高集成伺服阀控缸系统的位移在不同频率正弦加载力的作用下发生周期性变化,变阻尼下的位移响应峰值均小于定阻尼下的峰值,且变阻尼下的位移响应曲线均滞后于定阻尼的位移响应曲线,加载频率越大,滞后效果越明显,可见阻尼的增大阻碍了高集成伺服阀控缸系统位移响应的快速性。随着正弦加载频率的增大，负载特性模拟高集成伺服阀控缸系统位移响应曲线相角滞后分别约为36.6°和43.9°，说明了变阻尼的模拟效果。

(3) 典型加载力下变刚度阻尼模拟

① 斜坡阶跃加载力下变刚度阻尼模拟效果

给负载特性模拟高集成伺服阀控缸系统施加斜坡阶跃加载力，并通过力传感器检测实际加载力，如图4-15(a)所示，负载特性模拟高集成伺服阀控缸系统的位移响应试验曲线如图4-15(b)所示。

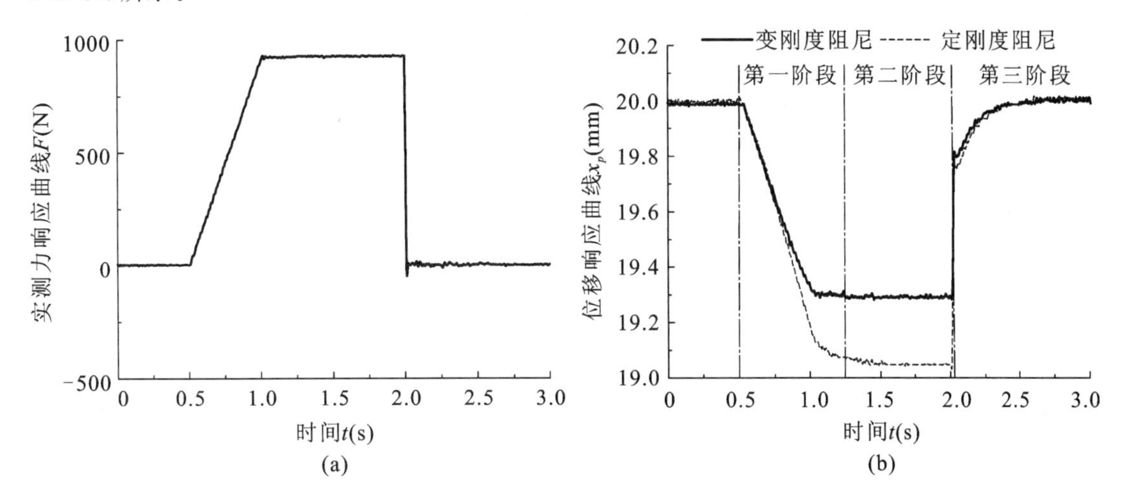

图4-15　斜坡阶跃加载力试验曲线及变刚度阻尼模拟曲线

(a) 斜坡阶跃加载下给定加载力实测曲线；(b) 斜坡阶跃加载下位移响应试验曲线

可以看出，在斜坡阶跃加载力作用下负载特性模拟高集成伺服阀控缸系统位移曲线在第一阶段从重合到逐渐分离，达到稳态的时间分别为531 ms和1077 ms，响应时间的差异是由于两者的负载刚度和阻尼不同；第二阶段稳定在不同位置，其位移形变量分别为0.72 mm和0.95 mm，位移形变量的差异是由于两者的负载刚度不同；第三阶段阶跃力瞬间撤去，变刚度阻尼和定刚度阻尼位移仿真曲线变化趋势一致，试验曲线稍有差别，由变刚度阻尼负载特性的模拟原理示意图可知，撤去加载力意味着负载模拟外环失去了作用，此时刚度和阻尼已不能模拟，而试验过程中，高集成伺服阀控缸系统位移变化过程中会引起一定的多余力，导致力传感器检测数值并不为0，此时负载特性模拟外环未完全失效，导致两者位移响应曲线存在差异。

② 正弦加载力下变刚度阻尼模拟效果

给负载特性模拟高集成伺服阀控缸系统施加基准值1000 N、幅值500 N的正弦加载力，加载力的频率分别为f=3 Hz、5 Hz，负载特性模拟高集成伺服阀控缸系统的位移响应试验曲线如图4-16所示。

从试验曲线可知，随着正弦加载频率的提高，负载特性模拟高集成伺服阀控缸系统变刚度阻尼和定刚度阻尼位移形变量均值不同，其变化量均值分别为0.67 mm、0.704 mm、0.934 mm、0.942 mm，在波峰处的位移偏差分别为0.117 mm、0.152 mm；波谷处的位移偏差分别0.37 mm、0.16 mm，可见，变刚度阻尼模拟起到了一定的作用，从而印证了负载特性模拟外环控制器的有效性。

(4) 本节小结

本节主要研究了变刚度阻尼负载特性的模拟方法。将高集成伺服阀控缸力控制系统的负

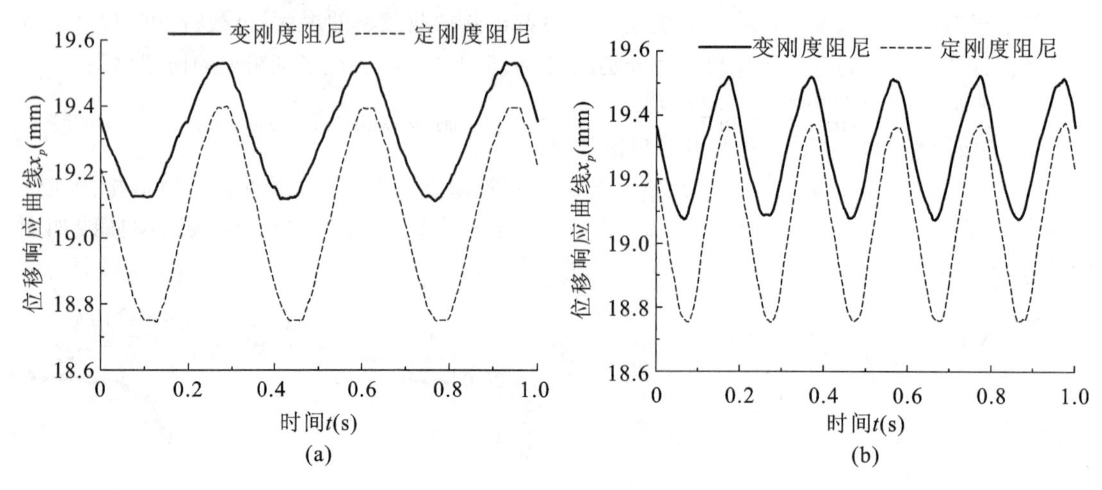

图 4-16 正弦加载力下变刚度阻尼模拟试验曲线

(a) $f=3$ Hz 正弦加载力下的位移响应试验曲线；(b) $f=5$ Hz 正弦加载力下的位移响应试验曲线

载特性等效为刚度和阻尼参数的动态变化，建立了高集成伺服阀控缸系统变刚度阻尼模拟的数学模型，设计了负载特性模拟方法，并在高集成伺服阀控缸系统性能测试实验台和MATLAB/Simulink仿真平台上，分别完成了变刚度模拟、变阻尼模拟及变刚度阻尼的模拟效果分析。分析结果表明，在斜坡和正弦加载力下，即使刚度和阻尼参数与加载力产生的形变量呈非线性的函数关系，本节设计的模拟方法仍能够较好地模拟刚度和阻尼参数的动态变化，该模拟方法可更有效地用于高集成伺服阀控缸系统真实接触环境结构的模拟，上述研究工作为力控制系统补偿控制方法的研究提供了负载特性模拟方法。

4.3 伺服阀控缸力控制系统高鲁棒控制技术

4.3.1 高集成伺服阀控缸力控制系统 PID 控制器参数优化

(1) 临界比例度法整定 PID 控制器参数

以 $K_{ed}=1\times10^6$ N/m，$C_{ed}=5\times10^4$ N/(m/s)为负载的目标刚度和阻尼参数，在MATLAB/Simulink界面打开PID控制器参数窗口，将积分常数 K_i 和微分常数 K_d 设置为0，然后逐渐增大比例增益到系统产生临界振荡状态，此时比例增益记为 K_m(比例增益的倒数即为比例度 δ)，临界振荡周期为 T_m。通过仿真，可以得到力控系统产生临界振荡的比例增益 $K_m=13.6$，临界振荡周期 $T_m=0.143$ s，根据Ziegler-Nichols提供的临界比例度法经验公式可确定PID控制器参数，该经验公式见表4-4。

表 4-4 临界比例度法整定 PID 控制器参数经验公式

控制器类型	比例度	积分时间	微分时间
P	2δ	—	—
PI	2.2δ	$0.85T_m$	—
PID	1.7δ	$0.5T_m$	$0.13T_m$

在进行力控制时，考虑到系统力采集信号波动较大，微分控制易引起系统振荡，因此采用表4-4中的PI控制方法进行力控制，由此得到的控制器中的PI控制参数分别为$K_p=6.18$，$K_i=0.12$。由试验和仿真过程可发现，采用上述PI控制参数得到的力阶跃响应曲线的超调量较大，而在进行力控制时，希望在保证力响应快速性的同时，超调量尽可能的小，因此，有必要进行进一步调整，通过多组试验测试，最终确定$K_p=5$、$K_i=0.12$，此时力控制效果较好。

(2) 优化后的PI控制参数控制效果

在$K_{ed}=1\times10^6$ N/m，$C_{ed}=5\times10^4$ N/(m/s)目标刚度和阻尼参数下，将$K_p=5$、$K_i=0.12$引入力控制系统的仿真模型和高集成伺服阀控缸系统性能测试实验台，得到力阶跃响应的仿真及试验曲线，如图4-17所示。

由图4-17可以看出，在目标刚度阻尼下，加入经临界比例度法整定的PI控制参数后，实测的高集成伺服阀控缸力控制系统上升时间为9.63 ms，最大超调量为4.4%。

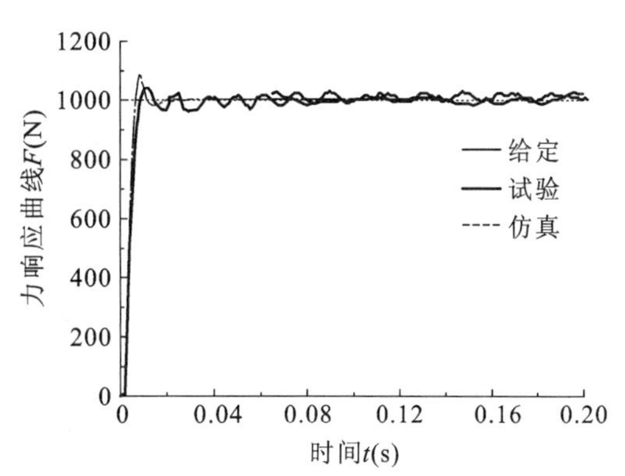

图4-17　临界比例度法整定PI控制参数的力阶跃响应曲线

4.4.2　高集成伺服阀控缸系统变刚度阻尼负载特性补偿控制方法研究

由4.4.1节可知，在$K_{ed}=1\times10^6$ N/m，$C_{ed}=5\times10^4$ N/(m/s)目标刚度和阻尼参数下，优化后的高集成伺服阀控缸系统PI控制参数的力控制性能是较好的，但当高集成伺服阀控缸系统负载刚度和阻尼变化后，应保证这组控制参数下的力控制性能尽可能地不受影响，以使这组控制参数更好地适用于不同的负载特性。

(1) 负载特性补偿控制器设计

上节得到的PI控制参数在目标刚度和阻尼参数下的控制性能较好，这说明该组控制参数适合此时的高集成伺服阀控缸力控制系统模型参数，若能保证负载刚度和阻尼变化不会导致力控制系统模型参数的变化，那么该组控制参数必然适合负载特性的变化。基于以上思路来设计负载特性补偿控制器，在目标刚度和阻尼参数下，图4-2所示的高集成伺服阀控缸力控制系统框图可简化为图4-18(a)，图中$G_1(s)$、$G_2(s)$为高集成伺服阀控缸力控制系统各部分传递函数，$G_d(s)$为目标负载特性传递函数。图4-18(b)为负载刚度和阻尼动态变化时的补偿控制框图，图中$G_3(s)$为实际负载特性下的传递函数，$G_C(s)$为负载特性补偿控制器的传递函数。

为保证PI控制参数的鲁棒性，需完全补偿$G_d(s)$至$G_3(s)$的变化量，则应满足如下方程：

$$\left.\begin{aligned}G_C(s)&=\frac{G_3(s)-G_d(s)}{G_1(s)}\\G_d(s)&=\frac{1}{C_{dE}s+K_{dE}}\\G_3(s)&=\frac{1}{C_Es+K_E}\end{aligned}\right\}\tag{4-18}$$

式中　C_{dE}——目标负载阻尼系数[N/(m/s)]；

K_{dE}——目标负载刚度(N/m);

C_E——实际负载阻尼系数[N/(m/s)];

K_E——实际负载刚度(N/m)。

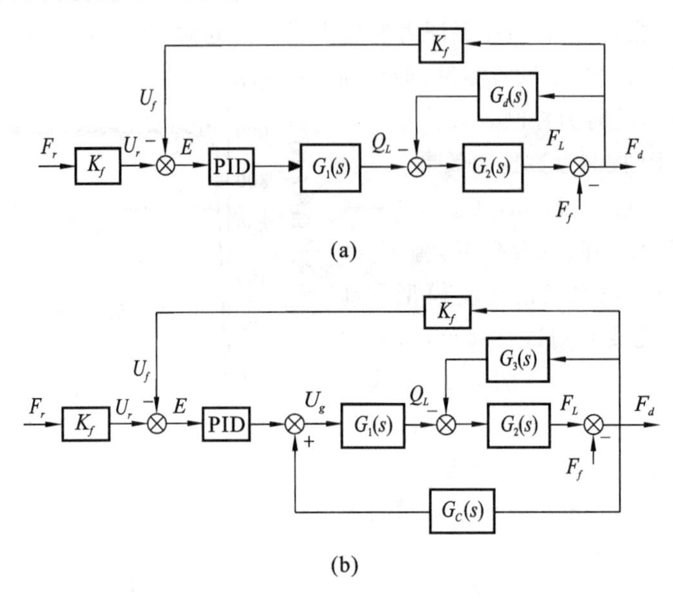

图 4-18 高集成伺服阀控缸力控制系统示意图

(a) 高集成伺服阀控缸系统目标刚度和阻尼负载特性下力控制框图;

(b) 高集成伺服阀控缸系统负载刚度和阻尼动态变化时的补偿控制框图

这样,即使实际负载特性 $G_3(s)$ 相对目标负载特性发生变化,通过补偿环节的引入,从理论上使得高集成伺服阀控缸力控制系统的负载特性仍为 $G_d(s)$,从而使力控制系统模型不再受负载特性变化的影响。该补偿环节实际上是依据负载特性的变化,调整控制伺服阀的电压,从而改变伺服缸两腔的压力分布,以达到补偿的目的。这种补偿方法,相当于使力控制系统的负载特性一直保持为 $G_d(s)$。通过推导可得负载特性补偿控制器表达式为:

$$G_C(s)=\frac{\left(\dfrac{1}{C_E s+K_E}-\dfrac{1}{C_{dE} s+K_{dE}}\right)\left(\dfrac{s}{K_{vf}}+1\right)\left(\dfrac{s^2}{\omega_{mf}^2}+\dfrac{2\zeta_{mf}}{\omega_{mf}}s+1\right)}{K_a K_{xv} K_d\sqrt{p_s-p_0-p_L}} \tag{4-19}$$

其中,$1/(K_a K_{xv})$ 为负载特性补偿的比例系数,表征的是伺服阀阀芯位移与输入伺服阀电流之间的关系;$1/(K_d\sqrt{p_s-p_0-p_L})$ 为伺服缸活塞位移变化至伺服缸流量的补偿系数;$[1/(C_E s+K_E)-1/(C_{dE}s+K_{dE})]$ 为负载特性变化至伺服缸活塞位移变化的补偿系数;$(s/K_{vf}+1)(s^2/\omega_{mf}^2+2\zeta_{mf}s/\omega_{mf}+1)$ 用于补偿由伺服阀的动态特性导致的补偿环节滞后。

由于微分环节在真实控制过程中难以实现,且伺服阀的固有频率远高于高集成伺服阀控缸系统正常工况下的工作频率,因此在补偿环节中忽略伺服阀的动态,可以得出高集成伺服阀控缸力控制系统负载特性补偿控制框图,如图 4-19 所示。

(2) 变刚度阻尼负载特性补偿控制器实现方法

高集成伺服阀控缸系统性能测试实验台包括力控制和负载特性模拟两部分,其中,负载特性模拟部分是通过力传感器检测实际作用力,并作为驱动力送入负载特性模拟高集成伺服阀控缸系统,通过位移传感器检测负载特性模拟高集成伺服阀控缸系统的位移,并基于负载特性

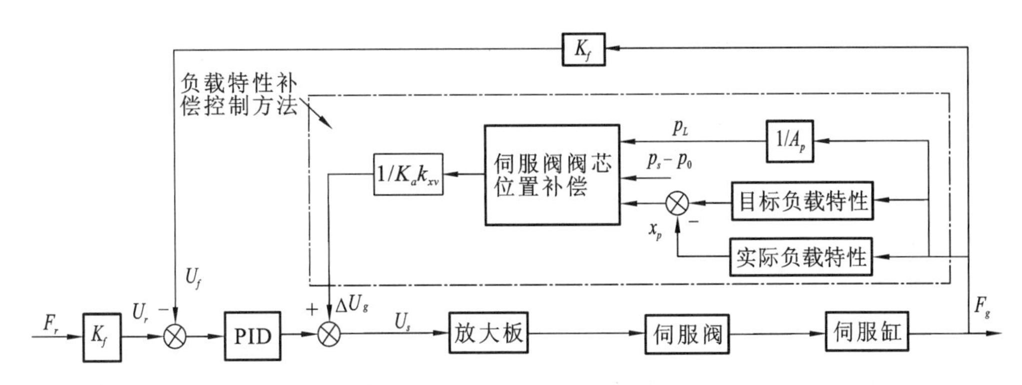

图 4-19 变刚度阻尼负载特性补偿控制器框图

模拟方法在线改变刚度和阻尼参数。力控制部分采用 PI 控制参数和上节提出的负载特性补偿控制方法，试验时的整体控制原理如图 4-20 所示。

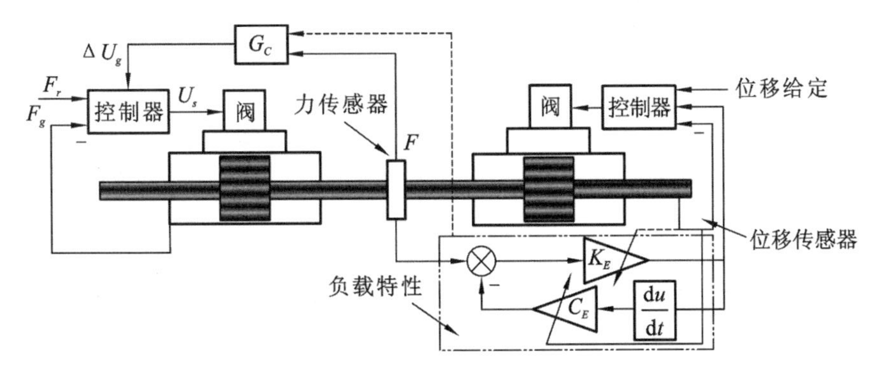

图 4-20 变刚度阻尼负载特性补偿控制器实现方法

(3) 变刚度阻尼负载特性补偿控制器模型

通过上述分析，搭建高集成伺服阀控缸力控制系统的变负载特性补偿控制器模型，如图 4-21所示。

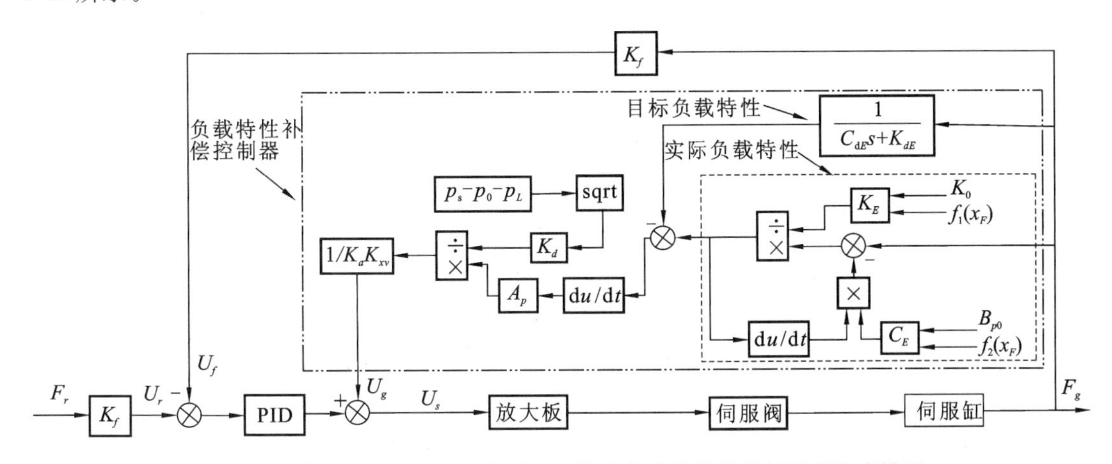

图 4-21 高集成伺服阀控缸力控制系统变负载特性补偿控制器仿真模型

4.4.3 几种刚度阻尼负载特性下补偿控制效果

（1）阶跃给定下补偿控制效果

在四整定后的PI控制器参数的基础上，输入力阶跃量为1000 N，模拟两组实际刚度和阻尼参数[分别为5×10^5 N/m、2.5×10^4 N/(m/s)和2×10^6 N/m、1×10^5 N/(m/s)]，与目标刚度和阻尼参数[分别为$K_{ed}=1\times10^6$ N/m，$C_{ed}=5\times10^4$ N/(m/s)]进行仿真和试验对比，可得到高集成伺服阀控缸系统的力阶跃响应曲线，如图4-22所示。

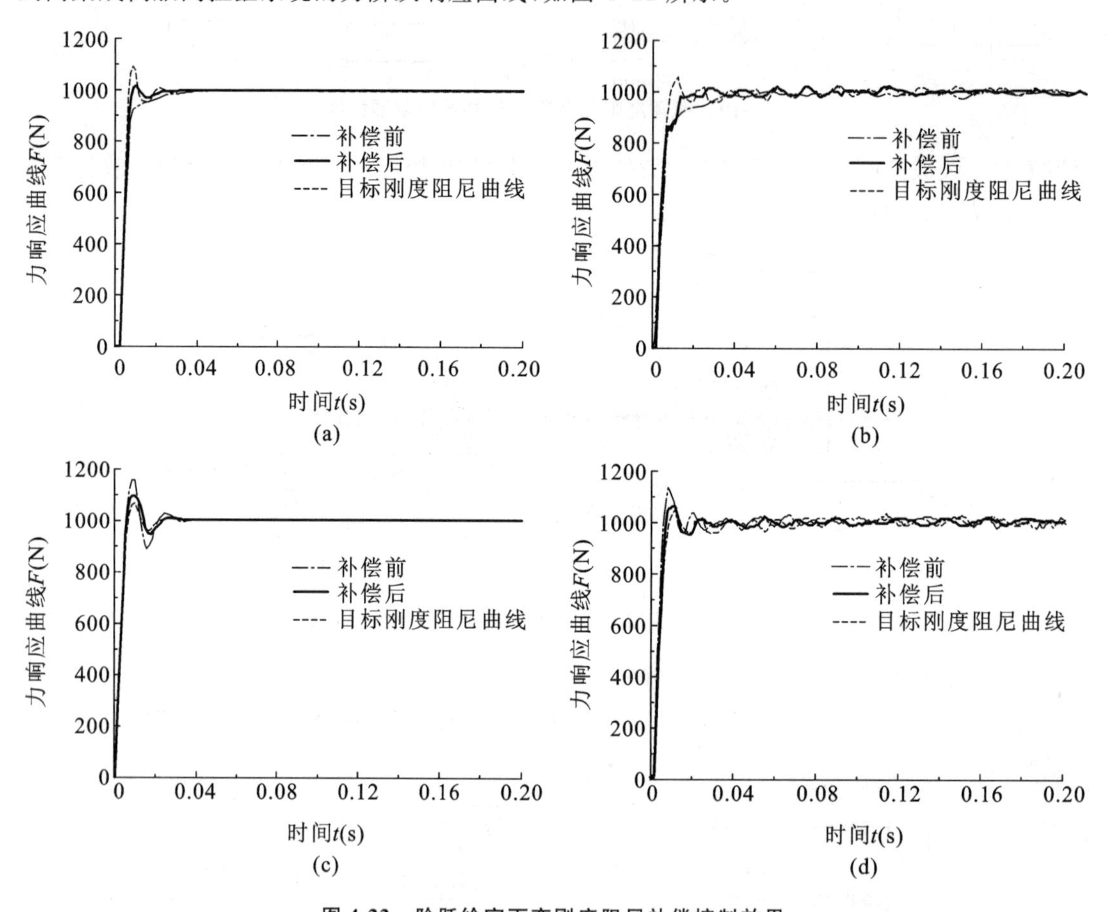

图4-22 阶跃给定下变刚度阻尼补偿控制效果

(a) 5×10^5 N/m、2.5×10^4 N/(m/s)仿真曲线；(b) 5×10^5 N/m、2.5×10^4 N/(m/s)试验曲线

(c) 2×10^6 N/m、1×10^5 N/(m/s)仿真曲线；(d) 2×10^6 N/m、1×10^5 N/(m/s)试验曲线

由图4-22可以看出，随着负载刚度和阻尼参数的增大，系统的上升时间缩短，快速性提高，但易引起超调。无论实际的刚度和阻尼增大还是减小，补偿后的力响应曲线均能接近目标刚度和阻尼下的力响应曲线，可见此时高集成伺服阀控缸力控制系统具备了一定的鲁棒性。

（2）正弦给定力下补偿控制效果

为了验证该补偿控制器在正弦加载力下的通用性，分别研究在目标负载特性参数[$K_{ed}=1\times10^6$ N/m，$C_{ed}=5\times10^4$ N/(m/s)]下，两组不同的实际负载特性参数[刚度和阻尼参数分别为5×10^5 N/m、2.5×10^4 N/(m/s)和2×10^6 N/m、1×10^5 N/(m/s)]的力控制补偿效果，给被测试高集成伺服阀控缸系统施加基准值1000 N、幅值500 N的正弦给定力，给定力的频率分别为$f=1$ Hz、3 Hz 和 5 Hz，得到两组负载特性下的高集成伺服阀控缸系统力响应的试验曲线，如图 4-23 和图 4-24 所示。

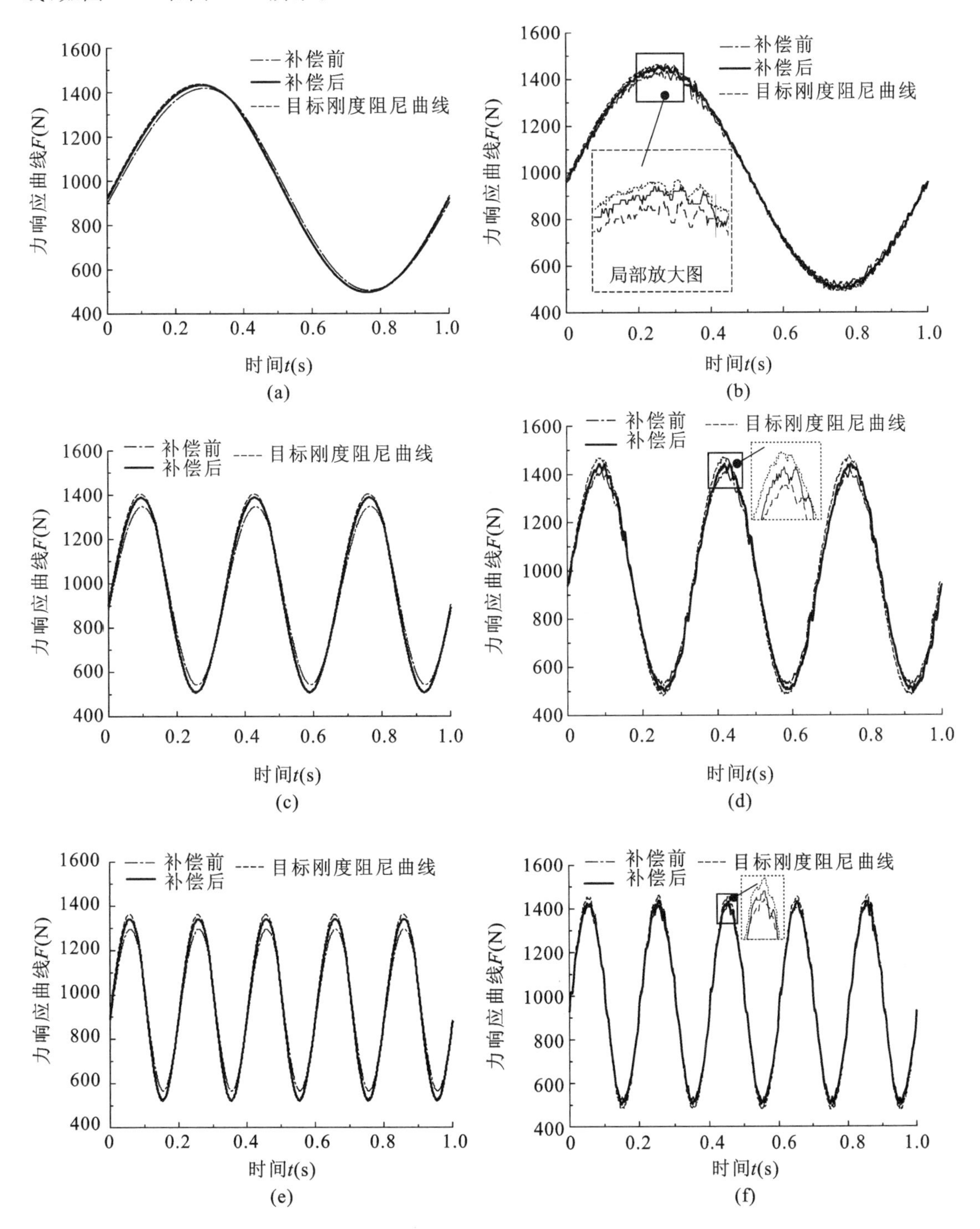

图 4-23　刚度和阻尼参数分别为 5×10^5 N/m、2.5×10^4 N/(m/s)实际负载特性下的力响应曲线

(a) $f=1$ Hz 力响应仿真曲线；(b) $f=1$ Hz 力响应试验曲线；(c) $f=3$ Hz 力响应仿真曲线；(d) $f=3$ Hz 力响应试验曲线；(e) $f=5$ Hz 力响应仿真曲线；(f) $f=5$ Hz 力响应试验曲线

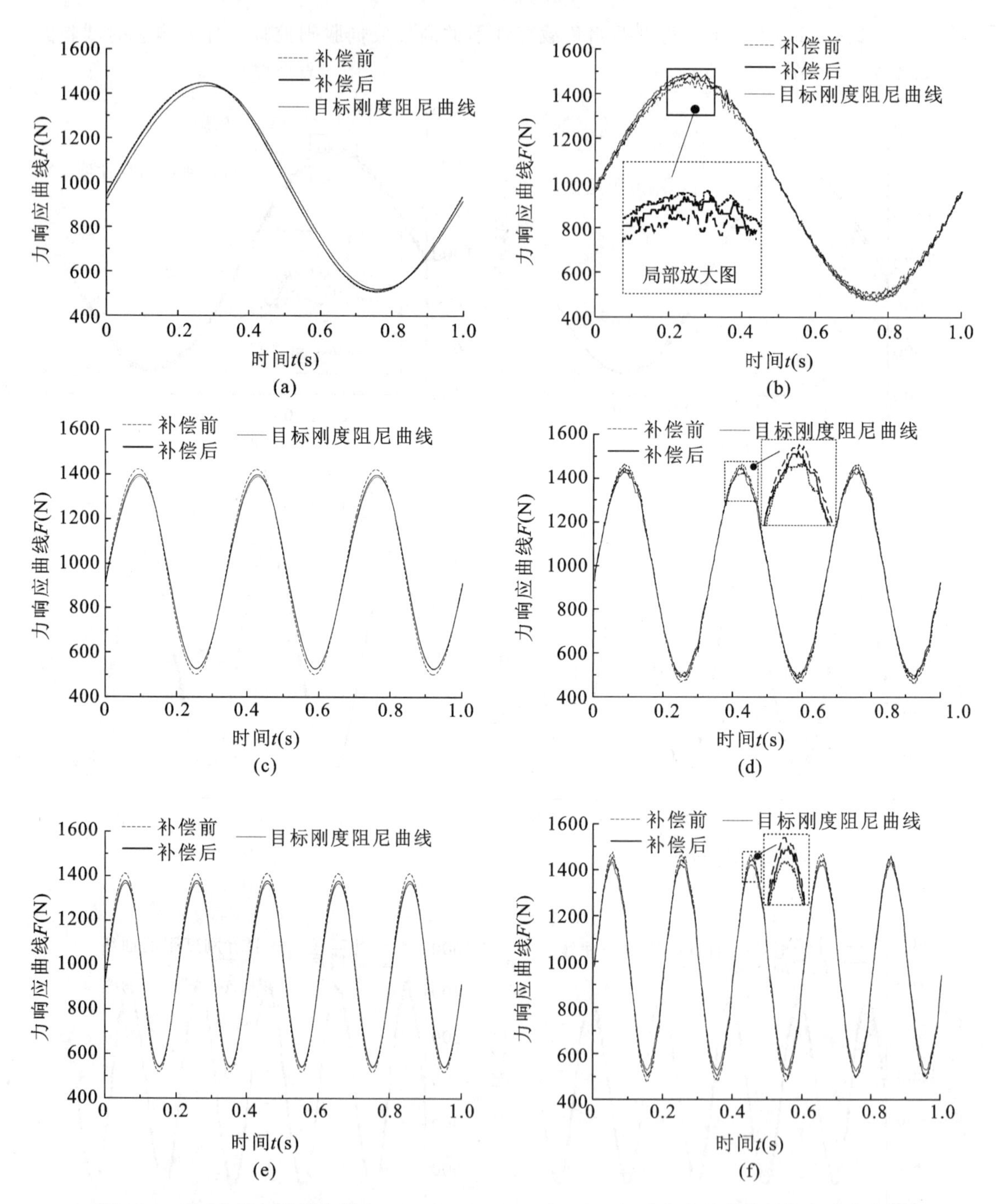

图 4-24　刚度和阻尼参数分别为 2×10^6 N/m、1×10^5 N/(m/s)实际负载特性下的力响应曲线

(a) $f=1$ Hz 力响应仿真曲线；(b) $f=1$ Hz 力响应试验曲线；(c) $f=3$ Hz 力响应仿真曲线；(d) $f=3$ Hz 力响应试验曲线；(e) $f=5$ Hz 力响应仿真曲线；(f) $f=5$ Hz 力响应试验曲线

由图 4-23 可以看出，实际负载特性下的力控制响应速度稍慢于目标负载特性下的力控制响应速度，主要是在相同给定力信号下，刚度减小，对应的高集成伺服阀控缸系统位移形变量增大，伺服缸伸出位移加长，因此力控制系统达到稳定的时间延长，使得力控制系统响应速度减慢。此外，随着正弦给定力频率的增加，负载特性补偿方法都能起到很好的补偿作用，补偿前，实际负载特性与目标负载特性的力控制偏差最大值分别为 32 N、55.6 N、67.8 N；补偿后，实际负载特性与目标负载特性的力控制偏差最大值分别为 16.1 N、21.2 N、35.4 N，说明了补偿环节能够有效地减小负载特性变化引起的力控制系统响应的差异。

由图 4-24 可以看出，实际负载特性下的力控制响应速度稍快于目标负载特性下的力控制响应速度，补偿前实际负载特性与目标负载特性的力控制偏差最大值分别为 38.5 N、50.3 N、63.4 N；补偿后实际负载特性与目标负载特性的力控制偏差最大值分别为 13.1 N、17.9 N、26.5 N，这与图 4-23 所得出的结论吻合。

(3) 变刚度阻尼负载特性下补偿控制效果

在几种确定的刚度和阻尼参数下，负载特性补偿控制器是有效的，为验证在刚度和阻尼参数动态变化时的控制效果，本节结合刚度和阻尼参数的变化规律以及变刚度阻尼负载特性模拟方法，在线改变高集成伺服阀控缸力控制系统的负载特性，进行不同给定力信号下的仿真和试验研究，进而得到力响应曲线，如图 4-25 和图 4-26 所示，其中，图 4-25 为在 $F=500$ N、1000 N、1500 N 阶跃给定下的力响应曲线；图 4-26 为在基准值 1000 N、幅值 500 N 的正弦加载力，给定力的频率分别为 $f=1$ Hz、3 Hz 和 5 Hz 下的力响应曲线。

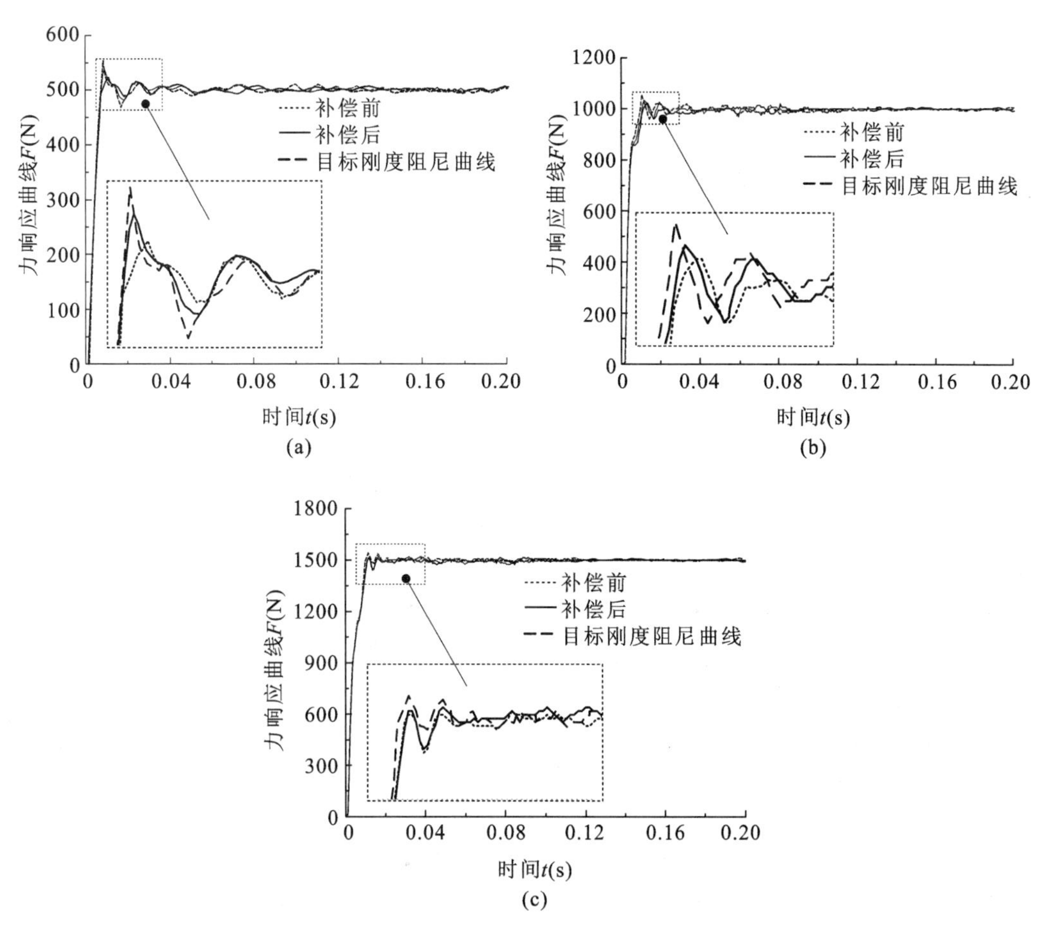

图 4-25 不同阶跃给定力下的力响应曲线

(a) $F=500$ N 力响应曲线；(b) $F=1000$ N 力响应曲线；(c) $F=1500$ N 力响应曲线

由图 4-25 可以看出，随着力阶跃给定量的增大，高集成伺服阀控缸力控制系统的最大超调量逐渐减小，上升时间逐渐延长。三种情况下，与目标负载特性相比，补偿前的稳态误差分别为 67 N、36 N、18 N，补偿后的稳态误差分别为 33 N、15 N、7 N。可见，即使负载特性动态变化，补偿后的力响应曲线仍能接近目标负载特性下的力响应曲线。

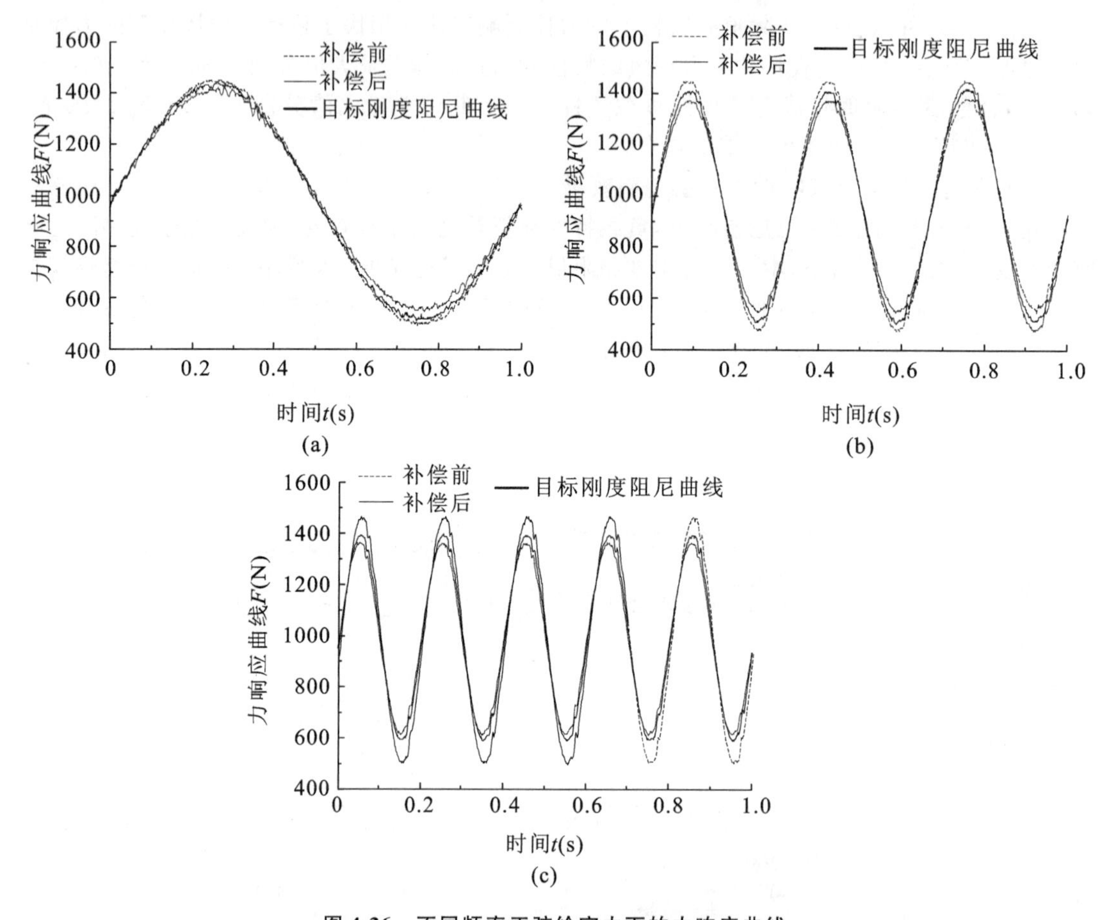

图 4-26　不同频率正弦给定力下的力响应曲线

(a) $f=1$ Hz 力响应曲线；(b) $f=3$ Hz 力响应曲线；(c) $f=5$ Hz 力响应曲线

由图 4-26 可以看出，在正弦给定力频率较小时，负载特性补偿控制的效果较好，随着正弦给定力频率的递增，补偿效果逐渐变差，但仍能起到一定的补偿作用。

本节主要研究了高集成伺服阀控缸系统变刚度阻尼负载特性下的力控制补偿方法。采用临界比例度法优化了一种刚度和阻尼负载特性下的高集成伺服阀控缸力控制系统 PI 控制参数，并将设计的负载特性补偿控制方法引入力控制系统中，与 PID 控制器结合，用以解决负载特性改变所导致的力控制性能变化的问题，并通过相应的仿真和试验数据分析了该补偿控制方法的效果。分析结果表明，若已知负载的刚度和阻尼变化特性，在阶跃及不同频率的正弦给定力下，采用本节设计的补偿控制方法，均能对负载特性的变化起到一定的补偿作用，使力控制系统的性能受负载特性变化的影响减小，此时采用定参数的 PID 控制器也可使高集成伺服阀控缸力控制系统具有一定的鲁棒性。

5 伺服阀控缸系统柔顺控制技术

5.1 引　言

机器人(Robot)是自动执行工作的机器装置，它既可以接受人类指挥，又可以运行预先编写的程序，还可以根据以人工智能技术制定的原则纲领行动，它的任务是协助或取代人类工作，可应用于生产、建筑或其他高危行业。近年来，液压驱动型足式机器人凭借着强非结构地形适应能力、高功率密度比、快响应能力等突出优势，日渐受到专家和学者们重视，该类机器人主要是以伺服阀控缸系统为液压驱动系统。

在机器人足端触地、接触障碍物等工况下，每条足与地面之间产生频繁的相互作用力，过大的腿部刚度会加剧足地接触过程的冲击和碰撞，此时更希望机器人的腿部关节具有一定的柔性，以有效地减缓液压系统冲击，提高机器人的稳定性，并保护机器人机身的机械结构和其安装的各种电子设备。另外，足端瞬时失力或其他原因(如位置控制和力控制的切换)可能导致各关节高集成伺服阀控缸系统瞬时失速，而关节的失速会对机器人步态控制产生不利影响，因此也需要采用相应的控制方法予以避免。

本节依据机器人关节柔顺控制要求，通过伺服阀流量方程，将阻尼控制信号转化为伺服阀阀芯位移修正量，并通过能量守恒定律避免由于高集成伺服阀控缸系统运动速度滞后而导致的阻尼控制失效；在高刚度位置控制基础上，将刚度控制信号转化为输入位移修正量，进而综合形成针对高集成伺服阀控缸系统的阻抗控制方法。通过试验分别验证阻尼、刚度以及阻抗控制性能，并与二阶质量弹簧阻尼系统的性能进行对比，验证阻抗控制的效果。

5.2 伺服阀控缸系统柔顺控制实现方法

5.2.1 传统阻抗控制方法

阻抗控制是一种常用的柔顺控制方法。对于二阶线性阻抗控制方法而言，机器人腿部关节期望的阻抗特性应满足二阶质量弹簧阻尼系统，二阶质量弹簧阻尼系统原理图如图5-1所示。

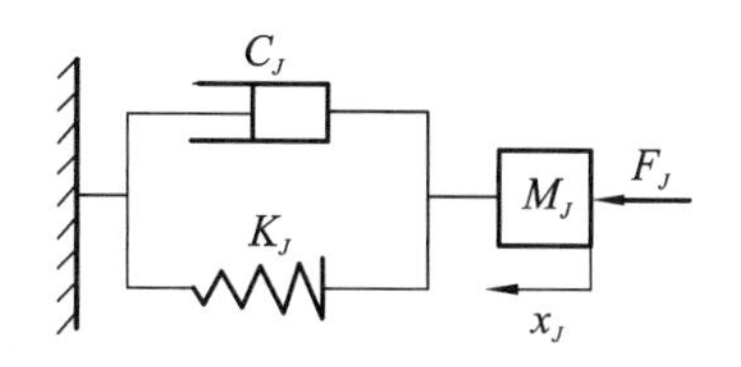

图5-1　二阶质量弹簧阻尼系统原理图

忽略摩擦力，二阶质量弹簧阻尼系统表达式为：

$$F_J = M_J \ddot{x}_J + C_J \dot{x}_J + K_J x_J \tag{5-1}$$

式中　x_J——质量块的运动位移(m)；

F_J——弹簧阻尼系统所受外力(N)；

K_J——弹簧阻尼系统刚度(N/m)；

C_J——弹簧阻尼系统阻尼[N/(m/s)]；

M_J——弹簧阻尼系统理想质量(kg)。

对式(5-1)进行拉普拉斯变换，可得：

$$x_J=\frac{F_J}{M_Js^2+C_Js+K_J} \tag{5-2}$$

传统的阻抗控制方法通常将式(5-2)中的 x_J 作为控制系统位置的修正量，来模拟二阶质量弹簧阻尼系统特性。阻抗控制分为基于位置的阻抗控制和基于力的阻抗控制两种，基于位置的阻抗控制由阻抗控制外环和位置控制内环组成，通过采集力信号，修正位置给定量，从而建立位置与力的动力学关系。具体来说：控制器的外环产生位置的修正量 x_J 与参考位置 x_r 做差，产生期望位置 x_d，控制器的内环需要保证实际位置 x_p 能够跟踪期望位置 x_d，从而实现式(5-2)的目标动力学特性。机器人的位置控制与力控制相比，其理论和应用更为成熟，性能更为稳定，因此，基于位置的阻抗控制得到了更为深入的研究和广泛的应用，其控制原理示意图如图 5-2 所示。

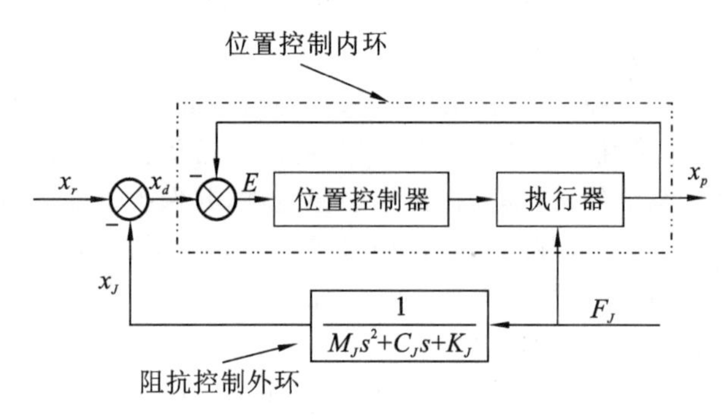

图 5-2　基于位置的阻抗控制原理示意图

从图 5-2 可以看出，传统的阻抗控制方法在 F_J 为零或很小的情况下，阻抗控制外环产生位置的修正量 x_J 很小，此时执行器的运行速度将不受阻抗控制外环限制，阻尼效果难以实现。而足式机器人的关节不仅在加载力时需要阻尼耗能，在位置控制和力控制切换、控制器输出信号突变等多种原因可能引起的速度大幅度波动情况下，高集成伺服阀控缸系统也应具备一定的阻尼特性以避免瞬时失速问题。

因此，本章提出了一种更为适用的高集成伺服阀控缸系统的柔顺控制方法。

5.2.2　高集成伺服阀控缸系统柔顺控制原理

对于液压驱动型足式机器人来说，关节柔顺需达到的效果应与二阶质量弹簧阻尼系统相似，不同之处在于：图 5-1 所示的二阶质量弹簧阻尼系统是由外力 F_J 驱动的，质量块在外力 F_J 的作用下被动运动；而对于足式机器人关节柔顺控制来说，外力不再为驱动力，而是负载力，驱动力由高集成伺服阀控缸系统提供。为实现主动柔顺控制，高集成伺服阀控缸系统在负载力的作用下应能等效为一个二阶质量弹簧阻尼系统。

高集成伺服阀控缸系统活塞在油液中往复运动，具备了一定的阻尼特性，位置闭环控制系统也具有一定的刚度。但相比于足式机器人关节柔顺控制的目标阻尼值和目标刚度值，高集成伺服阀控缸系统的阻尼过小、刚度过大且不为恒值，而且高集成伺服阀控缸系统本身并没有能够模拟弹簧和阻尼器的机械结构，因此就需要从控制的角度入手，在高集成伺服阀控缸系统内部虚拟地构造出一个阻尼器和一个弹簧，以保证高集成伺服阀控缸系统具备机器人关节期望的柔顺特性。高集成伺服阀控缸系统的虚拟柔顺原理如图 5-3 所示。

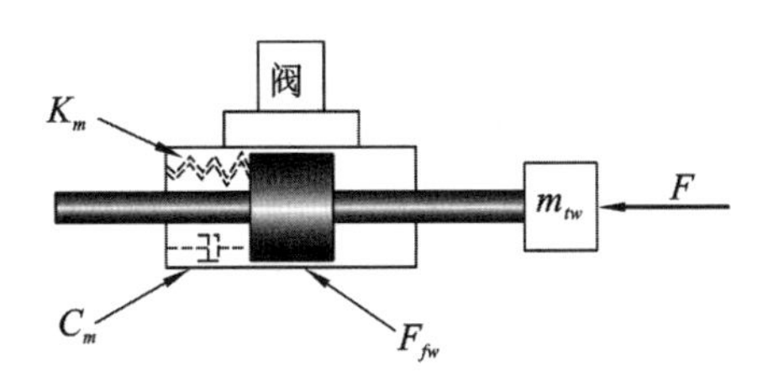

图 5-3 高集成伺服阀控缸系统的虚拟柔顺原理

为实现图 5-3 所示的柔顺控制效果，构造如下方程：

$$p_L A_p = m_{tw}\ddot{x}_p + C_m\dot{x}_p + K_m x_p + F + F_{fw} \tag{5-3}$$

其中，F 为高集成伺服阀控缸系统力传感器检测的力信号。若在高集成伺服阀控缸系统位置控制过程中式(5-3)恒成立，则等效于高集成伺服阀控缸系统内部存在一个目标阻尼值为 C_m 的阻尼器和一个目标刚度值为 K_m 的弹簧，便达到了高集成伺服阀控缸系统的柔顺控制效果。

5.3 伺服阀控缸系统柔顺控制建模

5.3.1 阻尼控制方法建模

(1) 阻尼控制方法数学模型

为实现高集成伺服阀控缸系统的阻尼控制，在高集成伺服阀控缸系统内部虚拟构造一个目标阻尼值为 C_m 的阻尼器，则高集成伺服阀控缸系统运动过程中受到的阻尼力与其运动速度关系应满足：

$$F_c = C_m\dot{x}_p \tag{5-4}$$

式(5-4)中阻尼力的方向与高集成伺服阀控缸系统运动速度方向相反，此时高集成伺服阀控缸系统的负载压力为：

$$p_L = \frac{m_{tw}\ddot{x}_p + F + F_{fw} + F_c}{A_p} \tag{5-5}$$

由伺服阀流量方程和流量连续性方程，可得伺服阀的输出流量为：

$$\left.\begin{aligned} q &= K_d x_v \sqrt{p_s - p_0 - p_L} \\ q &= A_p\dot{x}_p + C_{ip}p_L + \frac{V_1}{4\beta_e}\dot{p}_L \end{aligned}\right\} \tag{5-6}$$

不采用阻尼控制时，高集成伺服阀控缸系统的负载压力为：

$$p_L' = \frac{m_{tw}\ddot{x}_p' + F' + F_{fw}}{A_p} \tag{5-7}$$

式中 x_p'——不采用阻尼控制时伺服缸活塞速度(m)；

F'——不采用阻尼控制时力传感器所受负载力的总和(N)。

由伺服阀流量方程和流量连续性方程，可得伺服阀的输出流量为：

$$\left.\begin{aligned} q' &= K_d x_v' \sqrt{p_s - p_0 - p_L'} \\ q' &= A_p\dot{x}_p' + C_{ip}p_L' + \frac{V_1}{4\beta_e}\dot{p}_L' \end{aligned}\right\} \tag{5-8}$$

式中　x_v'——不采用阻尼控制时伺服阀阀芯位移(m)。

虚拟构造的阻尼器产生的高集成伺服阀控缸系统负载压力变化为：

$$p_c = p_L - p_L' \tag{5-9}$$

可以看出，若该阻尼器存在，则高集成伺服阀控缸系统的负载压力提高，导致伺服阀的输出流量降低，从而限制了高集成伺服阀控缸系统的运动速度。但上述的阻尼器在高集成伺服阀控缸系统真实的位置控制系统中并不存在，而高集成伺服阀控缸系统的负载压力又取决于负载特性，不便于直接控制，根据式(5-6)可知，只能通过减小伺服阀的阀芯位移的方法，以达到降低输出流量进而模拟阻尼器的效果。

由式(5-6)可求得阻尼作用下的阀芯位移为：

$$x_v = \frac{A_p \dot{x}_p + C_{ip} p_L + \dfrac{V_t}{4\beta_e} \dot{p}_L}{K_d \sqrt{p_s - p_0 - p_L}} \tag{5-10}$$

由式(5-8)可求得不采用阻尼控制时的阀芯位移为：

$$x_v' = \frac{A_p \dot{x}_p' + C_{ip} p_L' + \dfrac{V_t}{4\beta_e} \dot{p}_L'}{K_d \sqrt{p_s - p_0 - p_L'}} \tag{5-11}$$

则阻尼控制过程中阀芯位移的控制量为：

$$\Delta x_v = x_v' - x_v \tag{5-12}$$

由此对应的输入电压信号变化为：

$$\Delta U_s = \frac{\Delta x_v}{K_{axv}} \tag{5-13}$$

联立式(5-10)～(5-13)可得：

$$\Delta U_s = \left(\frac{A_p \dot{x}_p' + C_{ip} p_L' + \dfrac{V_t}{4\beta_e} \dot{p}_L'}{K_d \sqrt{p_s - p_0 - p_L'}} - \frac{A_p \dot{x}_p + C_{ip} p_L + \dfrac{V_t}{4\beta_e} \dot{p}_L}{K_d \sqrt{p_s - p_0 - p_L}} \right) \Big/ K_{axv} \tag{5-14}$$

可见，通过控制电压的方法即可满足式(5-14)，以实现高集成伺服阀控缸系统的阻尼控制。

(2) 阻尼能量限制环节设计

应用式(5-14)实现等效阻尼控制时，其仿真和试验效果并不理想，且高集成伺服阀控缸系统易产生位置抖动，特别是在较大目标阻尼控制时，甚至引起系统不稳定，而实际二阶质量弹簧阻尼系统即使在阻尼非常大时，只会导致质量块在驱动力作用下的速度减慢，并不会产生不稳定的现象。

由于图5-3所示的弹簧阻尼系统为无源系统，其阻尼效果是质量块运动过程中被动产生的，系统本身并不主动供给能量；而高集成伺服阀控缸位置控制系统为有源系统，通过控制进入伺服阀的流量实现阻尼控制。由于液压系统本身为高阶系统，利用速度信号进行阻尼控制具有一定的滞后，因此，一旦速度信号瞬时波动很大时，极易导致控制器计算得出的阻尼控制信号超出设定范围，从而引起高集成伺服阀控缸系统输出位移的抖动。

为解决上述问题，需保证高集成伺服阀控缸系统的阻尼控制与二阶质量弹簧阻尼系统尽可能的一致，因此阻尼控制必然满足如下的二阶质量弹簧阻尼系统能量守恒方程：

$$W = E_k + E_d + E_p \tag{5-15}$$

式中 W——系统具有的总能量(J)；

E_k——质量块的动能(J)；

E_d——阻尼消耗的内能(J)；

E_p——弹簧存储的弹性势能(J)。

对于二阶质量弹簧阻尼系统，其在采样期间时刻具有的总能量为驱动力在时间段内做的总功，可表示为：

$$W = \sum_{t=0}^{t_s}[F(t+\Delta t)x_p(t+\Delta t) - F(t)x_p(t)] \quad (\Delta t \to 0) \tag{5-16}$$

此时系统具有的动能、内能和势能分别为：

$$\left.\begin{aligned} E_k &= \frac{1}{2}m_t\dot{x}_p^2 \\ E_d &= \int_0^{t_s} C_m\dot{x}_p\mathrm{d}x_p = \int_0^{t_s} C_m\dot{x}_p^2\mathrm{d}t \\ E_p &= \frac{1}{2}K_m x_p^2 \end{aligned}\right\} \tag{5-17}$$

由于液压系统为有源系统，图 5-3 所示的系统总能量为：

$$W = \sum_{t=0}^{t_s}\left\{[p_L(t+\Delta t)A_p - F(t+\Delta t)]x_p(t+\Delta t) - [p_L(t)\cdot A_p - F(t)x_p(t)]\right\} \tag{5-18}$$

E_k、E_d 和 E_p 的表达式与二阶质量弹簧阻尼系统相同，联立式(5-17)和式(5-18)，则系统中阻尼所消耗的内能 E_d 为：

$$E_d = W - E_k - E_p \tag{5-19}$$

即

$$\begin{aligned} C_m\cdot\int_0^{t_s}\dot{x}_p^2\mathrm{d}t = &\sum_{t=0}^{t_s}\left\{[p_L(t+\Delta t)A_p - F(t+\Delta t)]x_p(t+\Delta t)\right. \\ &\left.-[p_L(t)\cdot A_p - F(t)x_p(t)]\right\} - \frac{1}{2}m_t\dot{x}_p^2 - \frac{1}{2}K_m x_p^2 \end{aligned} \tag{5-20}$$

在进行阻尼控制时，其阻尼耗能应满足式(5-20)，即检测得到的高集成伺服阀控缸系统速度与目标阻尼的乘积应受到上式的限制。试验所采用的阻尼能量限制环节实时检测力传感器信号 F、位移传感器信号 x_p，并观测系统负载压力 p_L，通过式(5-20)的数学关系计算得出系统各时刻对应的最大速度值 $\dot{x}_{p,\max}$ 作为检测速度 $\dot{x}_p$ 的限幅，从而避免由于液压系统响应滞后导致的阻尼控制信号失真。

(3) 阻尼控制框图

基于理论推导，可得高集成伺服阀控缸系统的阻尼控制框图，如图 5-4 所示，其控制思想为：在线采集高集成伺服阀控缸系统的速度，与目标阻尼的乘积即为需模拟的阻尼力，通过阻尼能量限制环节限制由初始速度波动产生的模拟阻尼力失真，再基于液压系统的基本方程及负载压力观测器，求得阻尼力反馈的等效电压偏差，以实现高集成伺服阀控缸系统的阻尼控制。

5.3.2 刚度控制方法建模

(1) 刚度控制方法数学模型

在高集成伺服阀控缸系统位置闭环控制过程中，其位置控制精度会受负载干扰的影响，定

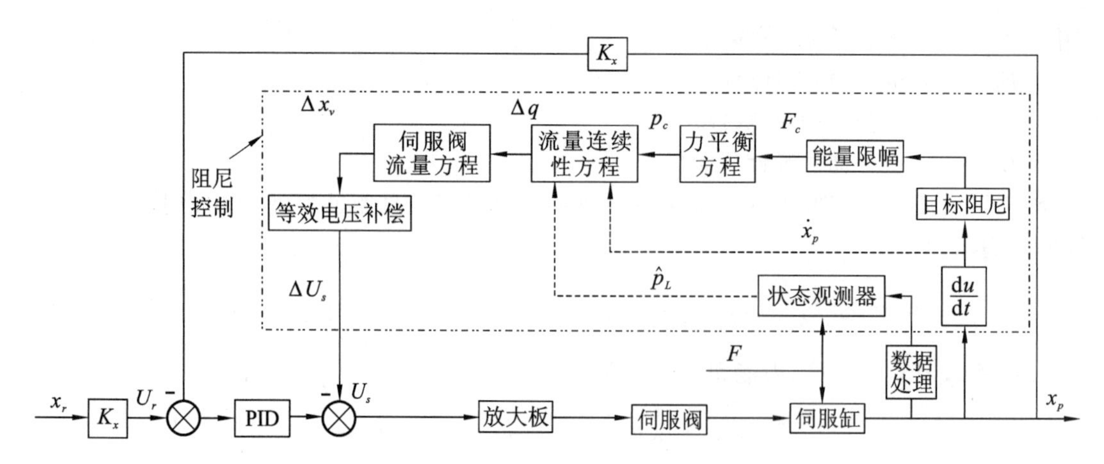

图 5-4 高集成伺服阀控缸系统阻尼控制框图

义该刚度为闭环系统的刚度 K_s，在此基础上进行刚度控制相当于在 K_s 的基础上串联一个目标刚度为 K_m 的弹簧，其原理如图 5-5 所示。

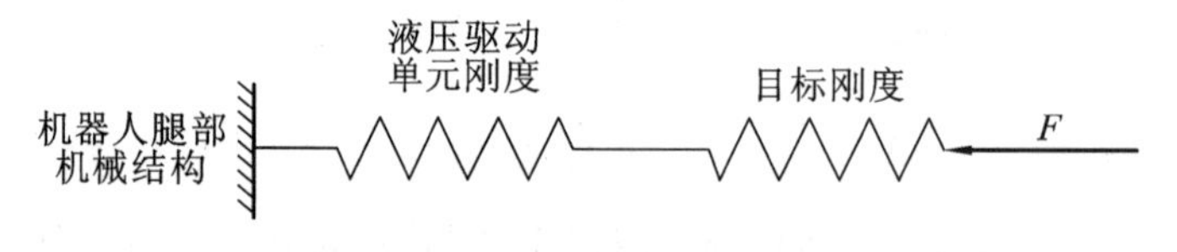

图 5-5 等效弹簧串联原理

图 5-5 为双刚度串联系统，此时闭环系统的综合刚度 K_s'可表示为：

$$K_s'=\frac{1}{\frac{1}{K_s}+\frac{1}{K_m}} \tag{5-21}$$

当闭环系统的刚度 K_s 远大于目标刚度 K_m 时，综合刚度 K_s'将趋近于目标刚度 K_m，这样便可实现精准的刚度控制。

采用负载前馈控制方法，高集成伺服阀控缸位置闭环控制系统的刚度 K_s 很大，因此只需在此基础上进行目标刚度为 K_m 的刚度控制，便可模拟弹簧的力学特性。

基于虎克定律及二阶质量弹簧阻尼系统力平衡方程，在合外力 K_J 作用下，图 5-1 所示的二阶质量弹簧阻尼系统的位移变化量为：

$$x_J=\frac{F_J-M_J\ddot{x}_J-C_m\dot{x}_J}{K_m} \tag{5-22}$$

x_J 即为高集成伺服阀控缸系统刚度控制下由负载力引起的位置修正量。

(2) 刚度控制框图

将负载前馈控制与刚度控制相结合，可得到高集成伺服阀控缸系统刚度控制框图，如图 5-6 所示。

图 5-6 中引入负载前馈补偿控制，保证了位置控制系统的刚度远大于目标刚度，再基于式(5-2)的力与位移关系，将负载力引起的目标位移偏差转换为电压信号，输入控制器内的比较环节，从而实现刚度控制。

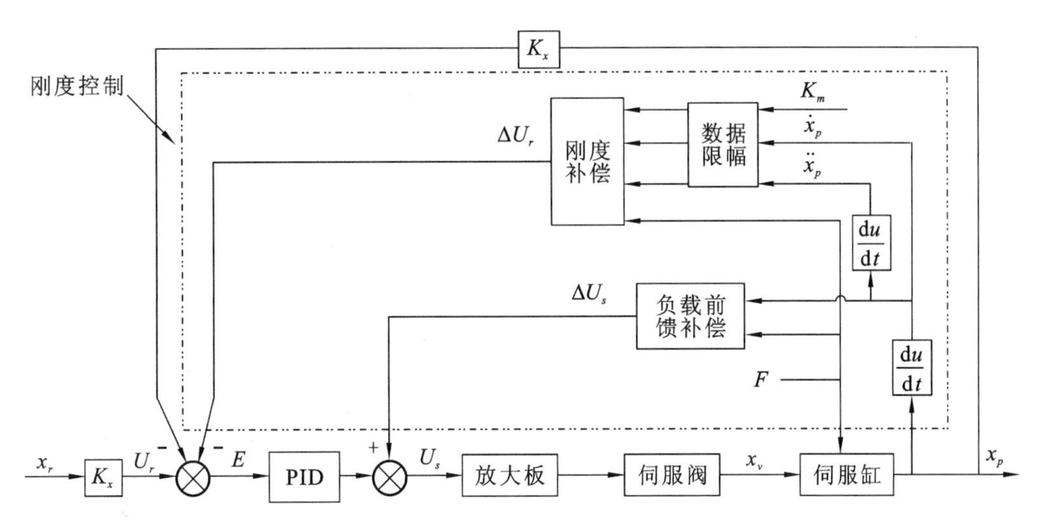

图 5-6　高集成伺服阀控缸系统刚度控制框图

5.3.3　柔顺控制框图

联合图 5-4 和图 5-6，可得高集成伺服阀控缸系统的柔顺控制框图，如图 5-7 所示。

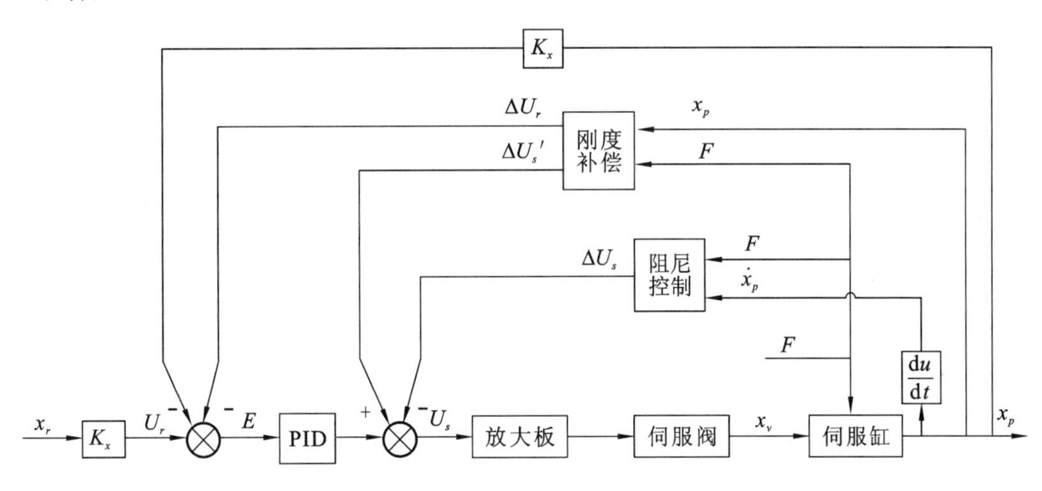

图 5-7　高集成伺服阀控缸系统柔顺控制框图

5.4　伺服阀控缸系统柔顺控制分析

5.4.1　阻尼控制方法试验分析

(1) 空载工况下阻尼控制效果

依据图 5-4 所示的阻尼控制框图，在 dSPACE 控制器中搭建阻尼控制环节，采用积分分离＋负载前馈控制方法，设定目标阻尼 C_m 分别为 5×10^4 N/(m/s)和 1×10^5 N/(m/s)，输入位移阶跃量为双向 5 mm，通过试验测试，可得高集成伺服阀控缸系统空载情况下的等效阻尼控制效果曲线，如图 5-8 所示。

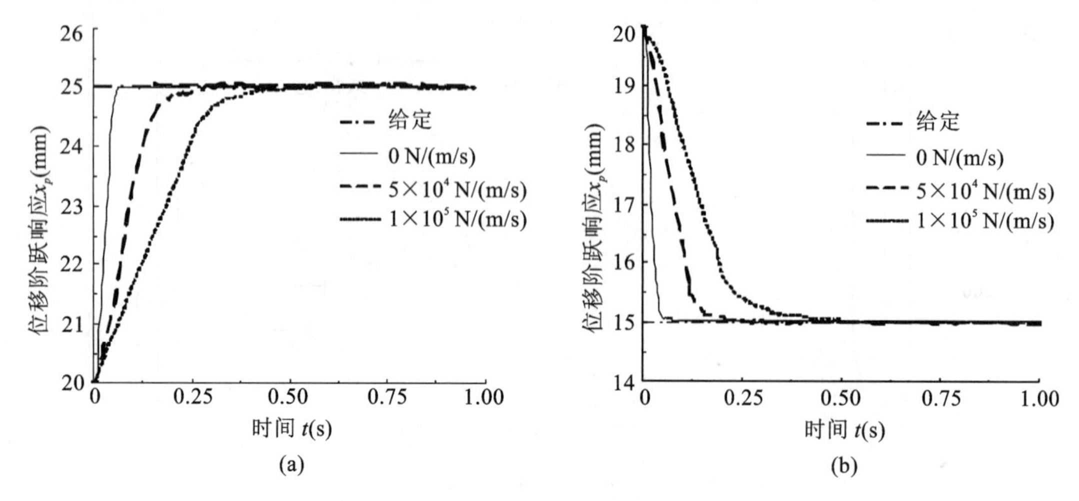

图 5-8 空载工况下的阻尼控制效果曲线

(a) 正向 5 mm 阶跃试验曲线；(b) 反向 5 mm 阶跃试验曲线

由图 5-8 可以看出，高集成伺服阀控缸系统空载位移双向阶跃响应过程中，均具有阻尼效果，两种目标阻尼参数下，其上升时间由初始的 40 ms 分别延长至 240 ms 和 450 ms 左右，证明阻尼控制是有效的。

(2) 恒力加载下阻尼控制效果

为验证高集成伺服阀控缸系统在承受压/拉双向加载力的阻尼控制效果，输入位移阶跃量 5 mm，分别模拟 500 N 的恒定压力和拉力，其控制效果的试验曲线如图 5-9 所示。

由图 5-9 可以看出，在压力(阻力)和拉力(动力)加载情况下，高集成伺服阀控缸系统的位移响应均具备阻尼效果。综上所述，采用本节的阻尼控制方法可有效限制高集成伺服阀控缸系统的运动速度，从而避免机器人关节运动过程中的瞬时失力、位移/力混合切换等原因导致的失速问题。

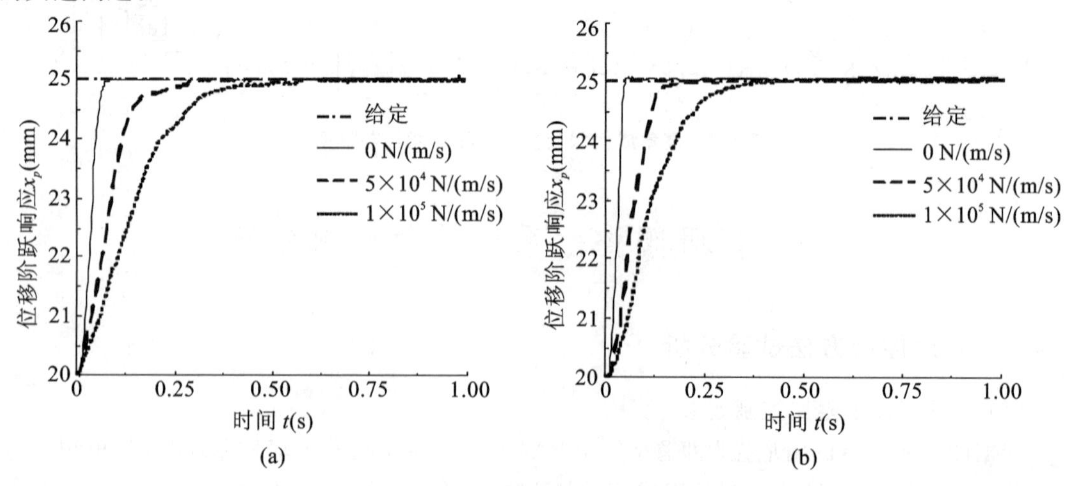

图 5-9 压/拉加载力作用下阻尼控制效果曲线

(a) 500 N 压力作用下位移响应试验曲线；(b) 500 N 拉力作用下位移响应试验曲线

5.4.2 刚度控制方法试验分析

(1) 斜坡加载下刚度控制效果

为清楚地分析刚度控制下高集成伺服阀控缸位置控制系统模拟的刚度是否为线性，本节给出了目标刚度分别为 1×10^{6} N/m 和 2×10^{6} N/m，1000 N 斜坡加载力下的高集成伺服阀控缸系统位移响应试验曲线，如图 5-10 所示，图中给出了斜坡加载力的实测曲线，以便于分析位移与加载力的对应关系。

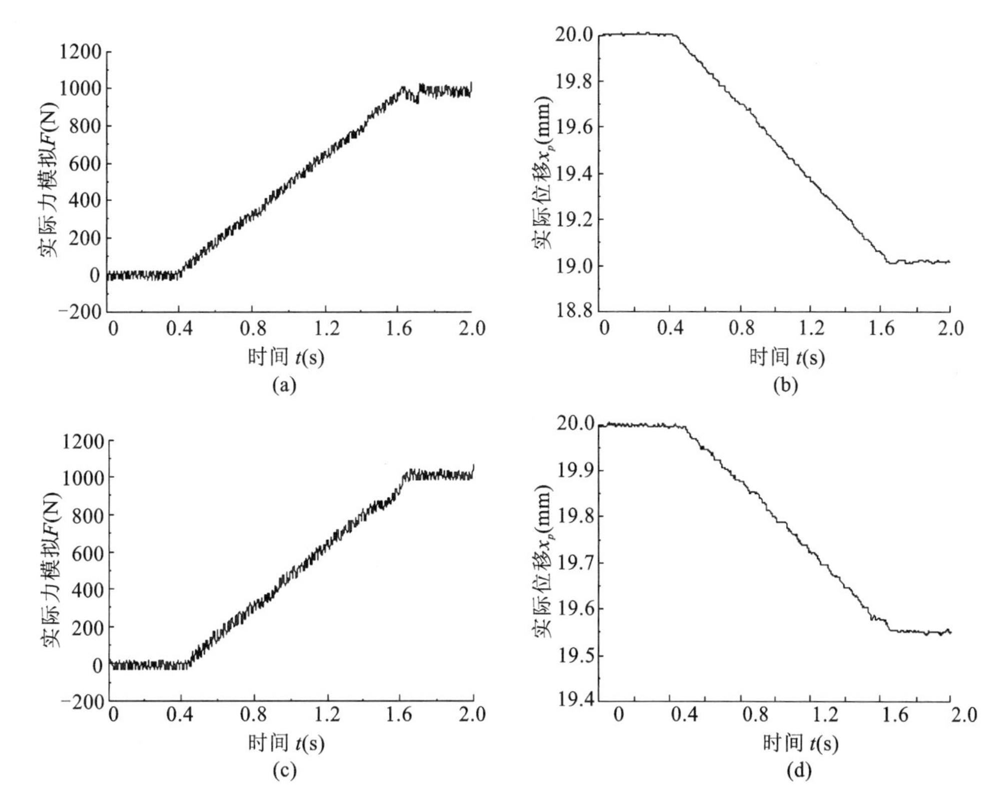

图 5-10 斜坡加载力与刚度位移响应试验曲线

(a) 1×10^{6} N/m 目标刚度的加载力曲线；(b) 1×10^{6} N/m 目标刚度的位移响应曲线

(c) 2×10^{6} N/m 目标刚度的加载力曲线；(d) 2×10^{6} N/m 目标刚度的位移响应曲线

由图 5-10 可以看出，高集成伺服阀控缸系统的位移随负载力的变化呈线性变化，由虎克定律可知系统的刚度为恒值，在加载力达到 1000 N 时，其对应位移偏差分别为 1.0 mm 和 0.5 mm，该刚度值与目标刚度值相符。

(2) 正弦加载力下刚度控制效果

高集成伺服阀控缸系统在频率 2 Hz、幅值 250 N 正弦加载力下，其位移响应试验曲线如图 5-11 所示。

由图 5-11 可以看出，在正、负加载力下，高集成伺服阀控缸系统均可实现刚度控制，其控制效果很好。

(3) 阶跃加载力下刚度控制效果

为获得高集成伺服阀控缸系统等效刚度控制的动态响应能力，本节采用 500 N 和 1000 N 的阶跃加载力，其位移响应试验如图 5-12 所示。

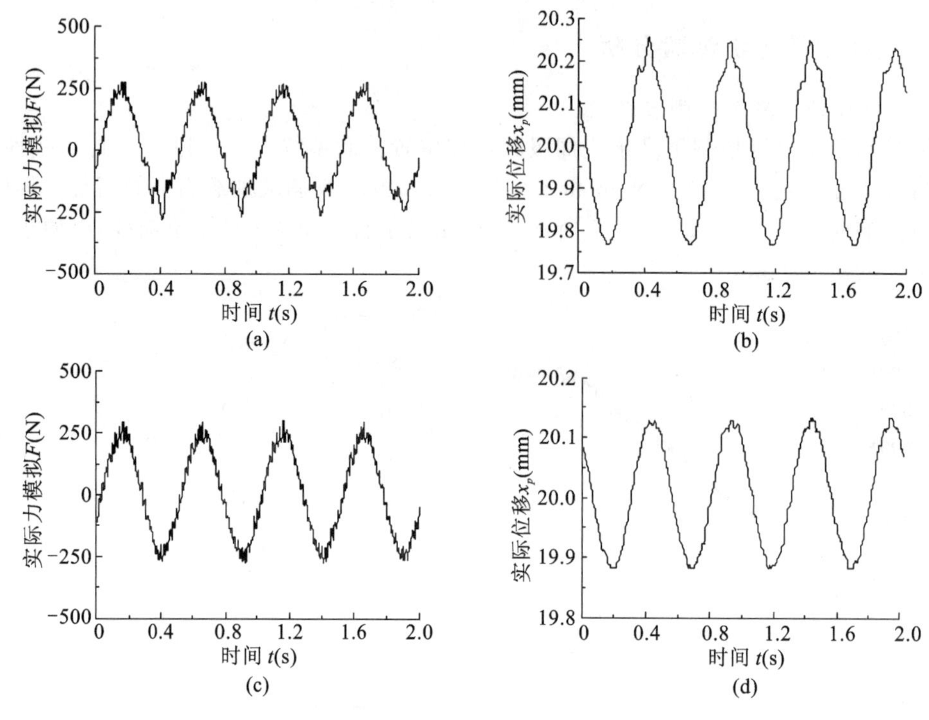

图 5-11 正弦加载力与刚度控制位移响应试验曲线

(a) 1×10^6 N/m 目标刚度的加载力曲线;(b) 1×10^6 N/m 目标刚度的位移响应曲线
(c) 2×10^6 N/m 目标刚度的加载力曲线;(d) 2×10^6 N/m 目标刚度的位移响应曲线

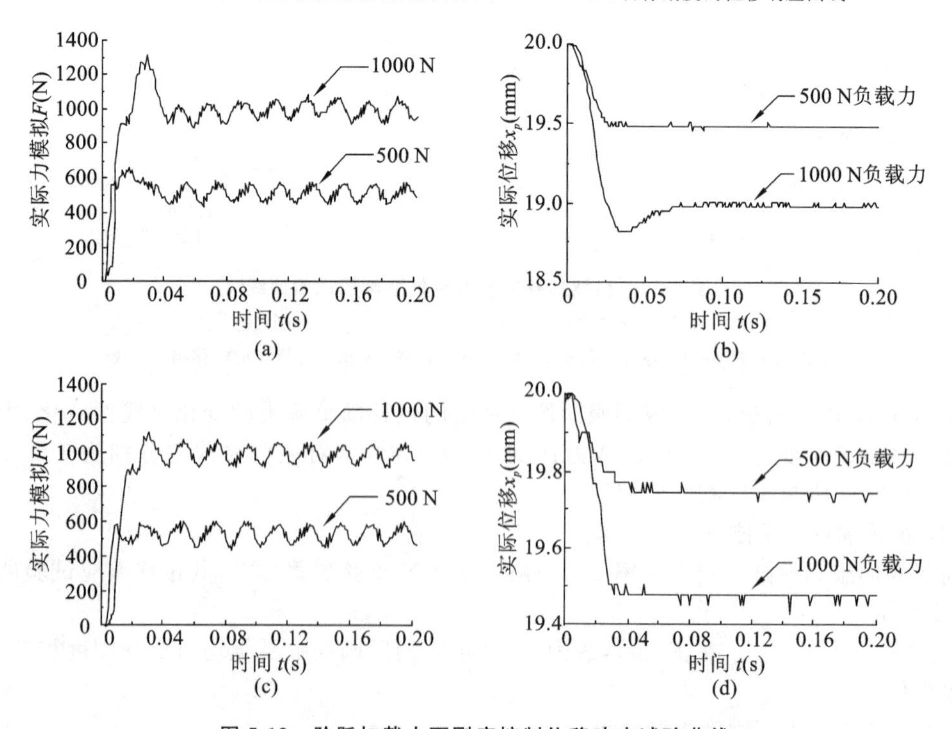

图 5-12 阶跃加载力下刚度控制位移响应试验曲线

(a) 1×10^6 N/m 目标刚度的加载力曲线;(b) 1×10^6 N/m 目标刚度的位移响应曲线
(c) 2×10^6 N/m 目标刚度的加载力曲线;(d) 2×10^6 N/m 目标刚度的位移响应曲线

由图 5-12 可以看出，高集成伺服阀控缸系统刚度控制需要一定响应时间，该响应时间取决于液压系统的动态特性，由于试验过程中阶跃加载力同样采用阀控缸原理，加载力达到稳态也需要一定的响应时间，这里以 500 N 阶跃加载力为例，力控制系统约 10 ms 后达到 500 N 恒力，而 1×10^6 N/m 和 2×10^6 N/m 两种目标刚度控制下达到目标位移的响应时间约为 25 ms 和40 ms，因此，两种目标刚度下的刚度控制响应时间约为 15 ms 和 30 ms。

5.4.3　柔顺控制方法试验分析

(1) 柔顺控制性能分析

① 斜坡阶跃加载力下柔顺控制性能

设定两组柔顺目标参数分别为 $C_m=5\times10^4$ N/(m/s)、$K_m=1\times10^6$ N/m 和 $C_m=1\times10^5$ N/(m/s)、$K_m=2\times10^6$ N/m。图 5-13 给出了斜坡阶跃加载力下的高集成伺服阀控缸系统两组柔顺控制的位移响应试验曲线，并与单纯采用刚度控制的位移响应曲线进行对比，同时给出了实测加载力曲线。

以第一组柔顺目标参数为例，由图 5-13 可以看出柔顺控制相比于单纯的刚度控制，在 $t=1$ s 时刻瞬时失力时有一定的阻尼效果，高集成伺服阀控缸系统的位移较缓慢地回复至 20 mm 初始位置，这样可在一定程度上避免高集成伺服阀控缸系统瞬时失力导致的失速。同时可以看出，柔顺控制中的阻尼环节需近 20 ms 的响应时间，响应时间过后柔顺控制起作用，这是现有的主动柔顺控制方法的固有缺点，该响应时间取决于高集成伺服阀控缸位置控制系统的固有特性。

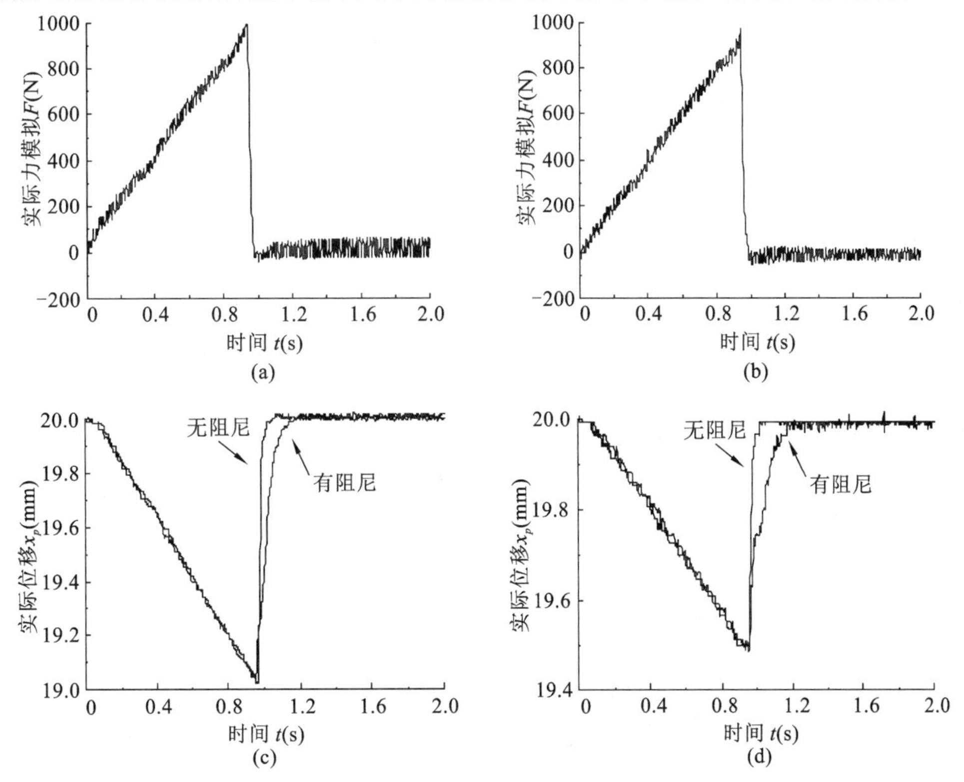

图 5-13　斜坡阶跃加载力下的位移响应试验曲线

(a) $C_m=5\times10^4$ N/(m/s)，$K_m=1\times10^6$ N/m 加载力曲线；(b) $C_m=1\times10^5$ N/(m/s)，$K_m=2\times10^6$ N/m 加载力曲线

(c) $C_m=5\times10^4$ N/(m/s)，$K_m=1\times10^6$ N/m 位移曲线；(d) $C_m=1\times10^5$ N/(m/s)，$K_m=2\times10^6$ N/m 位移曲线

② 正弦加载力下柔顺控制性能

设定与上节相同的目标柔顺参数，在频率 2 Hz、幅值 1000 N 正弦加载力下的高集成伺服阀控缸系统位移响应及加载力实测曲线，如图 5-14 所示。

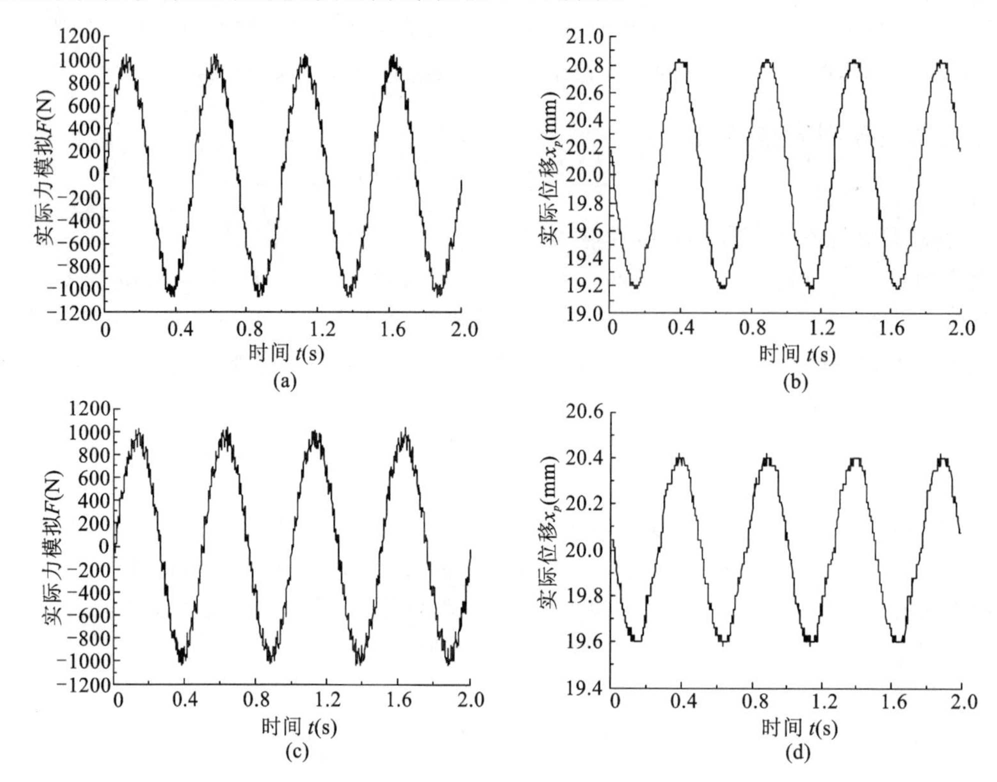

图 5-14 正弦加载力下的柔顺控制位移响应试验曲线

(a) $C_m=5\times10^4$ N/(m/s)，$K_m=1\times10^6$ N/m 加载力曲线；(b) $C_m=5\times10^4$ N/(m/s)，$K_m=1\times10^6$ N/m 位移响应曲线

(c) $C_m=1\times10^5$ N/(m/s)，$K_m=2\times10^6$ N/m 加载力曲线；(d) $C_m=1\times10^5$ N/(m/s)，$K_m=2\times10^6$ N/m 位移响应曲线

由图 5-14 可以看出，在正弦加载力时，高集成伺服阀控缸系统的位移产生相应的正弦变化，达到了柔顺控制的效果。在 1000 N 正弦加载力下，高集成伺服阀控缸系统位移变化的幅值应为 1.0 mm 和 0.5 mm，而由于柔顺控制中阻尼环节的作用，相比于单纯的刚度控制，其位移变化的幅值并不能达到理论上的最大值，两组目标柔顺参数对应位移变化的幅值分别为 0.8 mm和 0.4 mm 左右。

(2) 柔顺控制效果分析

本节柔顺控制研究的初衷：使高集成伺服阀控缸位置控制系统近似具有二阶质量弹簧阻尼系统所具有的柔顺性，若柔顺控制响应的试验曲线与二阶质量弹簧阻尼系统的响应曲线相符，便能证实本节柔顺控制理论和方法的准确性。

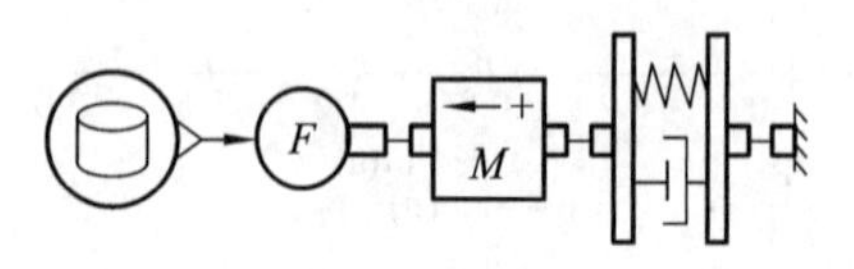

图 5-15 二阶质量弹簧阻尼系统 AMESim 仿真模型

本节采用了 AMESim 图形化仿真软件，搭建二阶质量弹簧阻尼系统动力学仿真模型，如图 5-15 所示。

在模型中分别设定相同的两组阻尼和刚度参数为 $C_m=5\times10^4$ N/(m/s)、$K_m=1\times10^6$ N/m 和 $C_m=1\times10^5$ N/(m/s)、$K_m=2\times10^6$ N/m。

为保证与高集成伺服阀控缸系统的柔顺控制的激励相同，将图 5-13 和图 5-14 中高集成伺服阀控缸系统柔顺控制过程的实测加载力曲线数据导入 AMESim 模型，则可得到斜坡阶跃加载力和正弦加载力下的二阶质量弹簧阻尼系统位移响应曲线，如图 5-16 所示。

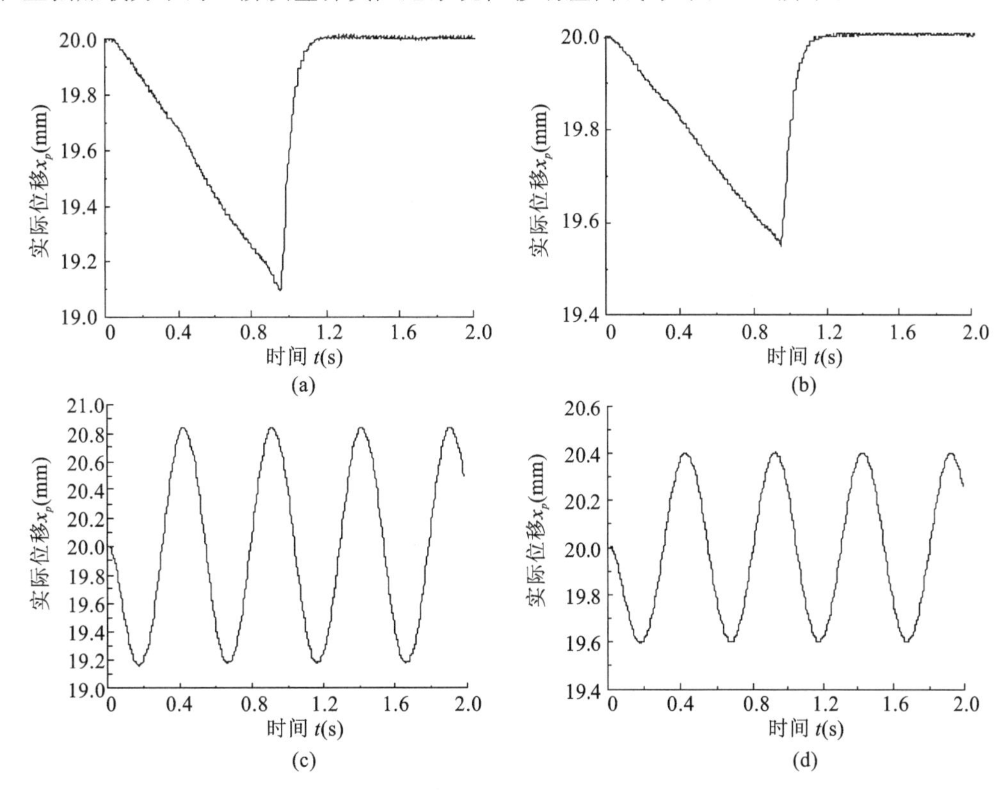

图 5-16　特定加载力下的二阶质量弹簧阻尼系统位移响应曲线

(a) $C_m=5\times10^4$ N/(m/s)，$K_m=1\times10^6$ N/m 斜坡阶跃加载力下的位移响应曲线；

(b) $C_m=1\times10^5$ N/(m/s)，$K_m=2\times10^6$ N/m 斜坡阶跃加载力下的位移响应曲线；

(c) $C_m=5\times10^4$ N/(m/s)，$K_m=1\times10^6$ N/m 正弦加载力下的位移响应曲线；

(d) $C_m=1\times10^5$ N/(m/s)，$K_m=2\times10^6$ N/m 正弦加载力下的位移响应曲线

将图 5-16 与图 5-13、图 5-14 对比可以看出，二阶质量弹簧阻尼系统与高集成伺服阀控缸系统柔顺控制在两种加载力信号下的位移响应曲线趋势完全相同，数值相近。以正弦加载力为例，二阶质量弹簧阻尼系统的位移响应幅值同样为 0.8 mm 和 0.4 mm 左右，与给出的试验数据相符，验证了本节提出的柔顺控制方法的有效性。

本节主要提出了一种针对高集成伺服阀控缸系统的柔顺控制方法。在机器人传统阻抗控制原理的基础上，设计了一种针对高集成伺服阀控缸位置控制系统的柔顺控制方法，其中阻尼控制采用了速度反馈和能量守恒定律，刚度控制结合了力反馈和负载前馈补偿的控制原理，进而分别完成了阻尼控制和刚度控制的试验分析；基于柔顺控制的试验数据分析了不同加载力下的高集成伺服阀控缸系统柔顺控制性能，并通过与二阶质量弹簧阻尼系统模型性能的对比，验证了本节提出的柔顺控制理论和方法的可行性。本节的研究成果可为液压驱动型足式机器人关节主动柔顺控制方法的实践提供理论基础。

第二篇　自由锻造液压机组液压控制系统数字化设计

6 自由锻造液压机组概述

6.1 概　　述

6.1.1 自由锻造液压机组

伴随着科技的进步和发展，许多老式自由锻造液压机设备已经落后，操作系统烦琐，锻件接触砧具时间长，重复加热次数多，动作慢，锻压循环效率低。这种低效的锻造方法，常需要高额的维护费用和能源成本，特别是工业上普遍采用高温、耐热、不锈钢等特殊合金钢和工具钢，因此需要高效、快速、高精度的自由锻造液压机组。

典型的现代液压机组示意图如图 6-1 所示。它包括液压机、一台或两台有轨锻造操作机、液压系统、送料回转小车、升降回转台、电控系统、操作监控系统等。目前，我国大部分锻造液压机设备结构老化、配套不全，能够达到先进水平的不足 15%，能源利用率较低，多数需要技术改造。

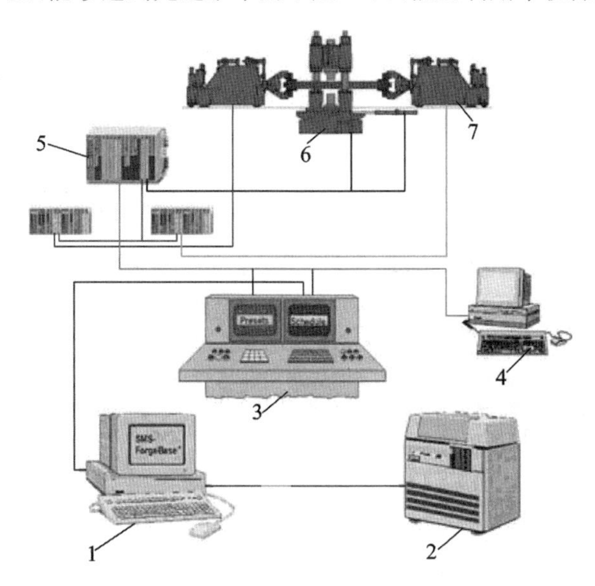

图 6-1　自由锻造液压机组结构示意图

1—上位机；2—打印机；3—操作台；4—工控机；5—PLC 系统；6—液压机；7—有轨锻造操作机

6.1.2 自由锻造液压机机架

自由锻造液压机换向频率高、冲击负载大，对液压机本体要求有足够的刚度以及连续生产的高作业率和使用寿命，因此对液压机机架的研究一直没有停止。目前，应用较多的液压机机架为梁柱组合式上传动机架、整体框架下拉式机架、预应力多拉杆机架等。

一百多年来，梁柱组合式机架一直是主力机型的代表形式。20 世纪 70 年代前期，液压机机架多采用三缸四柱式上传动结构，圆立柱导向、间隙不可调，装备有移动工作台。70 年代后，大型液压机仍以四柱上传动为主，多为方立柱导向、间隙可调。工作台尺寸更大，主机为三梁四柱结构，突出特点是方柱导向且间隙可调。图 6-2 为上传动自由锻造液压机系统示意图。

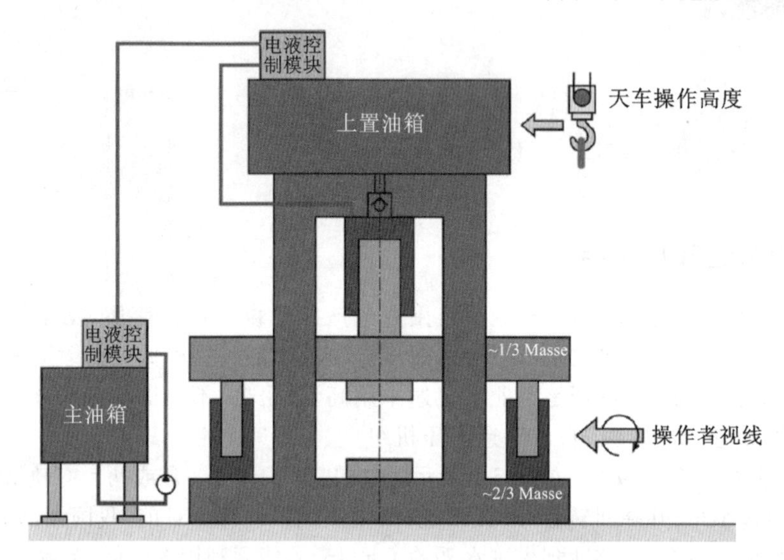

图 6-2　上传动自由锻造液压机系统示意图

20 世纪 60 年代，油泵直传的小型液压机的兴起带动了液压机机构的研制工作，双柱下拉式锻造液压机问世了，这是对一百多年来传统正装式液压机的挑战。立柱为平面导向，导向间隙可调，框架与移动工作台中心线呈 35°布置，配有上砧旋转和夹紧装置，除装有移动工作台外，还有横向移砧装置和砧库。下传动液压系统如图 6-3 所示。

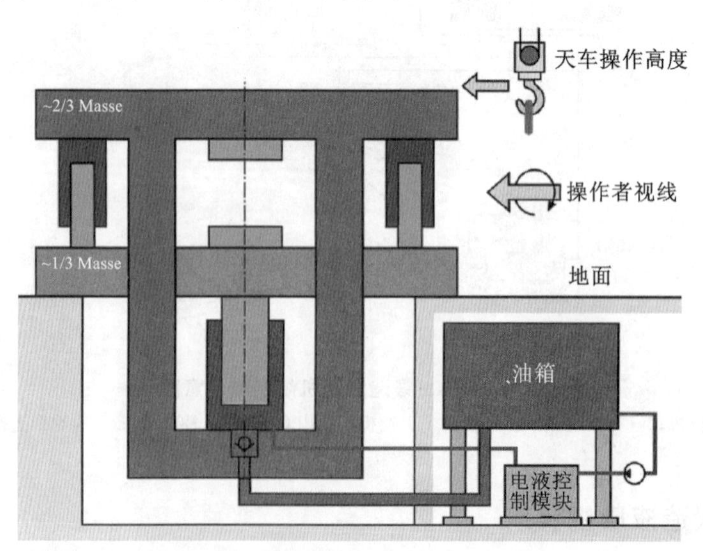

图 6-3　下传动自由锻造液压机系统

下传动系统和上传动系统相比有以下几个优点：

(1) 压机本体重心低，几乎与地面水平接近，因此稳定性好，而且降低了厂房高度，减少投资成本。

(2) 工作缸在地面以下，泵站室多在地下室，采用油泵直传，不易着火且噪声小，工作环境好，比较安全。

(3) 上横梁宽度不取决于工作缸外径，因此上横梁设计得比较窄，便于操作。

(4) 框架可按一定角度的斜线布置，操作者有较宽广的工作视野，液压机的辅助工具也有较大的工作空间。

双柱下拉式快锻液压机曾得到快速发展，成为中小型自由锻造液压机的主要形式。但是其运动部分质量大、惯性大，不易控制，而且要求有很深的地下空间。20 世纪 70 年代中期出现了一种新型的、适用于快速锻造的双柱上传动自由锻造液压机，如图 6-4 所示，机架垂直方向上装有若干拉紧螺栓，预紧成一个刚性封闭框架。这种结构刚性好、稳定性好、抗偏载能力强，但是安装顺序及初始预紧力大小不易确定。

图 6-4 日本 80/100 MN 自由锻造液压机

6.2 自由锻造液压机液压系统发展现状

6.2.1 自由锻造液压机分类与特点

国内外许多专家学者对泵直传油压机的传动系统进行了深入研究，并逐步形成了以下几种典型的传动类型。

(1) 滑阀为主控阀的系统

主控滑阀实现液压系统主要流量的分配，同时，其他辅助阀完成锻造过程中液体的分流。滑阀由伺服阀直接驱动，可实现手动和自动控制，通过调节主控滑阀某通道的相角来超前改善其流量梯度，从而降低传动刚度，减少液压冲击。滑阀的通流能力受限，液流阻力大，且滑阀采用的是间隙密封，抗污染能力差，易卡死；阀口易损坏，同时更换滑阀成本高，系统压力波动大，平稳性差。油压机高压大流量的发展趋势使得滑阀系统的生存空间越来越小。

(2) 以三级插装阀为主控阀的开关型阀控系统

三级插装阀通常由二通插装阀功率级和插装阀-滑阀先导级组合而成，该类阀不仅通流能力大而且响应快、换向冲击小，因而成为 20 世纪 70 年代末期至 80 年代油压机系统的主流主控元件。但该系统属于开关控制模式，无法实现对流量和压力的精确控制，而且三级插装阀结构复杂、调试困难、故障点多。

(3) 电液比例插装阀控系统

20 世纪 80 年代，比例技术和插装阀技术的结合促进了比例插装阀的产生，至 90 年代后期，电液比例插装阀已开始运用于快锻油压机上。该类阀在通流大、响应快的基础上可实现对锻件变形量和系统出力的闭环控制，以此提高油压机的快锻速度、精度和自动化水平。

(4) 正弦泵控直传系统

该类系统已有接近40年的发展历史,系统的主控元件为正弦泵,即双向比例变量高压径向柱塞泵。压机加压速度的控制可通过改变泵的排量来实现,动梁反向运动由泵本身输出流量方向的切换来实现,省去了大量充液阀及换向阀组,系统冲击降低,锻造曲线平滑。由于可通过实时控制正弦泵的排量进而构成锻件变形量的闭环控制,因此系统锻造精度高。

(5) 伺服直驱泵控系统

该系统由变频电机驱动双向定量泵来实现活动横梁的换向及速度控制,通过调节电机转速实现泵输出流量的变化,达到控制压机运动速度的目的。由于采用变频电机驱动定量泵进行容积调速,系统节能高效、调速范围宽、可靠性高、结构简单紧凑且易于实现计算机数字控制。该类型压机系统目前基本处于理论与试验研究阶段,已有小吨位样机推出,动态响应较慢及低速稳定性差是限制其工业运用的主要技术瓶颈。

结合以上分析,作为传统模式的滑阀系统已逐步退出历史舞台,三级插装阀系统和比例插装阀控系统作为插装阀在压机传动领域的典型应用,目前占据了主要市场份额。如今,节能环保日益受到重视,这使得采用容积调速的高效型正弦泵控和伺服直驱泵控系统发展前景广阔。

6.2.2 自由锻造液压机性能要求

(1) 工作特性要求

自由锻造液压机的典型工作过程为“空程快下——减速——加压——保压——卸压——回程——停止”。自由锻造液压机的快速性、平稳性、可靠性的工作特性体现在其锻造工作过程中。

空程下降是靠液压机本身自重下行,其速度主要由回程缸排液阀开口大小决定,同时为了避免液压机快速下降时主缸内产生负压,往往设置上置油箱或者压力油箱来及时补充快行时主缸所需流量。空程下降时水压机依靠其上置水箱通过充液阀补充流量,而液压机不仅依靠压力油箱通过充液阀供油,还利用主泵补充一部分流量,两者这样做都是为了保证下行速度的前提下尽量减少装机功率,达到节能目的。

空程下降到加压工艺过程之间还有明显减速的过程,如图6-5所示。这主要是为了避免上砧冲击锻件对液压机和液压系统的冲击。液压机的减速过程主要是由回程缸排液阀决定的,如果排液阀用的是大通径比例阀,可通过比例控制简单地实现此过程。或是用开关插装阀组,如图6-6所示,它一般由快下阀、支撑阀、回程缸排液阀组成。高速下降时,快下阀开启,回程缸油液经过快下阀、单向阀到油箱或者主缸组成差动回路,在到达锻件之前,快下阀迅速关闭,压机迅速减速,回程缸油液经支撑阀溢流再通过回程缸排液阀流回油箱或主缸。支撑阀提供背压的高低决定了液压机减速效果。

加压阶段是自由锻造液压机锻造过程的一个重要环节,加压阶段性能主要体现在系统建压快慢上,建压迅速不仅可以提高生产效率,还可以为液压机快速性的实现打下基础。建压速度受多个因素影响,比如工作缸和管道体积、元件特性等。另外,提高加压速度,能减少工作循环时间,并减少上砧与热锻件接触时间,但这样做会使液压机传动功率成比例增加,不经济。

自由锻造液压机一般都设有保压工作阶段,尤其在镦粗时,要求液压机长时间保持在高工

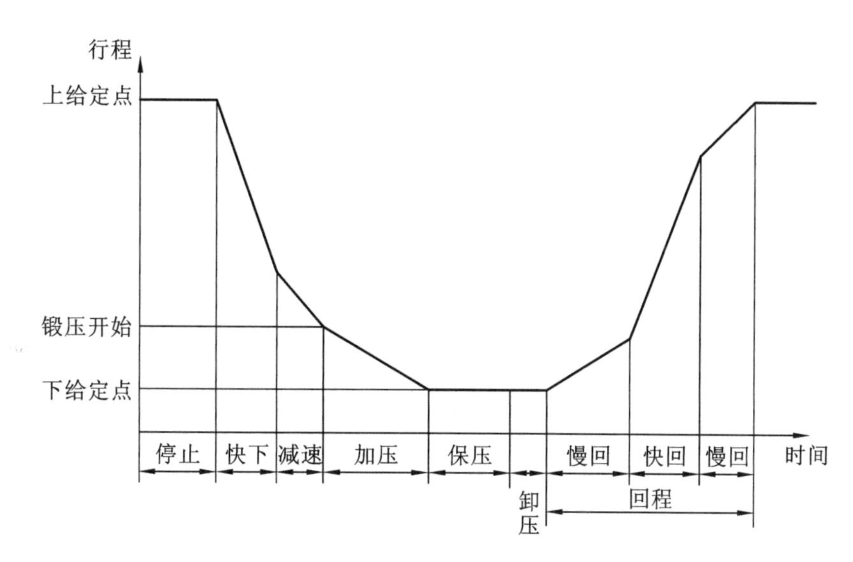

图 6-5　液压机典型工作过程

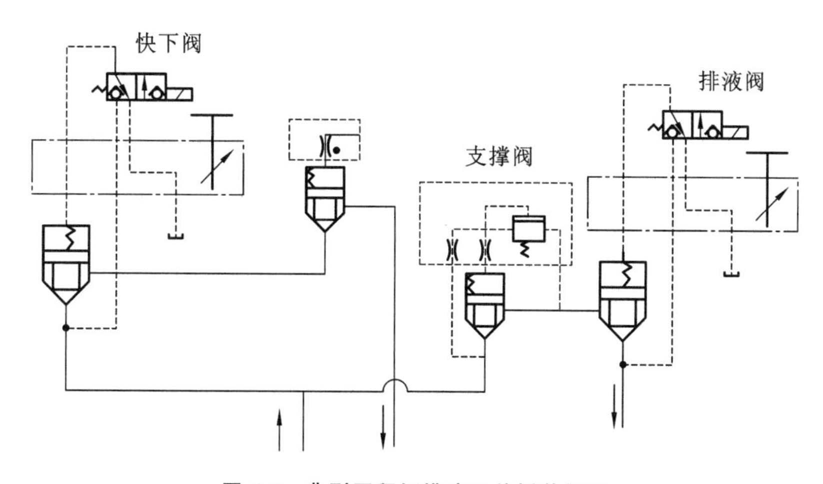

图 6-6　典型回程缸排液开关插装阀组

作压力状态。当液压机处于保压阶段时，锻造速度一般会很低，可采取降低投入泵的台数来降低溢流发热损失或采用恒功率泵。

卸压特性是评价液压机性能的一个重要指标。由于主缸和回程缸面积相差很大，回程前，往往需要主缸先把高压卸掉，然后回程缸才能动作实现回程。液压机的卸压过程中，由于高压势能迅速释放，往往造成管道的振动和液压机本体的晃动，严重时造成管道破裂、地基松动。卸压特性主要受卸压前当量体积、卸压元件等的影响。目前，广泛使用的为三级插装阀卸压，为更好地改善卸压效果，可采用电液比例插装阀，做到卸压平稳性和快速性的统一。

回程阶段的主要特性体现在液压机的回程快速性上。液压机回程快速性主要是指回程缸建压时间短，能够瞬间提供足够大的加速度。另外，回程速度由回程缸进液阀决定，要想实现无级调速，可使用大通径比例插装阀，若使用开关阀，回程速度可控性差，很难体现“慢回—快回—慢回”的工作过程，若速度变化太大，在行程很小时，由于惯性引起的冲击和位置超调就比较大。

停止工作阶段也是液压机工作过程的一个重要环节。自由锻造液压机设计时一般都要求其可在任意位置停止，并且具有相当高的可靠性。液压机的停止特性一是指停止动作与手柄的同步性，二是指停止时的平稳性和准确性。同步性好便于操作者把握锻造尺寸；停止时的平稳性和准确性好，液压机快下时突然减速停止，没有冲击振动，且能够停在指定位置，否则会伴有压力冲击现象，引起振动。

（2）控制特性要求

自由锻造液压机的控制特性是个广义概念。从工作方式来说，自由锻造液压机分为手动、半自动、自动和联动四种控制方式；从锻造工艺角度看，自由锻造液压机分为常锻、快锻和镦粗三种方式；从自由锻造液压机液压控制系统角度看，自由锻造液压机的控制特性主要指“稳、快、准”，具体地说，就是指液压机的运行平稳性和能够达到的锻造次数和控制精度。

① 工作方式

自由锻造液压机的工作方式分为四种：手动、半自动、自动和联动。“手动”是指液压机和操作机的动作分别由主操作台上的主令手柄控制；“半自动”是指液压机的动作由主令手柄控制，但压机具有锻造尺寸位置保护功能，也就是说，液压机到达锻造尺寸位置时，即使压机主令手柄处于“加压”或“快下”位置，液压机也不会向下运动，操作机为手动操作。锻造尺寸的设定分为触摸屏设定或液压机主令手柄设定。当操作液压机主令手柄完成一次锻造后，系统将上次锻造的最小尺寸值记录下来并作为此次锻造位置的保护尺寸，即主令手柄设定，这种方式不仅可以应用在半自动方式，也可以应用在自动和联动状态。“自动”工作方式是指液压机按设定道次的参数由计算机控制进行自动锻造，操作前设定下给定点、回程高度、加压点、道次等参数，只要触发“开锻”键，液压机就会自动完成锻件的锻造。在自动锻造过程中保持“手动优先”的原则，即只要在锻造过程中操作主令手柄，液压机马上转入手动操作模式。而操作机在自动锻造过程中保持“操作机自动行走”或者“夹钳自动旋转”，“手动优先”原则同样适用于操作机。“联动”是指液压机和操作机均由计算机进行控制，除了液压机和操作机的各种动作和位置按设定参数进行控制外，液压机和操作机需要相互通信，两者之间保证动作的配合和协调。

② 锻造方式

自由锻造液压机常用的几种锻造方式为常锻、快锻和镦粗。常锻一般为开环控制，适用于大形变量的手动控制。快锻即精密锻造，它可以使锻件表面光滑，提高尺寸精度，减小后续工序的加工量。快锻是以位置精度为目标的闭环控制，往往与操作机联动，自动化程度高。快锻时，锻件的形变量一般控制在 5 mm 以内，液压机的锻造行程一般不超过 30 mm，操作机的送进量较小，液压机的锻造次数可达 80 次以上。自由锻造液压机镦粗一般是把钢锭或柱形坯料沿轴向压缩锻成各种饼形或圆盘形。镦粗是长时间保压过程，其间速度变化范围大，随着锻件变形抗力的增加，速度越来越慢，对于阀控系统应考虑采用的控制模式，尽量采用恒功率控制，减小溢流发热和功耗。

③ 控制特性

自由锻造液压机控制特性一般泛指其液压控制系统的特性，具体表现为自由锻造液压机的操控性和系统达到稳定、快速、精确的性能指标。自由锻造液压机的控制特性主要体现在快锻阶段。目前，液压机快锻回路有很多种，评价快锻回路控制性能的指标有快锻次数和控制精度，当前国际先进水平快锻液压机锻造次数可达 120 次，锻造精度达±1 mm。目前，我国只有小吨位的快锻机能够达到此指标。

6.3　自由锻造操作机液压系统

6.3.1　自由锻造操作机组成

现代化锻造系统包括锻造液压机、有轨锻造操作机、无轨锻造操作机、装出料机、运锭小车以及加热炉等，如图 6-7 所示，锻造生产过程中，全部装置和设备有效地配合动作，可以在很大程度上提高锻件的生产效率和产品质量。

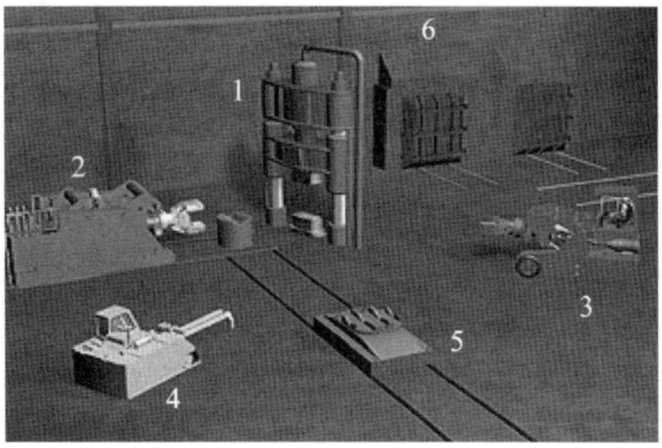

图 6-7　现代化锻造系统组成

1—锻造液压机；2—有轨锻造操作机；3—无轨锻造操作机；4—装出料机；5—运锭小车；6—加热炉

锻造操作机是与锻造液压机协调作业的重要辅助设备，为了满足各种锻造工艺要求，操作机一般具有钳口松夹、大车行走、夹钳旋转、夹钳升降及倾斜、夹钳侧摆及侧移等基本动作，下面以钢锭拔长工艺为例来说明锻造操作机的工作过程。

钢锭加热到始锻温度从加热炉中取出，装出料机或锻造行车把钢锭运送到运锭小车上，运锭小车具有升降和旋转功能，可以快速调整锻件的高度和摆放方向，随后运锭小车沿特定轨道将钢锭运送到液压机附近，操作机执行大车行走、夹钳旋转、夹钳升降及倾斜等一系列动作，调整夹钳至合适的位姿，夹钳夹持钢锭，操作机反复动作几次确保钢锭夹持稳定后，运锭小车退回；然后锻造操作机夹紧钢锭快速前进，把钢锭送至液压机上下砧座之间，随后根据锻造工艺的要求，操作机执行动作调整钢锭的位姿，全部工作准备就绪后，液压机投入工作，上砧压下进入钢锭拔长工序；钢锭拔长过程中，为了避免锻件弯曲变形，操作机缓冲机构需要顺应动作，目的是提高锻件品质；单次拔长工艺完成后，液压机回程，操作机夹持钢锭并将钢锭调整至下一锻造道次内需要的位姿，至此，操作机完成一个工作周期，然后液压机压下，开始下一道次的锻造；锻造过程中夹钳中心线偏离锻打中心时，操作机夹钳侧摆和倾斜机构动作，进行夹钳的调平和对中，以保证锻造产品质量，直到全部锻造工序完成，操作机退回，钳口张开并卸下锻件。

锻造操作机的工作过程如图 6-8 所示，可以看出操作机“间歇式”动作，工作过程分为锻前调整、执行动作、动作间歇和锻造完成四个阶段，其中执行动作和动作间歇两个阶段在锻件锻打过程中交替出现。

锻前调整阶段主要是调整夹钳的位姿，完成锻件的夹持；在执行动作阶段，操作机根据锻造工艺要求调整锻件至下一锻造道次的锻打位置，操作机的动作时间、位置精度对于锻件生产效率和产品质量有着极其重要的影响，这一阶段是操作机与液压机联动的关键环节；在动作间歇阶段，操作机根据锻件变形情况主动或被动顺应动作，顺应性能的好坏影响操作机的可靠性和锻件品质；在锻造完成阶段，操作机退回并卸下锻件，确保操作机的可持续性操作。

为了满足各种锻造工艺要求，锻造操作机一般要完成钳口松夹、夹钳旋转、夹钳平行升降、夹钳仰俯、夹钳水平侧移及侧摆、大车行走等七个动作，相应的具有钳口松夹机构、夹钳旋转机构、夹钳升降及倾斜机构、夹钳摆移机构和大车行走机构，为了提高操作机的可靠性还设有夹

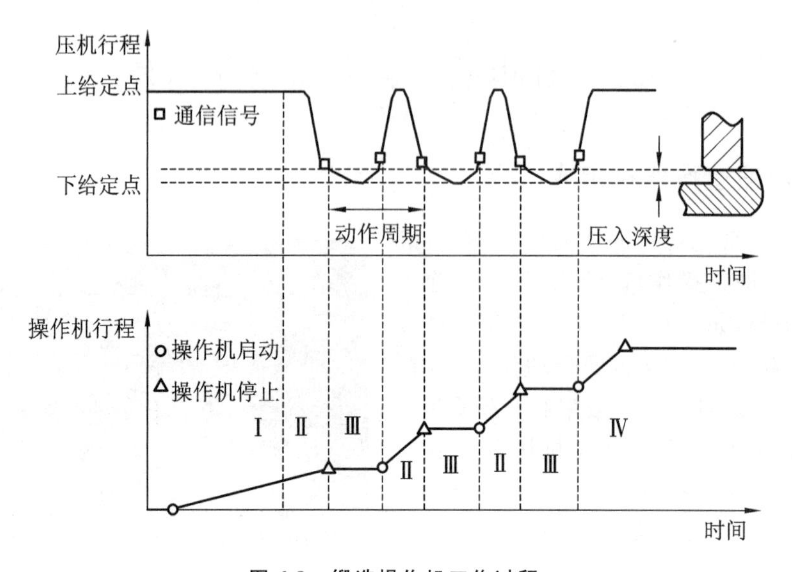

图 6-8　锻造操作机工作过程

Ⅰ—锻前调整；Ⅱ—执行动作；Ⅲ—动作间歇；Ⅳ—锻造完成

钳缓冲装置，如图 6-9 所示。液压式锻造操作机大车行走和夹钳旋转动作采用马达驱动，其他动作和功能由液压缸驱动实现。

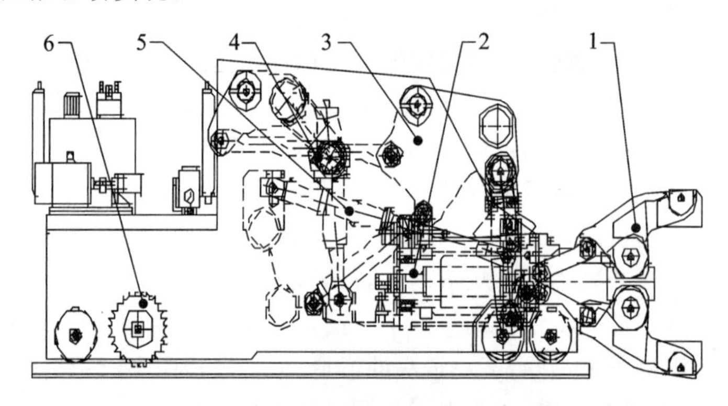

图 6-9　锻造操作机的机构组成

1—钳口松夹机构；2—夹钳旋转机构；3—夹钳升降及倾斜机构；4—夹钳摆移机构；5—夹钳缓冲装置；6—大车行走机构

锻造操作机液压系统包括泵站、钳口松夹动作回路、夹钳旋转动作回路、夹钳升降动作回路、夹钳倾斜动作回路、夹钳摆移动作回路、大车行走动作回路以及夹钳缓冲功能回路等。

锻造操作机动作和功能对液压系统的基本要求是：

(1) 钳口松夹动作回路能够实现钳口的张开和夹紧动作，夹紧回路有防漏保压措施，使钳口能够始终保持足够大的夹紧力；锻造过程中锻件变形强迫钳口张开时，夹紧缸的夹紧腔应能及时排油，松开腔应能及时补油。

(2) 大车行走、夹钳旋转动作回路的液压马达能正反向回转，且转速可调，马达启(制)动过程运动平稳，加速性好。

(3) 夹钳升降、倾斜动作回路能够使夹钳保持在指定的位置，防止夹钳在自重作用下下降或下倾动作过快；锻造过程中锻件变形强迫夹钳下降或下倾时，液压油缸工作腔应能及时排油或补油，顺应锻件的变形。

(4) 夹钳侧移和侧摆动作回路能够实现其动作功能，并使夹钳保持在指定位置。

(5) 夹钳缓冲回路要求锻造过程中锻件变形强迫夹钳后移时，缓冲缸的缓冲腔应能及时排油，顺应锻件变形。

锻造操作机机构复杂、工作条件恶劣、负载变化大、振动冲击大，工作过程经常要求频繁的加速启动、制动以及换向等操作，现代锻造系统中操作机除满足上述基本要求外，还必须满足以下要求：

(1) 复合操作性要求。各执行机构不仅可以单独动作，还可以通过执行元件的相互配合来实现复杂的复合动作，从而提高操作机的工作效率。

(2) 节能性要求。由于操作机工作时间长、能量消耗大，提高动作期的能量利用率，降低动作间歇期的能量消耗，是操作机节能降耗的关键。

(3) 安全性要求。操作机工作过程中载荷变化和冲击振动大，要求液压系统有良好的安全保护措施，防止液压系统过载或外负载冲击对液压元件以及机械结构的损伤，同时各功能部件要有很高的可靠性和耐久性。

6.3.2 液压锻造操作机的工作原理

(1) 传动方式

液压锻造操作机的传动方式分为油泵直接传动和油泵蓄势器传动两种。早期的液压锻造操作机承载能力小，操作机的动作少，仅有钳口松夹、大车行走和夹钳旋转等几个动作，液压系统采用油泵直接传动方式。油泵直传系统中操作机执行机构的速度取决于液压泵的排量，随着锻造操作机承载能力的提高和动作功能的不断完善，执行机构动作需要的流量不断增大，继续采用油泵直接传动方式设计操作机液压系统，导致系统的装机功率巨大，油泵直接传动方式受到局限。油泵蓄势器传动方式具有以下特点：

① 油泵蓄势器站是一个高压油源，执行机构在较短的时间内可以建立起较高的压力，操作机动作迅速；

② 液压泵的总流量通常小于操作机执行机构动作在同一时期内最大可能重叠概率所消耗的流量总和，液压系统装机功率小；

③ 蓄势器可以安装在车体上的任意位置，安装空间要求低，操作机结构紧凑。

(2) 主控元件

① 滑阀

早期的液压锻造操作机广泛采用逻辑开关阀控制，通过开关阀阀芯在阀体内的滑动改变介质的流动方向，实现操作机的动作换向，节流阀控制流量大小、调整执行机构的运动速度。20 世纪 60 年代，随着比例控制技术的发展，电液比例阀得到迅速发展并广泛应用。比例阀能够根据输入的电气信号，连续按比例地对油液压力、流量等参量进行控制，从而使液压控制由间断开关控制发展到连续比例控制，与伺服阀相比，比例阀具有加工制造方便、成本低廉、对油液过滤要求低、与普通逻辑开关阀的通用化程度高等优点，近年来广泛应用在中小型锻造操作机液压系统中。

② 插装阀

滑阀的通流能力小、液流阻力大，系统需要更大的流量时，通常采用两个或多个滑阀并联使用，或者设计非标准的大通径滑阀，会导致系统结构庞大、成本增加，滑阀通径加大也会致使阀芯质量增加、行程延长，导致系统响应慢、换向时间长、泄漏量增加等不利因素，随着锻造操作机承载能力的增大，滑阀系统的适应性达到极限。插装阀是 20 世纪 70 年代初针对大流量系统开发的一种液压元件，具有通流能力大、响应快、抗污染能力强、工作可靠、高度集成等优点。80 年代，比例技术开始和插装阀技术相结合，不同规格和功能的比例插装阀先后出现并应用到工业生产中。目前，国内各大重机厂引进的巨型、大型锻造操作机液压系统全部采用了大通径比例插装阀，用来提高锻造操作机的速度、精度和自动化水平，但大通径比例插装阀主要通过国外进口，价格昂贵且订货周期长。

③ 正弦泵

正弦泵为径向柱塞泵，定子移动由“伺服阀控液压缸”控制，通过改变转子和定子之间的偏心距及方向调整高压油的流量和方向，可实现泵口高压油的正弦输出。通过正弦泵控制操作机夹钳升降动作，使锻件做光滑的正弦升降运动，达到与液压机的运动同步。正弦泵控系统具有能耗低、管道简易、故障点少、振动冲击小等优点，但初期成本投入高，必须从国外进口，订货周期较长。

锻造操作机液压系统通常采用液压油作为工作介质，利用液压泵将电动机输出的机械能转变为液压能并进行传送，最后通过液压缸和马达等执行元件将液压能转化为操作机的机械能，进而实现各种动作和功能要求。

液压系统原理如图 6-10 所示。泵站由定量主泵、电磁卸荷溢流阀、蓄能器等元件组成，电磁卸荷溢流阀自动控制主泵的卸荷与加载，使主泵间歇工作，达到系统节能目的。

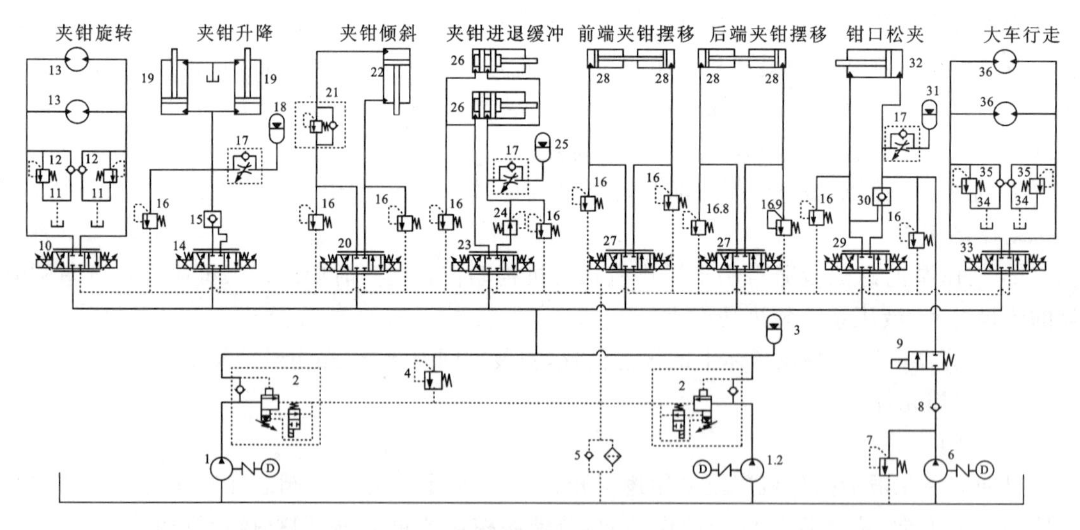

图 6-10 锻造操作机液压系统原理

1—主泵；2—卸荷溢流阀；3、25、31—蓄能器；4、7、11、16、34—溢流阀；5—过滤器；6—辅助补油泵；8、12、35—单向阀；9—二位换向阀；10、14、20、23、27、29、33—比例换向阀；13—旋转马达；15、30—液控单向阀；17—单向节流阀；19—升降缸；21—平衡阀；22—倾斜缸；24—减压阀；26—缓冲缸；28—摆移缸；32—夹紧缸；36—行走马达

7 自由锻造液压机组液压控制系统数学建模

7.1 自由锻造液压机液压控制系统数学建模

根据快锻液压机系统工作基本原理，采用机理建模方法建立了快锻液压机主要元件和比例控制快锻回路的数学方程，包括阀口流量方程、运动学方程、流量连续性方程等，并根据中间变量的相互关系使之成为一个完整的系统模型。

7.1.1 溢流阀建模研究

溢流插装阀常用在锻压机液压系统主缸油路或回程缸的排油回路上。用在主缸油路上时一般作为安全阀，用在回程缸排油路上时可为活动横梁提供一定背压，不仅可以平衡活动横梁自重，还能实现减缓冲击的作用。针对本节中研究的 0.6 MN 快锻压机液压系统，溢流阀主要作为排油路上的背压阀使用，可以在一定程度上改善锻压机液压系统的快速性和缓冲效果。

溢流阀通过阀口的溢流使被控系统或回路的压力维持恒定，从而实现调压、稳压和限压的作用。简化后溢流阀模型回路图如图 7-1 所示。

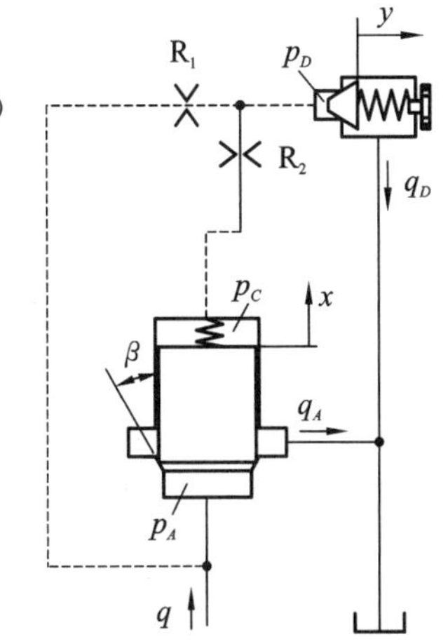

图 7-1 溢流阀结构示意图

主阀芯力平衡方程为：

$$p_A A_A - p_C A_C = m_y \ddot{y} + B_y \dot{y} + K_y (y_0 + y) + F_{sy} \tag{7-1}$$

式中 A_A——主阀进油腔有效作用面积(m^2)；

A_C——主阀控制腔有效作用面积(m^2)；

p_A——主阀进油腔压力(Pa)；

p_C——主阀控制腔压力(Pa)；

y——主阀芯位移(m)；

m_y——主阀芯质量(kg)；

B_y——主阀芯黏性阻尼系数[N/(m/s)]；

K_y——主阀芯弹簧刚度(N/m)；

y_0——主阀芯弹簧预压缩量(m)；

F_{sy}——主阀芯所受稳态液动力(N)。

先导阀芯力平衡方程为：

$$p_D A_D = m_x \ddot{x}_1 + B \dot{x}_1 + K_x (x_0 + x_1) + F_{sx} \tag{7-2}$$

式中 A_D——先导阀进油腔有效作用面积(m^2)；

p_D——先导阀进油腔压力(Pa)；

x_1——先导阀芯位移(m)；
m_x——先导阀芯质量(kg)；
K_x——先导阀芯弹簧刚度(N/m)；
x_0——先导阀芯弹簧预压缩量(m)；
F_{sx}——先导阀芯所受稳态液动力(N)。

主阀阀口流量平衡方程为：

$$q=q_A+q_{R_1}+A_A\dot{y}+\frac{V_A}{\beta_e}\dot{p}_A \tag{7-3}$$

式中　V_A——主阀进油腔容积(m^3)；
β_e——有效体积弹性模量(Pa)。

通过主阀口的流量方程为：

$$q_A=C\cdot\pi\cdot D\cdot y\cdot\sin\beta\cdot\sqrt{\frac{2}{\rho}p_A} \tag{7-4}$$

通过阻尼孔 R_1 的流量方程为：

$$q_{R_1}=C_1\cdot\frac{\pi}{4}d_1^2\cdot\sqrt{\frac{2}{\rho}(p_A-p_D)} \tag{7-5}$$

先导阀口前后流量平衡方程为：

$$q_{R_1}+q_{R_2}=q_D+\frac{V_D}{\beta_e}\dot{p}_D \tag{7-6}$$

式中　V_D——先导阀入口腔及与之相连的管道容积(m^3)。

先导阀口流量方程为：

$$q_D=C_{d_1}\pi d_1x_1\sin\alpha_1\sqrt{\frac{2}{\rho}p_D} \tag{7-7}$$

式中　C_{d_1}——先导阀口流量系数；
α_1——先导阀芯射流角(°)。

通过阻尼孔 R_2 的流量方程为：

$$q_{R_2}=C_2\,\frac{\pi}{2}d_2^2\sqrt{\frac{2}{\rho}(p_C-p_D)} \tag{7-8}$$

控制腔流量连续性方程为：

$$A_C\dot{y}-\frac{V_C}{\beta_e}\dot{p}_C=q_{R_2} \tag{7-9}$$

7.1.2　电液比例插装阀建模研究

电液比例插装阀一般用在主缸和回程缸的进油路、回油路，来实现液压机速度的无级调节，同时也为液压机快速性的实现提供了技术保障。比例阀的动态特性直接决定了快锻液压机的快锻速度。

(1) 先导比例阀数学模型

比例阀的基本工作原理是螺旋管两端施加电压控制信号 U_e，螺旋管产生电流，根据法拉第电磁感应定律，磁路内即产生磁通。芯棒在电磁力的作用下移动，与负载弹簧一起共同工作，即可获得电压—力—位移的线性转换。

系统的输入信号为 U_i，经比例放大器的放大作用变为 U_e，即螺旋管两端施加电压控制信

号为 U_e，放大系数为 K_a，即：

$$U_e = K_a U_i \tag{7-10}$$

通过螺旋管上的电压-电流方程为：

$$U = L\frac{\mathrm{d}i}{\mathrm{d}t} + Ri \tag{7-11}$$

作拉普拉斯变换后，有：

$$I(s) = \frac{1}{L_a s + R_a} U(s) \tag{7-12}$$

式中　L_a——线圈电感；

R_a——线圈与放大器的内阻(Ω)。

电磁力与电流之间的关系可以表示成比例关系，即：

$$F_i = K_i i \tag{7-13}$$

比例阀衔铁组件由磁芯和阀芯组成，忽略其上液动力，动力学方程为：

$$M\frac{\mathrm{d}^2 x_v}{\mathrm{d}t^2} + B\frac{\mathrm{d}x_v}{\mathrm{d}t} + K_s x_v + K_f x_v = F_i \tag{7-14}$$

作拉普拉斯变换后，有：

$$x_v(s) = \frac{F_i}{Ms^2 + Bs + K_s + K_f} \tag{7-15}$$

式中　M——衔铁组件的质量(kg)；

B——系统的阻尼系数[N/(m/s)]；

K_s——衔铁组件的弹簧刚度(N/m)；

K_f——衔铁组件的液动力刚度(N/m)。

由式(7-12)～式(7-15)可得图 7-2。

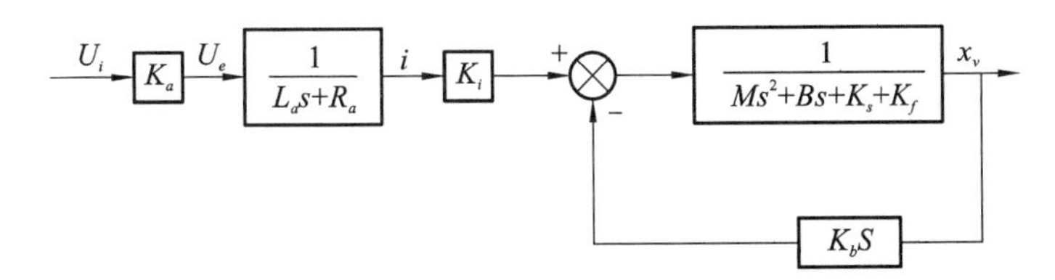

图 7-2　先导比例阀传递函数框图

图中，K_b 为电枢感生反电动势系数。

对于单级比例节流阀，由于存在滞环和非线性等因素，实际设计中增加位移反馈提高系统的动态响应。在外界干扰力发生变化的瞬间，阀芯位移将偏离调定值，由位移传感器检测到的阀芯位移信号经测量放大器的调制、放大、解调，反馈至比例放大器输入端，与输入信号相比较，其偏差值经 PID 调节器、比例放大器的调节作用，改变了比例电磁铁的输出电磁力，使阀芯位移迅速恢复至原定的调定值。而在此先导式插装比例节流阀中，位移传感器检测主阀芯的位移并与期望位移比较，差值经集成电子控制器中的 PID 调节器的调节作用，改变先导比例阀的阀芯位移，控制伺服活塞的运动，从而使主阀芯位移跟随输入位移。

(2) 先导比例阀控液压缸数学模型

比例阀的线性化流量方程为：

$$q_L = K_q x_v - K_c p_L \tag{7-16}$$

式中　q_L——通过比例阀阀口的流量(m^3/s)；

K_q——比例阀的流量增益系数(m^2/s)；

x_v——比例阀的阀口开度(m)；

K_c——比例阀的流量-压力系数；

p_L——负载压力(Pa)。

液压缸流量连续性方程为：

$$q_L = A_p \dot{y} + C_{tp} p_L + \frac{V_t}{\beta_e} \dot{p}_L \tag{7-17}$$

式中 A_p——液压缸活塞有效面积(m^2)；

y——活塞位移(m)；

C_{tp}——液压缸总泄漏系数；

β_e——有效体积弹性模量(Pa)；

V_t——液压缸总压缩容积(m^3)。

液压缸和负载的力平衡方程为：

$$A_p p_L = m_2 \ddot{y} + B\dot{y} + K(y_0 + y) + F_{fy} \tag{7-18}$$

式中 m_2——活塞质量(kg)；

B——活塞黏性阻尼系数[N/(m/s)]；

K——弹簧刚度(N/m)；

y_0——弹簧预压缩量(m)；

F_{fy}——可变节流口处稳态液动力(N)。

(3) 主阀数学模型

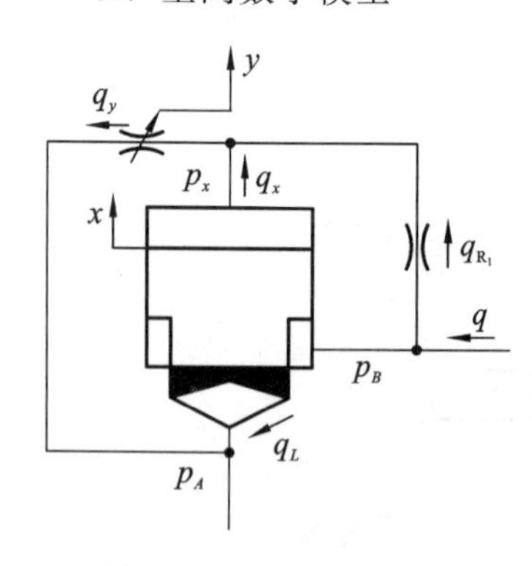

图 7-3 主阀工作原理图

图 7-3 所示为主阀工作原理图。当给出输入信号，先导控制阀控制伺服活塞向上运动时，主阀芯控制腔与出口相通，即在主阀芯控制腔与出口腔之间形成了一个可变节流口，控制腔压力降低，控制腔与出口腔压力差的作用使得可变节流口处产生流量 q_y，当液流流经可变节流口时，对伺服活塞杆产生一个反作用力，即使活塞杆向下运动的力，这个反作用力即为比例阀控液压缸的活塞所受到的外负载力，也就是可变节流口处的稳态液动力 F_{fy}。

主阀芯的动力学方程为：

$$A_B p_B + (A_x - A_B) p_A - A_x p_x = m_1 \ddot{x} + B\dot{x} + F_{fx} - F_{fy} \tag{7-19}$$

式中 A_B——主阀入口环形腔面积(m^2)；

A_x——主阀控制腔有效作用面积(m^2)；

p_x——主阀控制腔压力(Pa)；

m_1——主阀芯质量(kg)；

x——主阀芯开口位移量(m)；

F_{fx}——主阀口处稳态液动力(N)；

F_{fy}——可变节流口处稳态液动力(N)。

主阀口稳态液动力为：

$$F_{fx} = K_{fx} x (p_B - p_A) \tag{7-20}$$

式中　K_{fx}——主阀口处稳态液动力刚度(N/m)。

可变节流口稳态液动力为：

$$F_{fy}=K_{fy}(y-x)(p_x-p_A) \tag{7-21}$$

式中　K_{fy}——可变节流口处稳态液动力刚度(N/m)。

控制腔流量平衡方程为：

$$q_x=q_y-q_{R_1}=A_x\dot{x}-\frac{V_x}{\beta_e}\dot{p}_x \tag{7-22}$$

式中　q_x——主阀控制腔流量(m^3/t)；

q_y——通过可变节流口的流量(m^3/t)；

q_{R_1}——通过固定节流口的流量(m^3/t)；

V_x——主阀控制腔的容积(m^3)。

通过可变节流口流量为：

$$q_y=C_y\cdot W_y\cdot(y-x)\sqrt{\frac{2}{\rho}(p_x-p_A)} \tag{7-23}$$

式中　C_y——可变阻尼孔流量系数；

W_y——可变阻尼孔面积梯度。

通过固定节流口流量为：

$$q_{R_1}=C_1\cdot\frac{\pi}{4}d_1^2\sqrt{\frac{2}{\rho}(p_B-p_x)} \tag{7-24}$$

式中　C_1——阻尼孔 R_1 流量系数；

d_1——阻尼孔 R_1 通径(m)。

主阀口的流量平衡方程为：

$$q-(A_x-A_B)\dot{x}-\frac{V_B}{\beta_e}\dot{p}_B=q_L \tag{7-25}$$

式中　q——主阀进口流量(m^3/t)；

q_L——通过主阀口处的流量(m^3/t)；

V_B——主阀入口环形腔容积(m^3)。

通过主阀口的流量为：

$$q_L=C_L\cdot W_L\cdot x\sqrt{\frac{2}{\rho}(p_B-p_A)} \tag{7-26}$$

式中　C_L——主阀口流量系数；

W_L——主阀口面积梯度。

当主阀开启后，整理式(7-19)～式(7-26)，推导得到如下的方程：

$$A_x\dot{x}-\frac{V_x}{\beta_e}\dot{p}_x=C_y\cdot W_y\cdot y\sqrt{\frac{2}{\rho}(p_x-p_A)}-C_1\cdot\frac{\pi}{4}d_1^2\sqrt{\frac{2}{\rho}(p_B-p_x)}$$

$$A_Bp_B+(A_x-A_B)p_A-A_xp_x=m_1\ddot{x}+B\dot{x}+K_{fx}x(p_B-p_A)-K_{fy}(y-x)(p_x-p_A)$$

$$q-(A_x-A_B)\dot{x}-\frac{V_B}{\beta_e}\dot{p}_B=C_L\cdot W_L\cdot x\sqrt{\frac{2}{\rho}(p_B-p_A)}$$

7.1.3　快锻液压机快锻系统数学建模

比例控制快锻回路简化图如图 7-4 所示。本系统主要包括一个工作缸，两个回程缸，四个比

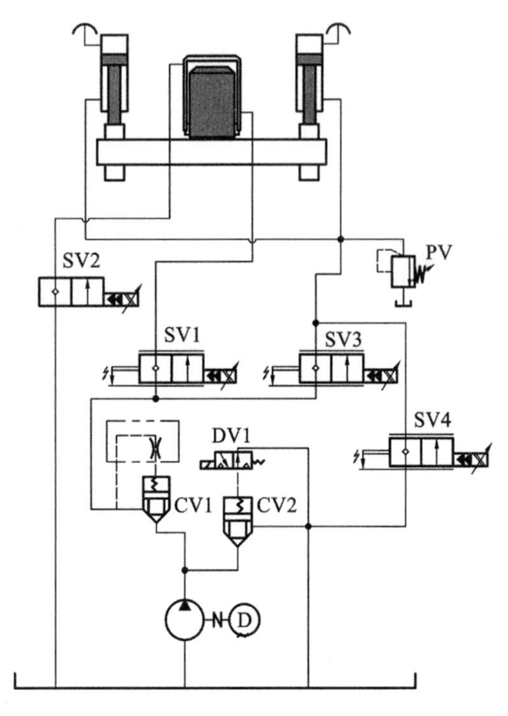

图 7-4 比例控制快锻回路示意图

例阀及一个溢流阀。四个比例阀分别为工作缸和回程缸的进液阀和排液阀。当快锻液压机下行时,工作缸进液阀 SV1 和回程缸排液阀 SV4 同时工作,使液压机快速下行;返程时,回程缸进液阀 SV2 和主缸卸荷阀 SV3 同时工作,工作缸卸压,使液压机快速回程,完成一个工作循环。

快锻液压机采用电液比例插装阀,响应时间小于 20 ms,当液压执行机构的固有频率 ω_h 低于 50 Hz 时,主级插装阀阀芯位移和先导级电液比例阀输入电流的关系可用一阶环节表示,即:

$$\frac{x_v}{I_c}=\frac{K_{ux}}{1+\frac{s}{\omega_{vx}}} \tag{7-27}$$

式中 x_v——主阀芯位移(m);

I_c——比例插装阀输入电流(A);

K_{ux}——比例增益;

ω_{vx}——比例插装阀固有频率(Hz)。

液压机的活动横梁在工作缸和回程缸作用下运动,主要有主缸压力、回程缸压力、活动横梁自身重力、接触锻件后锻件的变形抗力以及油液黏性阻力等,设定下行方向为正方向,回程方向为负方向,其动力学方程为:

$$p_1A_1-p_2A_2+G-F_f-F_L-B_v\dot{y}=M\ddot{y} \tag{7-28}$$

式中 p_1——工作缸有杆腔压力(Pa);

A_1——工作缸工作面积(m^2);

p_2——回程缸有杆腔压力(Pa);

A_2——回程缸工作面积(m^2);

G——活动横梁重力(N);

F_f——摩擦力(N);

F_L——负载干扰(N);

B_v——折算到主阀上的黏性阻尼系数;

M——折算到活动横梁上的质量(kg);

y——活动横梁位移(m)。

工作缸进液阀 SV1 的流量为:

$$q_{SV_1}=C_{d_1}A_{SV1}\sqrt{\frac{2}{\rho}(p_s-p_1)} \tag{7-29}$$

式中 p_s——阀 SV1 出口油液压力(Pa);

C_{d_1}——阀 SV1 锐边节流时流量系数;

A_{SV1}——阀 SV1 进油腔有效作用面积(m^2)。

工作缸排液阀 SV3 的流量为:

$$q_{SV3}=C_{d_3}A_{SV3}\sqrt{\frac{2}{\rho}(p_1-p_0)} \tag{7-30}$$

式中 A_{SV3}——阀 SV3 进油腔有效作用面积(m^2);

C_{d_3}——阀 SV3 锐边节流时流量系数;

p_0——油箱油液压力(Pa)。

工作缸的流量连续性方程为:

$$q_{SV1}=A_1\dot{y}+\frac{V_1}{\beta_e}\dot{p}_1+q_{SV3} \tag{7-31}$$

回程缸进液阀 SV2 的流量为:

$$q_{SV2}=C_{d_2}A_{SV2}\sqrt{\frac{2}{\rho}(p_s-p_2)} \tag{7-32}$$

式中 A_{SV2}——阀 SV2 进油腔有效作用面积(m^2);

C_{d_2}——阀 SV2 锐边节流时流量系数。

回程缸的流量连续性方程为:

$$q_{PV}=A_2\dot{y}-\frac{V_2}{\beta_e}\dot{p}_2+q_{SV2} \tag{7-33}$$

回程缸排液流量连续性方程为:

$$q_{SV4}=A_2\dot{y}-\dot{p}_2\frac{V_2}{\beta_e}+q_{SV2} \tag{7-34}$$

回程缸排液阀 SV4 的流量为:

$$q_{SV4}=C_{d_4}A_{SV4}\sqrt{\frac{2}{\rho}(p_2-p_0)} \tag{7-35}$$

式中 A_{SV4}——阀 SV4 进油腔有效作用面积(m^2);

C_{d_4}——阀 SV4 锐边节流时流量系数。

7.1.4 快锻液压机快锻系统仿真研究

液压控制系统的动态响应仿真计算一直是液压行业不可或缺的一个方法,在液压控制系统中有着广泛的应用。本节采用 MATLAB/Simulink 仿真软件对快锻液压机比例控制快锻回路进行了仿真分析。

表 7-1 22 MN 快锻液压机主要技术参数

序号	名称	数值	序号	名称	数值
1	压机公称压力	20 MN(镦粗 22 MN)	7	最大空程速度	下降 300 mm/s
2	最大行程	1600 mm	8		回程 300 mm/s
3	锻造次数	常锻 20～45 次/min	9	工作介质压强	31.5 MPa/35 MPa
		半自动 50～70 次/min	10	拔长钢锭	30 t
		快锻 80～100 次/min	11	镦粗钢锭	16 t
4	锻造控制精度	±1 mm	12	锻造行程	快锻 10 mm 常锻≥100 mm
5	控制形式	手动、半自动、自动、联动			
6	传动形式	油泵直驱传动	13	结构形式	整体框架下拉式

溢流快锻系统仿真模型如图 7-5 所示。

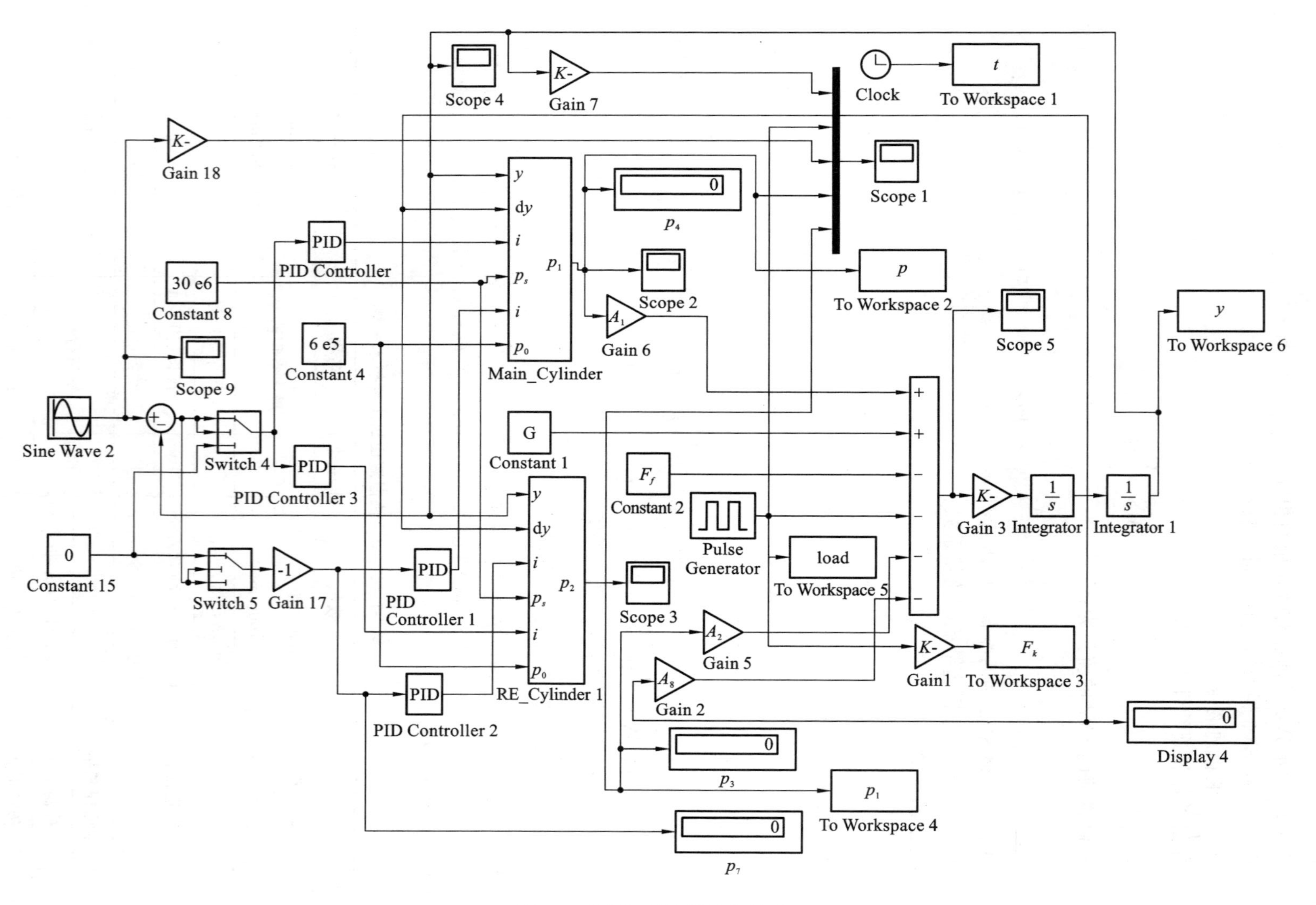

图 7-5 比例控制快锻仿真模型

其中，主缸和回程缸封装成为子模块，主缸子模块主要包括主缸进液阀和主缸排液阀，其仿真模型如图 7-6 所示。

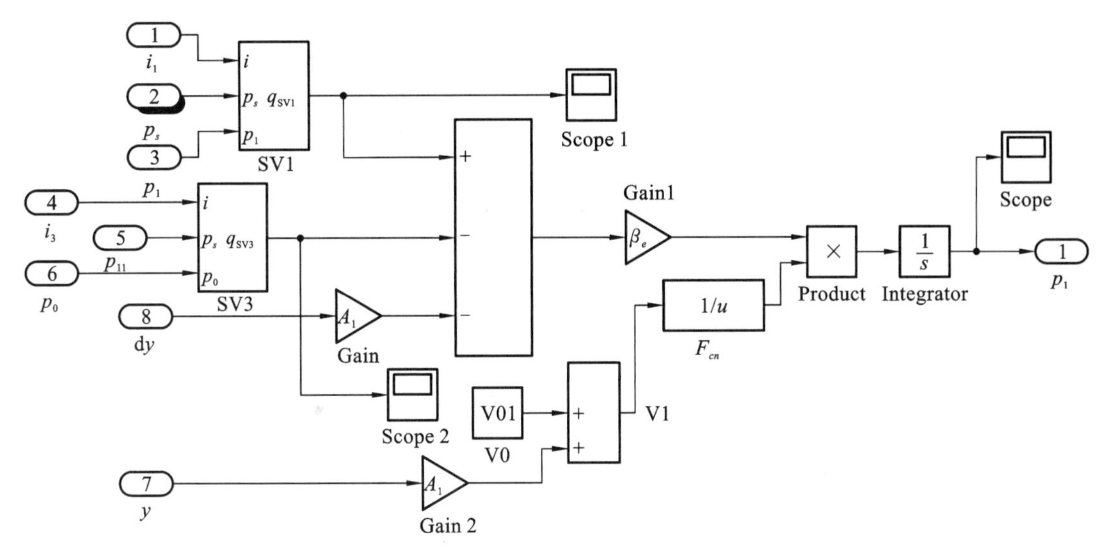

图 7-6　主缸子模块仿真模型

回程缸子模块主要包括回程缸进液阀和回程缸排液阀，其仿真模型如图 7-7 所示。

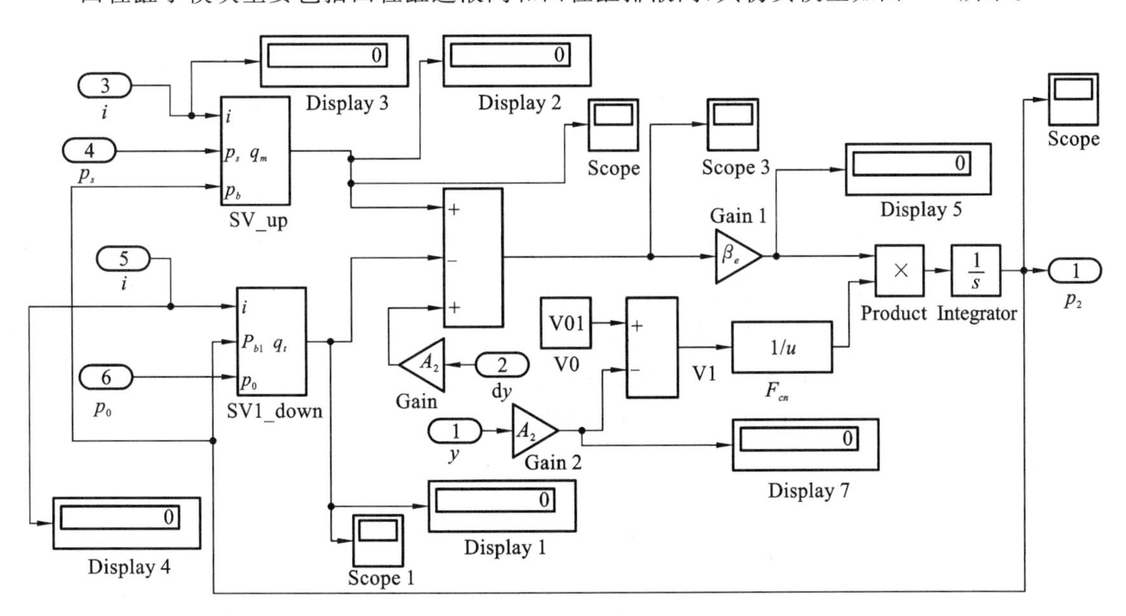

图 7-7　回程缸子模块仿真模型

主缸和回程缸的进液、排液所用比例插装阀简化模型如图 7-8 所示。

仿真模型中，设定下行为正方向，回程为负方向。输入正弦信号，设定下行行程为20 mm；模拟负载输入信号是方波信号，负载力为 1.5×10^6 N；正弦输入周期为 1 s，即液压机每分钟锻造次数为 60 次。调节 PID 参数分别为：对于 SV1，$k_p=7$，$k_i=1$，$k_d=0$；对于 SV2，$k_p=5$，$k_i=0.5$，$k_d=0$；对于 SV3，$k_p=0.35$，$k_i=0$，$k_d=0$；对于 SV4，$k_p=1$，$k_i=1$，$k_d=0.1$。得到位移和

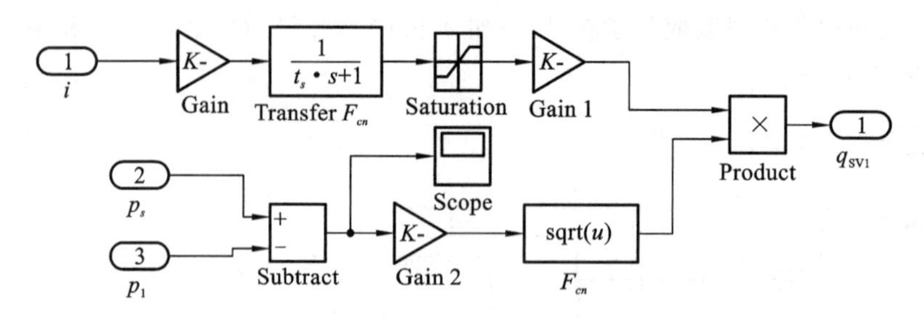

图 7-8 比例阀子系统仿真模型

压力仿真曲线，如图 7-9 和图 7-10 所示。

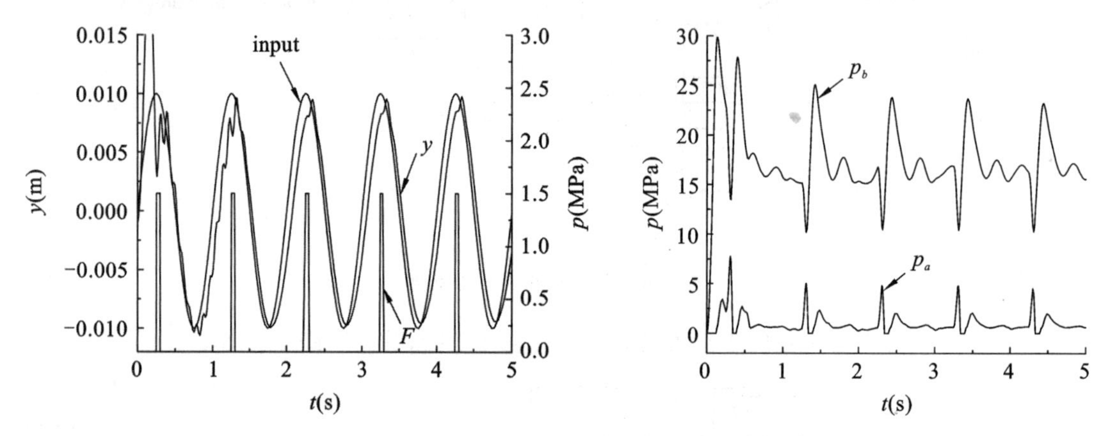

图 7-9 频率 1 Hz，位移 20 mm 时位移曲线

图 7-10 频率 1 Hz，位移 20 mm 时压力曲线

由图中看出，位移和压力曲线与现场实测曲线相似，验证了模型的准确性。当锻造频率较低，位移较小时，位移跟踪曲线 y 几乎为一条正弦曲线，稍有滞后，在受到变形抗力 F 时瞬间稍有波动。主缸和回程缸压力曲线有突变，系统受到一定的冲击。经分析得出，在加载瞬间，液压机明显减速，主缸压力 p_a 克服外负载而迅速升高；回程时，为提供充足的加速度，回程缸压力 p_b 迅速升高，而后随着速度的变化又减小。

设定正弦输入信号周期为 0.75 s，即液压机每分钟锻造次数为 80 次，下行行程为 30 mm 时，采用同一组 PID 值，得到位移和压力仿真曲线，如图 7-11 和图 7-12 所示。

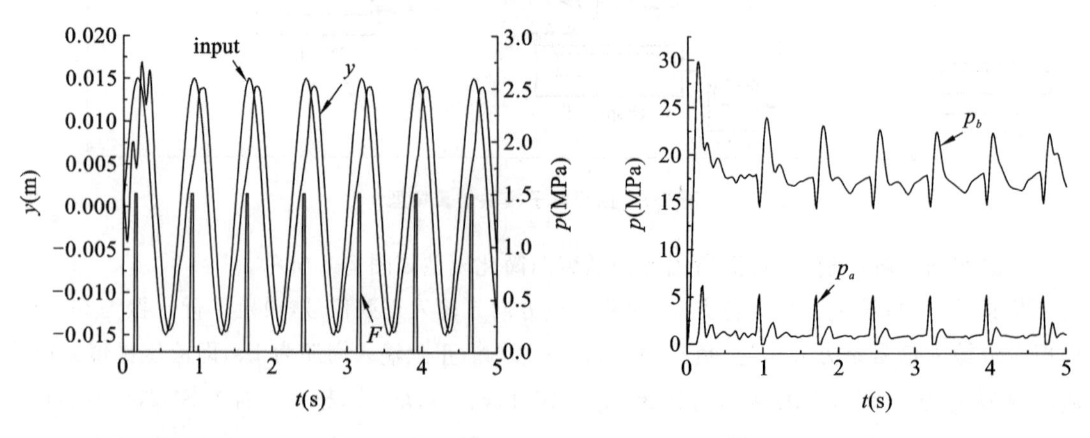

图 7-11 频率 1.33 Hz，位移 30 mm 时位移曲线

图 7-12 频率 1.33 Hz，位移 30 mm 时压力曲线

由图中可以看出，当锻造频率较高，位移增大时，位移跟踪曲线 y 下行稍有不到位，下行滞后增大，主缸和回程缸压力有突变。但与同等条件下溢流快锻回路相比，比例控制快锻回路控制精度相对较好，曲线相对平滑。

7.2 正弦泵控蓄能器快锻压机系统数学建模

7.2.1 正弦泵控蓄能器快锻压机系统原理介绍

正弦泵控蓄能器快锻压机系统原理如图 7-13 所示。图中螺杆泵 8 的压油口与两台径向柱塞泵 13、14 的吸油口相连，为径向柱塞泵供油，齿轮泵 12 为两台径向柱塞泵提供控制油，调整径向柱塞泵转子和定子之间的偏心距大小及方向，进而改变高压油的流量和方向。压机快锻时，首先使电磁换向阀 22 左位得电，电磁换向阀 23 不得电，径向柱塞泵 14 与蓄能器 24 导通，为蓄能器 24 充液，达到要求压力后，电磁换向阀 22 左位失电，右位得电，断开径向柱塞泵 14 与蓄能器 24 连通的油路，再使电磁换向阀 23 得电，蓄能器 24 与压机 21 的回程缸导通，这时，通过控制径向柱塞泵 13 的流量，便可以进行蓄能器快锻。压下时，油液从径向柱塞泵 13 进入压机 21 的主工作缸，回程缸内的油液进入蓄能器 24；回程时，径向柱塞泵 13 从主工作缸吸油，蓄能器内的油液进入回程缸。

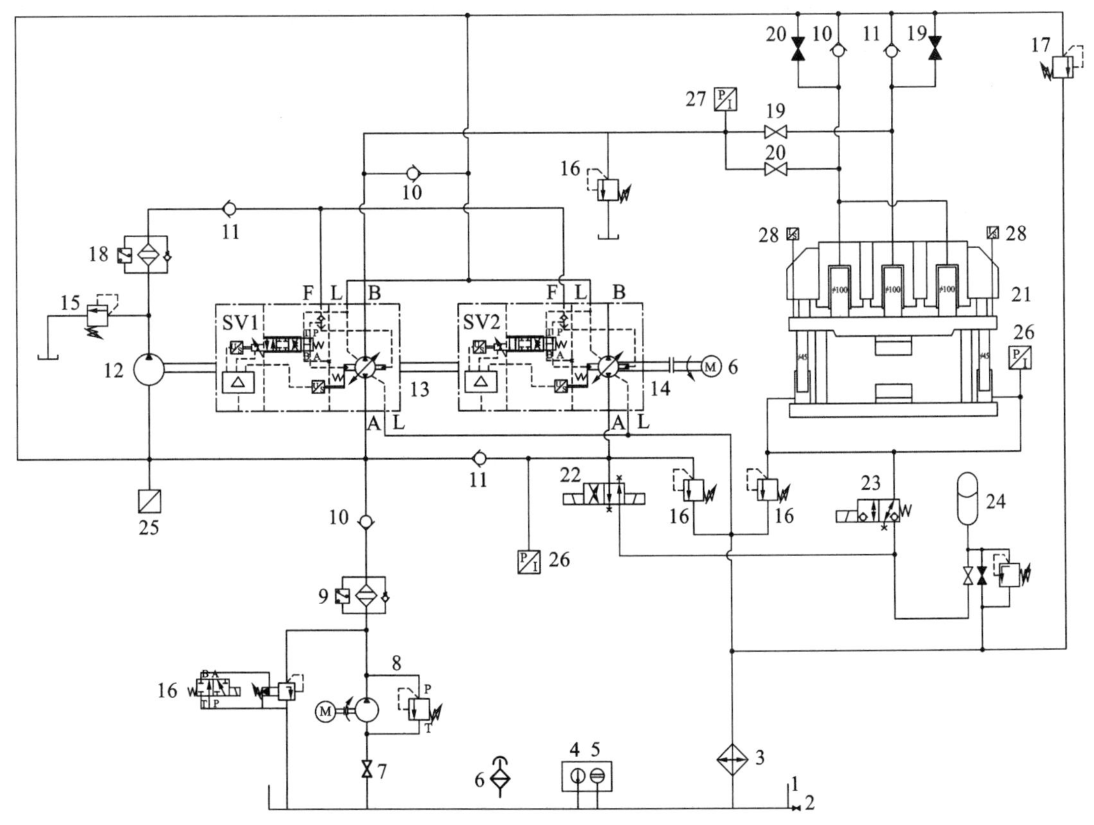

图 7-13　0.6 MN 正弦泵控蓄能器快锻压机系统原理图

7.2.2 主要环节功率键合图及仿真模型

1）柱塞缸功率键合图及仿真模型

（1）主工作缸

主工作缸为柱塞缸，其功率键合图考虑了油缸的进口损失 R_{c1}，缸内油液的液感 I_{c1}，缸内的液容 C_{c1}，绕柱塞周围的泄漏 R_{ec1}，活塞和缸体之间的摩擦 R_{fc1}，压力与力、流量与速度的转换是通过 TF 元件代表的柱塞有效面积 A_1 联系起来的，通过以上分析，画出主工作缸柱塞伸出时的功率键合图，如图 7-14 所示。

忽略主工作缸进口损失 R_{c1}，缸内油液的液感 I_{c1} 和绕柱塞周围的泄漏 R_{ec1}，可将图 7-14 简化为图 7-15。

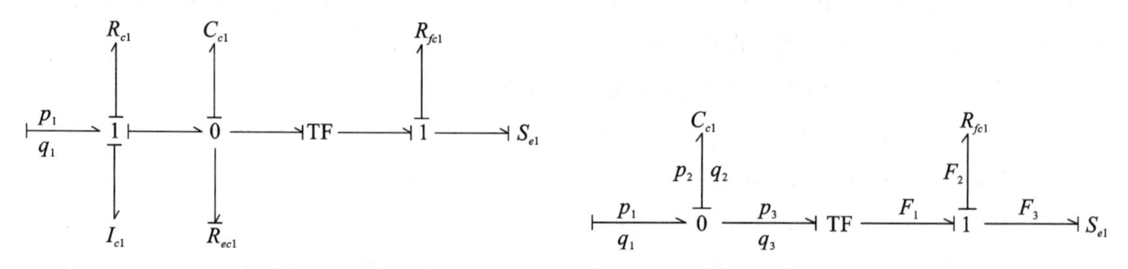

图 7-14 柱塞缸子系统功率键合图

图 7-15 柱塞缸子系统简化功率键合图

图中，C_{c1} 为主工作缸液腔广义液容（m^5/N）；R_{fc1} 为主工作缸摩擦系数[N/(m/s)]；S_{e1} 为外负载对主工作缸的作用力(N)。

C_{c1} 元方程：

$$p_1 = \frac{1}{C_{c1}}\int_0^t (-q_2)\mathrm{d}t + p_{10} \tag{7-36}$$

R_{fc1} 元方程：

$$F_2 = R_{fc1}\dot{x}_c \tag{7-37}$$

0 节点方程：

$$q_1 = q_2 + q_3 \tag{7-38}$$

$$p_1 = p_2 = p_3 \tag{7-39}$$

1 节点方程：

$$F_1 = F_2 + F_3 \tag{7-40}$$

TF 转化器方程：

$$F_1 = p_1 A_1 \tag{7-41}$$

$$q_3 = \dot{x}_c A_1 \tag{7-42}$$

流体体积弹性模量的计算公式为：

$$K = \frac{1}{\beta} = -V\frac{\mathrm{d}p}{\mathrm{d}V} \tag{7-43}$$

即

$$\frac{\mathrm{d}p}{\mathrm{d}t} = -\frac{K}{V}\frac{\mathrm{d}V}{\mathrm{d}t} \tag{7-44}$$

对上式两侧同时进行积分，得：

$$p=-\frac{K}{V}\int_0^t \frac{\mathrm{d}V}{\mathrm{d}t}\mathrm{d}t+p_0 \tag{7-45}$$

又有

$$V=(L\pm x)A \tag{7-46}$$

式中 K——体积弹性模量(Pa)；

L——液压缸初始位置时液柱的长度(m)；

x——柱塞的移动位移(m)；

A——液压缸中液体的横截面面积(m)。

由上式可知，液压缸内的压力可表示为：

$$p_1=\frac{1}{C_{c1}}\int_0^t(-q_2)\mathrm{d}t+p_{10}$$

式中 q_2——油液在主工作缸内被压缩的变化率($\mathrm{m^3/s}$)；

p_{10}——主工作缸内油液的初始压力(Pa)。

其中

$$C_{c1}=-\frac{(L_1+x_c)A_1}{K} \tag{7-47}$$

式中 A_1——主工作缸有效作用面积($\mathrm{m^2}$)；

L_1——主工作缸初始长度(m)；

x_c——主工作缸位移(m)。

又有

$$q_3=A_1\dot{x}_c \tag{7-48}$$

主工作缸所受摩擦阻力为：

$$F_{fc1}=R_{fc1}\dot{x}_c \tag{7-49}$$

根据上述公式推导，可用 Simulink 搭建主工作缸的仿真模型，如图 7-16 所示。

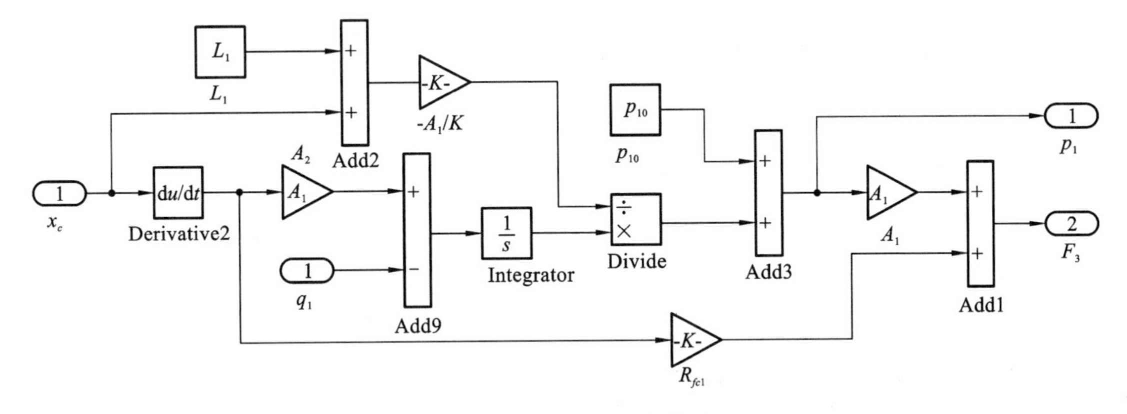

图 7-16 主工作缸仿真模型

对其封装创建子模型，如图 7-17 所示。

(2) 回程缸

回程缸为柱塞缸，其功率键合图与主工作缸类似，柱塞收缩时的功率键合图如图 7-18 所示。

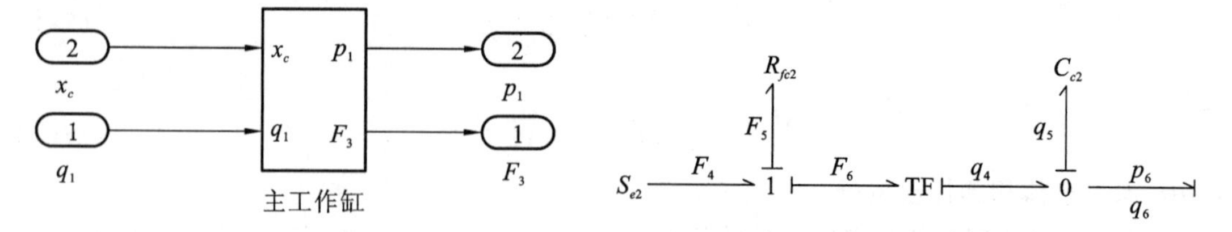

图 7-17 封装后的主工作缸模型

图 7-18 柱塞缸子系统简化功率键合图

图中,C_{c2}为回程缸液腔广义液容(m^5/N);R_{fc2}为回程缸液阻[N/(m/s)];S_{e2}为外负载对回程缸的作用力(N)。

C_{c2}元方程:

$$p_6 = \frac{1}{C_{c2}}\int_0^t(-q_5)\mathrm{d}t + p_{60} \tag{7-50}$$

R_{fc2}元方程:

$$F_5 = R_{fc2}\dot{x}_c \tag{7-51}$$

0 节点方程:

$$q_4 = q_5 + q_6 \tag{7-52}$$

1 节点方程:

$$F_4 = F_5 + F_6 \tag{7-53}$$

TF 转化器方程:

$$F_6 = p_6 A_2 \tag{7-54}$$

$$q_4 = \dot{x}_c A_2 \tag{7-55}$$

液压缸内的压力可表示为:

$$p_6 = \frac{1}{C_{c2}}\int_0^t(-q_5)\mathrm{d}t + p_{60}$$

式中 q_5——油液在回程缸内被压缩的变化率(m^3/s);

p_{60}——回程缸内油液的初始压力(Pa)。

由此可推导出

$$\frac{\mathrm{d}(p_6 \cdot C_{c2})}{\mathrm{d}t} = -q_5 \tag{7-56}$$

进而得

$$C_{c2} = -\frac{(L_2 - x_c)A_2}{K} \tag{7-57}$$

式中 A_2——回程缸有效作用面积(m^2);

L_2——回程缸初始长度(m)。

回程缸所受摩擦阻力为:

$$F_{fc2} = R_{fc2}\dot{x}_c \tag{7-58}$$

根据上述公式推导,可用 Simulink 搭建回程缸的仿真模型,如图 7-19 所示。

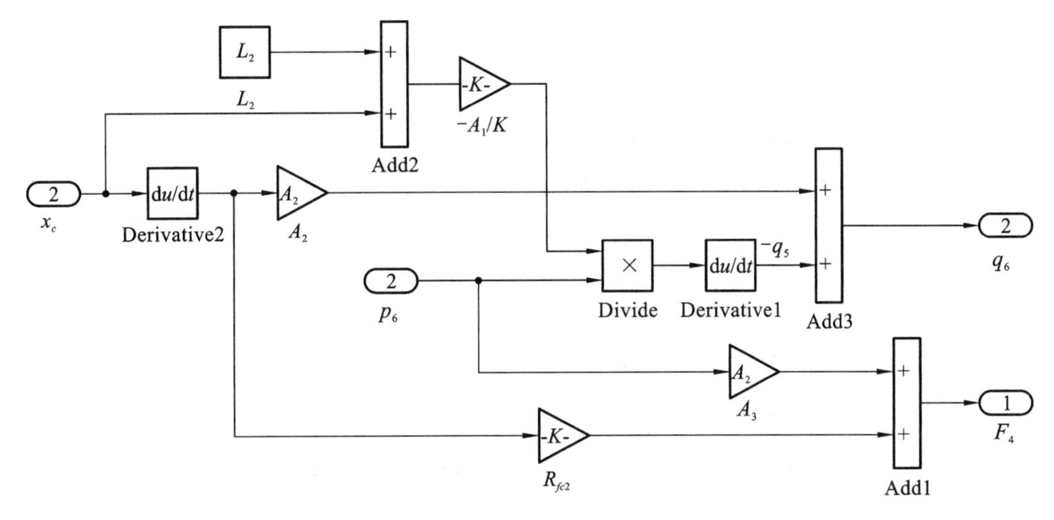

图 7-19 回程缸仿真模型

对其封装创建子模型，如图 7-20 所示。

2）管路功率键合图及仿真模型

图 7-21 所示的一段圆形等径长直管路，假设流体为连续介质，管路内流体流速与声速相比相当小，流体的周向和径向速度与轴向速度相比可以忽略不计，同截面的压力相同。

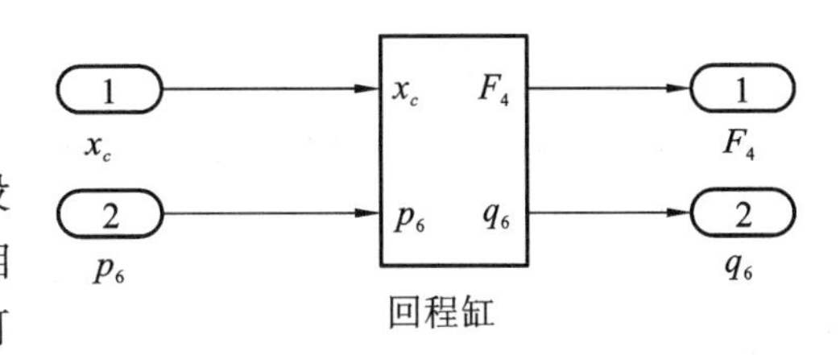

图 7-20 封装后的回程缸模型

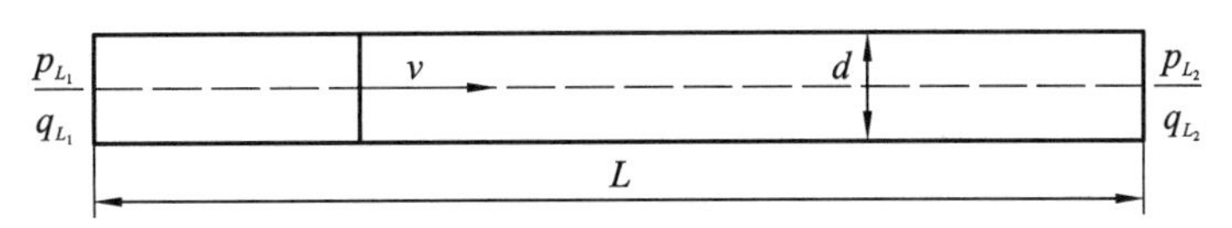

图 7-21 圆形等径长直管路示意图

管路中的流体具有液阻效应、液容效应、液感效应，将这些效应做集中参数处理，可表示为图 7-22 所示形式。

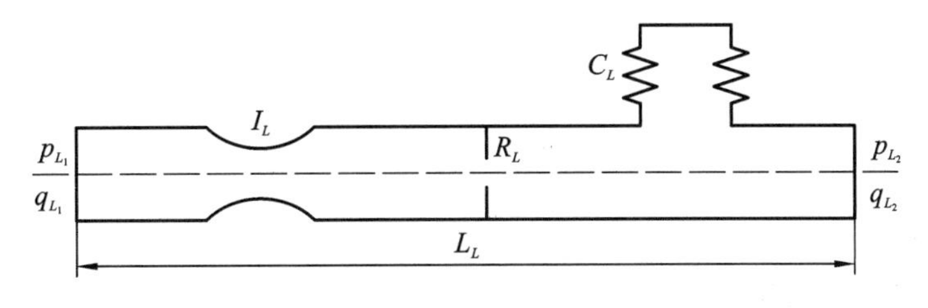

图 7-22 管路等效物理模型

管路的集中参数模型中的液阻包括静态摩擦项和动态摩擦项，动态摩擦项是管路中的流量脉动所产生的能量损失，在仿真模型中增加此项会使压力波动衰减得比较慢，其功率键合图如图 7-23 所示。

其中 S_{e3}——进入管路的油液压力(Pa)；

R_{fL}——静态摩擦液阻系数(Pa·s/m^5)，是恒定流动的流体由于黏性作用而受到的

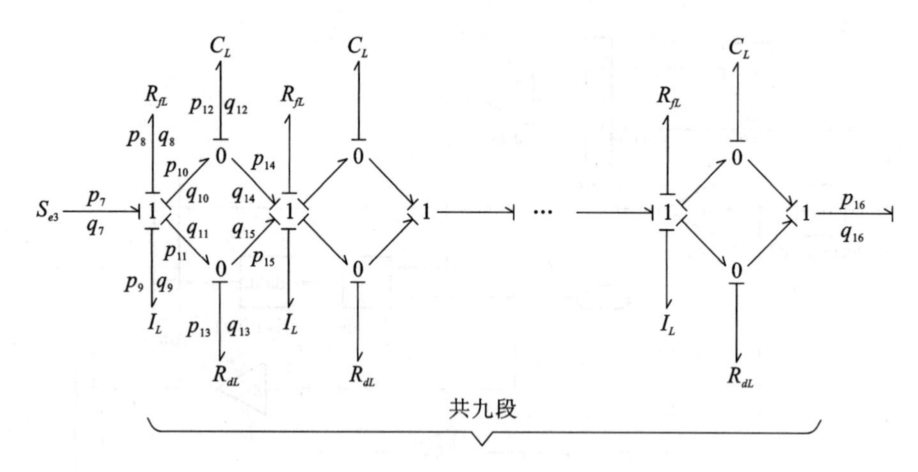

图 7-23 包含动态摩擦项的管路分段集中参数键合图

阻力；

I_L——管路液感(kg/m^2)；

C_L——管路液容(m^5/N)；

R_{dL}——动态摩擦液阻系数(Pa·s/m^5)，是流体发生流量脉动时引起的摩擦损失。

R_{fL} 元方程：

$$p_8 = R_{fL} q_7 \tag{7-59}$$

I_L 元方程：

$$p_9 = I_L \frac{\mathrm{d}q_7}{\mathrm{d}t} \tag{7-60}$$

C_L 元方程：

$$p_{12} = \frac{1}{C_L}\int_0^t (-q_{12})\mathrm{d}t + p_{120} \tag{7-61}$$

1 节点方程：

$$q_7 = q_8 = q_9 = q_{10} = q_{11} \tag{7-62}$$

$$p_7 = p_8 + p_9 + p_{10} + p_{11} \tag{7-63}$$

0 节点方程：

$$p_{10} = p_{12} = p_{14} \tag{7-64}$$

$$q_{10} = q_{12} + q_{14} \tag{7-65}$$

$$p_{11} = p_{13} = p_{15} \tag{7-66}$$

$$q_{11} = q_{13} + q_{15} \tag{7-67}$$

(1) 管路液容

由前面推导式(7-45)可知

$$p = -\frac{K}{V}\int_0^t \frac{\mathrm{d}V}{\mathrm{d}t}\mathrm{d}t + p_0$$

又有

$$V = \frac{\pi d^2 \cdot L}{4} \tag{7-68}$$

式中 L——管路长度(m)；

d——管路内径(m)。

由上式可知

$$p_{12} = \frac{1}{C_L}\int_0^t (-q_{12})\mathrm{d}t + p_{120}$$

式中 q_{12}——油液在管路内被压缩的变化率(m^3/s);

p_{120}——主工作缸内油液的初始压力(Pa)。

则有

$$\frac{\mathrm{d}(p_{12}\cdot C_L)}{\mathrm{d}t}=-q_{12} \tag{7-69}$$

$$C_L=-\frac{\pi d_L^2\cdot L_L}{4K} \tag{7-70}$$

式中 L_L——一段管路的长度(m);

d_L——一段管路的内径(m)。

(2) 管路液感

根据牛顿力学定律,有:

$$F=ma=m\frac{\mathrm{d}v}{\mathrm{d}t}=\rho V\frac{\mathrm{d}v}{\mathrm{d}t} \tag{7-71}$$

式中 ρ——油液密度(kg/m^3);

m——管路中油液的质量(m);

v——管路中油液的运动速度(m/s);

V——管路中油液的体积(m^3)。

则有

$$F_L=\rho A_L L_L\frac{\mathrm{d}v_L}{\mathrm{d}t} \tag{7-72}$$

式中 v_L——一段管路中油液的运动速度(m/s);

A_L——一段管路内横截面面积(m^2)。

式(7-72)两端各除以 A_L,由于

$$\frac{F_L}{A_L}=p_9 \tag{7-73}$$

又有

$$A_L v_L=q_9 \tag{7-74}$$

$$A_L=\frac{\pi d_L^2}{4} \tag{7-75}$$

则

$$p_9=\frac{F_L}{A_L}=\frac{1}{A_L}\rho A_L L_L\frac{\mathrm{d}v_L}{\mathrm{d}t}=\frac{\rho L_L}{A_L}\frac{\mathrm{d}q_9}{\mathrm{d}t}=\frac{4\rho L_L}{\pi d_L^2}\frac{\mathrm{d}q_9}{\mathrm{d}t} \tag{7-76}$$

又有

$$p_9=I_L\frac{\mathrm{d}q_9}{\mathrm{d}t} \tag{7-77}$$

则

$$I_L=\frac{4\rho L_L}{\pi d_L^2} \tag{7-78}$$

（3）管路静态液阻

管路所受静态液阻为：

$$p_8=R_{fl}q_8 \tag{7-79}$$

其中

$$R_{fL}=\frac{128\mu L_L}{\pi d_L^4} \tag{7-80}$$

式中　μ——油液动力黏度（N·s/m²）。

（4）管路动态液阻

$$p_{13}=R_{dL}(q_{11}-q_{15})=R_{dL}(q_7-q_{14}) \tag{7-81}$$

其中

$$R_{dL}=843.75\times(2L_L/d_L)^{-0.574}R_{fL} \tag{7-82}$$

根据上述公式推导，可用 Simulink 搭建一段管路的仿真模型，如图 7-24 所示。

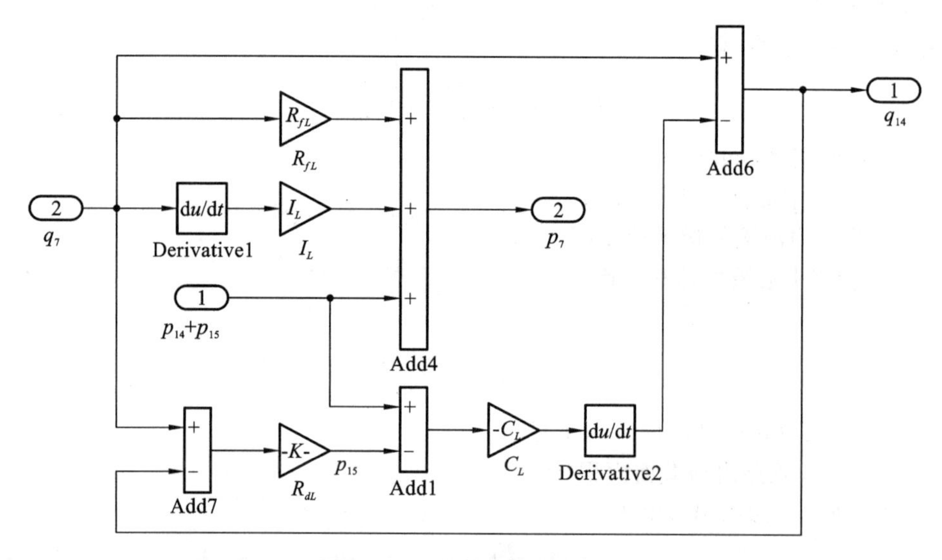

图 7-24　一段管路的仿真模型

则九段管路的完整管路仿真模型如图 7-25 所示。

再对其封装创建子模型，如图 7-26 所示。

3）蓄能器功率键合图及仿真模型

蓄能器为皮囊式蓄能器，其功率键合图考虑了蓄能器的进口节流损失 R_{hx}、蓄能器内油液的液感 I_{hx}、蓄能器内油液的液容 C_{hx} 及蓄能器气腔提供的压力 S_{eg}。通过以上分析，建立蓄能器的功率键合图，如图 7-27 所示。

该键合图中共有一个阻性元、一个感性元、两个容性元，它们的物理意义如下：

R_{hx}——油液进入蓄能器接口的节流阻力（Pa·s/m⁵）；

I_{hx}——蓄能器中油液的惯量（kg/m²）；

C_{hx}——蓄能器液腔液容（m⁵/N）；

S_{eg}——蓄能器气腔压力（Pa）。

R_{hx} 元方程：

$$p_{18}=R_{hx}q_{18} \tag{7-83}$$

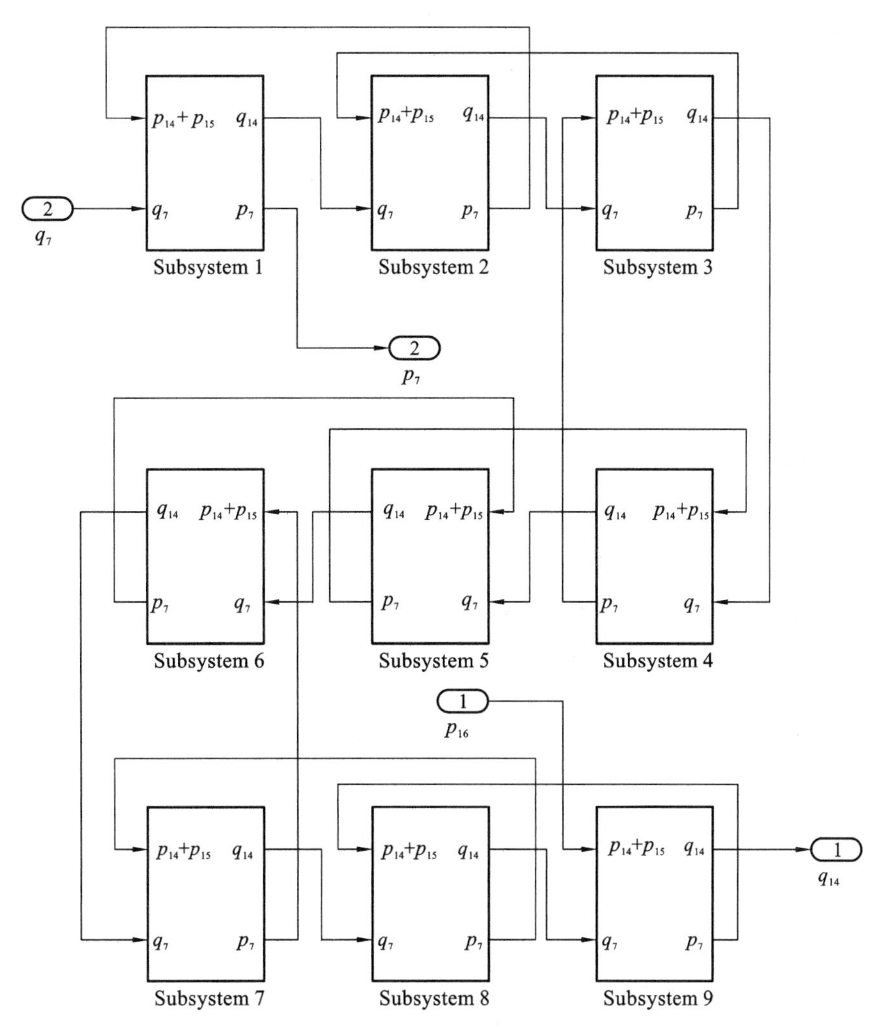

图 7-25　完整管路仿真模型

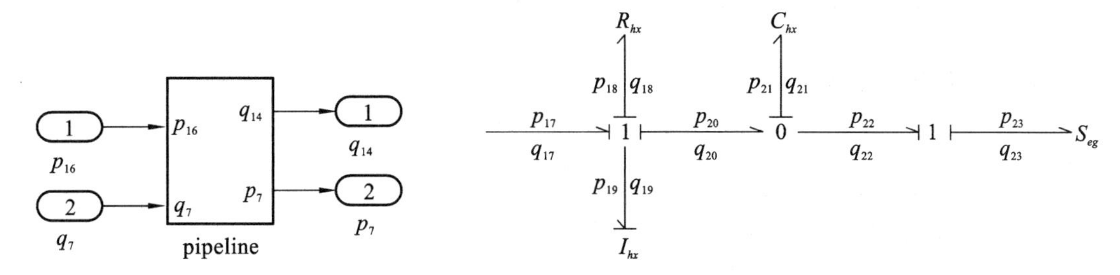

图 7-26　封装后的管路模型　　　　图 7-27　蓄能器功率键合图

I_{hx}元方程：

$$p_{19}=I_{hx}\frac{\mathrm{d}q_{19}}{\mathrm{d}t} \tag{7-84}$$

C_{hx}元方程：

$$p_{21}=\frac{1}{C_{gx}}\int_0^t(-q_{21})\mathrm{d}t+p_{210} \tag{7-85}$$

C_{gx} 元方程：

$$p_{23} = \frac{1}{C_{gx}}\int_0^t (-q_{23})\mathrm{d}t + p_{230} \tag{7-86}$$

1 节点方程：

$$p_{17} = p_{18} + p_{19} + p_{20} \tag{7-87}$$

$$q_{17} = q_{18} = q_{19} = q_{20} \tag{7-88}$$

$$p_{22} = p_{23} \tag{7-89}$$

$$q_{22} = q_{23} \tag{7-90}$$

0 节点方程：

$$q_{20} = q_{21} + q_{22} \tag{7-91}$$

$$p_{20} = p_{21} = p_{22} \tag{7-92}$$

(1) 蓄能器液腔液容

蓄能器液腔的压力可表示为：

$$p_{21} = \frac{1}{C_{hx}}\int_0^t (-q_{21})\mathrm{d}t + p_{210}$$

式中 q_{21}——油液在蓄能器内被压缩的变化率(m^3/s)；

p_{210}——蓄能器的初始压力(Pa)。

又有

$$C_{hx} = -\frac{V_{hx}}{K} \tag{7-93}$$

其中

$$V_{hx} = V_{hx0} + \int_0^t q_{20}\,\mathrm{d}t = V_{hx0} + \int_0^t q_{17}\,\mathrm{d}t \tag{7-94}$$

则

$$C_{hx} = -\frac{V_{hx0} + \int_0^t q_{17}\,\mathrm{d}t}{K} \tag{7-95}$$

式中 V_{hx}——蓄能器内油液的体积(m^3)；

V_{hx0}——蓄能器内初始油液的体积(m^3)。

(2) 蓄能器液感

由液压缸液感的推导可知

$$I_{hx} = \frac{\rho(L_{h0} + x_{hx})}{A_{hx}} \tag{7-96}$$

式中 L_{h0}——蓄能器内初始油液所占空间的长度(m)；

x_{hx}——蓄能器内油液长度变化值(m)；

A_{hx}——蓄能器内油液的横截面面积(m^2)。

又有

$$I_{h0} = \frac{V_{hx0}}{A_{hx}} \tag{7-97}$$

$$x_{hx} = \frac{\Delta V}{A_{hx}} = \frac{\int_0^t q_{19}\,\mathrm{d}t}{A_{hx}} = \frac{\int_0^t q_{17}\,\mathrm{d}t}{A_{hx}} \tag{7-98}$$

则

$$I_{hx}=\frac{\rho\left(L_{h0}+\frac{\int_0^t q_{17}\,\mathrm{d}t}{A_{hx}}\right)}{A_{hx}}=\frac{\rho}{A_{hx}^2}\left(V_{hx0}+\int_0^t q_{17}\,\mathrm{d}t\right) \tag{7-99}$$

(3) 蓄能器进口节流阻力

蓄能器进口节流阻力为：

$$p_{hx}=R_{hx}q_{18} \tag{7-100}$$

(4) 蓄能器气腔压力

根据玻意耳定律，得：

$$p_{23}V_{gx}^n=p_{230}V_{gx0}^n \tag{7-101}$$

式中 n——气体多变指数，取 1.4；

V_{gx0}——蓄能器中气腔初始体积(m^3)；

V_{gx}——蓄能器中气腔体积(m^3)；

p_{230}——蓄能器的初始压力(Pa)，$p_{230}=p_{210}$；

p_{23}——气囊中的气体压力(Pa)。

则

$$p_{23}=p_{230}\frac{V_{gx0}^n}{V_{gx}^n} \tag{7-102}$$

又有

$$V_{gx}=V_{gx0}-\int_0^t q_{23}\,\mathrm{d}t=V_{gx0}-\int_0^t q_{22}\,\mathrm{d}t \tag{7-103}$$

根据上述公式推导，可用 Simulink 搭建蓄能器的仿真模型，如图 7-28 所示。

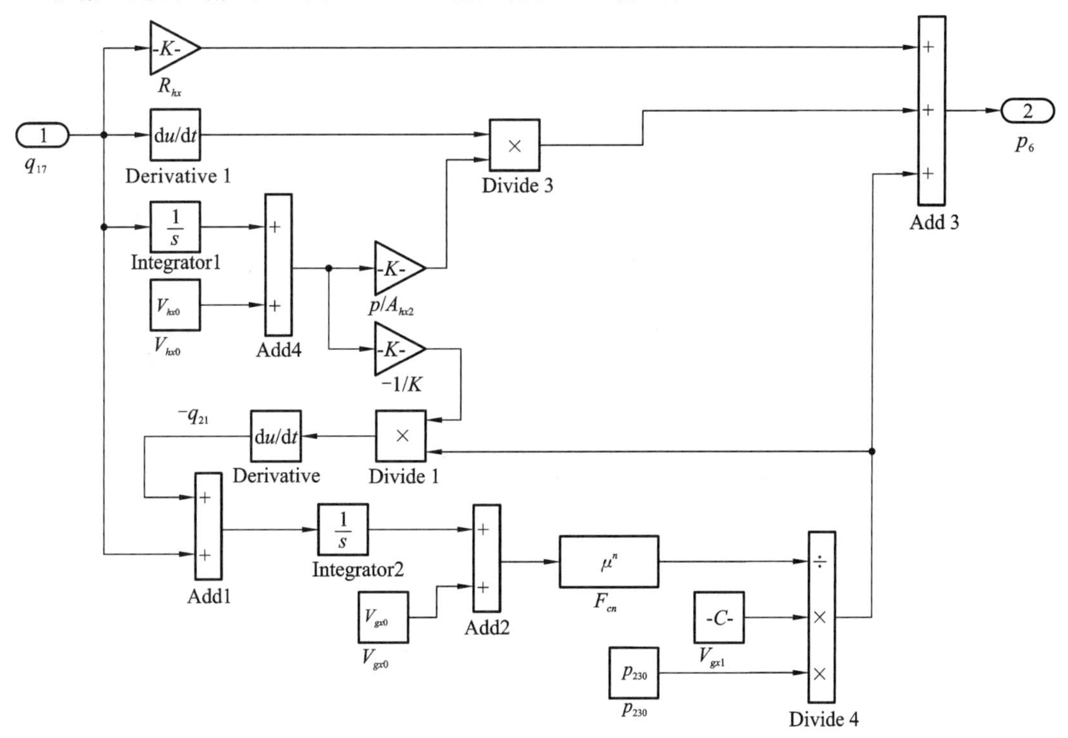

图 7-28 蓄能器仿真模型

对其封装创建子模型，如图 7-29 所示。

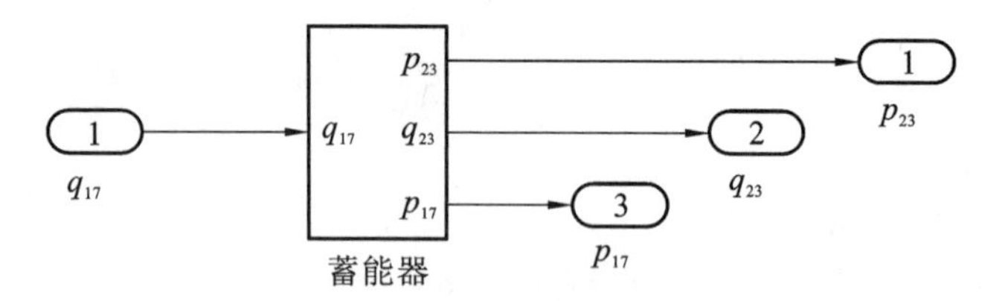

图 7-29 封装后的蓄能器模型

4）径向柱塞泵功率键合图及仿真模型

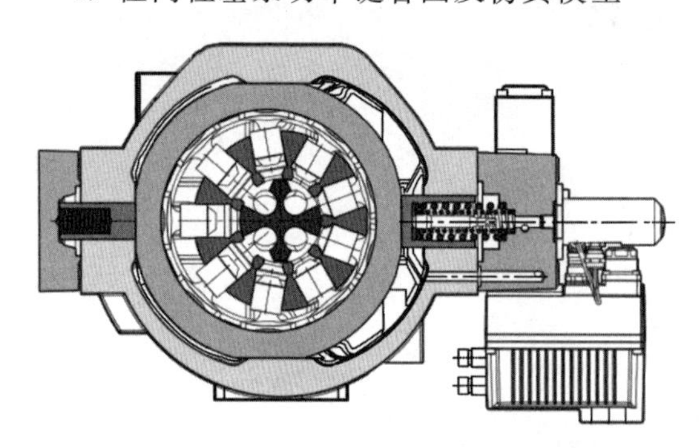

图 7-30 RKP 径向柱塞泵结构原理图

本节采用 MOOG 公司生产的 RKP 型径向柱塞泵作为系统动力源，其结构如图 7-30所示。RKP 变量径向柱塞泵是 MOOG 公司生产的高性能工业用变量泵，具有耐污染、寿命长、响应快、容积效率高等特点，装备了带有内嵌式电子装置的新型闭环比例阀，可进行流量和压力的调整、调节，泵从最小排量到最大排量的响应时间为 50～100 ms，从最大排量到最小排量的响应时间为 20～50 ms。

径向柱塞泵内有定子和转子，两者偏心布置，转子装在配流轴上，沿转子的圆周方向开有一定数量的均布的柱塞孔，柱塞可在其中灵活运动。转子每转一周，每个柱塞往复运动一次，完成一次吸油和排油过程。液压油由泵体吸油口经配流轴内部通道，在柱塞腔体积变大时进入柱塞腔，当柱塞腔体积变小时，从配流轴的高压区经排油口排出，供给执行机构。高压油的流量和方向通过改变转子和定子之间的偏心距大小及方向调整，定子移动由“伺服阀控液压缸”控制以实现变量，其控制原理如图 7-31 所示。

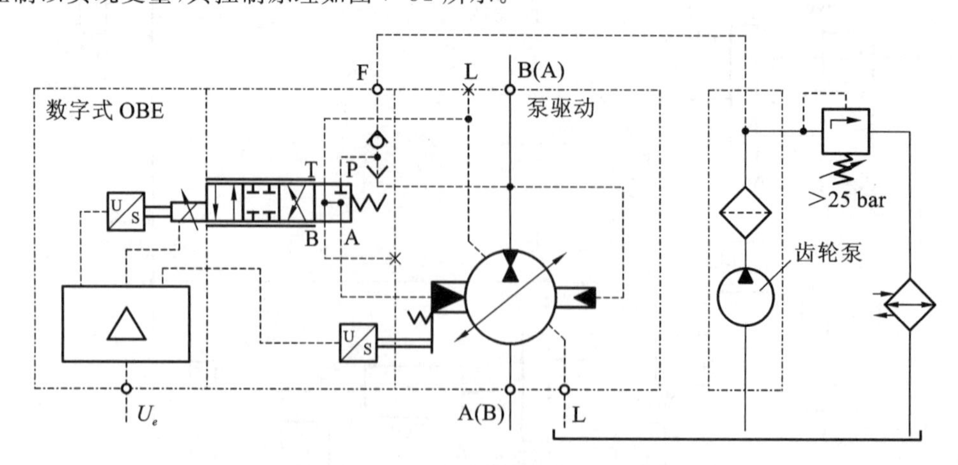

图 7-31 RKP 径向柱塞泵控制原理图

根据 RKP 径向柱塞泵的原理，画出其功率键合图，如图 7-32 所示。图中，S_{e4} 为给定电压信号（V）。

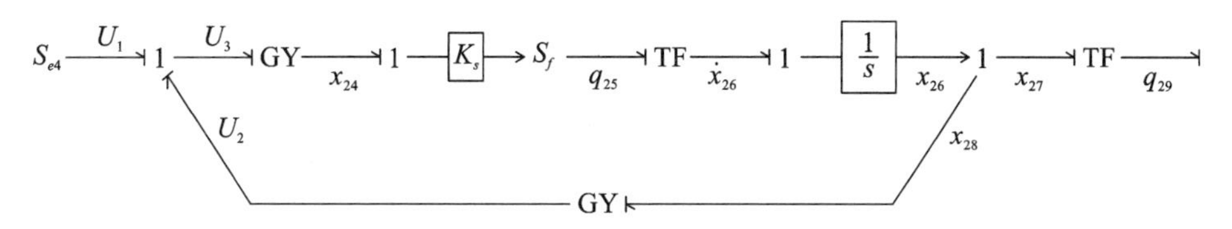

图 7-32　RKP 径向柱塞泵功率键合图

1 节点方程：

$$U_3 = U_1 + U_2 \tag{7-104}$$

$$x_{26} = x_{27} = x_{28} \tag{7-105}$$

GY 回转器方程：

$$x_{24} = K_h U_3 \tag{7-106}$$

$$U_2 = K_u x_{28} \tag{7-107}$$

TF 转化器方程：

$$q_{25} = K_v \dot{x}_{26} \tag{7-108}$$

$$q_{29} = K_q x_{27} \tag{7-109}$$

式中　K_h——阀口开度系数(m/V)；

K_u——反馈系数(V/m)；

K_v——液压缸面积(m^2)；

K_q——泵的流量系数(m^2/s)。

又有

$$q_{25} = K_s x_{24} \tag{7-110}$$

$$x_{26} = \int_0^t \dot{x}_{26}\,dt \tag{7-111}$$

式中　K_s——伺服阀的流量系数(m^2/s)。

根据上述公式推导，可用 Simulink 搭建 RKP 径向柱塞泵的仿真模型，如图 7-33 所示。

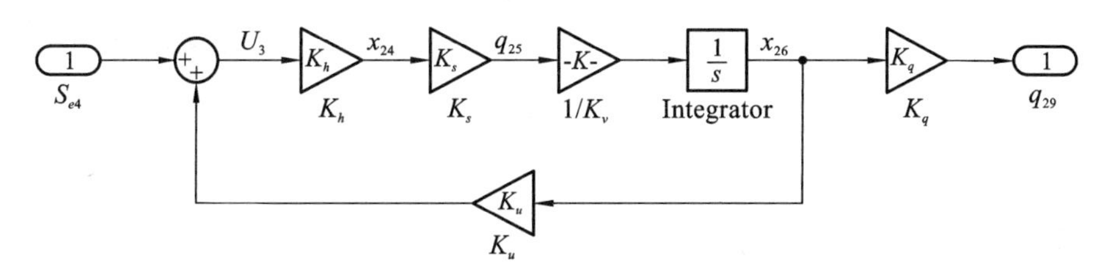

图 7-33　RKP 径向柱塞泵仿真模型

对其封装创建子模型，如图 7-34 所示。

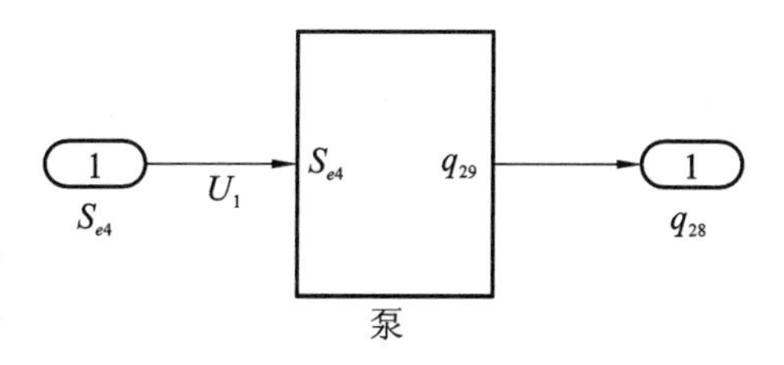

图 7-34　封装后的 RKP 径向柱塞泵模型

5）活动横梁功率键合图及仿真模型

压机在工作过程中，活动横梁受到的作用力有主工作缸提供的向下压力，活动横梁与立柱导板之间的摩擦力，回程缸提供的回程力，锻件变形提供的反作用力以及自身所受的重力，据此，活动横梁的功率键合图如图 7-35 所示。

I_d
F_31
G
F_3
x_c
1
F_4
S_e5
F_30
R_fd

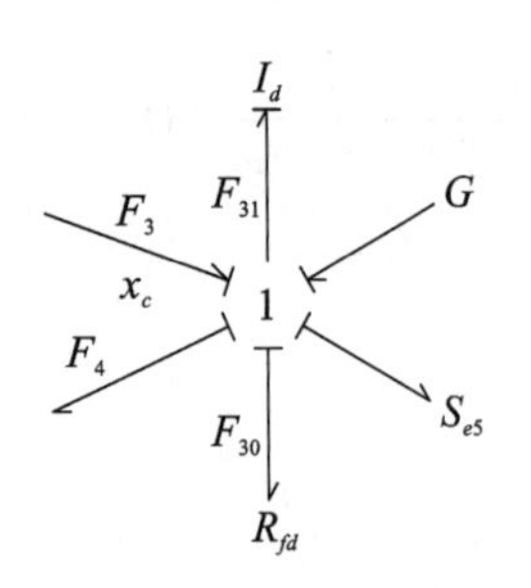

图 7-35　活动横梁功率键合图

图中　S_{e5}——活动横梁受锻件的反作用力(N)；

I_d——活动横梁的惯性质量(kg)；

R_{fd}——活动横梁与立柱导板间的摩擦系数[N/(m/s)]；

G——活动横梁所受重力(N)。

R_{fd} 元方程：

$$F_{30}=R_{fd}\dot{x}_c \tag{7-112}$$

I_d 元方程：

$$F_{31}=I_d\ddot{x}_c \tag{7-113}$$

1 节点方程：

$$F_3+G=F_4+F_{30}+F_{31}+S_{e5} \tag{7-114}$$

根据上述公式推导，可用 Simulink 搭建活动横梁的仿真模型，如图 7-36 所示。

G
G
1
F_3
2
F_4
3
S_e5
4
x_c
1
R_fd
Add4
1
1/I_d
1/s
Integrator
1/s
Integrator1
1
x_c1

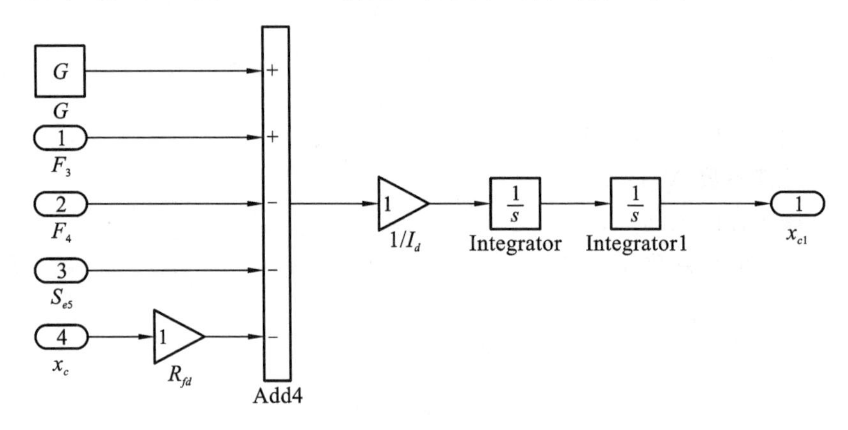

图 7-36　活动横梁仿真模型

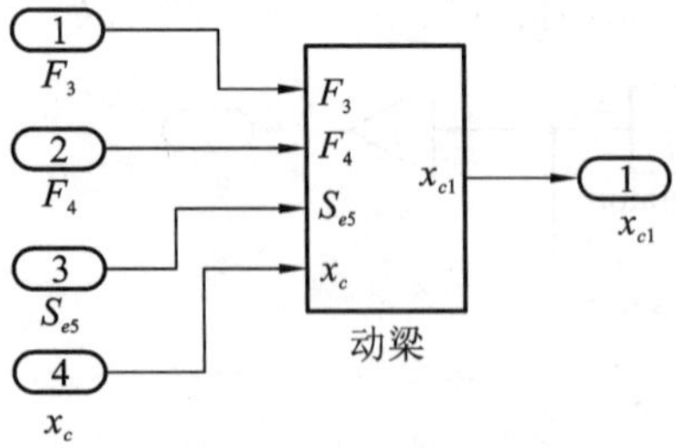

1
F_3
2
F_4
3
S_e5
4
x_c
F_3
F_4
S_e5
x_c
x_c1
动梁
1
x_c1

图 7-37　封装后的活动横梁模型

对其封装创建子模型，如图 7-37 所示。

7.2.3　正弦泵控液压机蓄能器快锻子系统功率键合图及仿真模型

搭建正弦泵控液压机蓄能器快锻子系统功率键合图，如图 7-38 所示。

正弦泵控液压机蓄能器快锻子系统的仿真模型如图 7-39 所示。

本节用功率键合图方法分别建立了各子系统模型，通过功率键合图画出方框图，再用 MATLAB/Simulink 软件搭建仿真模型，最后得出正弦泵控液压机蓄能器快锻子系统的完整仿真模型，以便对系统进行仿真分析。

1）泵控油压机系统卸压特性仿真

（1）直动式伺服阀模块

直动式伺服阀的主阀芯由线性力马达直接推动，阀芯位置经位移传感器检测后构成位置闭环，结合前述章节中对阀的结构及工作原理的介绍，搭建其 AMESim 模型，如图 7-40 所示。

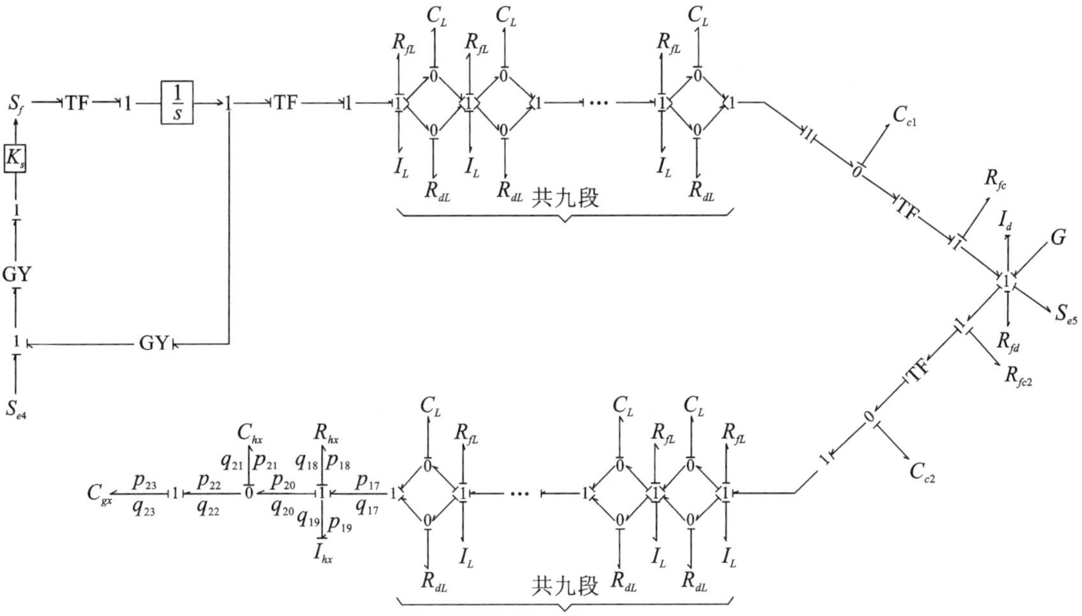

图 7-38 正弦泵控液压机蓄能器快锻子系统功率键合图

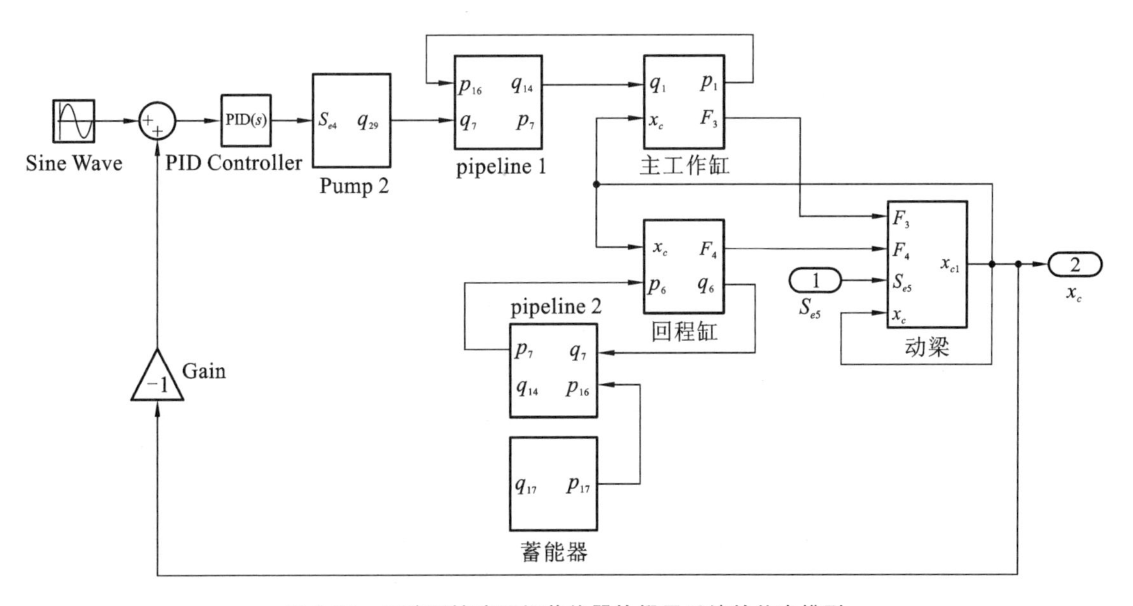

图 7-39 正弦泵控液压机蓄能器快锻子系统的仿真模型

在模型中，选用 HCD 库中带矩形全周节流口的阀芯阀套模块来模拟伺服阀的阀口及控制油腔，用考虑摩擦和限位的质量块来模拟伺服阀的阀芯、衔铁组件等运动部件，阀芯位移由传感器检测反馈至输入端，从而构成位置闭环，集成电路板内部的控制器采用 PID 模拟。表 7-2 所示为额定流量为 40 L/min 的 D930 型直动式伺服阀主要仿真参数设置。

根据仿真模型及参数设置，给 D930 型伺服阀输入幅值为 10 V 的阶跃信号，设定油源压力为 70 bar，则其阀芯位移阶跃响应曲线如图 7-42 所示。

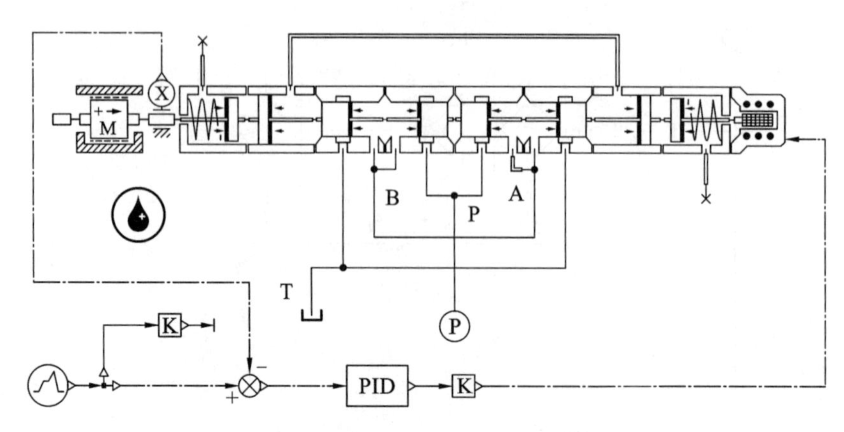

图 7-40 直动式伺服阀仿真模型

表 7-2 D930 型直动式伺服阀主要仿真参数

参 数 名 称	参数值	参数单位
阀芯直径	6.7	mm
阀杆直径	3.5	mm
对中弹簧刚度	280	N/mm
位移传感器转换系数	2×104	V/m
运动部件质量	0.05	kg
库仑摩擦力	2	N
黏性摩擦系数	12	N/(m/s)
电-机械放大系数	1580	N/V
PID 比例系数	6.2	—
PID 积分系数	3	—
PID 微分系数	0	—

图 7-41、图 7-43 所示分别为 D930 型伺服阀实测的阀芯位移阶跃响应曲线和压力-流量曲线，100%行程下的位移阶跃响应调整时间为 15 ms，仿真曲线能够较好地和实测曲线相吻合，即仿真模型较为合理。

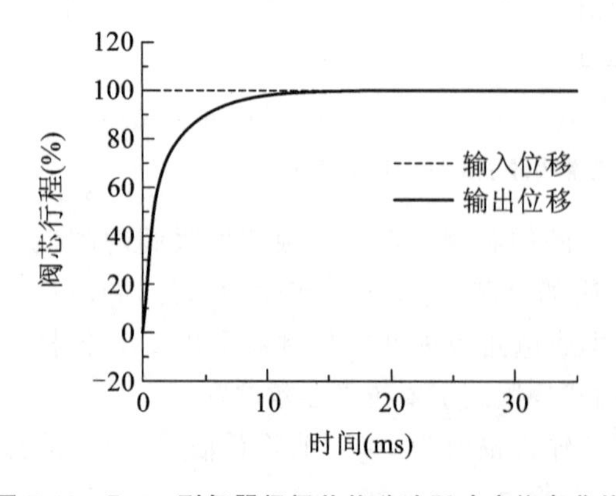

图 7-41 D930 型伺服阀阀芯位移阶跃响应仿真曲线

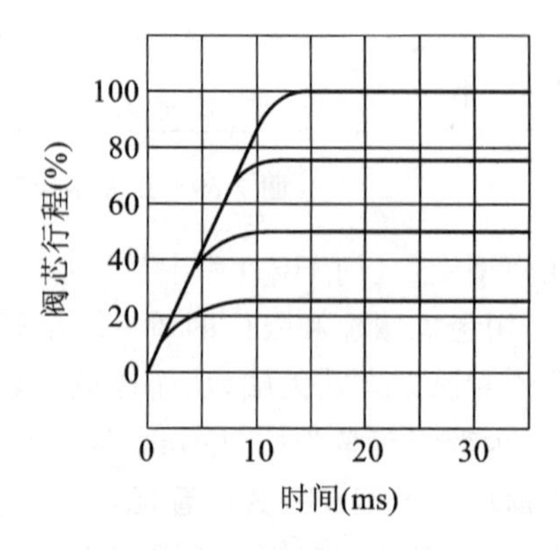

图 7-42 D930 型伺服阀阀芯实测位移阶跃响应曲线

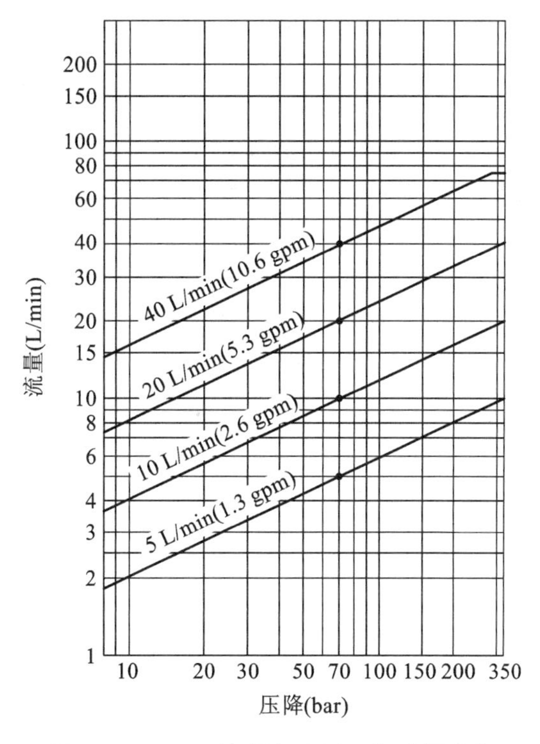

图 7-43 D930 型伺服阀实测压力-流量曲线

(2) 比例变量径向柱塞泵模块

比例变量径向柱塞泵由直动式伺服阀控变量活塞先导级和径向柱塞泵组成，径向柱塞泵冲程环位置由内置位移传感器检测并构成冲程环位置闭环，从而实现对泵排量的精确控制，在分析泵的结构组成和工作原理的基础上，搭建其 AMESim 模型，如图 7-44 所示。

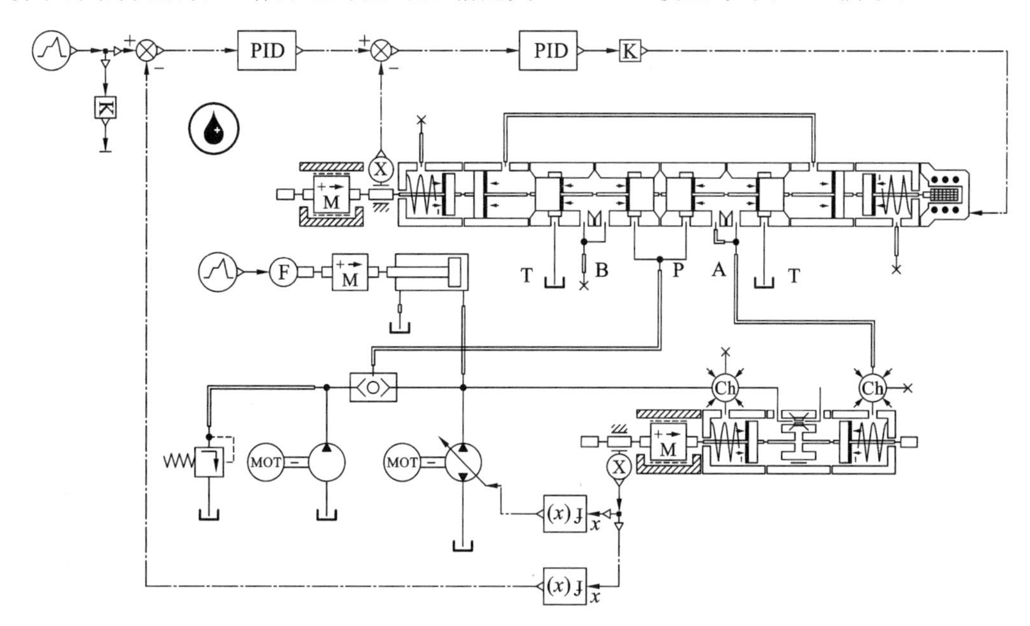

图 7-44 比例变量径向柱塞泵仿真模型

仿真模型主要包括伺服阀阀芯位置内环和阀控变量活塞位置外环，其中，带摩擦质量块的活塞缸用于模拟大、小控制活塞及冲程环运动组件，定量泵及溢流阀回路用于模拟外控油源，冲程环位置闭环控制由PID实现。为了模拟先导控制压力取决于外控油源和泵口压力中的较高者这一特性，给泵施加一外负载且可使泵端压力在泵的变量过程中逐步达到并超过外控油源压力。

以正弦驱动基本液压原理为基础，0.6 MN泵控压机系统选用RKP045和RKP080各一台分别作为回程泵和加压泵，RKP045和RKP080外控型径向柱塞泵仿真参数设置如表7-3所示。

表7-3 RKP045/RKP080 主要仿真参数

参数名称	参数值	参数单位
径向柱塞泵最大排量	45/80	mL/r
径向柱塞泵额定转速	1500	r/min
控制泵排量	8	mL/r
控制泵额定转速	1500	r/min
控制油源压力	50	bar
负载活塞缸活塞直径	80/100	mm
负载活塞缸活塞杆直径	35/45	mm
负载质量	10	kg
大控制活塞直径	50/60	mm
小控制活塞直径	35/43	mm
大、小控制活塞腔弹簧刚度	500	N/mm
冲程环运动组件质量	10/18	kg
最大排量时的控制活塞行程	5	mm
冲程环位控PID比例系数	5	—
冲程环位控PID积分系数	0	—
冲程环位控PID微分系数	0	—

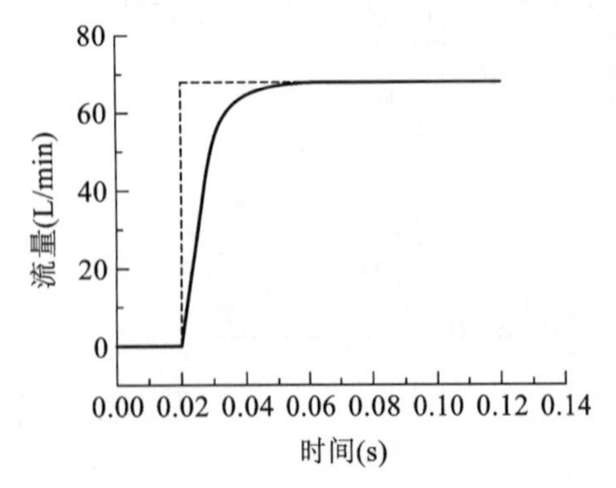

图7-45 RKP045外控型径向柱塞泵流量阶跃响应仿真曲线

以RKP045型泵为研究对象，给变量泵的先导级输入幅值为10 V的阶跃电压信号，调整PID参数至表中所列值，可得泵的流量阶跃响应，如图7-45所示。由图可知，泵达到最大排量时的流量阶跃响应时间为50 ms，MOOG公司给出的响应时间为60 ms，二者较为一致，即该泵的仿真模型较为合理。

(3) 压机本体模块

液压机本体一般由机架、液压缸部件、运动部分及其导向装置和其他辅助装置组成。液压机的本体结构形式多种多样，按机架组成方式分类，有梁柱组合式、单柱式、框架式、圆筒式、钢丝缠绕预应力牌坊式和钢筋混凝土整体浇铸式等。

实验平台的本体采用全预紧组合结构，此结构的特点在于机架由通长的拉杆将上、下横梁和立柱组合而成。不同于局部预紧结构，立柱全长预紧，采用该结构可有效提高机架整体刚度和稳定性。加载过程中，机架弹性变形产生的拉应力主要作用于拉杆，而立柱仅承受由于偏载产生的弯矩，使立柱的受力状况得到显著改善。

结合上述分析可知，本体在卸压前储存了大量的弹性势能，其中，以横梁和拉杆储能占主导，考虑上横梁和拉杆弹性变形的压机本体仿真模型如图 7-46 所示。

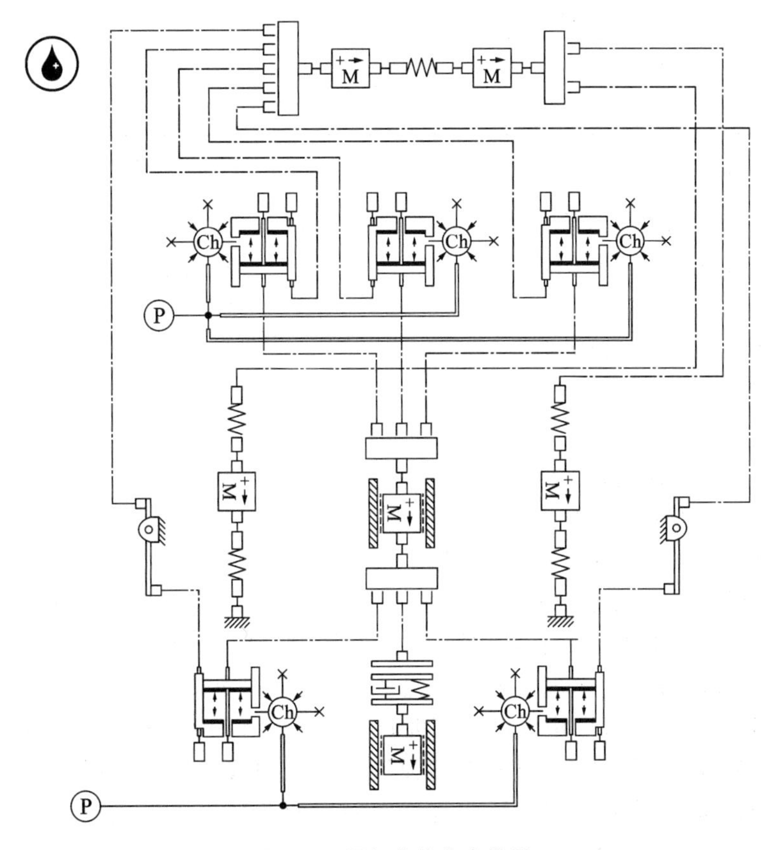

图 7-46　压机本体仿真模型

为便于分析机架的感性和容性特征，将上横梁和拉杆都等效为质量-弹簧组件，活动横梁简化为摩擦质量块，且四根拉杆等效为两根。三个主缸和两个回程缸皆用缸体可动的柱塞腔来模拟，这样，带压时缸体的变形便可传至上横梁和拉杆。表 7-4 所示为 0.6 MN 压机本体仿真参数设置。

表 7-4　0.6 MN 压机本体主要仿真参数

参 数 名 称	参数值	参数单位
上横梁质量	186	kg
上横梁等效刚度	9×10^{10}	N/m
主缸柱塞直径	100	mm

续表 7-4

参数名称	参数值	参数单位
主缸初始容腔高度	50	mm
拉杆质量(两根)	68	kg
拉杆等效刚度	1.1×10^9	N/m
活动横梁质量	230	kg
横梁运动库仑摩擦力	2500	N
回程缸柱塞直径	45	mm
回程缸初始容腔高度	200	mm

(4) 负载模块

压机的负载即为锻件的变形抗力,作为材料的一种属性,它反映了材料在一定变形条件下抵抗塑性变形的能力。变形抗力的影响因素很多,主要有材料的组织成分、变形程度、变形温度及应变速率。在工件材料和锻造温度确定的条件下,变形抗力随锻造行程变化的曲线如图 7-47 所示,可用如下分段函数近似表示,即:

$$F_L=\begin{cases}Ks, 0\leqslant s<s_0\\F_s, s\geqslant s_0\end{cases}\tag{7-115}$$

式中　K——负载弹性刚度(N/m);

s_0——弹性变形的行程终点(m);

F_s——变形抗力稳定值(N)。

压机典型的锻造方式为常锻和快锻,其不同的特点决定了两种方式的负载工况不同。常锻额定负载大且锻造周期相对较长,快锻额定负载小且负载交变频次高。

结合锻件变形抗力的变化规律和常锻过程,搭建常锻负载仿真模型,如图 7-48 所示。该模型采用带间隙的弹簧阻尼构件模拟压机的空程快下和回程动作,间隙值设定为快下行程,弹簧刚度取为负载弹性刚度,模型中的弹簧在模拟加载初始阶段锻件弹性变形的同时还可模拟动梁返程时锻件的回弹。锻压过程中稳定的变形抗力由质量块恒定的动摩擦力来模拟。

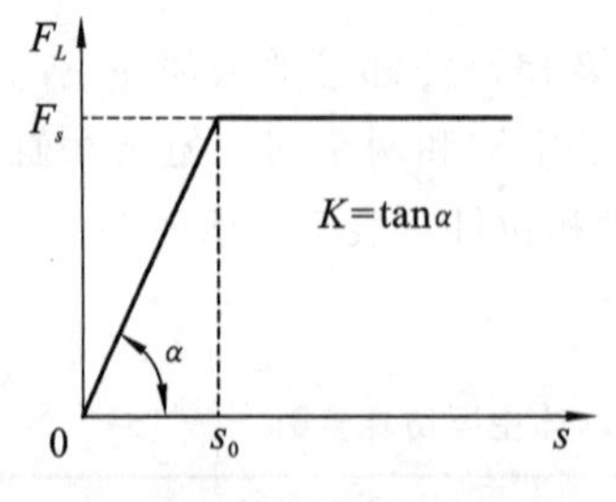

图 7-47　锻件变形抗力曲线

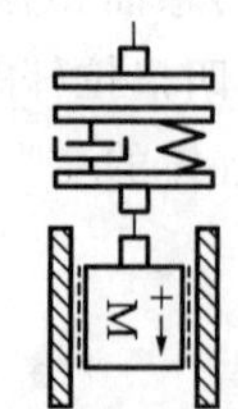

图 7-48　常锻负载模型

常锻负载各仿真参数设置如表 7-5 所示。对于快锻,额定负载可取为常锻的 1/10,负载交变频次由快锻次数决定。

表 7-5 0.6 MN 压机常锻负载仿真参数

参 数 名 称	参数值	参数单位
负载弹性刚度	1×10^8	N/m
稳定变形抗力	5.5×10^5	N

2) 泵控压机系统模型

以正弦驱动回路和各关键元件的 AMESim 模型为基础,并结合常锻工作过程搭建整个泵控压机液压系统的仿真模型,如图 7-49 所示。

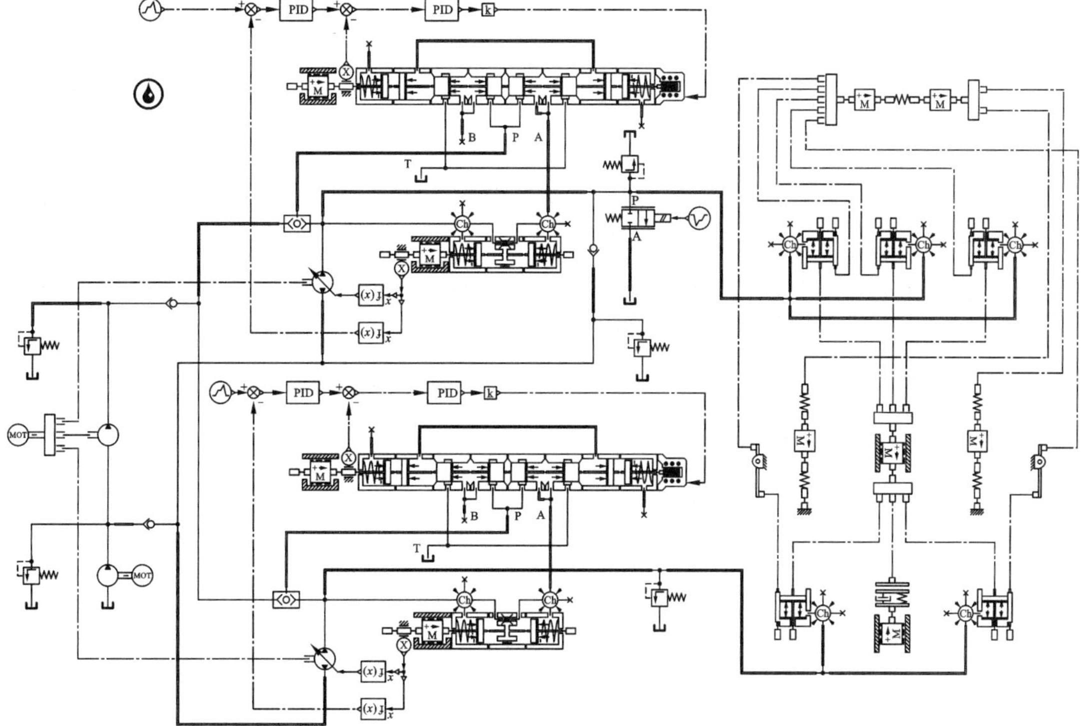

图 7-49 泵控压机常锻仿真模型

常锻一般为开环控制,通过分别调节两台主泵的排量满足压机的行程和速度要求。为确保锻造过程的平稳性,在快下、工进、回程这三个阶段内均控制主泵排量增大→稳定→减小,使得压机动作过程为加速→匀速→减速。其中,快下和回程速度由 RKP045 泵的流量大小控制,工进速度由 RKP080 泵的流量大小控制,压机换向由泵的吸/排油反向实现。主缸卸压初期,逐步增大 RKP080 泵的流量,卸至一定程度,卸荷阀开启以实现大流量卸荷。

快锻是以锻件变形量为主要目标的闭环控制,理想的快锻曲线为正弦曲线,因此,压机动梁位移被检测并与给定正弦位移信号作比较,偏差值经放大后通过两个 PID 控制器分别控制变量泵的排量,以实现对压机位移的闭环控制。图 7-50 所示为泵控压机快锻仿真模型。

综合分析两种工况下压机的控制思路可知,无论是常锻还是快锻,泵控压机液压系统的本质都在于利用两台双向变量泵实现对非对称缸负载口的独立控制。区别在于:常锻工况的快下和回程阶段中，非对称缸仅有一个油口受控，而快锻工况的全行程中，非对称缸的两个油口皆受控。

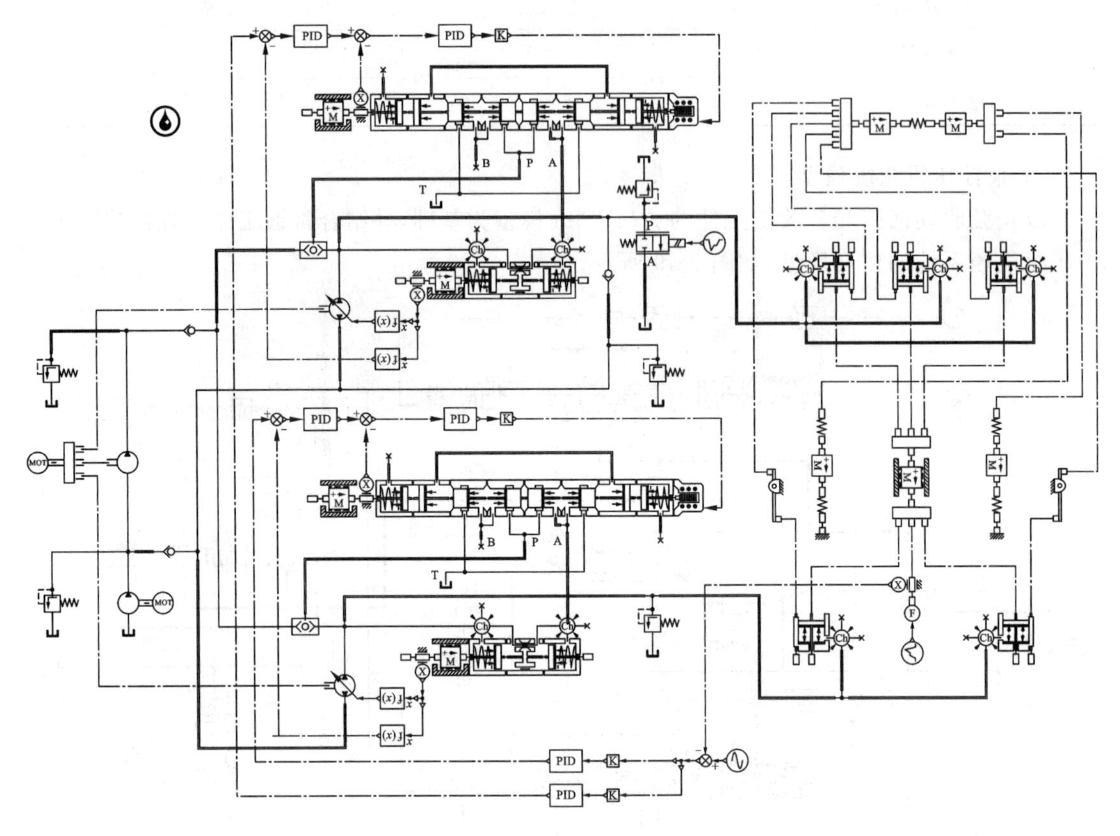

图 7-50　泵控压机快锻仿真模型

管道效应对压机卸压特性具有重要影响，前述章节已指出管道模型复杂且种类较多，后续仿真将以前文中建立的管道键合图模型为基础，即采用考虑频率相关摩擦项的分段集中参数模型。表 7-6 所示为 0.6 MN 压机系统主要管道的参数。

表 7-6　0.6 MN 压机系统主要管道的参数

管道编号	管道名称	外径(mm)	壁厚(mm)	长度(m)
1	主缸分管道	30	4	0.6
2	回程缸分管道	18	3	1.4
3	主缸总管道	42	5	4.8
4	回程缸总管道	25	3	4.2
5	RKP080 低压口管道	60	5	2.6
6	RKP045 低压口管道	42	5	2.3
7	卸荷阀回油管	42	5	1.1

7.3　开式泵控锻造油压机液压控制系统数学建模

7.3.1　比例变量径向柱塞泵数学模型

1）比例变量径向柱塞泵工作原理

开式泵控锻造油压机系统采用 MOOG 公司的 RKP 系列外控型数字控制比例变量径向柱塞泵（以下简称变量泵或 RKP 泵），图 7-51 所示为外控型 RKP 泵外形与结构简图。

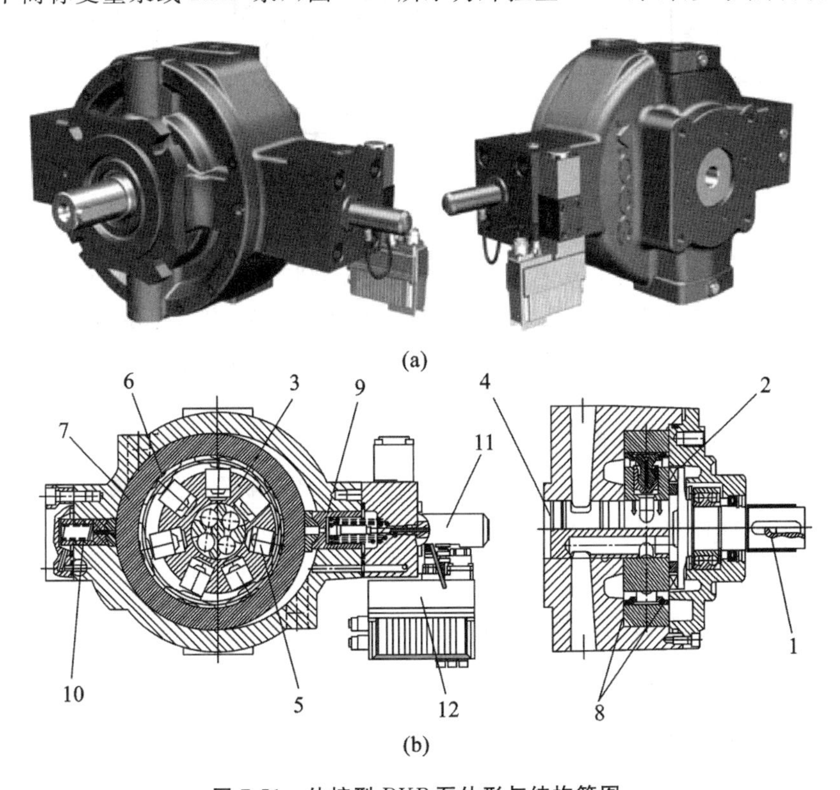

图 7-51　外控型 RKP 泵外形与结构简图

1—驱动轴；2—十字盘；3—油缸块；4—控制轴；5—柱塞；6—滑靴；7—冲程环；8—保持环；9、10—控制活塞；11—位移传感器；12—先导伺服阀

驱动轴 1 通过十字盘 2 将驱动扭矩传至星形油缸块 3，柱塞 5 安装于油缸块 3 中，柱塞通过滑靴 6 与冲程环 7 保持接触，并由保持环 8 固定，柱塞和滑靴通过有锁定环的球状万向节连接。当油缸块转动时，滑靴在离心力和压力的作用下紧贴冲程环，并在两条搭接的保持环约束下绕冲程环转动。RKP 泵的排量由冲程环的偏心量决定，通过两个直接相对的大、小控制活塞 9、10 调整冲程环的偏心位置，先导伺服阀 12 与控制活塞及位移传感器 11 一起组成阀控缸位置闭环变量机构，实现对冲程环偏心位置的闭环控制，进而精确调整 RKP 泵的排量。

图 7-52 为外控型 RKP 泵液压原理简图，该型号 RKP 泵通过内部梭阀选择系统控制油或泵出口的高压端为先导伺服阀的控制油，确保变量机构有较快的响应速度，外控油压一般调定在 2.5～5 MPa。

RKP 泵的变量控制是借助于泵体内径向布置的两个相对的大、小变量控制柱塞来实现，

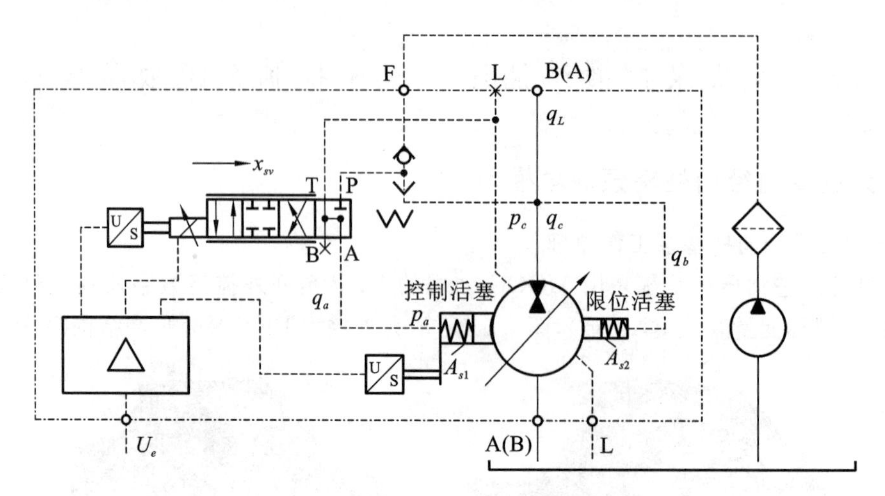

图 7-52 外控型 RKP 泵液压原理简图

而大、小变量柱塞通过球铰滑块与定子外圆接触，从而根据控制腔和限位腔的作用控制定子的偏心量。从变量泵的出口引出部分控制油液作用在控制腔，并通过变量调节阀作用在限位腔。当限位腔直接与控制油连通时，变量泵的定子处于最大偏心处，排量也最大；当经调节阀口产生一定压降后再与限位腔连通时，则定子处于某一偏心位置，对应于一个排量值。

2）先导级伺服阀分析

（1）先导级伺服阀流量方程

伺服阀的流量调节作用在于改变节流口的开度。RKP 泵配置的先导阀为 D900 型伺服阀。

先导级伺服阀线性化流量方程为：

$$q_a = K_q x_{sv} - K_c p_a \tag{7-116}$$

式中 K_q——先导级伺服阀的流量系数，$K_q = \dfrac{\partial q_a}{\partial x_{sv}}$；

x_{sv}——先导级伺服阀阀口开度(mm)；

K_c——先导级伺服阀的流量-压力系数，$K_c = -\dfrac{\partial q_a}{\partial p_a}$；

p_a——泵内部控制腔的压力(MPa)。

（2）先导级伺服阀的传递函数

由于伺服阀诸多内部参数很难获得，本节通过近似拟合所选的伺服阀产品样本中的时域特性和频域特性曲线，将伺服阀传递函数简化为二阶振荡环节，得到伺服阀阀口开度与伺服阀放大器输出电流的传递函数为：

$$\frac{x_{sv}}{I} = \frac{K_{sv}}{\dfrac{s^2}{\omega_{sv}^2} + \dfrac{2\zeta_{sv}}{\omega_{sv}} s + 1} \tag{7-117}$$

式中 K_{sv}——先导级伺服阀增益(m/A)；

ω_{sv}——先导级伺服阀固有频率(rad/s)；

ζ_{sv}——先导级伺服阀阻尼比。

先导级伺服阀偏差电压信号为：

$$U_e = U_r - U_f \tag{7-118}$$

式中　U_r——先导级伺服阀阀指令电压信号(V)；

　　　U_f——先导级伺服阀反馈电压信号(V)。

先导级伺服阀放大器动态可以忽略，其输出电流为：

$$I=K_aU_r \tag{7-119}$$

式中　K_a——先导级伺服阀放大器增益(A/V)。

先导级伺服阀传递函数可以表示为：

$$\frac{x_{sv}}{U_r}=\frac{K_aK_{sv}}{\frac{s^2}{\omega_{sv}^2}+\frac{2\zeta_{sv}}{\omega_{sv}}s+1} \tag{7-120}$$

3）变量泵定子受力分析

变量泵定子受力如图 7-53 所示，滑靴底部结构如图 7-54 所示。

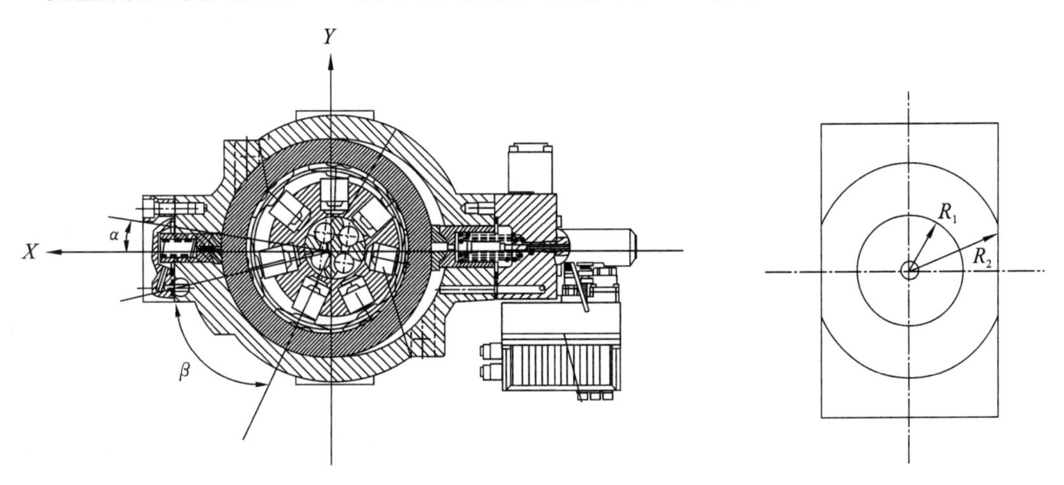

图 7-53　变量泵定子受力图　　图 7-54　滑靴底部结构示意图

单个滑靴柱塞单元对定子的液压力为：

$$F_s=\frac{\pi}{2}\frac{R_2^2-R_1^2}{\ln\frac{R_2}{R_1}}p_c \tag{7-121}$$

式中　F_s——单个滑靴柱塞单元对定子的液压力(N)；

　　　R_1——滑靴内密封带直径(m)；

　　　R_2——滑靴外密封带直径(m)；

　　　p_c——变量泵出口压力(MPa)。

从式(7-121)可以看出，单个滑靴柱塞单元对定子的液压力仅与供油压力和滑靴结构有关。将滑靴柱塞单元对定子的液压力分解在 X、Y 轴方向，其中变量泵的配流轴偏置角为 α。滑靴柱塞单元对定子的液压力在 X 轴方向的合力为：

$$F_x=F_s[\cos\varphi+\cos(\varphi+\beta)+\cos(\varphi+2\beta)+\cdots]=F_s\sum_{i=1}^{Z_h}\cos[\varphi+(i-1)\beta] \tag{7-122}$$

式中　F_x——滑靴柱塞单元对定子的液压力在 X 轴方向合力(N)；

　　　φ——第一个滑靴柱塞单元轴线与配流轴偏置角的夹角(°)；

　　　β——相邻滑靴柱塞单元的夹角(°)，$\beta=\frac{2\pi}{Z}$；

i——滑靴柱塞单元个数；

Z_h——处于高压区的滑靴柱塞单元(MPa)。

由于变量泵的柱塞个数为奇数，当主轴旋转到不同位置时，处在高压区和低压区的柱塞数量有所变化。

当 $\alpha \leqslant \varphi < \frac{\beta}{2}$ 时，处于高压区的柱塞数量为 $Z_h = \frac{Z+1}{2}$，此时，定子所受的液压力在 X 轴方向为：

$$F_x = \frac{\sin\left(\frac{\beta}{4} - \varphi\right)}{2\sin\frac{\beta}{4}} F_s \tag{7-123}$$

当 $\frac{\beta}{2} \leqslant \varphi < \beta$ 时，处于高压区的柱塞数量为 $Z_h = \frac{Z-1}{2}$。此时，定子所受的液压力在 X 轴方向为：

$$F_x = \frac{\sin\left(\frac{3\beta}{4} - \varphi\right)}{2\sin\frac{3\beta}{4}} F_s \tag{7-124}$$

由式(7-123)和式(7-124)可得，当 $0 \leqslant \varphi \leqslant \beta$ 时，定子所受的液压力在 X 轴方向的平均值为：

$$\overline{F}_x = \frac{1}{\beta}\left[\int_{\alpha}^{\alpha+\frac{\beta}{2}} \frac{\sin\left(\frac{3\beta}{4} - \varphi\right)}{2\sin\frac{3\beta}{4}} \mathrm{d}\varphi + \int_{\frac{\beta}{2}+\alpha}^{\beta+\alpha} \frac{\sin\left(\frac{\beta}{4} - \varphi\right)}{2\sin\frac{\beta}{4}} \mathrm{d}\varphi\right] F_s = -\frac{2\sin\alpha}{\beta} F_s \tag{7-125}$$

式中 $\overline{F}_x$——滑靴柱塞单元对定子的液压力在 X 轴方向合力的平均值(N)。

由式(7-10)可知，滑靴柱塞单元对定子的液压力分解在 X 轴方向的平均受力与配流轴偏置角和相邻柱塞之间的夹角有关，并且其方向始终是使定子向排量减小的方向运动。

滑靴柱塞单元对定子的液压力在 Y 轴方向的合力为：

$$F_y = F_s[\sin\varphi + \sin(\varphi+\beta) + \sin(\varphi+2\beta) + \cdots] = F_s \sum_{i=1}^{Z_h} \sin[\varphi + (i-1)\beta] \tag{7-126}$$

式中 F_y——滑靴柱塞单元对定子的液压力在 Y 轴方向合力(N)。

当 $\alpha \leqslant \varphi < \frac{\beta}{2}$ 时，处于高压区的柱塞数量为 $Z_h = \frac{Z+1}{2}$，此时，定子所受的液压力在 Y 轴方向为：

$$F_y = \frac{\cos\left(\varphi - \frac{\beta}{4}\right)}{2\sin\frac{\beta}{4}} F_s \tag{7-127}$$

当 $\frac{\beta}{2} \leqslant \varphi < \beta$ 时，处于高压区的柱塞数量为 $Z_h = \frac{Z-1}{2}$，此时定子所受的液压力在 Y 轴方向为：

$$F_y = \frac{\cos\left(\varphi - \frac{3\beta}{4}\right)}{2\sin\frac{3\beta}{4}} F_s \tag{7-128}$$

由式(7-127)和式(7-128)可得，当 $0 \leqslant \varphi \leqslant \beta$ 时，定子所受的液压力在 Y 轴方向最大值为：

$$F_{y,\max}=\frac{F_s}{2\sin\beta} \tag{7-129}$$

式中　$F_{y,\max}$——滑靴柱塞单元对定子的液压力在 Y 轴方向合力的最大值(N)。

由式(7-129)可知，滑靴柱塞单元对定子的液压力分解在 Y 轴方向的最大受力只与相邻柱塞之间夹角有关。

定子的最大摩擦力为：

$$F_{f,\max}=(F_{y,\max}+M_0 g)f \tag{7-130}$$

式中　$F_{f,\max}$——定子的最大摩擦力(N)；

M_0——定子质量(kg)；

f——摩擦系数，取值 0.1～0.15。

定子受到的液压外负载力为：

$$F_{ZL}=\begin{cases}\overline{F}_x-F_{f,\max} & (e\text{ 减小})\\ -(\overline{F}_x+F_{f,\max}) & (e\text{ 增大})\end{cases} \tag{7-131}$$

4）变量泵流量分析

(1) 变量泵的出口流量

变量泵的理论输出流量方程为：

$$q_c=K_{qp}e \tag{7-132}$$

式中　q_c——变量泵的理论流量(m^3/s)；

K_{qp}——变量泵的流量增益，$K_{qp}=K_p\omega_p$；

K_p——变量泵的偏心量梯度；

ω_p——变量泵的转速(rad/s)；

e——变量泵的定子偏心量(m)。

变量泵的定子运动方向不同，其内的控制油路也不同，所以应将定子运动不同的实际油路分别建模。

(2) 当定子向控制活塞方向运动时

当定子向控制活塞方向运动时，控制腔体积缩小，油液通过伺服阀直接进入油箱，变量泵出口流量分为两部分，一部分通过变量泵内管路进入限位腔，大部分直接进入系统。建模过程中，忽略了管路中的压力损失和管路动态，考虑变量柱塞腔内部的各种泄漏及油液的压缩量。液压原理简图如图 7-55 所示。

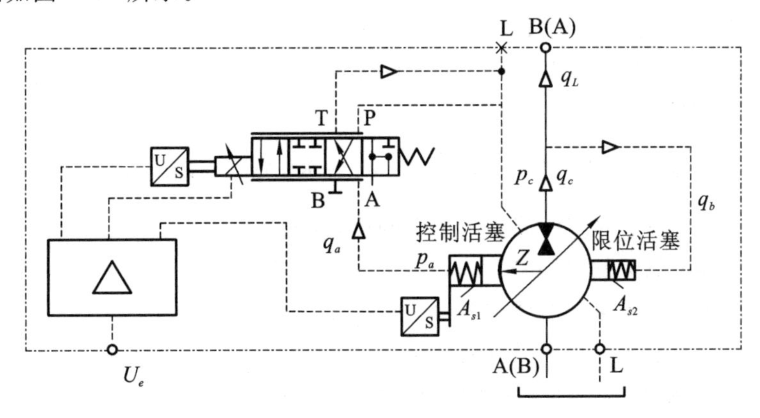

图 7-55　RKP 泵定子向控制活塞方向运动时液压原理简图

控制腔流量和容积：

$$\left.\begin{aligned} q_a &= A_{s1}\frac{\mathrm{d}e}{\mathrm{d}t} - \frac{V_{s1}}{\beta_e}\frac{\mathrm{d}p_a}{\mathrm{d}t} - C_{tpa}p_a \\ V_{s1} &= V_{01} - A_{s1}e \end{aligned}\right\} \tag{7-133}$$

式中 A_{s1}——控制腔的活塞面积(m^2)；

V_{s1}——控制腔的容积，包括控制腔初始容积和与之相连的管路容积(m^3)；

V_{01}——控制腔的初始容积(m^3)；

β_e——油液体积弹性模量(MPa)；

C_{tpa}——控制腔的泄漏系数($\mathrm{m}^3/\mathrm{s}\cdot\mathrm{Pa}$)。

限位腔流量和容积：

$$\left.\begin{aligned} q_b &= A_{s2}\frac{\mathrm{d}e}{\mathrm{d}t} + \frac{V_{s2}}{\beta_e}\frac{\mathrm{d}p_c}{\mathrm{d}t} + C_{tpb}p_c \\ V_{s2} &= V_{02} + A_{s2}e \end{aligned}\right\} \tag{7-134}$$

式中 A_{s2}——限位腔的活塞面积(m^2)；

V_{s2}——限位腔的容积，包括限位腔初始容积和与之相连的管路容积(m^3)；

V_{02}——限位腔的初始容积(m^3)；

C_{tpb}——限位腔的泄漏系数($\mathrm{m}^3/\mathrm{s}\cdot\mathrm{Pa}$)。

变量泵出口压力在某一时刻为恒定值，即$\frac{\mathrm{d}p_c}{\mathrm{d}t}=0$，有：

$$\left.\begin{aligned} q_b &= A_{s2}\frac{\mathrm{d}e}{\mathrm{d}t} + C_{tpb}p_c \\ V_{s2} &= V_{02} + A_{s2}e \end{aligned}\right\} \tag{7-135}$$

变量泵实际输出流量等于泵的理论流量减去先导控制油的流量，因此，变量泵出口连续性方程为：

$$q_p = q_c - q_b - C_p p_c \tag{7-136}$$

式中 q_c——变量泵的理论输出流量(m^3/s)；

q_b——进入限位腔的流量(m^3/s)；

q_p——变量泵的实际输出流量(m^3/s)；

C_p——变量泵的总泄漏系数($\mathrm{m}^3/\mathrm{s}\cdot\mathrm{Pa}$)，其中 $C_p=C_{ip}+C_{ep}$；

C_{ip}——变量泵的内泄漏系数($\mathrm{m}^3/\mathrm{s}\cdot\mathrm{Pa}$)；

C_{ep}——变量泵的外泄漏系数($\mathrm{m}^3/\mathrm{s}\cdot\mathrm{Pa}$)。

定子的力平衡方程如下：

$$p_cA_{s2} - p_aA_{s1} = M_1\frac{\mathrm{d}^2e}{\mathrm{d}t^2} + B_{p1}\frac{\mathrm{d}e}{\mathrm{d}t} + (K_{s1}+K_{s2})e + (K_{s1}-K_{s2})e_0 + F_{ZL1} \tag{7-137}$$

式中 M_1——定子及变量柱塞折算到定子上的质量(kg)；

B_{p1}——黏性阻尼系数[N·m/(rad/s)]；

K_{s1}——控制腔定子复位等效弹簧刚度(N/m)；

K_{s2}——限位腔定子复位等效弹簧刚度(N/m)；

e_0——控制腔和限位腔对中弹簧预压缩量(m)；

F_{ZL1}——定子受到的液压外负载力(N)。

当变量泵不工作时，冲程环处于中位，$K_{s1}e_0=K_{s2}e_0$，所以 $K_{s1}-K_{s2}=0$。

当定子向控制活塞方向运动时，对式(7-133)～式(7-137)进行拉普拉斯变换得：

$$q_a=A_{s1}se-\frac{V_{s1}}{\beta_e}sp_a-C_{tpa}p_a \tag{7-138}$$

$$q_b=A_{s2}se+C_{tpb}p_c \tag{7-139}$$

$$p_cA_{s2}-p_aA_{s1}=M_1s^2e+B_{p1}se+(K_{s1}+K_{s2})e+F_{ZL1} \tag{7-140}$$

定子向控制活塞方向运动时，变量泵控制框图如图 7-56 所示。

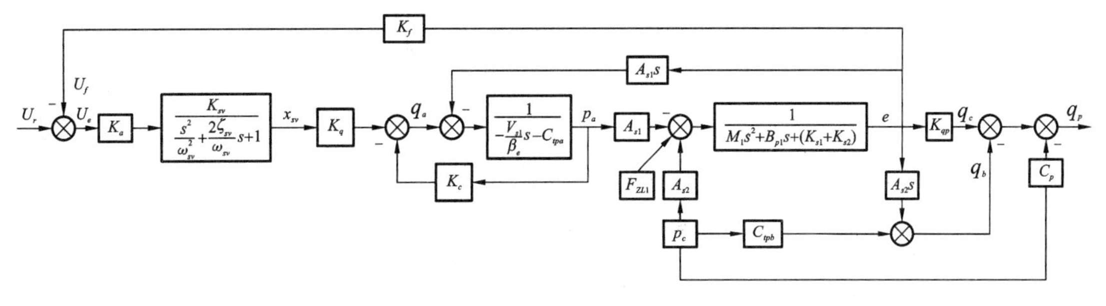

图 7-56　RKP 泵定子向控制活塞方向运动时的控制框图

(3) 当定子向限位活塞方向运动时

当定子向限位活塞方向运动时，限位腔体积缩小，油液通过变量泵内管路进入系统，变量泵出口流量大部分直接进入系统，其余部分通过伺服阀进入控制腔。液压原理简图如图 7-57 所示。

控制腔流量和容积为：

$$\left.\begin{aligned} q_a&=A_{s1}\frac{\mathrm{d}e}{\mathrm{d}t}+\frac{V_{s1}}{\beta_e}\frac{\mathrm{d}p_a}{\mathrm{d}t}+C_{tpa}p_a \\ V_{s1}&=V_{01}+A_{s1}e \end{aligned}\right\} \tag{7-141}$$

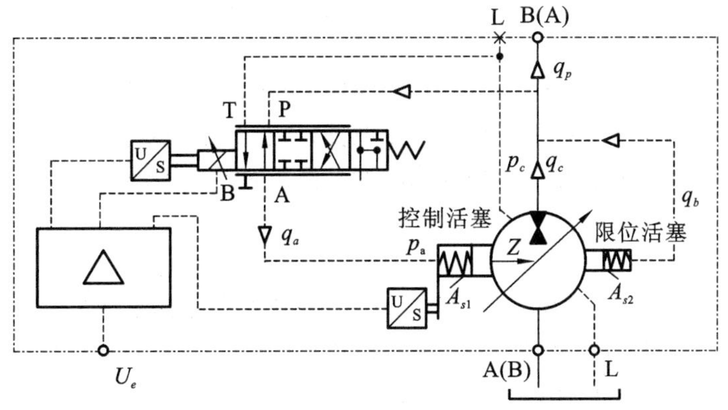

图 7-57　RKP 泵定子向限位活塞方向运动时的液压原理图

限位腔流量和容积为：

$$\left.\begin{aligned} q_b&=A_{s2}\frac{\mathrm{d}e}{\mathrm{d}t}-C_{tpb}p_c \\ V_{s2}&=V_{02}-A_{s2}e \end{aligned}\right\} \tag{7-142}$$

变量泵的实际输出流量等于泵的理论流量减去先导控制油的流量，因此，变量泵出口流量连续性方程为：

$$q_p = q_c - q_a + q_b - C_p p_c \tag{7-143}$$

定子的力平衡方程如下：

$$p_a A_{s1} - p_c A_{s2} = M_1 \frac{\mathrm{d}^2 e}{\mathrm{d}t^2} + B_{p1} \frac{\mathrm{d}e}{\mathrm{d}t} + (K_{s1} + K_{s2})e - (K_{s1} - K_{s2})e_0 + F_{ZL2} \tag{7-144}$$

当定子向限位活塞方向运动时，对表达式(7-141)～式(7-144)进行拉普拉斯变换得：

$$q_a = A_{s1} se + \frac{V_{s1}}{\beta_e} s p_a + C_{tpa} p_a \tag{7-145}$$

$$q_b = A_{s2} se - C_{tpb} p_c \tag{7-146}$$

$$p_a A_{s1} - p_c A_{s2} = M_1 s^2 e + B_{p1} se + (K_{s1} + K_{s2})e + F_{ZL2} \tag{7-147}$$

定子向限位活塞方向运动时，变量泵控制框图如图 7-58 所示。

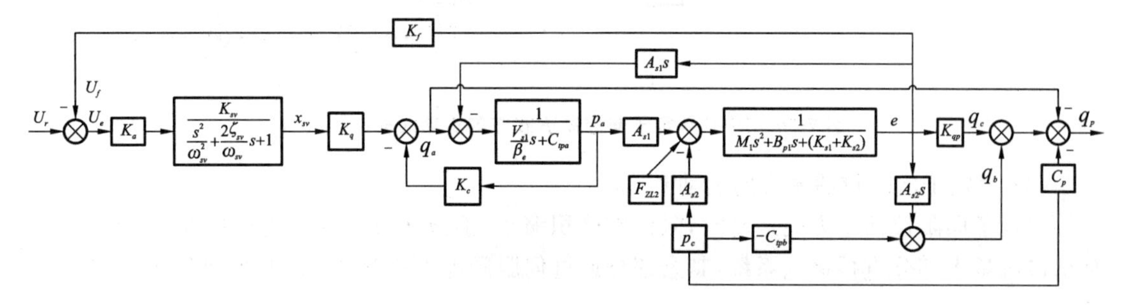

图 7-58 RKP 泵定子向限位活塞方向运动时的控制框图

7.3.2 开式泵控锻造油压机负载模型

自由锻压机在锻造过程中，由于锻件的轮廓、尺寸、温度、锻造工艺等参数的变化，锻件的负载特性会在较大的范围内呈非线性变化，这不仅决定了锻造过程的稳定性，更是保证锻件质量必须考虑的关键问题。

传统的锻件模型一般是基于有限元模型和经验公式，其边界条件和多变量间非线性关系具有不确定性。同时，采用试验辨识方法建立锻件模型，其模型是离散形式，并且没有考虑速度、温度等条件的变化，因此，建立合理准确的锻件模型对研究压机的高效、高精度控制方法是必要的保障。

1）主应力法基本理论

将简化的平衡微分方程和屈服方程联立求解，并利用应力边界条件确定积分常数，以求得接触面上的应力分布，进而求得变形力。经过简化后的应力平衡方程和屈服准则方程实际上都是用主应力来表示的，故称此法为主应力法。

主应力法的基本假设：

(1) 把问题简化成平面问题或轴对称问题；

(2) 根据工件变形特点选取基本分析单元——基元体；

(3) 接触面上的摩擦切应力采用库仑摩擦条件；

(4) 在屈服条件中忽略切应力的影响。

塑性变形屈服方程为：

$$\sigma_y - \sigma_x = \frac{2}{\sqrt{3}}\sigma_s \tag{7-148}$$

式中　σ_x——水平方向主应力(Pa)；

σ_y——垂直方向主应力(Pa)；

σ_s——发生塑性变形时的屈服应力(Pa)。

基元在水平方向的平衡方程为：

$$\sum F_x = \sigma_x hl - (\sigma_x + d\sigma_x)hl - 2\tau l\, d\sigma_x = 0 \tag{7-149}$$

式中　F_x——基元在水平方向的合力(N)；

h——基元高(m)；

l——基元长(m)；

τ——接触剪切应力(Pa)。

化简得

$$d\sigma_x = \frac{-2\tau}{h}dx \tag{7-150}$$

2）自由锻负载模型

自由锻主要是将加热后的锻件放置于上砧与下砧之间依靠压力压制的过程，常见的锻件形式主要为轴对称式与平面式，试验中以平面式为研究对象来开展研究。

矩形锻件的应力分析如图7-59所示。

由于z轴方向的长度l远大于x和y方向的宽度a和高度h，因此可认为锻造过程中锻件在z轴方向上无形变，将问题简化为平面应变问题，并在锻件内取基元。

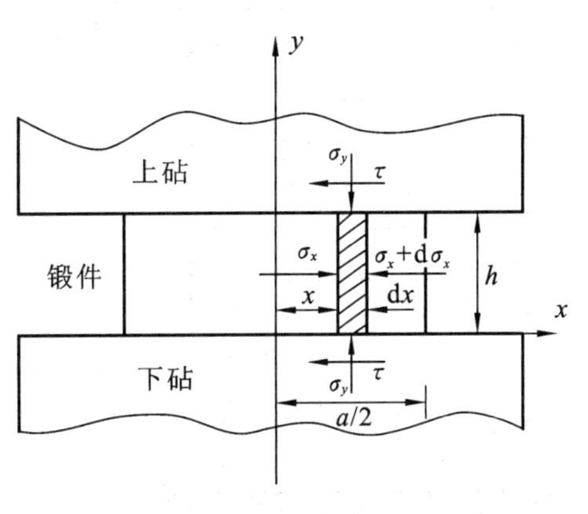

图7-59　矩形锻件的应力分析

基元在水平方向的平衡方程为：

$$d\sigma_1 = \frac{-2\tau}{h}dx \tag{7-151}$$

式中　σ_1——基元水平方向主应力(Pa)。

基元塑性形变屈服方程为：

$$\sigma_2 - \sigma_1 = \frac{2}{\sqrt{3}}\sigma_s \tag{7-152}$$

式中　σ_2——基元垂直方向主应力(Pa)。

进行微分运算得

$$d\sigma_1 = d\sigma_2 \tag{7-153}$$

基元接触面摩擦方程为：

$$\tau = \mu_s \sigma_s \tag{7-154}$$

式中　μ_s——基元接触面摩擦系数。

将式(7-152)～式(7-154)代入式(7-151)，得：

$$d\sigma_2 = -2\mu_s \sigma_s \frac{dx}{h} \tag{7-155}$$

进行积分运算得

$$\sigma_2=\frac{-2\mu_s\sigma_s x}{h}+C \tag{7-156}$$

由于在锻件边缘应力为零，有：

$$\sigma_1(x=0.5a)=0 \tag{7-157}$$

式中 a——基元宽(m)。

代入式(7-156)，得：

$$C=\frac{2}{\sqrt{3}}\sigma_s+\mu_s\sigma_s\frac{a}{h} \tag{7-158}$$

锻件的主应力为：

$$\sigma_2=\frac{2}{\sqrt{3}}\sigma_s+\mu_s\sigma_s\frac{a-2x}{h} \tag{7-159}$$

锻件变形抗力为：

$$F_d=2l\int_0^{0.5a}\sigma_2\,\mathrm{d}x=2l\int_0^{0.5a}\left(\frac{2}{\sqrt{3}}\sigma_s+\mu_s\sigma_s\frac{a-2x}{h}\right)\mathrm{d}x=2l\left(\frac{a}{\sqrt{3}}\sigma_s+\mu_s\sigma_s\frac{a}{2h}\right) \tag{7-160}$$

式中 F_d——锻件变形抗力(N)。

锻件在变形过程中其体积始终恒定，所以 $V=ahl$，代入式(7-160)得：

$$F_d=\frac{V}{h}\left(\frac{2}{\sqrt{3}}\sigma_s+\frac{\mu_s\sigma_s}{h}\right) \tag{7-161}$$

7.3.3 开式泵控锻造油压机机架模型

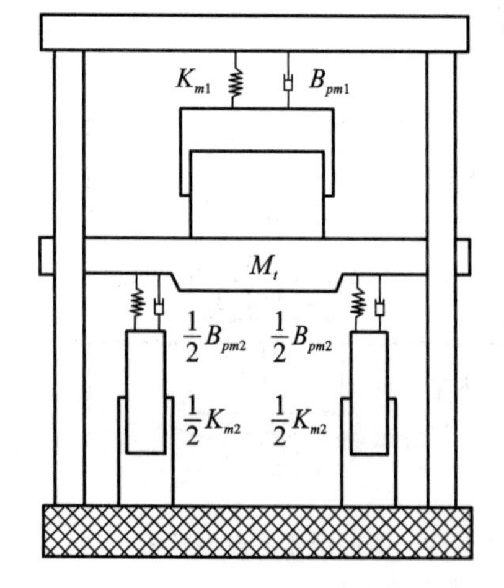

图 7-60 三梁四柱式油压机简化模型

三梁四柱式油压机简化模型如图 7-60 所示。其中 M_t 为活动横梁、柱塞及管路中油液的等效质量，k_{m1}、B_{pm1}、k_{m2}、B_{pm2} 分别为上梁与立柱和活动横梁的刚度和黏性阻尼。该模型考虑机架的弹性变形、黏性阻尼、立柱摩擦力，对油压机机架进行力学分析，获得适用于研究改善系统控制性能的机架模型。

(1) 立柱摩擦力

立柱处总摩擦力为 F_f，有：

$$F_f=K_fF_{hf}\approx 0.02M_tg \tag{7-162}$$

式中 K_f——单根立柱的摩擦系数；

F_{hf}——立柱正压力的总和(N)。

(2) 上梁与立柱弹性力和黏性阻尼力

上梁与立柱弹性力

$$F_{km1}=K_{m1}y_{km1} \tag{7-163}$$

式中 F_{km1}——上梁与立柱的弹性力(N)；

K_{m1}——上梁与立柱的等效刚度(N/m)；

y_{km1}——上梁与立柱的弹性变形量(m)。

上梁与立柱黏性阻尼力，有：

$$F_{bm1}=B_{pm1}\frac{\mathrm{d}y}{\mathrm{d}t} \tag{7-164}$$

式中 F_{bm1}——上梁与立柱的黏性阻尼力(N)；

B_{pm1}——上梁与立柱的等效黏性阻尼系数[N·m/(rad/s)]。

(3) 活动横梁弹性力与黏性阻尼力

活动横梁弹性力

$$F_{km2}=K_{m2}y_{km2} \tag{7-165}$$

式中 F_{km2}——活动横梁的弹性力(N)；

K_{m2}——活动横梁的等效刚度(N/m)；

y_{km2}——活动横梁的弹性变形量(m)。

活动横梁黏性阻尼力，有：

$$F_{bm2}=B_{pm2}\frac{\mathrm{d}y}{\mathrm{d}t} \tag{7-166}$$

式中 F_{bm2}——活动横梁的黏性阻尼力(N)；

B_{pm2}——活动横梁的等效黏性阻尼系数[N·m/(rad/s)]。

7.3.4 开式泵控锻造油压机液压系统模型

开式泵控锻造油压机液压系统的核心部分为对顶的泵控柱塞缸系统，它是通过改变变量泵的定子偏心从而改变泵的输出流量来实现对活动横梁速度和位置的控制。考虑到模型建立的合理简化，在推导系统的基础数学模型(不考虑长管路)时假定：

(1) 变量泵和液压缸的泄漏视为层流，并忽略低压腔向壳体内的泄漏；

(2) 变量泵和液压缸的连接管路短而粗，管路内压力损失、管路动态可忽略不计；

(3) 液压缸每个工作腔内各处压力相等，油液的温度和体积弹性模量为常数；

(4) 低压腔压力为零，且保持不变；

(5) 输入信号较小，不会发生压力饱和现象。

开式泵控系统就是用彼此独立的主泵和回程泵来分别控制主缸和回程缸。开式泵控锻造油压机液压系统简图如图 7-61 所示，其中 q_{L1} 为流入主缸的流量，q_{L2} 为流入回程缸的流量，p_1 为主缸压力，p_2 为回程缸压力，A_1 为主缸的有效作用面积，A_2 为回程缸的有效作用面积。

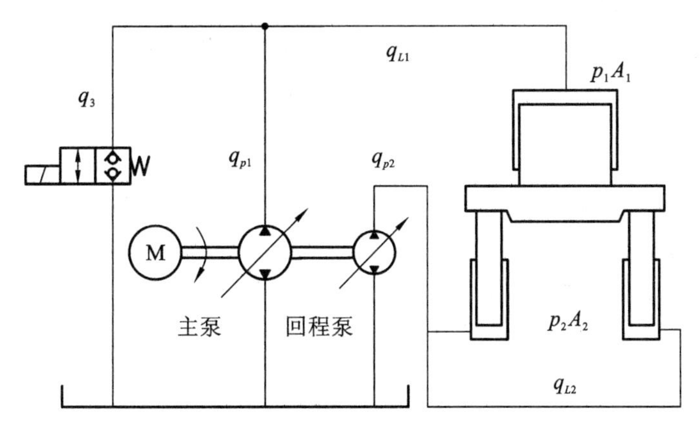

图 7-61 开式泵控锻造油压机液压系统简图

1）当活动横梁向下运动

由于在快锻和常锻工况下，在活动横梁快下时，均是由主泵向主缸供油，回程泵为马达工况，压机快下速度通过调节回程泵的排量来控制，所以建模过程一致。假设主泵的出口流量就是进入主缸的流量，从回程缸输出的流量等于经过回程泵的流量，于是主缸的流量连续方程为：

$$\left.\begin{aligned} q_{L1} &= A_1\frac{\mathrm{d}y}{\mathrm{d}t}+\frac{V_1}{\beta_e}\frac{\mathrm{d}p_1}{\mathrm{d}t}+C_{ec1}p_1 \\ V_1 &= V_{c1}+A_1 y \end{aligned}\right\} \tag{7-167}$$

式中　A_1——主缸的有效面积（m^2）；

V_1——主缸的容积，包括控制腔初始容积和与之相连的管路容积（m^3）；

V_{c1}——主缸的初始容积（m^3）；

C_{ec1}——主缸的外泄漏系数（$m^3/s\cdot Pa$）。

其拉普拉斯变换式为：

$$q_{L1}=A_1 sy+\frac{V_1}{\beta_e}sp_1+C_{ec1}p_1 \tag{7-168}$$

回程缸的流量连续方程为：

$$\left.\begin{aligned} q_{L2} &= A_2\frac{\mathrm{d}y}{\mathrm{d}t}-\frac{V_2}{\beta_e}\frac{\mathrm{d}p_2}{\mathrm{d}t}-C_{ec2}p_2 \\ V_2 &= V_{c2}-A_2 y \end{aligned}\right\} \tag{7-169}$$

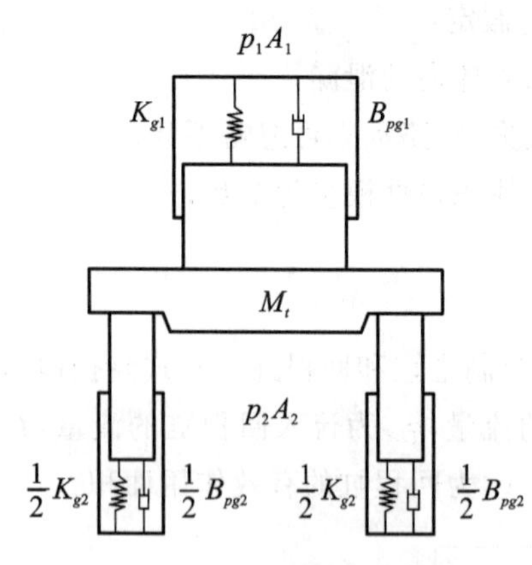

图 7-62　开式泵控锻造油压机受力分析简图

式中　A_2——回程缸的有效面积（m^2）；

V_2——回程缸的容积，包括控制腔初始容积和与之相连的管路容积（m^3）；

V_{c2}——回程缸的初始容积（m^3）；

C_{ec2}——回程缸的外泄漏系数（$m^3/s\cdot Pa$）。

其拉普拉斯变换式为：

$$q_{L2}=A_2 sy-\frac{V_2}{\beta_e}sp_2-C_{ec2}p_2 \tag{7-170}$$

考虑主缸与回程缸中油液的作用力，其受力分析如图 7-62 所示。

液压缸的输出力和负载力的平衡方程为：

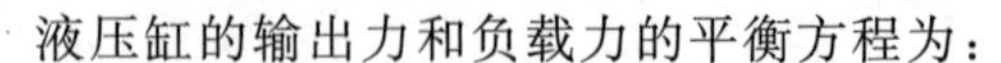

$$p_1A_1-p_2A_2=M_t\frac{\mathrm{d}^2y}{\mathrm{d}t^2}+B_{pg2}\frac{\mathrm{d}y}{\mathrm{d}t}+K_{g2}y+F_{L1} \tag{7-171}$$

式中　M_t——负载等效质量（kg），包含管路中油液质量和活动横梁质量；

B_{pg2}——回程缸黏性阻尼系数[N·m/(rad/s)]；

K_{g2}——回程缸液压弹簧刚度（N/m）；

F_{L1}——作用在主缸活塞上的负载力（N），$F_{L1}=F_f+F_{km1}+F_{bm1}+F_{km2}+F_{bm2}$。

其拉普拉斯变换式为：

$$p_1A_1-p_2A_2=M_ts^2y+B_{pg2}sy+K_{g2}y+F_{L1} \tag{7-172}$$

由式（7-168）、式（7-170）、式（7-172）可得到活动横梁向下运动时系统位置控制框图，如图 7-63 所示。

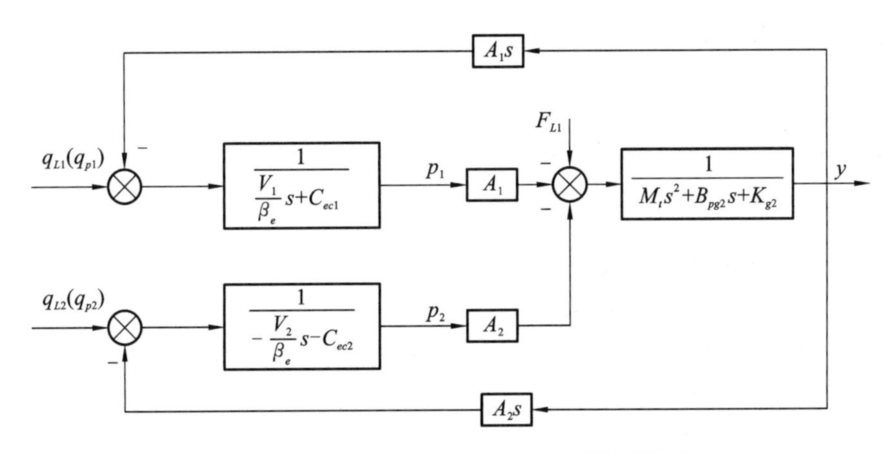

图 7-63　活动横梁向下运动时系统位置控制框图

2）当活动横梁向上运动

常锻工况下，工进结束后回程前，主缸压力通过控制主泵的排量逐渐变化来缓慢卸压，此时主泵流量反向并进入马达工况。卸压至一定程度，主泄荷阀打开，以实现大流量泄荷，与此同时，回程泵吸/排油口切换以提升活动横梁实现油压机回程。

快锻过程中，不使用主泄荷阀，主泵流量反向并进入马达工况，回程泵吸/排油口切换以提升活动横梁实现油压机回程。

泄荷阀的线性化流量方程为：

$$q_3=K_{q1}x_{v1}-K_{c1}p_1 \tag{7-173}$$

式中　q_3——泄荷阀的流量(L/min)；

K_{q1}——泄荷阀的流量系数，$K_{q1}=\frac{\partial q_3}{\partial x_{v1}}$；

x_{v1}——泄荷阀的阀芯位移(mm)；

K_{c1}——泄荷阀的流量-压力系数，$K_{c1}=-\frac{\partial q_3}{\partial p_1}$；

p_1——变量主泵的输出压力(MPa)。

由于在常锻过程中使用泄荷阀，主缸的流量应该等于经过泄荷阀的流量与流经主泵的流量之和。因此，连接主缸的管路的流量连续方程为：

$$q_{L1}=q_{p1}+q_3 \tag{7-174}$$

主缸流量连续方程为：

$$\left.\begin{aligned}q_{L1}&=A_1\frac{\mathrm{d}y}{\mathrm{d}t}-\frac{V_1}{\beta_e}\frac{\mathrm{d}p_1}{\mathrm{d}t}-C_{ec1}p_1\\V_1&=V_{c1}-A_1y\end{aligned}\right\} \tag{7-175}$$

经过拉普拉斯变换得

$$q_{L1}=A_1sy-\frac{V_1}{\beta_e}sp_1-C_{ec1}p_1 \tag{7-176}$$

回程缸的流量连续方程为：

$$\left.\begin{aligned}q_{L2}&=A_2\frac{\mathrm{d}y}{\mathrm{d}t}+\frac{V_2}{\beta_e}\frac{\mathrm{d}p_2}{\mathrm{d}t}+C_{ec2}p_2\\V_2&=V_{c2}+A_2y\end{aligned}\right\} \tag{7-177}$$

经过拉普拉斯变换得

$$q_{L2}=q_{p2}=A_2 sy+\frac{V_2}{\beta_e}sp_2+C_{ec2}p_2 \tag{7-178}$$

液压缸的输出力和负载力的平衡方程为：

$$p_2A_2-p_1A_1=M_t\frac{\mathrm{d}^2y}{\mathrm{d}t^2}+B_{pg1}\frac{\mathrm{d}y}{\mathrm{d}t}+K_{g1}y+F_{L2} \tag{7-179}$$

式中　B_{pg1}——主缸黏性阻尼系数[N·m/(rad/s)]；

K_{g1}——主缸液压弹簧刚度(N/m)；

F_{L2}——作用在回程缸活塞上的负载力(N)，$F_{L2}=F_f+F_{km1}+F_{bm1}+F_{km2}+F_{bm2}$。

其拉普拉斯变换式为：

$$p_2A_2-p_1A_1=M_ts^2y+B_{pg1}sy+K_{g1}y+F_{L2} \tag{7-180}$$

由式(7-173)、式(7-174)、式(7-176)、式(7-178)、式(7-180)可得到活动横梁向上运动时系统位置控制框图，如图 7-64 所示。

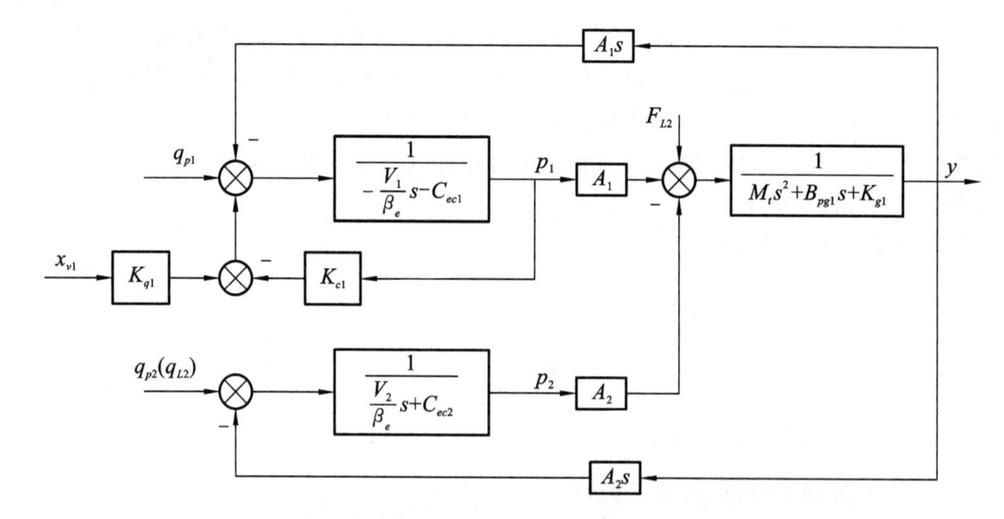

图 7-64　活动横梁向上运动时系统位置控制框图

8 自由锻造液压机液压控制系统控制技术

8.1 比例控制快锻系统PID控制

8.1.1 比例控制快锻系统工作原理

比例控制快锻简化回路如图8-1所示，压机下行时，SV1和SV4工作，使主缸快速进液，回程缸快速排液，PV的压力可以调节，主要起安全作用。回程时，SV3和SV2同时投入工作，回程缸快速进液，主缸快速排液，完成一个工作循环。

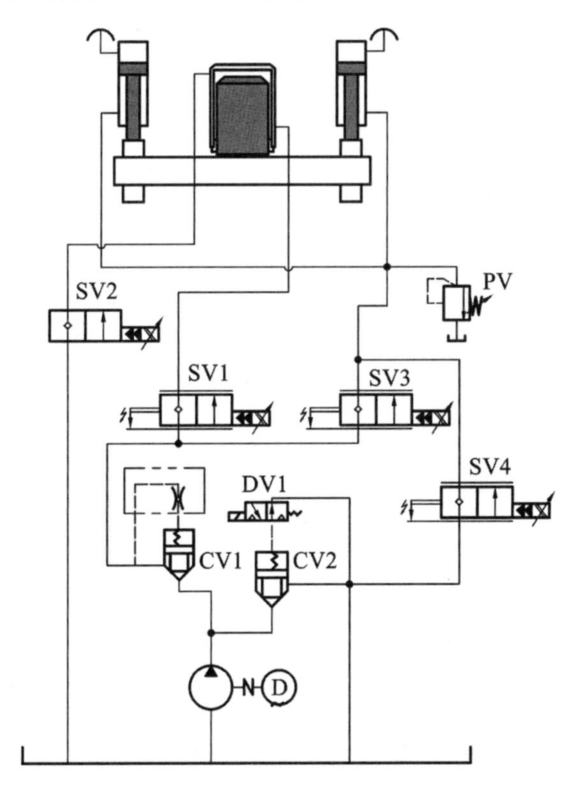

图8-1 比例控制快锻回路示意图

这种回路根据位置反馈误差大小及其符号正负来实时控制4个比例阀的开口和动作，每个比例阀使用单独的PID控制器，根据锻压工艺的要求对阀的开口度分别进行控制。

8.1.2 比例控制快锻系统 PID 控制

由于快锻液压机机理复杂，具有高度非线性、时变性和滞后等特点，很难找到一组合适的 PID 参数适用于整个系统的宽范围调控，难以满足压机锻造参数多变的要求。另外，在噪声、负载扰动等因素的影响下，过程参数会随时间和工况的变化而变化。

图 8-2 所示为 22 MN 快锻液压机工作在同一组 PID 值控制下的位移 y、主缸压力 p_a 以及回程缸压力 p_b 的变化曲线。图 8-2(a)的输入(input)为理想的液压机锻造曲线——正弦曲线，给定锻造频率为 30 次/min，行程为 90 mm；图 8-2(b)的输入(input)给定锻造频率为 35 次/min，行程为 80 mm；图 8-2(c)的输入(input)给定锻造频率为 60 次/min，行程为 40 mm。

从三个图中可以看出，位移曲线 y 基本能够跟踪输入曲线(input)，稍微有些滞后，其中图 8-2(a)和图 8-2(b)的位置精度可以很好地控制在 ± 1 mm 之内，图 8-2(c)的位置控制精度不够高。主缸压力 p_a 和回程缸压力 p_b 曲线能够真实地反映压机运动时的压力变化趋势，系统依然受到一定冲击。

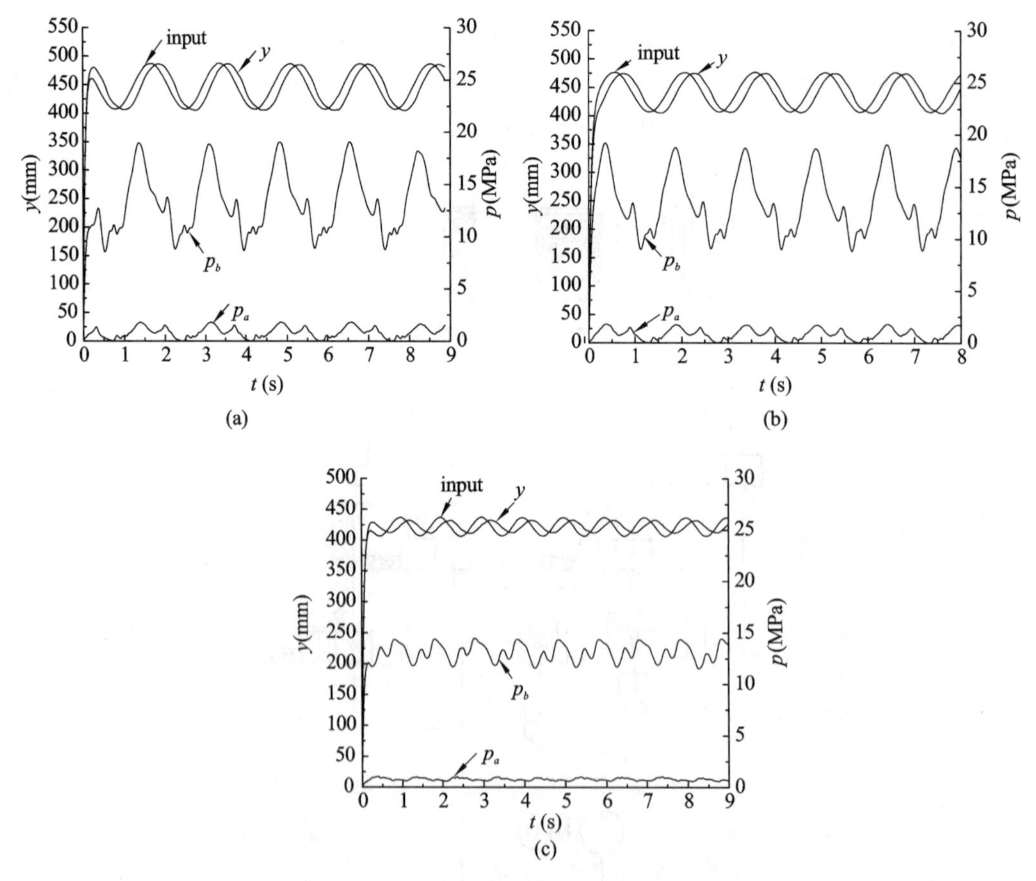

图 8-2 相同 PID 控制时位移和压力曲线

用传统 PID 控制策略进行调节时，系统虽然有很高的精度，但鲁棒性较差。当针对固定压机技术参数调定一组 PID 值时，一旦其中某些参数如下行量及锻造频率改变时，同样一组 PID 值很难适用于新的技术参数，导致快锻液压机控制精度不高，影响锻件质量。这就需要寻找一种控制策略，既可以提高系统的位置控制精度，又可以加强系统的鲁棒性，提高抗干扰能力。

8.2 基于遗传算法的比例控制快锻系统PID在线优化

8.2.1 遗传算法简介以及实现的基本过程

遗传算法(Genetic Algorithm)简介以及实现的基本过程定义为：模拟达尔文生物进化论的自然选择和遗传学机理的生物进化过程的计算模型，是一种通过模拟自然进化过程搜索最优解的方法。与其他优化算法相比，遗传算法的优势有：

(1) 鲁棒性。遗传算法不依赖目标函数的导数、梯度信息或其他辅助知识，它提供的是一种求解复杂系统问题的通用框架，对问题的种类有很强的鲁棒性，因此，在很多学科中遗传算法被广泛应用。

(2) 非线性。遗传算法只需要用个体的适应度值来评价优劣，不需要线性、凸性、可微性等这些假设，所以具有很高的非线性。

(3) 适应性。若对优化问题做很小的改动，遗传算法对应的也只需要做很小部分的修改，便可用于新问题的求解。而现行的其他一些优化算法有可能需要很大的改动，或将原优化方法完全改动。

(4) 并行性。遗传算法隐含并行随机搜索功能，它能够并行搜索问题空间的解平面。

遗传算法模拟达尔文的遗传选择和自然淘汰的生物进化过程，对种群反复进行基于遗传学的操作。种群代表问题域的可能解空间，遗传算法的计算过程就是对该可能解空间的每一个可能解(即种群中的个体)进行操作。遗传算法运算的基本流程图如图8-3所示。

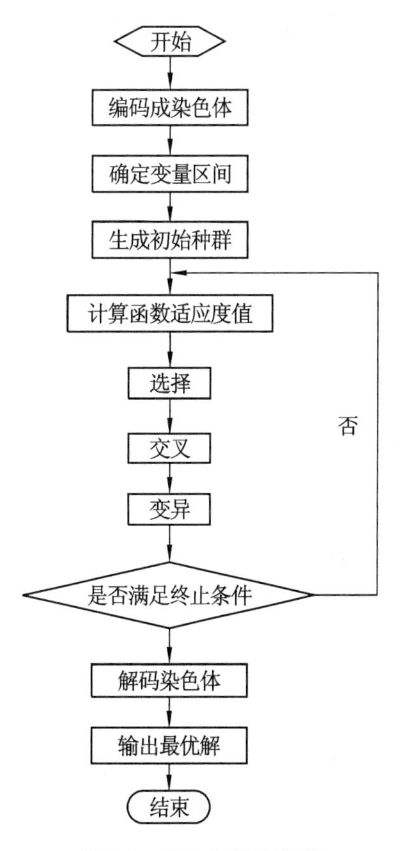

图8-3 遗传算法流程图

8.2.2 对待优化PID参数进行编码

在遗传算法优化时，需要首先把待优化的多PID控制器参数按照遗传算法规则编码成为遗传算法所能处理的形式，比如二进制串等，这个过程就叫作编码。常见的编码技术包括浮点数编码，二进制编码以及符号编码等其他编码方法。

本节选择的二进制编码方法是遗传算法过程较为简单常用的一种编码技术，是指把待寻优问题的备选解编码成为二进制字符串，然后在字符串空间进行遗传操作。针对快锻压机式多PID控制器参数优化问题，待优化的参数为四个PID控制器，共12个参数，每个待寻优参数均以10位二进制数进行编码，如式(8-1)所示。

$$y_i=\frac{x_i-x_{i,\min}}{x_{i,\max}-x_{i,\min}} \tag{8-1}$$

式中 y_i——与 x_i 对应的 m 位二进制数(无因次)；

x_i——需要进行寻优的多 PID 控制器参数(无因次);

$x_{i,\max}$——需要进行寻优的多 PID 控制器参数上边界条件(无因次);

$x_{i,\min}$——需要进行寻优的多 PID 控制器参数下边界条件(无因次);

n——二进制编码长度(无因次)。

解码时,需先将 $10n$ 位长的二进制编码串分割成为 n 个 10 位长的二进制编码串,然后依次将它们转换为相应的十进制整数代码,记为 y_i。将代码 y_i 转换为变量 x_i 的解码公式为:

$$x_i = x_{i,\min} + \frac{x_{i,\max} - x_{i,\min}}{2^n - 1} y^i \tag{8-2}$$

8.2.3 选取初始种群

初始种群的选取直接关系到遗传算法的计算结果的优劣和算法的效率。通过在整个寻优空间随机选取 N 个个体来产生的初始种群,由于其覆盖的参数空间具有很大的不确定性,遗传算法可能会在几次迭代后就过早收敛得到局部最优解。依据寻优问题的先验知识(包括快锻压机的数学模型和相关仿真模型),对每个个体都必须进行有效性验证,把种群选择的范围设定在 PID 参数边界条件内,也可以随机生成一定数目的有效性个体,代入仿真模型进行分析,从中挑选仿真结果较好的个体进入初始种群。

初始种群的选取还需要考虑到种群规模的问题。当种群规模大小 N 比较小的时候,种群就会失去多样性,从而容易使遗传算法几次迭代后就过早收敛得到局部最优解;如果增大种群规模大小 N 的值,则可以增加种群的个体多样性,避免算法产生局部最优解,但如果 N 取值过大,则会影响到遗传算法的计算效率,耗时很长。本节在经过仿真尝试的基础上设定种群数量为 40。

8.2.4 适应度函数的确定

自然界中物种进化与其对生存环境的适应能力有关,我们将这种适应能力称为适应度。在遗传算法中也引进与此类似的描述这种适应能力的函数,称之为适应度函数。适应度函数就是用来度量某个个体适应值的函数,它是遗传算法进行寻优的依据。

在遗传算法中,以个体适应度的大小来评价该个体被遗传到下一代群体中的概率。个体的适应度函数值愈大,该个体被遗传到下一代的概率愈大;反之,该个体被遗传到下一代的概率愈小。适应度函数用于转换目标函数值,赋予每个个体一个非负数,并用此来衡量种群中每个个体在优化计算中可能达到、接近或者有助于发现最优解的优良程度。适应度必须是非负的,因此应设计一种通用且有效的转换关系,用它来保证由目标函数值到个体适应度之间的转换总为非负值。

对本节来说,目标是通过整定 PID 参数来优化快锻压机控制性能来提高锻件的质量。衡量快锻压机控制性能优劣的主要指标有锻造精度以及时间延迟。根据上述性能指标设计适应度函数,编写相关命令。其具体完成步骤如图 8-4 所示。

根据上文中机理建模得到的数学方程代入经过系统辨识得到的相关软参量建立的仿真模型,在遗传算法程序中调用仿真模型并按照解码后的 PID 参数设定得到位移跟随仿真结果,存入 workspace 中。在得到的数据中根据图 8-4 所示的命令可以提取出一个周期内的波峰值以及与其相对应的时间,从而得到该周期内的锻造精度和时间延迟。结合上述优化指标,为了获得良好的控制特性,本节采用的目标函数见式(8-3)。

```
peak_f(n)=max(unit_data);%记录波峰的大小
peak_g(n)=min(unit_data);%记录波谷的大小
%mark_f=find(unit_data==peak_f(n));%记录波峰
%mark_g=find(unit_data==peak_g(n));%记录波谷
%peak_f_time(n)=unit_time(mark_f);%记录波峰波谷对应的时间
%peak_g_time(n)=unit_time(mark_g);
```

图 8-4　适应度函数相关程序命令

$$J=w_1|e_t|+w_2t_d \tag{8-3}$$

式中　e_t——该锻造周期内的锻造精度误差(mm)；

t_d——该锻造周期内的时间延迟(s)；

w_1——锻造精度误差对应的权值(无因次)；

w_2——时间延迟对应的权值(无因次)。

利用式(8-3)对多PID控制器的参数进行优化时，存在一个普遍问题，就是系统的动态响应有可能出现超调，在快锻压机工作过程中超调是被严格禁止的。为了避免超调的出现，对上式进行相关改进，即系统的动态响应一旦产生超调，就将超调量作为权值远大于其他指标的一项，即：

$$J=w_1|e_t|+w_2t_d+w_3|e_t| \tag{8-4}$$

对于一个多目标优化问题，合理地确定权值直接关系到优化结果的好坏，权是表示各个子目标函数在整个问题中的重要程度，权系数的确定不受目标函数值的相对大小影响。因此，多目标优化问题中往往涉及权重的设计。在仿真中通过多次尝试选择 $w_1=0.2$，$w_2=0.8$，$w_3=1000$。

目标函数优化是求最小值，遗传算法是求适应度函数的最大值。由于其精度误差和时间延迟均为正数，在保证适应度函数非负性的前提下，将其按照如下方式进行转换，有：

$$F=1/J \tag{8-5}$$

8.2.5　遗传操作算子设定

(1) 选择算子

遗传算法的迭代原则是“优胜劣汰”，从群体中淘汰劣质个体，选择优胜个体的操作叫作选择。选择的目标是把优化得到的个体直接遗传到下一代或通过配对交叉产生新个体再遗传到下一代。选择操作是建立在群体中个体适应度函数评估基础上的。目前常用的选择算子有适应度比例法、随机遍历抽样法和局部选择法。目前最简单也是最常用的选择方法是适应度比例选择法。在该方法中，每个个体的选择概率和其适应度值成比例。其选择过程具体步骤如下：

① 在第 t 代中计算出群体全部个体的适应度值 f_i 及总和 $\sum\limits_{i=1}^{N}f_i$；

② 计算出每个个体所占的比例，即每个个体被遗传到下一代的选择概率 p_i，其中 $p_i=f_i/\sum\limits_{i=1}^{N}f_i$；

③ 每个概率值组成一个区域，全部概率值之和为1；

④ 随机产生一个0～1之间的数 r，根据该随机数出现在上述任意一个概率区域内来确定个体被选中次数；

⑤ 对步骤④进行 N 次操作，得到 N 个个体，成为第 $t+1$ 代种群。

(2) 交叉算子

自然界中的生物通过染色体的交叉可以产生新的基因，从而形成新的生物个体。在遗传算法中使用与此类似的交叉算子来模拟基因交叉的过程，从而使种群中出现新的个体解。交叉算子能保持父代种群中优秀个体的基因，通过交叉运算又能产生新的基因和新的个体解。

在实际待优化问题中，交叉算子的设计依据总体上符合如下原则：即经过交叉运算后，父代个体的优良基因能够在子代中得到继承，并且要能够有效地产生出一些更优良的个体。

本节选用的是单点交叉算子，其交叉方式如图8-5所示。首先在个体的染色体编码中随机产生一个交叉点，然后交换相互配对的两个个体在交叉点之前或之后的染色体的部分，从而产生两个新的个体。交叉概率(Crossover Faction)通常在0.4～0.99范围内取值，本节交叉概率取0.75。

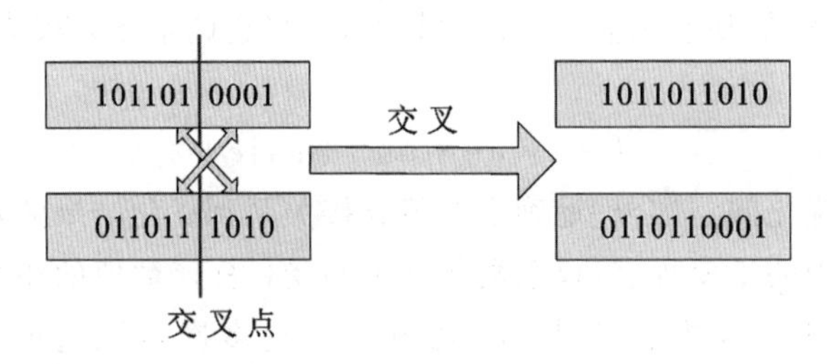

图8-5　单点交叉算子的交叉方式

(3) 变异算子

自然界中生物体新的基因产生是由于进化过程中的基因突变。遗传算法中也引入类似的突变——变异算子。变异运算是指以一定的概率来改变种群中的个体基因座上的某些基因。与前面讨论的交叉算子结合起来考虑，在遗传算法中，变异算子和交叉算子都能改变个体染色体的基因，从而产生出新的个体，其中交叉算子具有全局搜索能力，所以为主要算子；而变异算子具有局部搜索能力，作为辅助算子相互配合使用，提高了遗传算法的搜索能力。常用的变异算子有基本位变异算子、逆转算子、自适应变异算子等方式。本节选择的是简单常用、易于实现的基本位变异算子。

基本位变异算子变异操作的具体过程是：首先确定出各个个体的基因变异位置，显示出随机产生的变异点位置，其中的数字表示变异点设置在该基因位置处，然后依照某一变异概率将变异点的原有基因值取反。针对二进制编码串，变异操作就是把某些基因座上的基因值取0→1，1→0。变异概率增大可以增加种群样本的多样性，但变异概率过大会引起不稳定。一般变异概率 p_m 的取值范围为0.0001～0.1。

根据工程经验和试验过程探究可知，PID参数调节过程中存在一定的边界条件。因此需要对经过交叉和变异而得到的新个体进行有效性校验。若校验失败，则令其适应度为零，在下一代中将其淘汰掉。

8.2.6　对适应度函数进行尺度变换的改进遗传算法

(1) 线性比例变换(Goldberg线性拉伸法)

对适应度函数进行线性比例变换的公式如下：

$$f'=af+b \tag{8-6}$$

系数 a 和 b 根据每一代个体进化情况，对适应度进行拉伸，合理改变个体间的差距。系数 a 和 b 的确定公式如下：

$$a=\frac{(c-1)f_{avg}}{f_{max}-f_{avg}} \tag{8-7}$$

$$b=\frac{(f_{max}-cf_{avg})f_{avg}}{f_{max}-f_{avg}} \tag{8-8}$$

式中　f_{avg}——当前群体 f 的平均值(无因次)；

f_{max}——当前群体中 f 的最大值(无因次)。

(2) 幂变换法

对适应度函数进行幂变换的公式如下：

$$f'=f^k \tag{8-9}$$

由幂函数的性质可知，幂函数的拉伸作用非常明显，容易使得适应度函数拉得过大，从而造成个别优良个体的适应度有可能远高于其他个体，增加其被复制的概率，反而会影响到群体多样性。因此，为了将适应度函数均匀拉伸，将适应度函数幂变换公式改为：

$$f''=\begin{cases}1-0.5\left(\left|\dfrac{f-b}{a}\right|\right)^{k_1}, & |f-b|<a\\[2ex] \dfrac{1}{1+\left(\left|\dfrac{f-b}{a}\right|\right)^{k_2}}, & |f-b|\geqslant a\end{cases} \tag{8-10}$$

其中，b 的理想值是全局最优解 f_{min}。在理想情况下，a 的取值：当适应度值 f'' 为0.5时，$|f-f_{min}|=a>0$。

k_1、k_2 是参数，可取 $k_2=2$ 来贬低适应度差的个体，保证适应度函数均匀拉伸情况。用 $k_1=0.5$ 可以较灵敏地反映出适应度值 f 的变化情况。另外，对适应度函数采用幂变化法可以在算法的后期有效地拉伸最优解附近点的适应度值。

(3) 指数变换法

对适应度函数进行指数变化的公式如下：

$$f'=e^{-af} \tag{8-11}$$

系数 a 决定了复制的强制性，其值越小，复制的强制性就越趋向于那些具有适应度大的个体。根据前面的适应度调整变换的基本思路，提出的自适应指数比例变换适应度函数如下：

$$\left.\begin{aligned}&f'=e^{-af}\\&a=\frac{\sqrt[m]{t}}{f_{avg}+\varepsilon}\\&m=1+\lg(T)\end{aligned}\right\} \tag{8-12}$$

式中　t——当前的进化代数(无因次)；

T——最大遗传代数(无因次)。

指数系数 a 不再是一个常数,而是一个随进化代数增加而逐渐增加的动态变化的正数;ε 为一足够小的正数,防止 $f_{avg}=0$ 时算式的分母为零,使得公式(8-12)无意义。

根据上述公式修改适应度函数,将 30 组不同的 PID 参数作为初始化群体,选择遗传代数(迭代次数)为 500,4 组 PID 参数经过优化之后得到的结果见表 8-1。

表 8-1 不同适应度变换仿真结果对比

尺度变换方法	优化目标	最优解迭代次数
未变换	锻造精度 1.213 mm,时间延迟 0.074 s	452
线性拉伸变换	锻造精度 1.417mm,时间延迟 0.096 s	53
幂变换	锻造精度 0.974mm,时间延迟 0.091 s	127
指数变换	锻造精度 0.836 mm,时间延迟 0.072 s	62

对比分析三种不同适应度变换后的仿真结果可以发现:对遗传算法适应度函数进行线性拉伸法变换得到的优化目标,与适应度未变换进行对比,虽然其效率提高了,但是优化目标锻造精度和时间延迟都相对变差;对遗传算法适应度进行指数变换提高了遗传算法寻优过程的收敛速度,但是锻造过程中滞后增大;对遗传算法适应度进行幂变换不仅提高了遗传算法仿真过程的收敛速度,而且位移跟随良好,改善了系统的控制性能。综合上述分析,本节采用对遗传算法适应度进行幂变换的改进,完成不同工况下多 PID 控制器参数优化。

在完成适应度函数尺度变换后,针对快锻压机锻造行程为 20 mm,不同频次(0.50 Hz、0.75 Hz、1.00 Hz、1.25 Hz)的工况下分别进行遗传算法求解,得到优化后的多 PID 控制器参数如表8-2所示。

表 8-2 锻造行程为 20 mm、不同频次的 PID 参数优化结果

锻造频次	主缸进液 PID	主缸排液 PID	回程缸进液 PID	回程缸排液 PID
0.50 Hz	$K_p=0.2790$ $T_i=0.1235$ $T_d=0.0313$	$K_p=2.0184$ $T_i=0.7582$ $T_d=0.0280$	$K_p=0.4251$ $T_i=0.2059$ $T_d=0.0271$	$K_p=4.2947$ $T_i=0.9819$ $T_d=0.0173$
0.75 Hz	$K_p=0.5387$ $T_i=0.2836$ $T_d=0.0741$	$K_p=3.1818$ $T_i=0.3469$ $T_d=0.0814$	$K_p=0.4964$ $T_i=0.6518$ $T_d=0.0167$	$K_p=5.7312$ $T_i=0.9003$ $T_d=0.0166$
1.00 Hz	$K_p=0.3825$ $T_i=0.0579$ $T_d=0.0431$	$K_p=3.2467$ $T_i=0.6772$ $T_d=0.0407$	$K_p=0.3179$ $T_i=0.1359$ $T_d=0.0316$	$K_p=5.2412$ $T_i=1.1260$ $T_d=0.0091$
1.25 Hz	$K_p=0.6881$ $T_i=0.0429$ $T_d=0.0609$	$K_p=3.7283$ $T_i=0.8731$ $T_d=0.0719$	$K_p=0.7558$ $T_i=0.2771$ $T_d=0.0941$	$K_p=6.9589$ $T_i=0.9447$ $T_d=0.0383$

针对锻造行程为 30 mm，在不同频次工况下得到优化后的多 PID 控制器参数如表 8-3 所示。

表 8-3 锻造行程为 30 mm、不同频次的 PID 参数优化结果

锻造频次	主缸进液 PID	主缸排液 PID	回程缸进液 PID	回程缸排液 PID
0.50 Hz	$K_p=0.4314$ $T_i=0.4467$ $T_d=0.0537$	$K_p=1.8055$ $T_i=0.3860$ $T_d=0.0391$	$K_p=0.2596$ $T_i=0.5298$ $T_d=0.0516$	$K_p=3.2023$ $T_i=0.7755$ $T_d=0.0515$
0.75 Hz	$K_p=0.1941$ $T_i=0.9042$ $T_d=0.0158$	$K_p=2.7263$ $T_i=0.4819$ $T_d=0.0529$	$K_p=0.4817$ $T_i=0.2502$ $T_d=0.0449$	$K_p=4.9003$ $T_i=0.8358$ $T_d=0.0435$
1.00 Hz	$K_p=0.4653$ $T_i=0.9296$ $T_d=0.0212$	$K_p=3.0267$ $T_i=0.3099$ $T_d=0.0391$	$K_p=0.3296$ $T_i=0.2102$ $T_d=0.0689$	$K_p=5.5956$ $T_i=0.7124$ $T_d=0.0243$
1.25 Hz	$K_p=0.5977$ $T_i=0.2962$ $T_d=0.0413$	$K_p=3.3001$ $T_i=0.2307$ $T_d=0.0735$	$K_p=0.2828$ $T_i=0.8113$ $T_d=0.0182$	$K_p=6.5220$ $T_i=0.5279$ $T_d=0.0298$

针对锻造行程为 40 mm、不同频次的工况，采用上述方法，得到优化后的多 PID 控制器参数如表 8-4 所示。

表 8-4 锻造行程为 40 mm、不同频次的 PID 参数优化结果

锻造频次	主缸进液 PID	主缸排液 PID	回程缸进液 PID	回程缸排液 PID
0.50 Hz	$K_p=0.5846$ $T_i=0.3560$ $T_d=0.0386$	$K_p=3.1771$ $T_i=0.3910$ $T_d=0.0291$	$K_p=0.2037$ $T_i=0.0264$ $T_d=0.0082$	$K_p=5.0371$ $T_i=0.9951$ $T_d=0.0697$
0.75 Hz	$K_p=0.4624$ $T_i=0.6199$ $T_d=0.0781$	$K_p=4.5210$ $T_i=0.8260$ $T_d=0.0662$	$K_p=0.4305$ $T_i=0.3314$ $T_d=0.0434$	$K_p=6.9732$ $T_i=0.1105$ $T_d=0.0352$
1.00 Hz	$K_p=0.4825$ $T_i=0.2793$ $T_d=0.0131$	$K_p=4.3659$ $T_i=0.8035$ $T_d=0.0407$	$K_p=0.3721$ $T_i=0.0264$ $T_d=0.0031$	$K_p=6.7241$ $T_i=0.6178$ $T_d=0.0191$
1.25 Hz	$K_p=0.5934$ $T_i=0.0938$ $T_d=0.0349$	$K_p=4.2014$ $T_i=0.8592$ $T_d=0.0275$	$K_p=0.4606$ $T_i=0.1994$ $T_i=0.0773$	$K_p=6.4819$ $T_i=0.0283$ $T_d=0.0969$

根据上述表格中快锻压机不同锻造行程（20 mm、30 mm、40 mm）和不同频次（0.50 Hz、0.75 Hz、1.00 Hz、1.25 Hz）的多 PID 控制器参数，将其按照条件判断的方式编入仿真程序，

即判断其工况是否为已经进行 PID 参数优化的工况，条件成立则自动将相对应的多 PID 控制器参数代入其中。

8.3 正弦泵控液压机蓄能器快锻子系统

0.6 MN 压机由上横梁、活动横梁、立柱、下横梁、主工作缸、回程缸 6 个部分组成。集阀控系统和泵控系统于一身，可以进行阀控系统与泵控系统相关的各种研究工作，泵控系统中的主要元件有螺杆泵电机组、RKP 变量径向柱塞泵、蓄能器组，本系统通过电液比例先导控制泵排量的变化实现执行机构的运动速度的改变。整个系统为泵控调速系统，螺杆泵一方面为径向柱塞泵供油，防止其吸空，另一方面为压机快下时补油。RPK 变量径向柱塞泵直接与压机主工作缸相连，压机的回程缸与蓄能器相连，构成快锻回路。

对不同锻造频率、不同锻造行程、不同蓄能器充气压力等几种情况进行仿真和试验。仿真参数如表 8-5 所示，绘制压机活动横梁的位移曲线、主缸压力曲线、回程缸压力曲线，分析蓄能器参数对 0.6 MN 正弦泵控液压机蓄能器快锻系统动静态特性的影响。

表 8-5 系统仿真参数表

序号	参数名称	符号	数值	单位
1	主工作缸面积	A_1	7.854×10^{-3}	m^2
2	回程缸面积	A_2	3.18×10^{-3}	m^2
3	压机最大行程	L	0.25	m
4	活动横梁质量	m	200	kg
5	气体多变指数	n	1.4	—
6	液压油弹性模量	K	7.8×10^{8}	Pa
7	液压油密度	ρ	850	kg/m^3
8	液压油动力黏度	μ	1.37×10^{-2}	$N\cdot s/m^2$

(1) 不同锻造频率

蓄能器初始压力为 18 MPa，容积为 10 L，锻造行程为 20 mm，锻造频率分别为0.5 Hz、1.0 Hz、1.5 Hz 时仿真曲线与试验曲线如图 8-6 示。

从图 8-6 可以看出，当 PID 参数不变，锻造频率为 1.0 Hz 时，正弦泵控液压机蓄能器快锻子系统位移曲线比较精确；但当锻造频率降低时，正弦泵控液压机蓄能器快锻子系统位移曲线超调变大；当锻造频率增大时，正弦泵控液压机蓄能器快锻子系统位移曲线衰减量变大。

(2) 不同锻造行程

锻造频率为 1.0 Hz，蓄能器初始压力为 18 MPa，容积为 10 L，锻造行程分别为20 mm、40 mm时仿真曲线与试验曲线如图 8-7 所示。

从图 8-7 可以看出，锻造行程为 20 mm 和 40 mm 时，系统跟踪给定位移曲线精度都很高；锻造行程减小时，系统压力波动变小。另外，从图 8-7(h)可以看出，在锻造行程为40 mm时，压机回程前系统中产生了压力冲击，这是因为系统惯性较大，相位滞后较大，在压机回程过程中，给定信号与位移检测信号交叉时，给定信号与位移检测信号的差值由负变为正，此时变量径向柱塞泵由从主工作缸吸油改为向主工作缸压油，系统升压过快，产生了压力冲击。

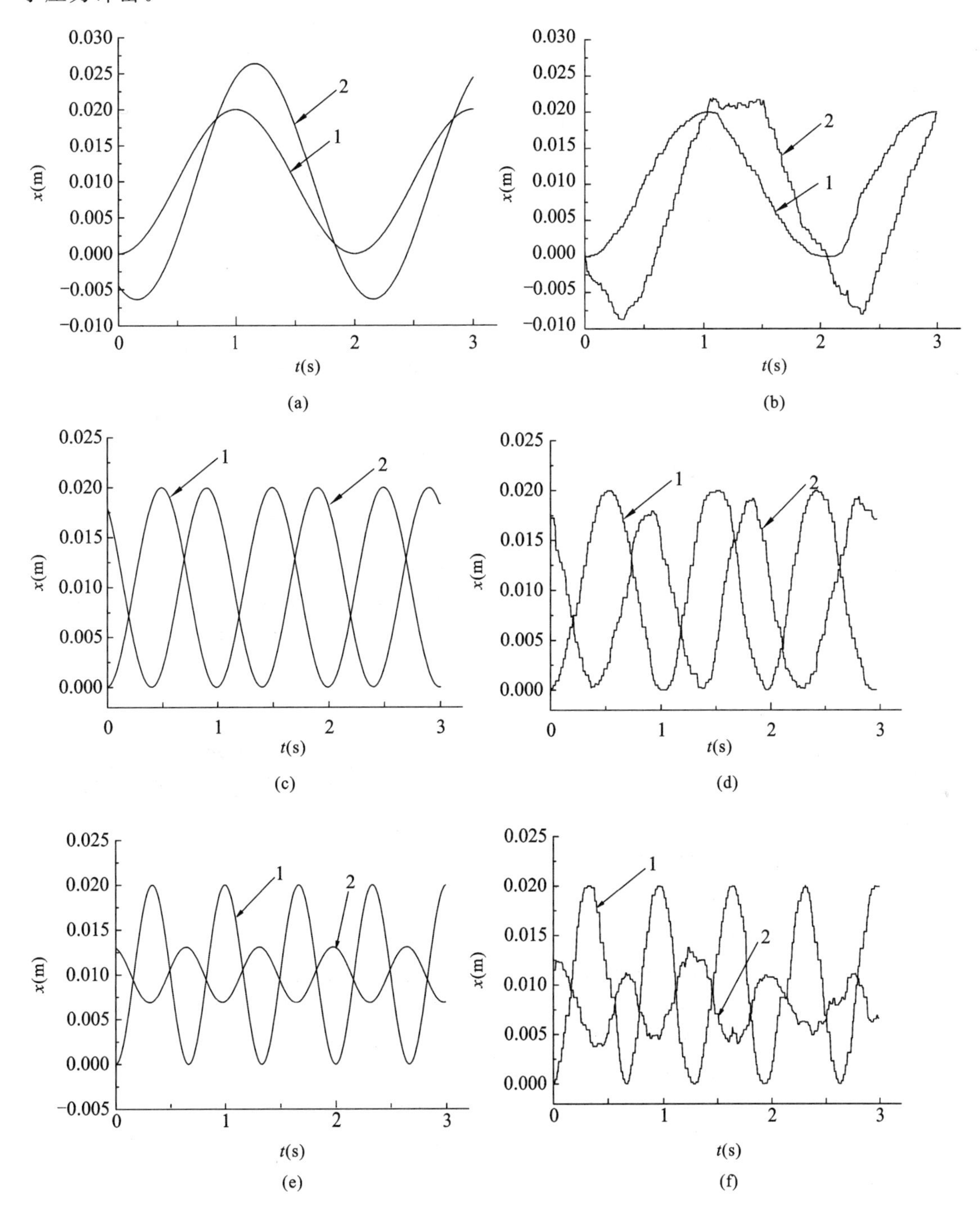

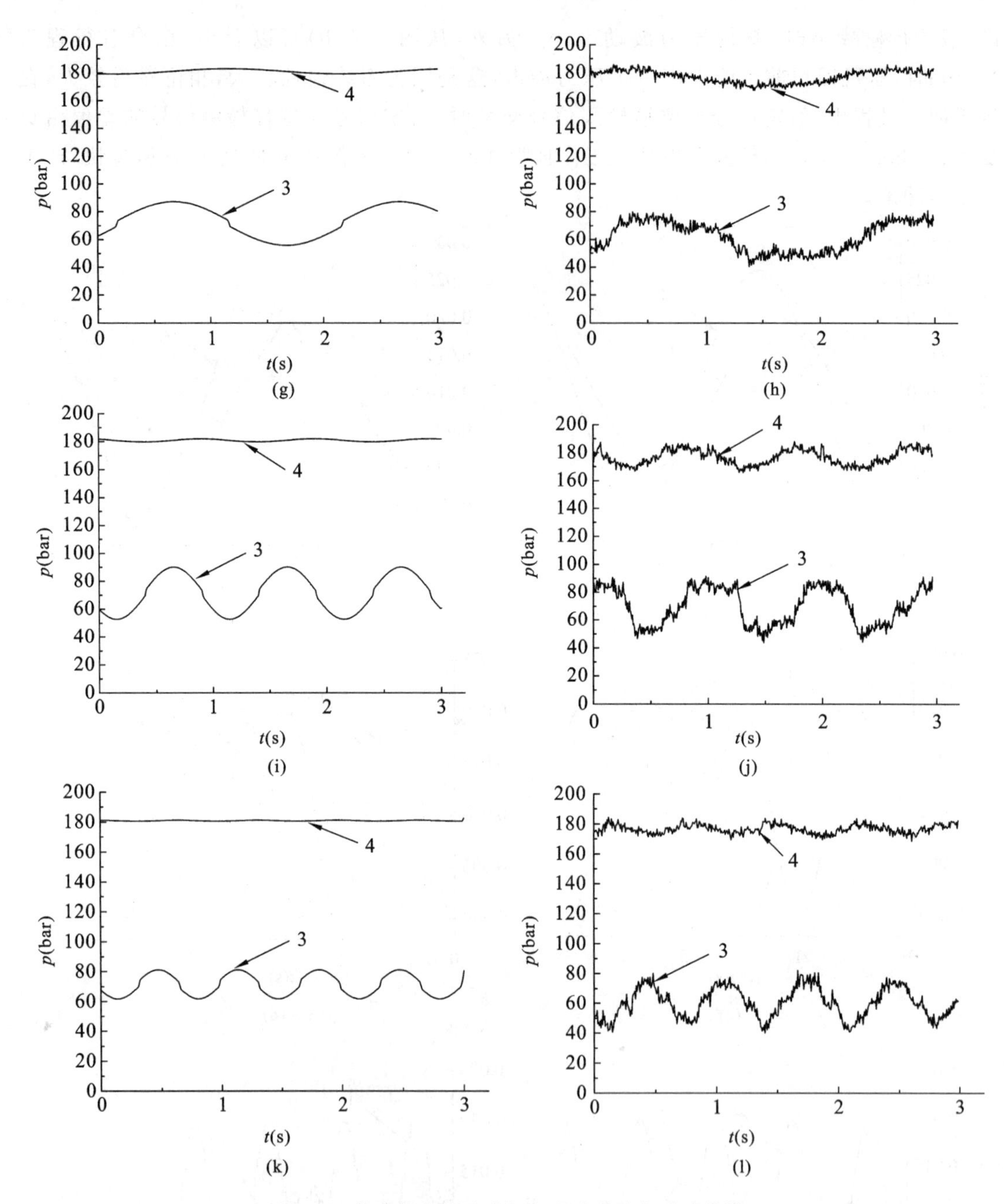

图 8-6 锻造频率不同时位移、压力仿真与试验曲线

(a) 锻造频率 0.5 Hz 时位移仿真曲线；(b) 锻造频率 0.5 Hz 时位移试验曲线；(c) 锻造频率 1.0 Hz 时位移仿真曲线；(d) 锻造频率 1.0 Hz 时位移试验曲线；(e) 锻造频率 1.5 Hz 时位移仿真曲线；(f) 锻造频率 1.5 Hz 时位移试验曲线；(g) 锻造频率 0.5 Hz 时主缸和回程缸压力仿真曲线；(h) 锻造频率 0.5 Hz 时主缸和回程缸压力试验曲线；(i) 锻造频率 1.0 Hz 时主缸和回程缸压力仿真曲线；(j) 锻造频率 1.0 Hz 时主缸和回程缸压力试验曲线；(k) 锻造频率 1.5 Hz 时主缸和回程缸压力仿真曲线；(l) 锻造频率 1.5 Hz 时主缸和回程缸压力试验曲线

1—给定信号；2—位移曲线；3—主工作缸；4—回程缸

(3) 不同初始压力

锻造频率为 1.0 Hz,锻造行程为 20 mm,蓄能器容积为 10 L,蓄能器初始压力分别为 15 MPa、18 MPa 时仿真与试验曲线如图 8-8 所示。

从图 8-8 可以看出,满足压机回程压力的前提下,蓄能器的初始压力对系统跟踪给定位移曲线精度影响不大,精度都在 2 mm 范围之内,蓄能器初始压力升高时,系统压力也升高。

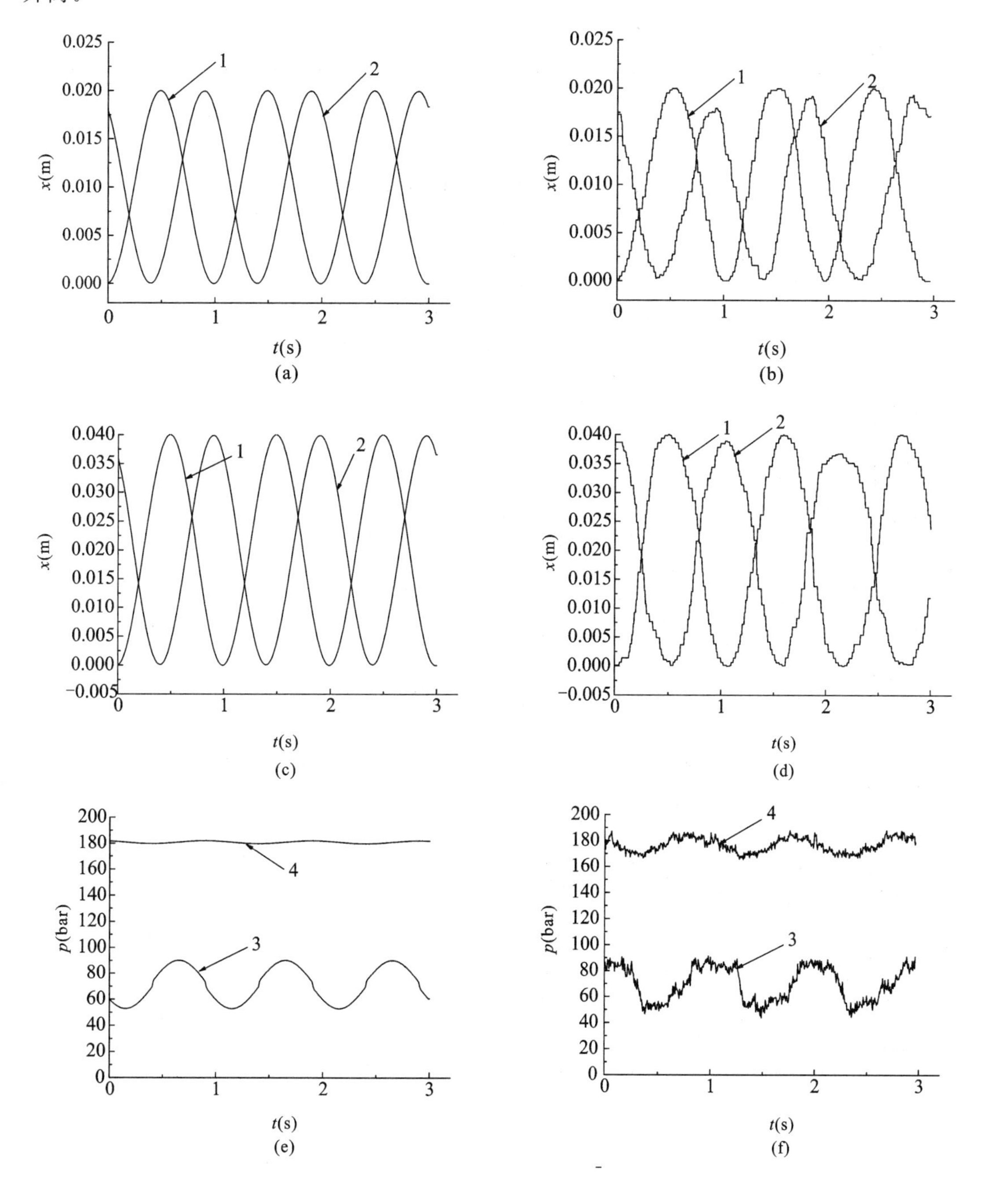

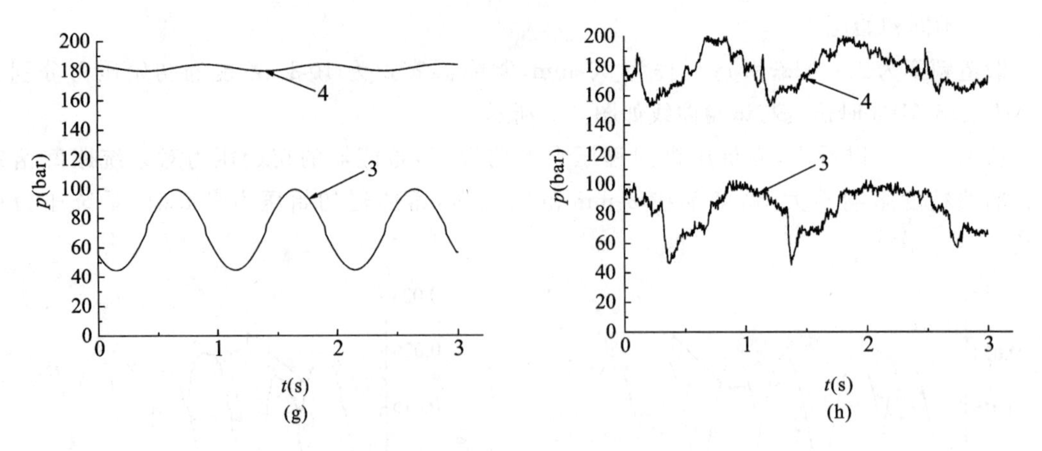

图 8-7 锻造行程不同时位移、压力仿真与试验曲线

(a) 锻造行程 20 mm 时位移仿真曲线；(b) 锻造行程 20 mm 时位移试验曲线；
(c) 锻造行程 40 mm 时位移仿真曲线；(d) 锻造行程 40 mm 时位移试验曲线；
(e) 锻造行程 20 mm 时主缸和回程缸压力仿真曲线；(f) 锻造行程 20 mm 时主缸和回程缸压力试验曲线；
(g) 锻造行程 40 mm 时主缸和回程缸压力仿真曲线；(h) 锻造行程 40 mm 时主缸和回程缸压力试验曲线；
1—给定信号；2—位移曲线；3—主工作缸；4—回程缸

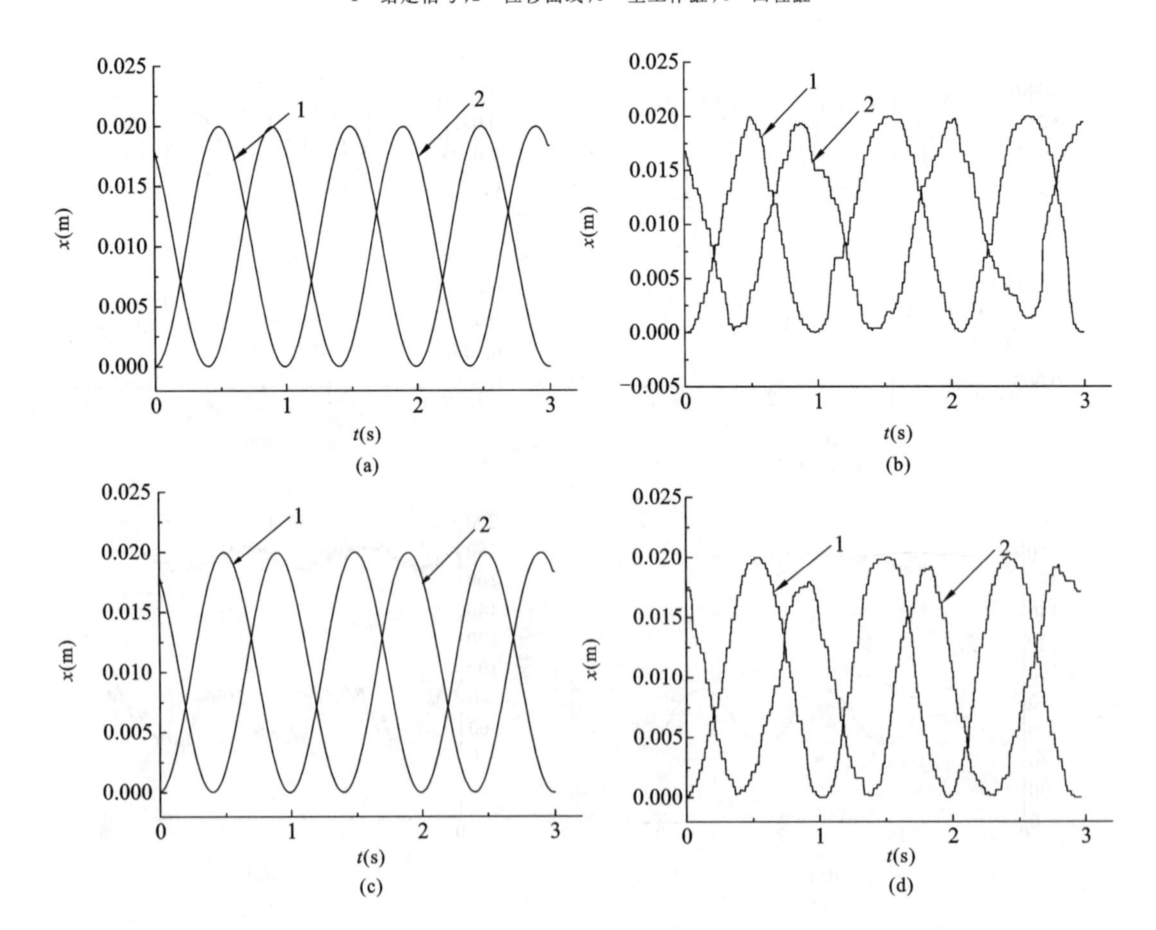

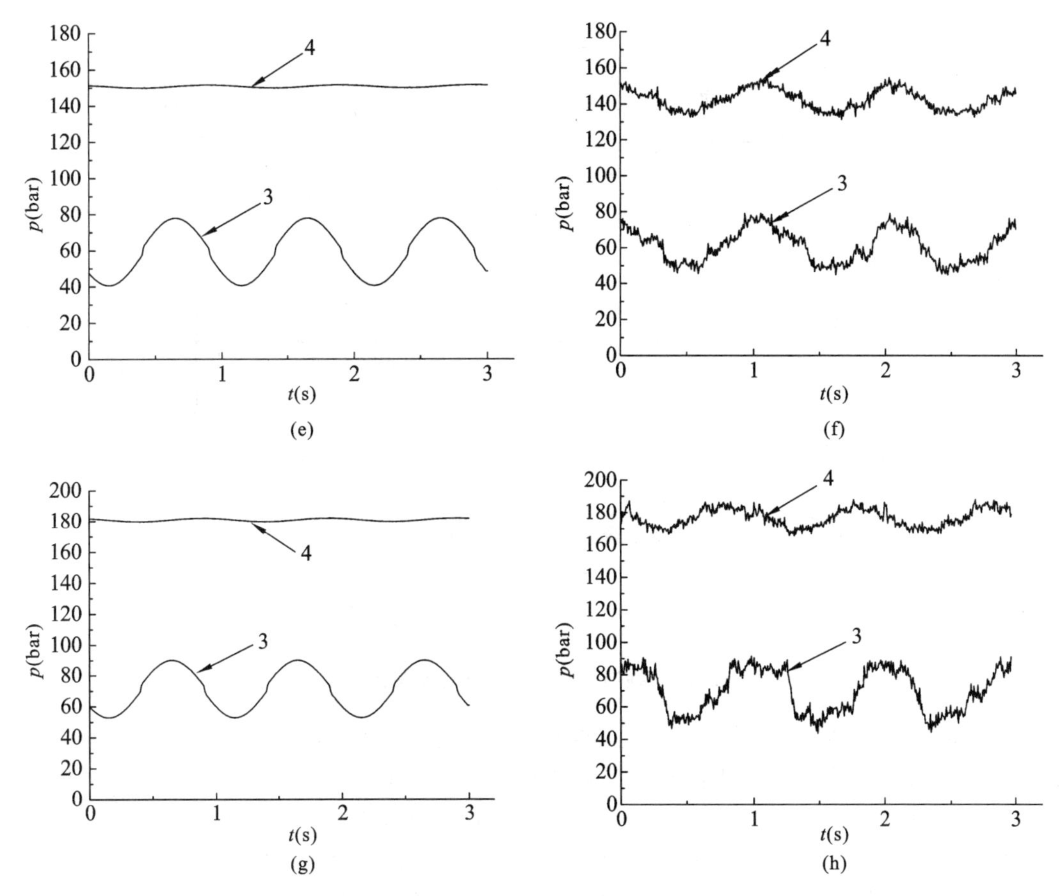

图 8-8 蓄能器初始压力不同时位移、压力仿真与试验曲线

(a) 初始压力 15 MPa 时位移仿真曲线;(b) 初始压力 15 MPa 时位移试验曲线;
(c) 初始压力 18 MPa 时位移仿真曲线;(d) 初始压力 18 MPa 时位移试验曲线;
(e) 初始压力 15 MPa 时主缸和回程缸压力仿真曲线;(f) 初始压力 15 MPa 时主缸和回程缸压力试验曲线;
(g) 初始压力 18 MPa 时主缸和回程缸压力仿真曲线;(h) 初始压力 18 MPa 时主缸和回程缸压力试验曲线;
1—给定信号;2—位移曲线;3—主工作缸;4—回程缸

8.4 泵控直传液压机液压系统控制技术

8.4.1 常锻时泵控油压机液压系统特性

(1) 常锻时各控制元件协调控制

锻造液压机最普遍的锻造方式即为常锻,常锻时各控制元件协调控制。常锻通常是在手动模式下完成,压机动作也需要手动操作手柄触发,压机的下压位置和回程位置可以随机确定或预先设定。压机的动作完全由操作者观察锻件状态,通过手动操作完成。常锻模式下,压机动作只受两台变量泵的控制,压机下行和回程信号直接由两台变量泵上伺服阀给定。常锻时手柄的动作与压下泵、回程泵以及卸荷阀启闭信号之间的关系如图 8-9 所示。

图 8-9 中以操作手柄的偏移角度为 X 轴,以 RKP 冲程环实际偏移量与最大偏移量的百分比为 Y 轴(满量程为 100%),黑色实线为压下泵的冲程环偏移对应的模拟量,黑色虚线为回程泵

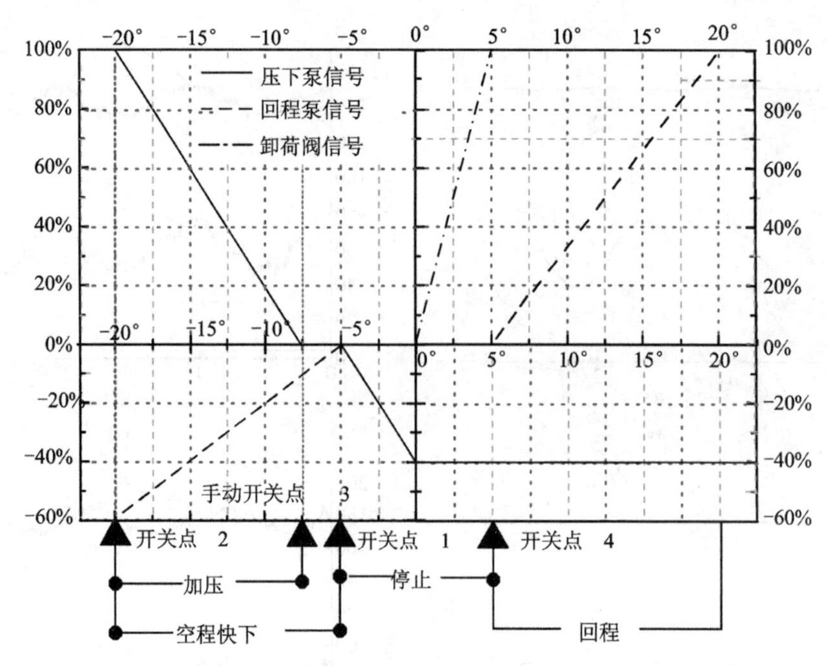

图 8-9　锻造过程中各泵阀动作关系图

的冲程环偏移对应的模拟量，黑色点画线为卸荷阀的启闭触发量。常锻时，操作手柄上只有开关按钮，仅负责信号的通断，操作手柄不同的偏移角度触发不同的电位计，传输不同大小的模拟信号。为避免误操作危害操作者的人身安全，在手柄停止位设置有一定角度死区，为 3°～5°。空程快下阶段，手柄 X 轴负向推动，触动开关点 1，回程泵进入马达工况，活动横梁速度随着手柄的摆动角度实现无级调速，当接近锻件时，手柄向中间位置搬动，回程泵排量减小，活动横梁速度减慢，缓慢平稳地接触到锻件。加压阶段，触发手动开关点 3，压下泵进入泵工况，加压速度由压下泵实时的排量决定。回程前，手柄往回搬动，触发开关点 2，回程泵排量为零，压下变量泵与吸/排油口互换，对主缸压力进行卸压。当手柄向相反方向搬动时，触发开关点 4，快速卸荷阀瞬间完全打开，同时回程泵进入泵工况，迅速提升活动横梁，回程速度由回程泵实时的排量决定。当压机停止时，手柄搬回初始位置过程中，触发开关点 4 和手动开关点 3，关闭相应的控制元件。

（2）常锻时控制特性仿真研究

快锻通常为位置闭环控制，活动横梁配备有两个位移传感器，可以将反馈位移信号取平均数以消除偏载的影响。反馈位移与给定位移之间的偏差，经过控制器转化为变量泵和排量控制信号，从而修正偏差，实现动梁位置闭环控制。为了更好地分析和研究 0.6 MN 泵控油压机系统的特性，本节对工艺过程进行了仿真，具体仿真参数的设置见表 8-6。模拟的最大负载力为 5.5×10^5 N。

表 8-6　模拟工艺参数

	快下	工进	保压	快回	待机
时间(s)	2	0.5	1	1.5	5
行程(mm)	0.20	0.03	0	0.20	0
速度(m/s)	0.14	0.06	0	0.17	0

根据给出的仿真模型可知，压机的主缸和回程缸通过分别调节两台变量泵的排量满足压机的行程和速度要求，可以实现无级调速，使得油压机在工作过程中平稳且无冲击。

在 AMESim 软件中信号只能通过时间函数触发，因此在本节中应根据工艺时间设定操作过程所需信号。在操作过程中，通过模拟电压信号驱动变量泵，变量泵的排量随着电压的升高而增大。当信号大于零时，变量泵为泵工况；当信号小于零时，变量泵与吸/排油口互换，进入马达工况。忽略卸荷阀的响应时间，可以在卸荷完成后迅速全开，进行大流量卸荷。具体信号给定如图 8-10 所示。

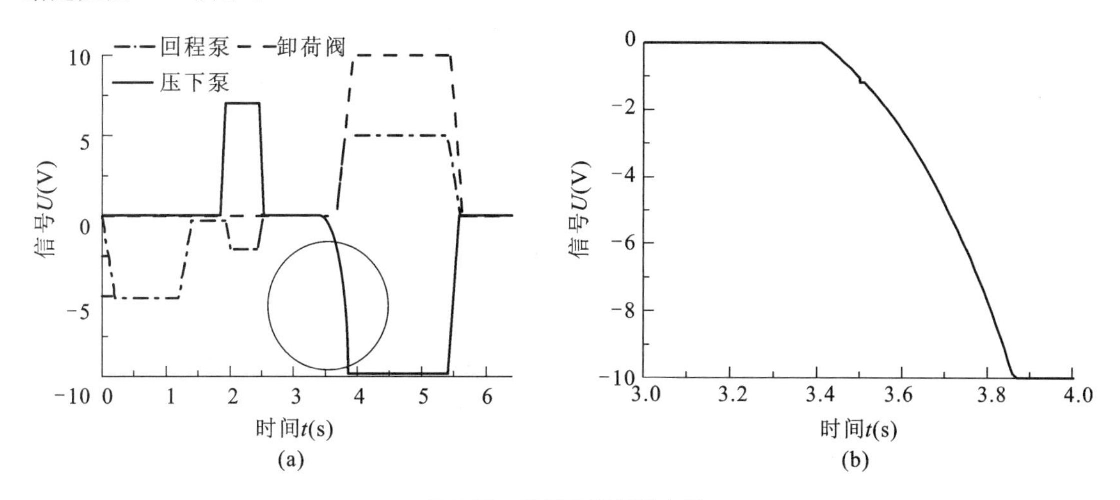

图 8-10　信号和局部放大图

(a) 信号输入图；(b) 局部放大图

由图 8-10 可得：空程快下阶段，0～0.2 s，回程变量泵的输入信号为斜坡信号，使得回程变量泵排量迅速增大；0.2～1.3 s，回程变量泵的输入信号为恒值，活动横梁快速且匀速下降；1.3～1.5 s，回程变量泵的输入信号斜坡降低至某一固定值，使得活动横梁减速；在 1.5～1.9 s，回程变量泵排量不变，活动横梁保持低速缓慢接近锻件，以保证接触到锻件时，系统平稳无冲击。加压阶段，1.9～2.4 s，两台主泵的输入信号均为斜坡信号，压下变量泵进入泵工况并为主缸大流量供油，完成迅速建压，回程变量泵排量增大，降低回程缸的压力，减少不必要的阻力；在 2.4～3.4 s，系统进入保压阶段，两台主泵输入信号均为较小恒值，用以补充系统的泄漏；在 3.4～3.9 s，应用了基于噪声声强最弱理论而提出的卸压过程中卸压控制曲线对压下变量泵进行信号设置，对主缸完成平稳卸压；在 3.9～5.4 s，卸荷阀和回程变量泵输入信号为斜坡信号，卸荷阀全部打开进行大流量卸荷，回程变量泵进入泵工况迅速提升活动横梁，压下变量泵的输入信号为恒值。

常锻过程中，活动横梁的位移和速度曲线如图 8-11 所示。

由图 8-11 可得，0～0.3 s 时活动横梁处于加速阶段；0.3～1.3 s 时活动横梁处于匀速阶段，活动横梁的下行速度为 0.16 m/s；1.3～1.8 s 时活动横梁处于减速加压阶段；2～2.5 s 时活动横梁处于工进阶段，工进速度为 0.05 m/s；2.5～3.5 s 处于保压阶段；3.5～5 s 时活动横梁处于快速回程阶段，活动横梁快速回程速度为 0.16 m/s。根据位移和速度曲线变化说明油压机系统在常锻时小行程范围内能控性良好，油压机下降过程中位移曲线平滑，接触锻件时状态平稳，瞬时停止时无抖动，回程迅速。

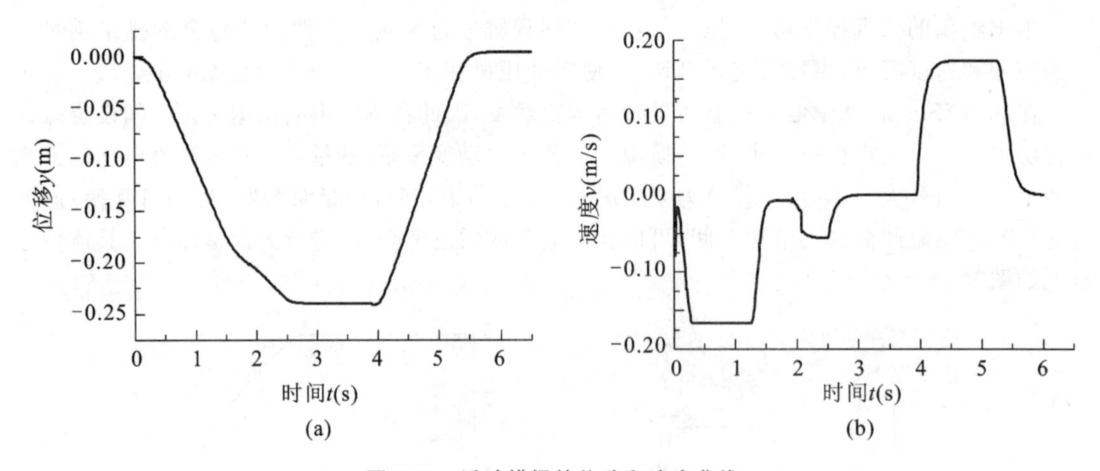

图 8-11 活动横梁的位移和速度曲线

(a) 活动横梁的位移曲线;(b) 活动横梁的速度曲线

常锻过程中,液压缸的压力和流量曲线如图 8-12 所示。

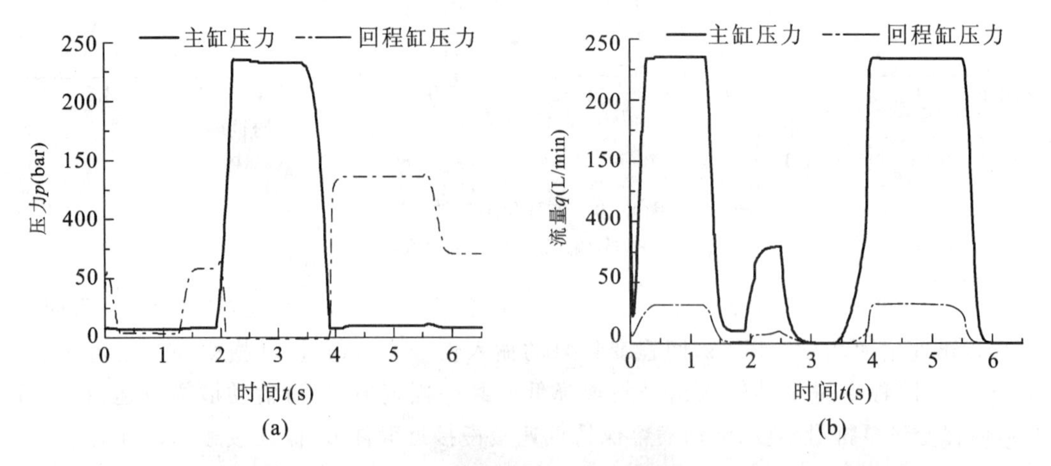

图 8-12 液压缸的压力和流量曲线

(a) 压力曲线;(b) 流量曲线

由图可知:负载力为 5.5×10^5 N 时,系统运行之初,回程变量泵缓慢打开,使得系统的流量、速度、压力都产生了波动,主缸压力保持低压,回程缸的压力随着速度的提高而降低。在 1.9 s,刚接触到工件时,主缸压力和流量迅速提升,回程缸压力迅速下降,流量略有提高,系统的流量、速度略有波动,主缸迅速建压,回程缸高压流量通过回程变量泵回到油箱。在 2.5 s,系统进入保压阶段,主缸和回程缸流量基本为零,压力保持不变,在 3.5 s 时,在系统进入卸压返程阶段,主缸压力迅速降低,主缸卸压平稳,无冲击;在 3.9 s 时,回程变量泵吸/排油口换向,卸荷阀开启,主缸完成大流量卸荷,回程缸压力迅速提高,迅速回程。

常锻过程中,主要元件的扭矩和流量如图 8-13 所示。

由图 8-13 可知,空程快下阶段,压下泵的扭矩和流量均为零,主缸的流量全部由充液缸提供,回程泵的扭矩和流量都随着活动横梁的速度变化而变化。在 1.9 s 时,活动横梁接触工件,压下泵的流量和扭矩都迅速提高,充液缸停止向主缸供油,回程缸扭矩和流量均较小。在保压阶段,压下泵和回程泵的扭矩和流量均几乎为零。在 3.5 s 时进入卸压阶段,压下泵进入

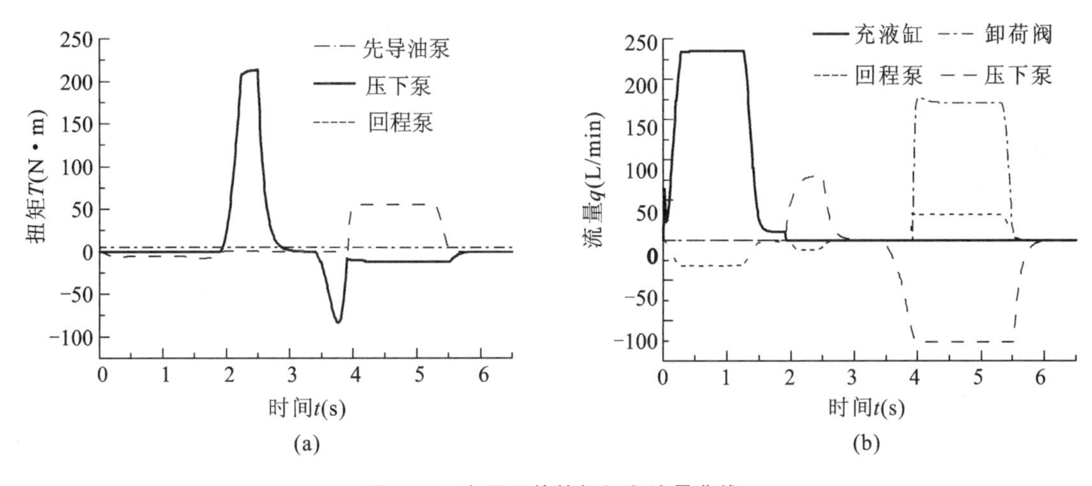

图 8-13　主要元件的扭矩和流量曲线

(a) 主要元件的扭矩曲线；(b) 主要元件的流量曲线

马达工况，扭矩先变大后随着主缸压力降低而减小。在 3.9 s 时，回程泵给回程缸供油，同时卸荷阀打开，大量流量经过卸荷阀回到油箱。回程泵的扭矩随着活动横梁的速度变化而变化。整个过程中，流量变化比较平稳，说明压机系统稳定性好。

8.4.2　常锻系统特性试验

基于变量泵控直传油压机液压系统操作方法的 LabVIEW 程序如图 8-14 所示，其前面板主要实现控制参数的调整和运行结果的显示。程序面板主要包括位移采集程序、采集数据的数字处理、比例积分控制器设计和端口及通道配置。

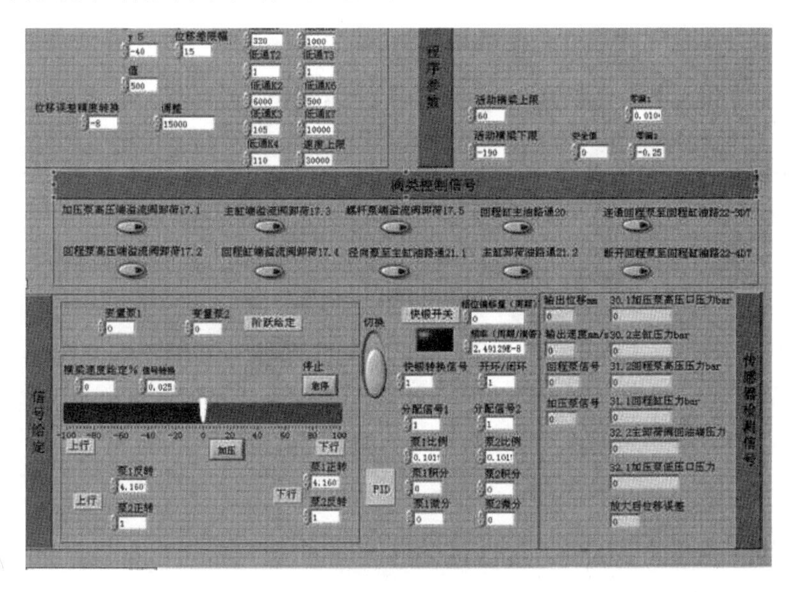

图 8-14　试验操作界面

按照常锻工况时操作手柄的动作和各泵以及卸荷阀启闭之间的关系，通过 LabVIEW 程序编译了常锻模拟手柄的程序，如图 8-15 所示。手柄的刻度对应活动横梁的运动速度，通过布尔运算设置了加压按钮和卸荷按钮，在后面板中运用逻辑关系判断语句，配合布尔运算，实现了在不同工作阶段对压下泵和回程泵进行相应控制的目标。具体操作为：当手柄向下行方向推动时，压机进入空程快下阶段，此时压下泵不接收信号，回程泵信号为负值，进入马达工况，活动横梁的下降速度可以通过调整手柄进行控制。当活动横梁接近锻件时，手柄向零位推动，使活动横梁减速。平稳接触锻件后，按下加压按钮，此时信号同时送达至压下泵和回程泵，使压下泵进入泵工况，完成加压，加压速度可以通过手柄进行调整。在保压阶段，通过压下泵的泵口压力闭环实现，卸荷回程前，把手柄拉回到上行方向，此时主泵进入马达工况，卸压速度与手柄刻度成正比，待卸荷结束后，按下卸荷按钮，回程泵快速向回程缸充油，实现回程，回到起始点时，按下停止按钮，系统进入待机状态。出于安全考虑，虚拟手柄中还设置了安全限幅和急停按钮。

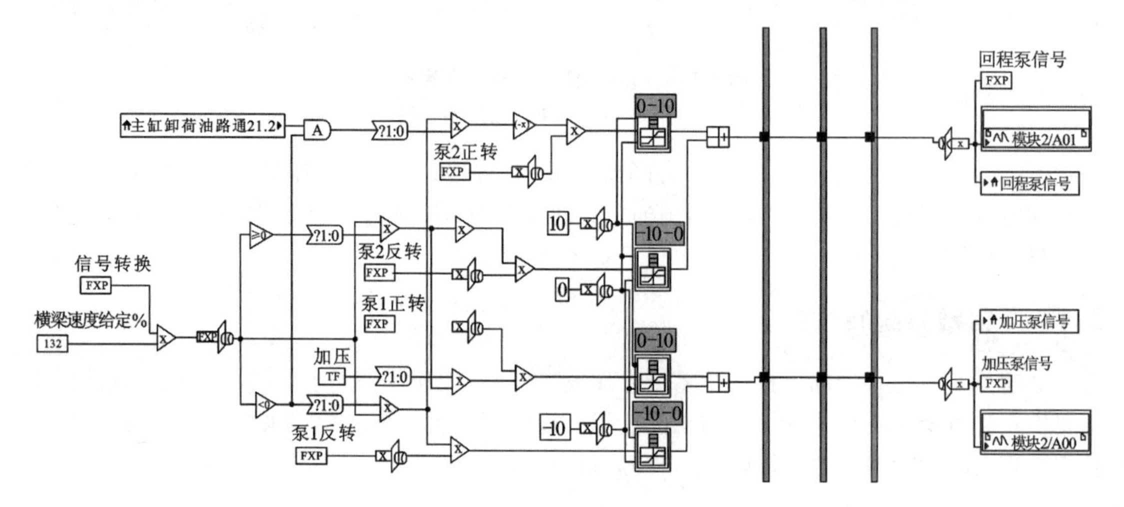

图 8-15　虚拟手柄的 LabVIEW 程序

常锻工况的过程为手动操作，在试验过程中工艺过程无法与仿真中预设的过程保持完全一致，试验中锻件的变形抗力约为 2.0×10^5 N。常锻时试验和仿真中活动横梁的速度和位移曲线对比如图 8-16 所示。

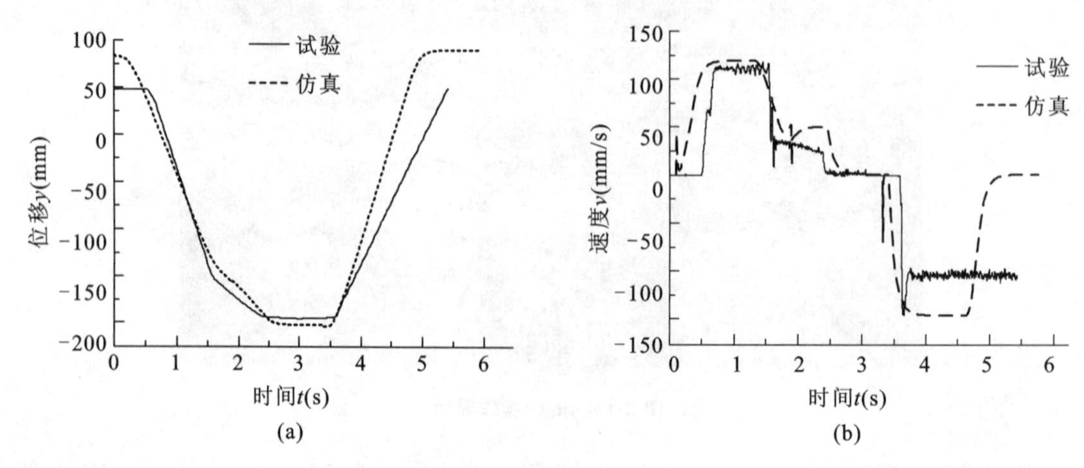

图 8-16　位移和速度对比曲线

(a) 位移曲线；(b) 速度曲线

由图 8-16(a)可以发现，仿真和试验的活动横梁的位移曲线基本吻合，整个过程中，活动横梁位移曲线较为平滑，没有明显的抖动，减速加压点不明显，系统响应快；图 8-16(b)中可以发现试验中的活动横梁速度曲线与仿真曲线相比略有抖动，这是由于真实系统中的非线性因素造成的。试验中活动横梁的压下速度和回程速度均小于仿真中的相应速度。试验和仿真的压力对比曲线如图 8-17 所示。

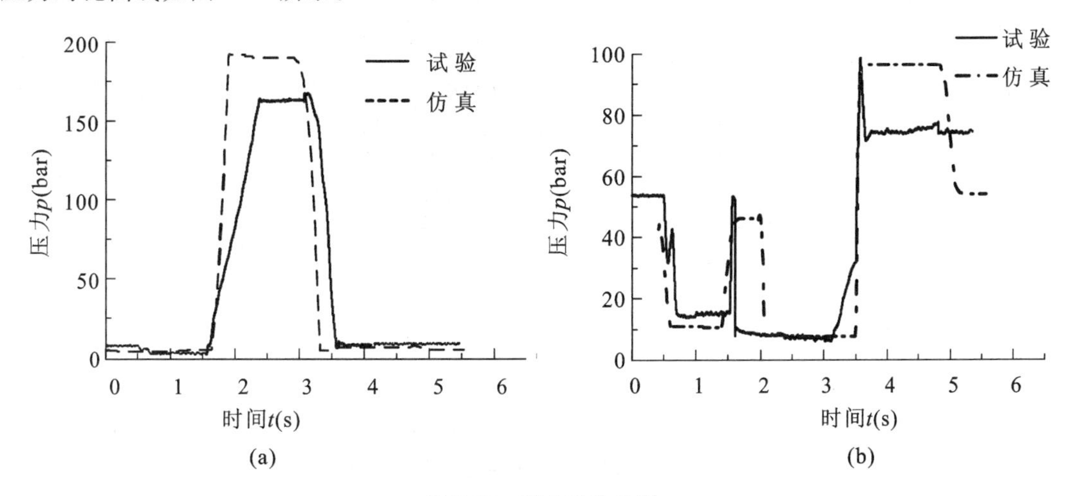

图 8-17　压力对比曲线

(a) 主缸压力；(b) 回程缸压力

由图 8-17(a)可以发现，仿真和试验的主缸压力在空程快下阶段和快速回程阶段基本一致。而试验中主缸压力建压速度稍慢于仿真过程，由于工进时速度相对较慢，由图 8-17(b)可以发现，回程缸压力在速度变化过程中有一定的抖动，这是手动操作过程中人为因素造成的，仿真和试验中的回程缸压力趋势基本一致。在快速回程阶段，试验中的回程缸压力比仿真的略小，这是导致回程速度较慢的原因。

8.4.3　快锻时泵控油压机液压系统特性

(1) 快锻控制特性分析

给定信号为正弦信号，幅值为 30 mm，频次为 1 Hz，负载大小为 2.5×10^{4} N，仿真结果如图 8-18 所示。

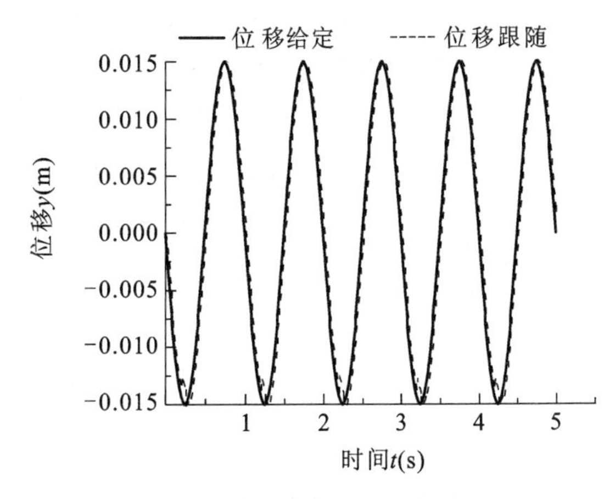

图 8-18　加载时位移跟随仿真曲线

由图 8-18 可得：位移跟随性能较好，回程阶段的跟随性优于下行阶段，下行和回程均无超调现象。在接触锻件前，位移曲线平滑无抖动，说明系统的稳定性较好，在接触到锻件时，位移跟随滞后稍有增大，活动横梁在接触到锻件时会出现一定抖动，这符合实际压机的受力情况，位置精度满足位置闭环的精度要求。

主缸压力和回程缸压力曲线如图 8-19 所示。活动横梁下行时，主缸压力随着活动横梁的速度降低而逐步升高，回程缸保持较低压

力。接触锻件的瞬间，主缸压力瞬间提升，回程缸压力瞬间下降，突变的幅值约为 3 MPa，该压力即为实际的锻造压力，随着给定负载的峰值变化而变化，如图 8-20 所示。活动横梁换向运动时，主缸压力稍有抖动，之后迅速降低，回程缸压力迅速增大。

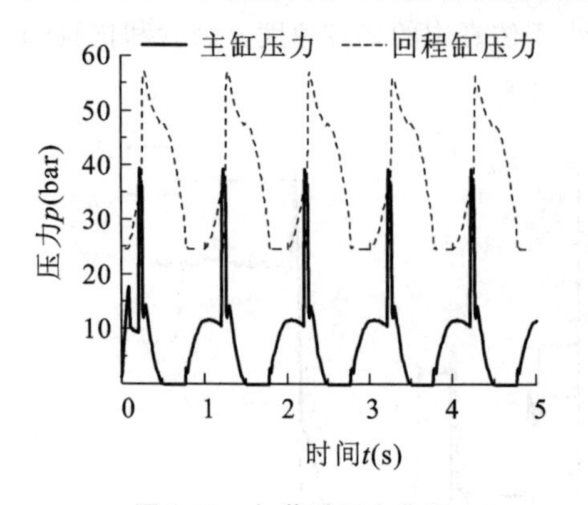

图 8-19　加载时压力曲线

图 8-20　位移与负载曲线

（2）系统主要参数变化对动态性能的影响

利用仿真曲线对油压机系统数学模型的正确性进行验证，通过单变量变化的方式，对比系统阶跃响应曲线的动态响应指标，分析参数变化对系统动态特性的影响。这些参数主要有活动横梁质量 m_t，管路的总容积 V_0，总液体的有效体积弹性模量 β_e，黏性阻尼系数 B_p，液压泵的泄漏系数 C_{tp}。

① 活动横梁质量的影响

位移阶跃给定幅值为 0.01 m，如图 8-21 所示，未改变时系统响应曲线上升时间为 0.08 s，调整时间为 0.4 s，超调量为 18%，增大质量后，位移响应曲线上升时间为 0.1 s，调整时间为 0.5 s，最大位移超调量增大至 20%，稳态输出位移为 0.01 m，说明增大活动横梁质量会降低系统的响应速度，延长稳定时间。

② 压缩容积的影响

位移阶跃给定幅值为 0.01 m，在泵控压机系统中，泵站与压机本体距离较长，因此普遍存在较长的管路，而液压泵的可压缩容腔不易改变，所以在此只考虑改变管路的压缩容积。由图 8-22 可知，压缩容积的变化对系统的稳态输出位移不会产生影响，考虑动态指标，增大压缩容积，系统的上升时间变化不大，系统响应速度也变化不大，系统的上升时间与调整时间基本不变。

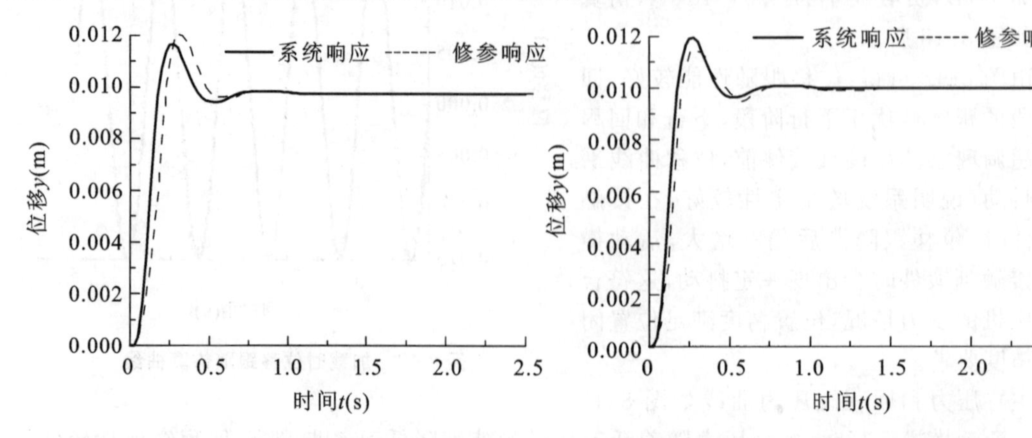

图 8-21　活动横梁质量对系统性能的影响　　图 8-22　压缩容积对系统性能的影响

③ 泄漏系数的影响

位移阶跃给定幅值为 0.01 m，方向向下，变量泵的本身泄漏通常远大于液压缸的本身泄漏，且液压缸泄漏与变量泵泄漏对于系统的影响机理一致，所以仿真中增大变量泵的泄漏系数为原来的两倍，仿真结果如图 8-23 所示，修参后使系统响应的上升时间为 0.1 s，调整时间为 0.6 s，上升时间和调整时间明显增加，而稳态误差明显增大。泄漏系数增大，会降低系统的流量增益，从而增加了系统的响应时间和稳态误差。因此，选用容积效率较高的泵有利于获得较好的系统动态特性和调速精度。

④ 黏性阻尼系数的影响

位移阶跃给定幅值为 0.01 m，方向向下，黏性阻尼系数由活动横梁与立柱之间的摩擦系数、速度、温度等因素共同决定，在试验中很难准确获得。在 AMESim 软件中增大液压缸黏性阻尼系数为实际摩擦的两倍，仿真对比结果如图 8-24 所示。增大阻尼系数后，柱塞与缸体间摩擦增大，曲线上升时间仍为 0.1 s，上升斜率基本不变，超调量降为原来的 30%，调整时间缩短为 0.6 s。由此可知，适当增大黏性阻尼系数，减少超调量，缩短调整时间，可提高压机的稳定性。

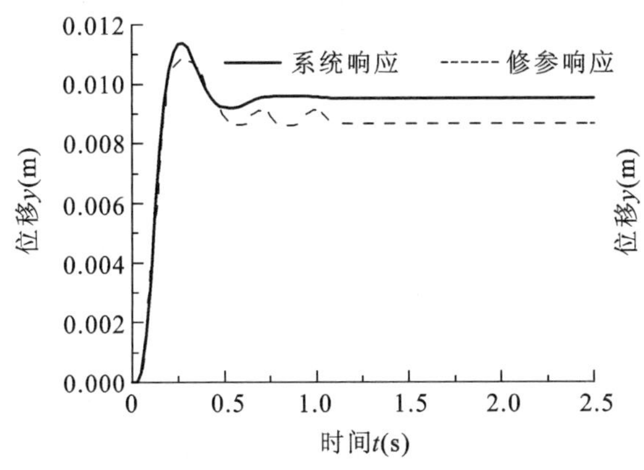

图 8-23 泄漏系数对系统性能的影响

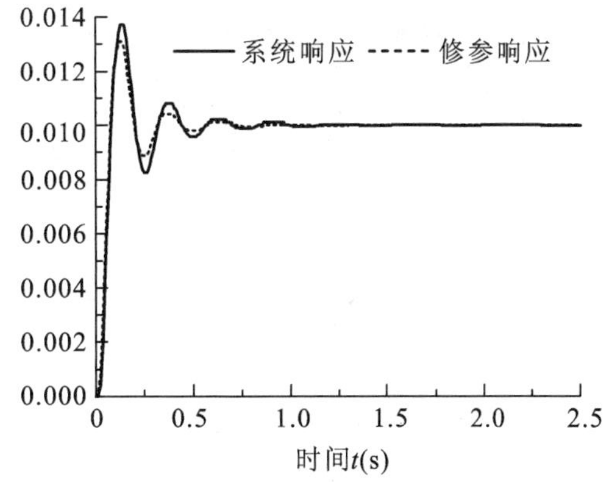

图 8-24 黏性阻尼系数对系统性能的影响

⑤ 体积弹性模量的影响

位移阶跃给定幅值为 0.01 m，方向向下，体积弹性模量是油液特性的综合参数之一。其中，油液中空气的混入量对其大小影响最为明显。在 AMESim 软件中将体积弹性模量数值放大为原来的两倍，仿真对比如图 8-25 所示，修参响应曲线上升时间为 0.4 s，超调量降为原来的 25%，压机系统的动态特性全面提高，因此，要在压机液压系统设计过程中设置防止空气混入油液的措施，尽可能选择适当的液压油。

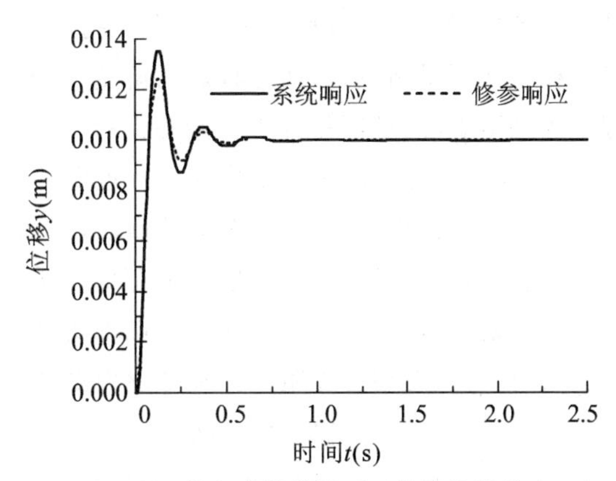

图 8-25 体积弹性模量对系统性能的影响

8.4.4 快锻时泵控油压机液压系统试验

快锻试验过程中，设置给定信号为正弦信号，频次为 1.25 Hz，幅值分别为 5 mm、10 mm 和 15 mm，首先对同一频次、不同幅值的快锻油压机空载工况进行了试验。在调节压下泵和回程泵的 PID 控制信号时发现，$K_{p1}/K_{p2}\approx 1.55$ 时，位移跟随效果普遍较好。

调整完成不同幅值的 PID 后，进行快锻油压机加载试验，试验过程中，放置一块30 mm×200 mm×20 mm 的铅锭模拟负载。设置给定信号为正弦信号，频次为 1.25 Hz，行程为10 mm，试验曲线如图 8-26 所示。

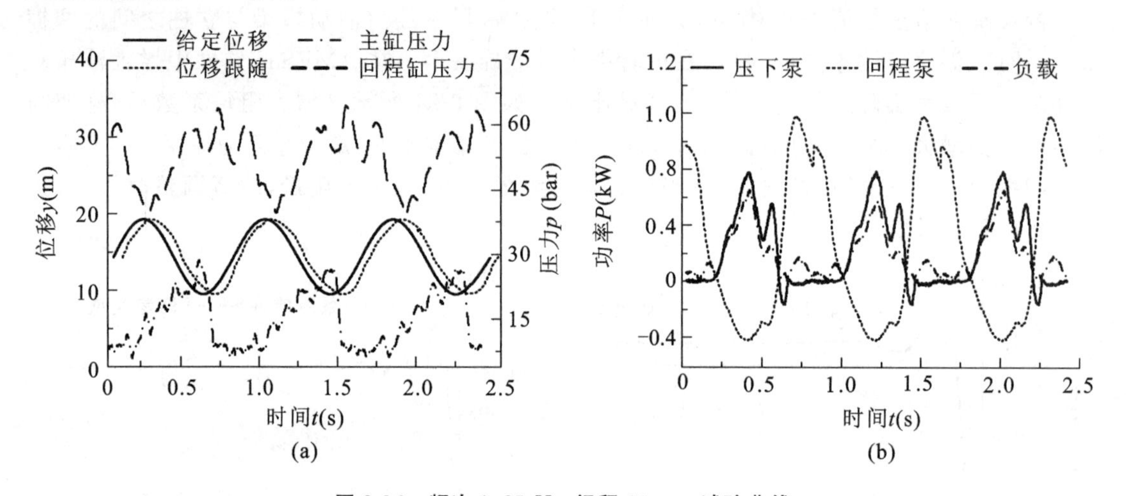

图 8-26 频次 1.25 Hz、行程 10 mm 试验曲线

(a) 1.25 Hz、行程 10 mm 的位移和压力曲线；(b) 主要元件功率曲线

由图 8-26(a)中位移曲线可知：位移曲线跟踪效果较好，表明系统稳定性较好，回程稍有超调，精度控制在 1 mm 以内，满足位置闭环的精度要求。在接触到锻件后活动横梁的位移滞后增大；由压力曲线可知，活动横梁下行过程中，主缸压力和回程缸压力均呈上升趋势，当接触到锻件时，主缸压力升高，回程缸压力下降。当活动横梁转向上行初期，回程缸出现较大压力抖动。活动横梁在上行过程中主缸压力保持在低压状态，回程缸压力随着位移的增大而降低。当活动横梁回到最高点时，回程缸压力降为最低。由图 8-26(b)可知，活动横梁下行过程中，回程泵为马达工况，且回程缸压力始终保持在 40 bar 以上，能量回收随着回程缸压力升高而增大，压下泵和重力同时为系统做功。接近锻件时，活动横梁减速，能量回收随着速度的降低而减少。接触到锻件时，压下泵对锻件做功，因而功率提高。活动横梁转向上行初期，主缸压力降低过程中，处于马达工况的压下泵有少许能量回收，随着活动横梁上升速度的提高，主缸压力保持在低压状态，此时功率回收效果不明显，回程泵的功率随着活动横梁提升速度的增大而增大，此部分主要用于克服重力和摩擦力做功。

设置给定信号为正弦信号，频次为 1.25 Hz，行程分别为 20 mm、30 mm。为了保证位移跟随曲线满足闭环位置控制要求，对 PID 进行了微调，试验曲线如图 8-27 所示。

由图 8-27(a)中的位移曲线可知，增大行程后，位移跟随曲线出现了小幅度的抖动，说明稳定性有所降低，同时位移跟踪性能较好，回程略有超调，精度满足位置控制要求。与压力曲

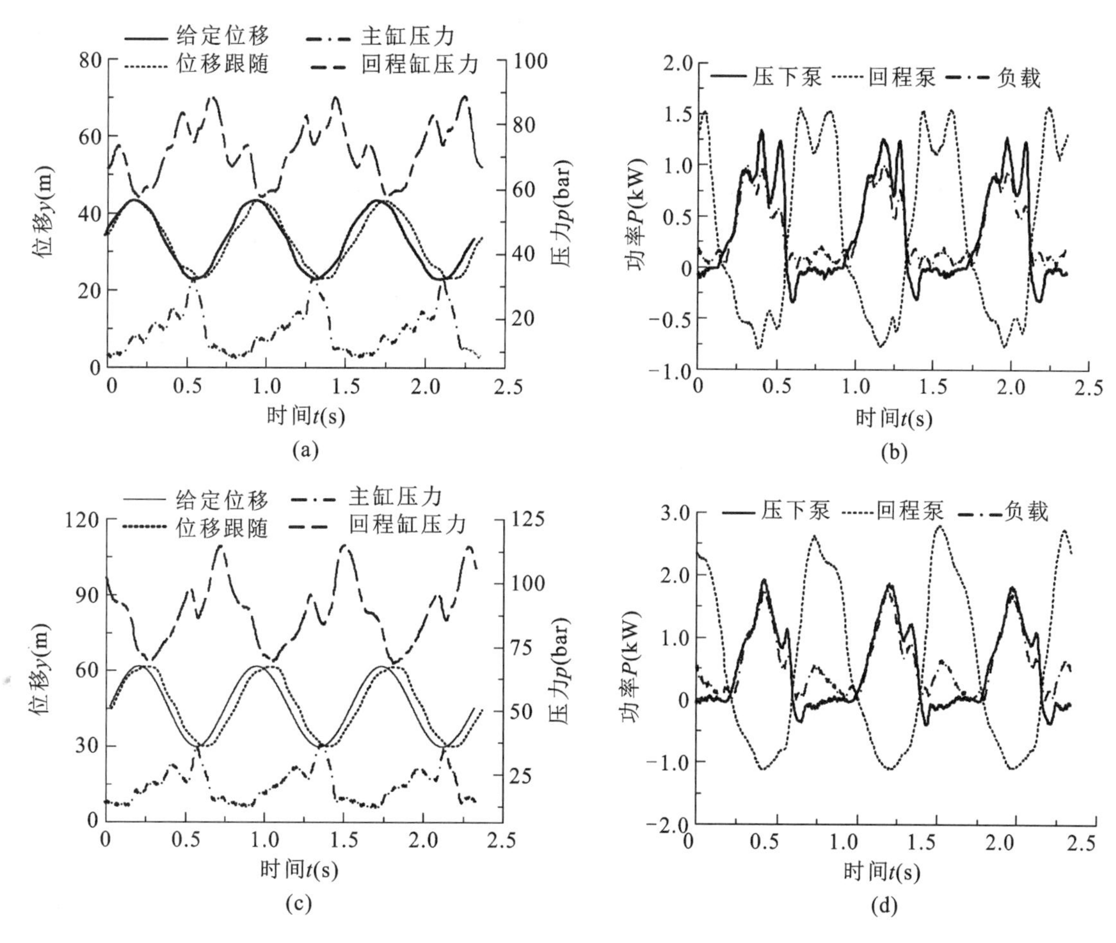

图 8-27 不同行程下的试验曲线

(a)1.25Hz、行程 20mm 位移和压力曲线;(b) 1.25Hz、行程 20mm 主要元件功率曲线;
(c) 1.25Hz、行程 30mm 位移和压力曲线;(d)1.25Hz、行程 30mm 主要元件功率曲线

线对比可知:随着锻造行程的增大,主缸压力和回程缸压力的相位基本无变化,幅值均有所增大。与功率曲线对比可知:快锻过程中,系统的功率回收主要发生在活动横梁的下行过程中,上行过程只有在初期有少量的功率回收。在相同的锻造频次下,随着锻造行程的增大,处于马达工况的回程泵的回收功率明显增多,而处于马达工况的压下泵的回收功率基本不变。

试验中,采集周期时间为 2.5 s,锻造频次为 1.25 Hz,行程分别为 10 mm、20 mm 和 30 mm,系统总能耗与效率对比如表 8-7 所示。

表 8-7 不同行程下系统总能耗与效率对比

锻造行程(mm)	总能耗(J)	系统效率(%)
10	908	81
20	1347	83
30	2298	82

由表 8-7 可知，变量泵直传油压机系统的总能耗随着锻造行程的增大而增大。系统效率始终保持在 80%左右，受锻造行程影响较小，验证了仿真结果的正确性。

为了研究相同行程不同频次下系统的总能耗和效率，设置锻造行程为 20 mm，锻造频次分别为 0.75 Hz、1.00 Hz、1.25 Hz。

设置给定位移信号为正弦信号，锻造频次为 0.75 Hz、行程为 20 mm 的试验曲线如图 8-28所示。

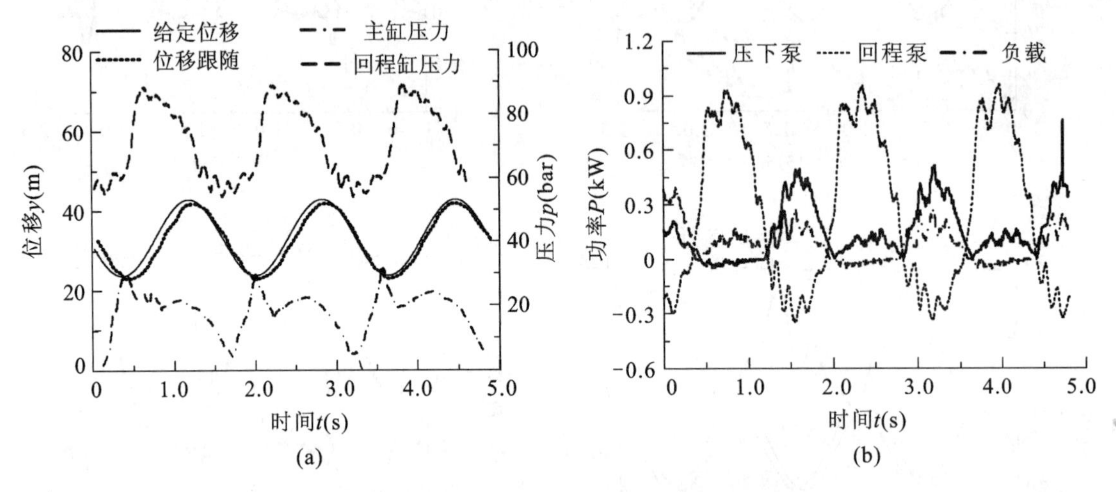

图 8-28　频次 0.75 Hz、行程 20 mm 试验曲线

(a) 位移跟随和压力曲线；(b) 主要元件功率曲线

由图 8-28(a)的位移曲线可知：活动横梁下行时，位移跟随性能较好，接触锻件后滞后增大，回程稍有欠调，位置精度在 1 mm 以内。由压力曲线可知：活动横梁下行时，主缸压力和回程缸压力缓慢上升；接触锻件时主缸压力迅速上升，活动横梁上行过程中，压力较为平滑，主缸压力缓慢卸除，导致回程位移滞后较为明显。由图 8-28(b)可知：活动横梁下行时，压下泵的输出功率和回程泵的回程功率都随着活动横梁速度的提高而提高，活动横梁上行时，回程泵主要克服重力和摩擦力做功。由于负载较小，主缸压力始终比较平稳，所以几乎不存在功率回收。

设置给定信号为正弦信号，锻造行程为 20 mm，频次分别为 1.00 Hz 和 1.25 Hz。为了保证位移跟随曲线满足闭环位置控制要求，对 PID 进行了微调，试验结果如图 8-29 所示。

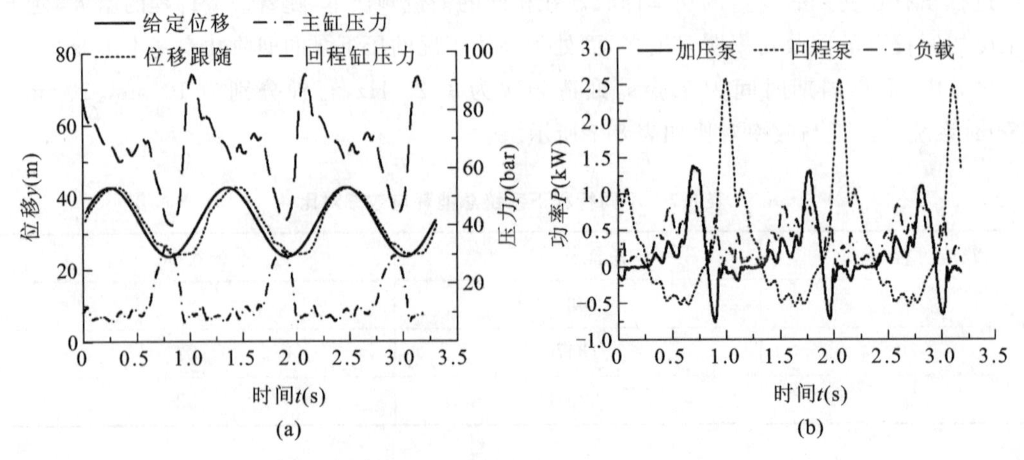

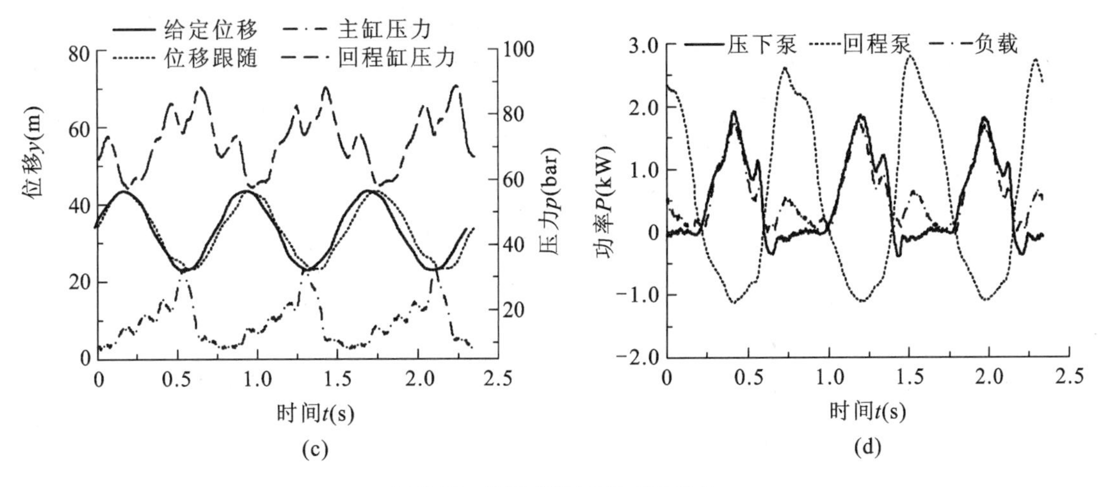

图 8-29 不同频次下的试验曲线

(a) 频率为 1.00 Hz 时位移跟随和压力曲线;(b) 频率为 1.00 Hz 时主要元件功率曲线;
(c) 频率为 1.25 Hz 时位移跟随和压力曲线;(d) 频率为 1.25 Hz 时主要元件功率曲线

由图 8-29 的位移跟随曲线可得,随着锻造频次的提高,位移曲线有小幅度抖动,位移的滞后也稍有增加,活动横梁下行时略有超调,说明系统的稳定性变差。由压力曲线可知,相同的锻造行程、不同锻造频次下,主缸压力和回程缸压力的相位和幅值均不同,可以发现相同锻造行程、不同锻造频次下,主缸和回程缸压力幅值区间变化不大。由功率曲线可得,活动横梁下行时,随着锻造频次的增大,由于周期缩短,功率回收的时间也越短,而相同行程下,频次越大,活动横梁的平均速度越大,所以功率回收的幅值越高。活动横梁上行时,处于马达工况的压下泵的功率回收与频次无关,只与负载大小和主缸卸压速度有关。

为了方便对比,计算周期为 2.5 s,锻造行程为 20 mm,锻造频次分别为 0.75 Hz、1.00 Hz 和 1.25 Hz 时,系统总能耗和效率对比如表 8-8 所示。

表 8-8 不同频次下系统总能耗与效率对比

锻造频次(Hz)	总能耗(J)	系统效率(%)
0.75	651	79
1.00	827	82
1.25	1347	83

由表 8-8 可知:变量泵直传油压机系统的总能耗随着锻造频次的增大而增大。系统效率始终保持在 80%左右,受锻造行程影响较小,验证了仿真结果的正确性。

8.5 开式泵控锻造液压机

8.5.1 开式泵控锻造液压机流量/压力复合控制技术

泵控液压机容积控制系统的柔性可以有效地降低系统振动,但是也带来相应的问题,在快锻时对系统进行位置控制,当主缸带载时由于系统模型结构变化,压力增益不足,导致压下量不能跟踪给定，出现“平顶”现象，而采用快锻压力控制可以满足带载过程的快速跟踪，但无法满足活动横梁运行速度的稳定控制。压力和流量复合控制是一种有效的控制方法，既能满足运动位置控制，又可以满足带载时出力要求。

开式泵控锻造液压机系统的液压长管路使系统的频宽降低，造成系统的快锻特性变差，并且当进入工进阶段后，主缸的压力不能很快地上升至需要的压力值，造成快锻压下量不足，不能满足快锻工艺要求，还降低了系统的效率。因此，需要对开式泵控锻造液压机长管路系统控制方法进行研究。

流量/压力复合控制方法是基于系统的运行工况中要求对执行机构的位置（速度）和压力均进行控制，其工况主要分为两种：一是系统根据工况的变化需要同时调整泵源的压力和执行机构的位置（速度）；二是系统全周期运行过程中某个阶段为位置（速度）控制而某个阶段为压力控制，通过切换条件实现两种控制的在线自动切换。两种方法均对系统的流量/压力进行了复合控制，但未实现采用单一控制元件同时满足系统对流量/压力的控制需求。

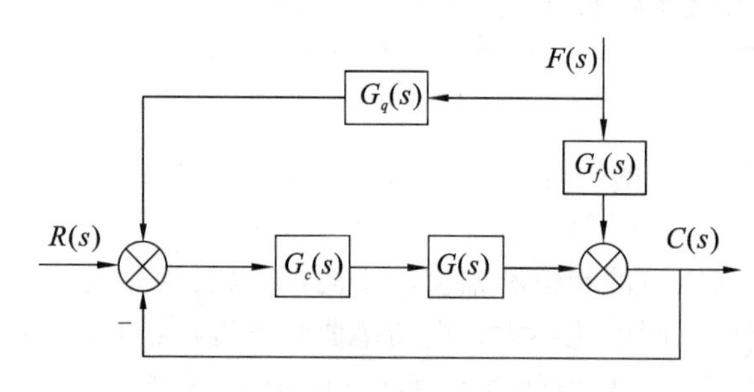

图 8-30 前馈补偿控制结构原理

前馈补偿控制在控制系统中可用于提高系统的跟踪性能，拓宽系统的频宽。由于前馈补偿控制是基于不变性原理，即将前馈补偿控制环节设计成待校正的闭环系统的逆，使校正系统的传递函数为 1。如果过程具有可测扰动，前馈补偿控制器就可以在反馈回路产生纠正作用前减少对回路的影响。结构原理如图 8-30 所示。

该系统为单位反馈系统，并按扰动量进行前馈补偿，当仅考虑扰动对系统的影响时 $R(s)=0$，系统的传递函数为：

$$C(s)=\frac{G_q(s)G_c(s)G(s)+G_f(s)}{1+G_c(s)G(s)}F(s)$$

当 $G_q(s)=-\frac{G_f(s)}{G_c(s)G(s)}$时，$C(s)=0$ 可实现对扰动量的完全补偿。

采用基于流量/压力复合控制的前馈补偿方法的开式泵控锻造液压机原理示意图如图 8-31所示。

在开式泵控锻造液压机液压系统中，考虑锻件负载干扰对快锻控制特性的影响，采用前馈补偿控制方法进行控制，虽然有效地提高了系统的频宽，但是由于前馈补偿控制方法对系统模型具有很强的依赖性，而锻件模型很难精确描述，在实际系统的实现过程中无法完全补偿。

本节采用流量/压力复合控制方法解决开式泵控锻造油压机液压长管路系统频宽低、快锻带载时压力上升慢、压下量不足的问题，通过试验研究验证控制方法的有效性。

带载正弦运动时，给定主缸位置正弦幅值 10 mm、频率 1 Hz，回程缸压力 15 MPa，采用前馈补偿控制，系统响应特性仿真与试验结果对比如图 8-32 所示。

由图 8-32 可以看出，带载运动时，试验与仿真结果一致，采用前馈补偿控制，位置误差为 1.701 mm，位置误差最大为 7.7%。

带载正弦运动时，给定主缸位置正弦幅值 10 mm、频率 1 Hz，回程缸压力 15 MPa，采用流量/压力复合控制，系统响应特性仿真与试验结果对比如图 8-33 所示。

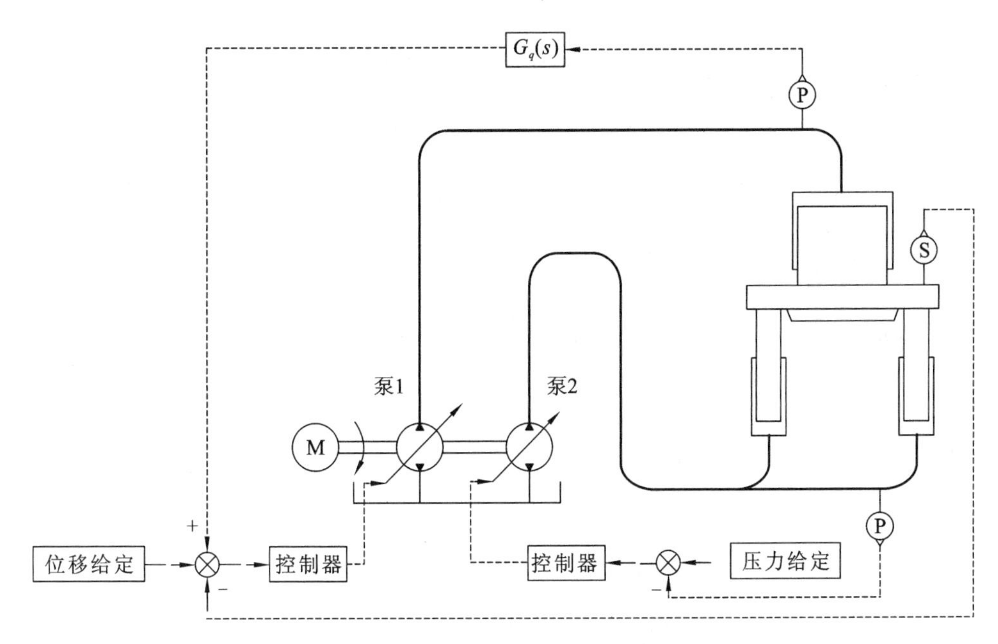

图 8-31 前馈补偿控制原理示意图

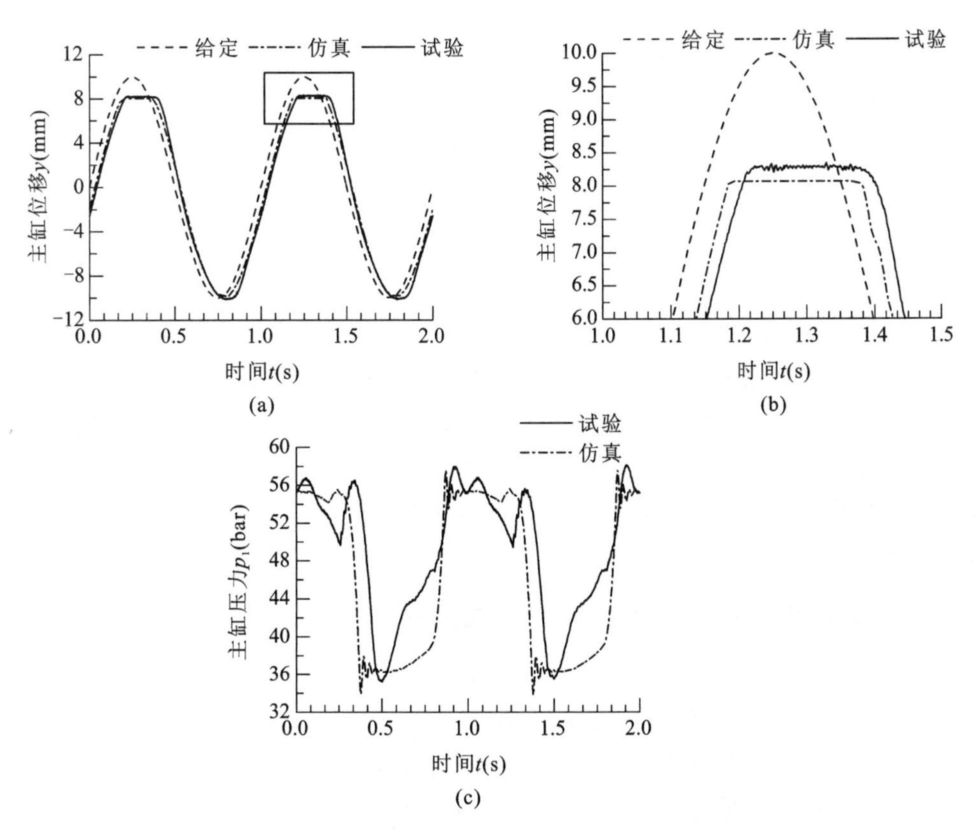

图 8-32 前馈补偿控制时系统快锻带载响应试验曲线

(a) 主缸位置响应;(b) 主缸位置响应局部放大图;(c) 主缸压力试验响应

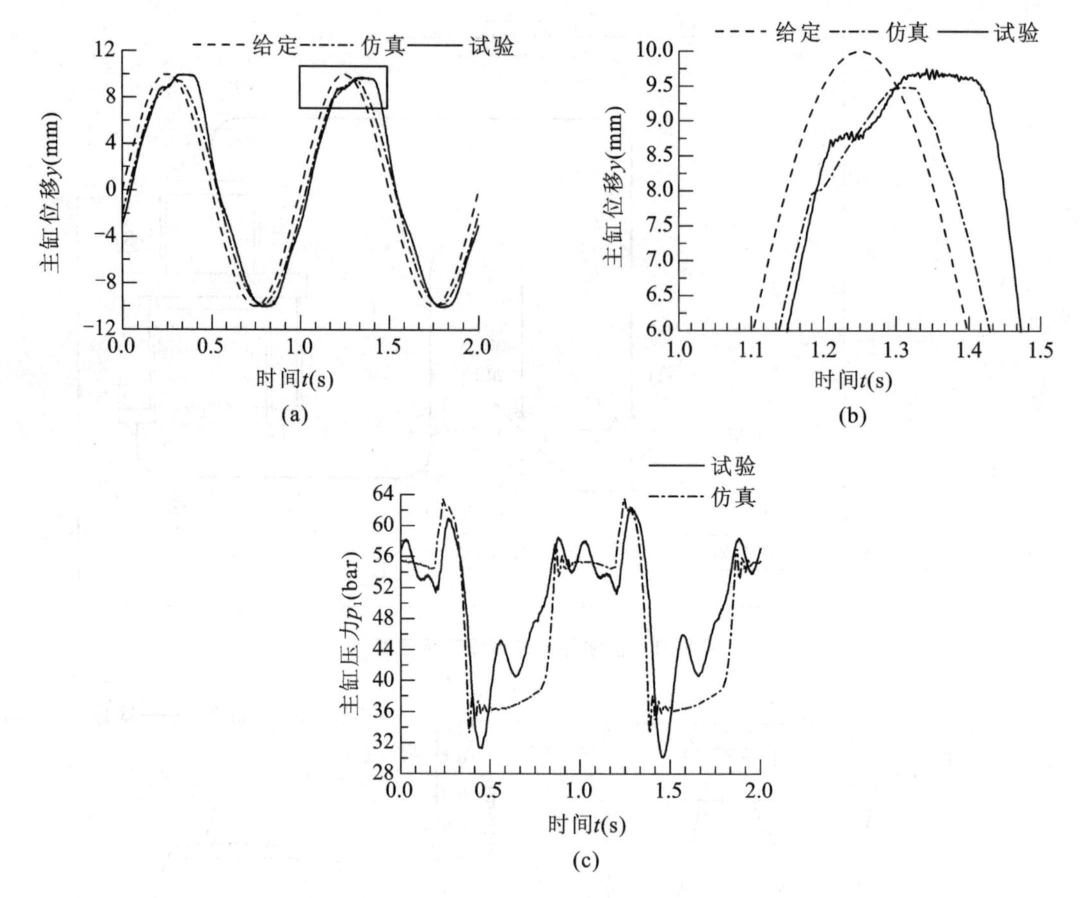

图 8-33 流量/压力复合控制时系统快锻带载响应试验曲线

(a) 主缸位置响应；(b) 主缸位置响应局部放大图；(c) 主缸压力试验响应

由图 8-33 可以看出，带载运动时，试验与仿真结果一致，采用流量/压力复合控制，位置误差为 0.298 mm，位置误差最大为 1.7%，实现了带载高精度位置控制。

由图 8-32 和图 8-33 可以看出，带载运动时，采用前馈补偿控制方法可以消除长管路带来的系统滞后，但无法满足系统带载过程压下量不足的问题。采用流量/压力复合控制进一步降低了位置误差，同时，由于控制中引入负载特性，实现了带载过程主缸的流量补偿，大大改善了带载特性。

8.5.2 开式泵控锻造液压机负载容腔独立控制技术

基于开式泵控锻造液压机液压系统的结构特点，提出主缸位置控制与回程缸压力控制的负载容腔独立控制方法，采用执行元件进/出油口（容腔）独立控制的思想，分别采用一个或一组变量泵单独控制进油口与出油口，增加系统控制的自由度，使执行元件在运动过程中按照需求独立调节进/出油口（容腔）的流量或压力，补偿非对称缸的流量不平衡特性，提高系统动/静态响应特性。

开式泵控锻造液压机负载容腔独立控制结构图如图 8-34 所示。

位置控制策略即对主缸位置的控制。根据工况需要，给定正弦位移指令信号，主缸的位置

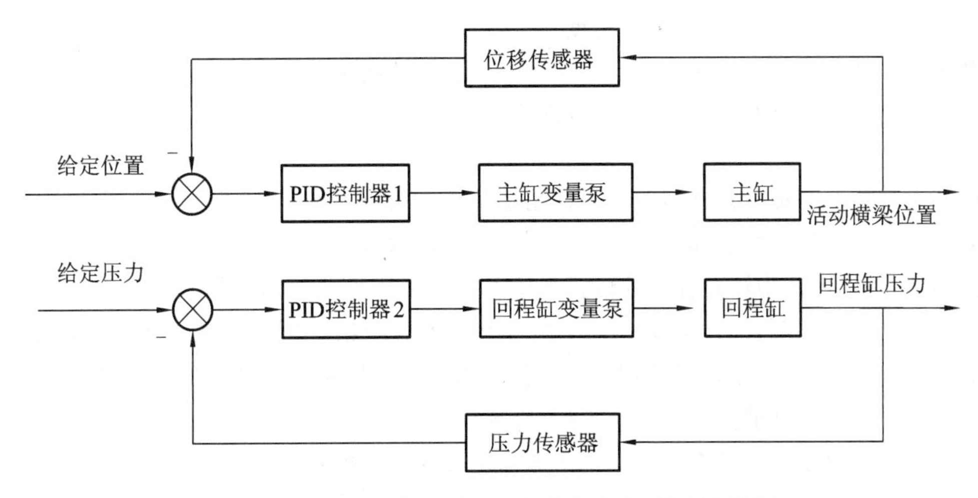

图 8-34 开式泵控锻造液压机负载容腔独立控制结构图

控制器根据位置偏差信号，控制主缸变量泵伺服阀阀芯位移，驱动冲程环产生相应的偏心量，从而改变活动横梁位置，形成了主缸位置的闭环控制。

压力控制策略即对回程缸压力的控制，使其维持在一个设定的压力值附近变化的控制策略。根据工况需要，给定理想恒压力指令信号，回程缸的压力控制器根据压力偏差信号，控制回程缸变量泵伺服阀阀芯位移，驱动冲程环产生相应的偏心量，从而改变回程缸压力，形成了回程缸压力的闭环控制。

锻造液压机最重要的指标就是位置控制精度，系统结构或控制方法的调整均是为实现更高的位置控制精度，并且在保证精度的基础上改善其他特性。因此，开式泵控锻造液压机控制方法的确定必须以位置控制精度为首要目标。

锻造液压机下行过程的加速段活动横梁的受力分析如图 8-35 所示。

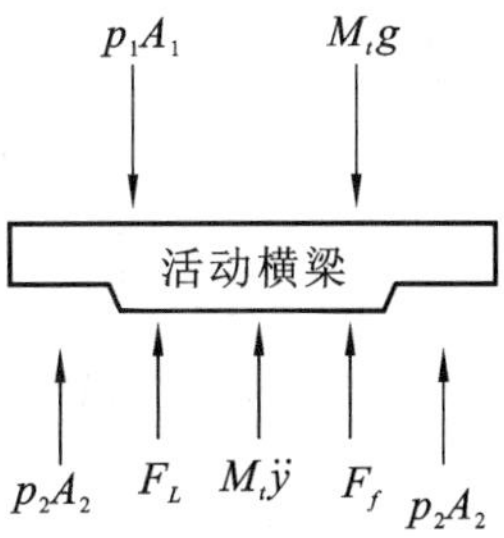

由图 8-35 可知，活动横梁受力平衡方程为：

$$\sum F = p_1 A_1 + M_t g - 2p_2 A_2 - M_t \ddot{y} - F_f - F_L \quad (8\text{-}13)$$

从受力方程可知，主缸在下行过程中提供锻造力（锻件负载力）、惯性力（活动横梁加速运动）和平衡力（平衡摩擦、回程缸支撑力等）。

图 8-35 活动横梁向下运动时的受力分析

锻造液压机在压下过程中，定义锻造力与主缸压下力的比值 α 为负载力系数，有：

$$\alpha = \frac{F_L}{p_1 A_1} \quad (8\text{-}14)$$

负载力系数表征了锻造力在主缸压下力中的权重。

当 $\alpha \approx 1$ 时，表明主缸压下力仅能够提供锻造力。此时，当系统由空载到带载的过程中，主缸位置控制系统的负载力由最小增加至最大，锻造力的强烈扰动对主缸位置控制精度的影响很大。

当 $\alpha \approx 0$ 时，表明主缸压下力只有极小部分提供锻造力，大部分用于平衡力与惯性力。此时，当系统由空载到带载的过程中，主缸位置控制系统的负载力变化很小，锻造力的扰动可以忽略，主缸可以实现最佳的位置控制精度。

开式泵控锻造液压机虽无法实现 $\alpha\approx 0$ 的工况，但是在满足快锻频次要求的前提下提高主缸压下力，是实现高精度位置控制的有效方法。

(1) 耦合特性

由开式泵控非对称缸负载容腔独立控制系统数学模型及结构框图可知，开式泵控非对称缸负载容腔独立控制系统实际上是一个双输入/输出系统，双输入量为活塞杆位置给定和排油腔压力给定，双输出量为活塞杆实际位置和排油腔实际压力。活塞杆位置控制系统和进油腔压力控制系统是相互耦合的，进油腔压力 p_2 不仅受其自身给定压力 p_b 的控制，还受到位置系统给定位移 y_{in} 和外负载力 F_L 的影响，进油腔活塞杆位置控制系统产生的运动速度扰动不可避免地通过活塞杆到排油腔压力控制系统，影响排油腔压力控制精度，而排油腔压力波动影响进油腔活塞杆的位置控制精度，因此，设法消除这种扰动是提高系统位置控制精度的关键。

泵控非对称缸是通过改变变量泵的定子偏心从而改变泵的输出流量来实现对去杆腔活塞杆位置和排油腔压力控制。在主缸变量泵和回程缸变量泵偏心量 x_{s1}、x_{s2} 及外负载力 F_L 同时作用下的压力控制系统排油腔压力表达式为：

$$p_2=\frac{A_1A_2K_{qp1}sx_{s1}-\left[(M_ts^2+B_ps+K)\left(\frac{V_1}{\beta_e}s+C_1\right)+A_1^2s\right]K_{qp2}x_{s2}-A_2s\left(\frac{V_1}{\beta_e}+C_1\right)F_L}{\frac{M_tV_1V_2}{\beta_e^2}s^4+\left[\frac{B_pV_1V_2}{\beta_e^2}+\frac{M_t}{\beta_e}(V_1C_2+V_2C_1)\right]s^3+\left[\frac{B_p}{\beta_e}(V_1C_2+V_2C_1)+\frac{KV_1V_2}{\beta_e^2}+M_tC_1C_2+\frac{(A_1^2V_2+A_2^2V_1)}{\beta_e}\right]s^2+\left[(A_1^2C_2+A_2^2C_1)+B_pC_1C_2+\frac{K}{\beta_e}(V_1C_2+V_2C_1)\right]s+KC_1C_2}$$

排油腔压力表达式可以简化为如下形式：

$$p_2=\frac{A}{G_v(s)}E_1-\frac{B}{G_v(s)}E_2-\frac{C}{G_v(s)}F_L \tag{8-15}$$

其中

$$A=A_1A_2K_{qp1}s$$

$$B=\left[(M_ts^2+B_ps+K)\left(\frac{V_1}{\beta_e}s+C_1\right)+A_1^2s\right]K_{qp2}$$

$$C=A_2s\left(\frac{V_1}{\beta_e}+C_1\right)$$

$$C_1=C_{ec1}+C_{tp1}$$

$$C_2=C_{ec2}+C_{tp2}$$

$$\begin{aligned}G_v(s)=&\frac{M_tV_1V_2}{\beta_e^2}s^4+\left[\frac{B_pV_1V_2}{\beta_e^2}+M_t\left(\frac{V_2}{\beta_e}C_1+\frac{V_1}{\beta_e}C_2\right)\right]s^3\\&+\left[\frac{B_p}{\beta_e}(V_2C_1+V_1C_2)+\frac{KV_1V_2}{\beta_e^2}+M_tC_1C_2+\frac{(V_2A_1^2+V_1A_2^2)}{\beta_e}\right]s^2\\&+\left[(A_1^2C_2+A_2^2C_1)+B_pC_1C_2+\frac{K}{\beta_e}(V_2C_1+V_1C_2)\right]s+KC_1C_2\end{aligned}$$

由式(8-15)可知，排油腔压力与很多参数有关，在系统确定后主要影响因素是进油腔变量泵和排油腔变量泵定子偏心量和外负载力，其中由于外负载干扰力对其影响不大，在此处不考虑此部分影响。因此，排油腔压力只取决于由进油腔活塞杆位置控制产生的主泵偏心量和排油腔压力控制产生的排油腔泵偏心量，二者存在耦合关系。

开式泵控非对称缸负载容腔独立控制系统的位置控制系统和压力控制系统是两个既相对独立又相互耦合的系统。

(2) 耦合特性测试试验与仿真分析

主缸与回程缸的相互耦合作用产生多余力，多余力主要是由于位置控制系统的强扰动作用在压力控制系统而产生的。采用位置控制系统的阶跃给定和正弦给定条件下的扰动，测试耦合特性。

在回程缸给定值 15 MPa 条件下，主缸位置阶跃给定，阶跃值为 5 mm 和 10 mm，仿真与试验结果对比如图 8-36 所示。

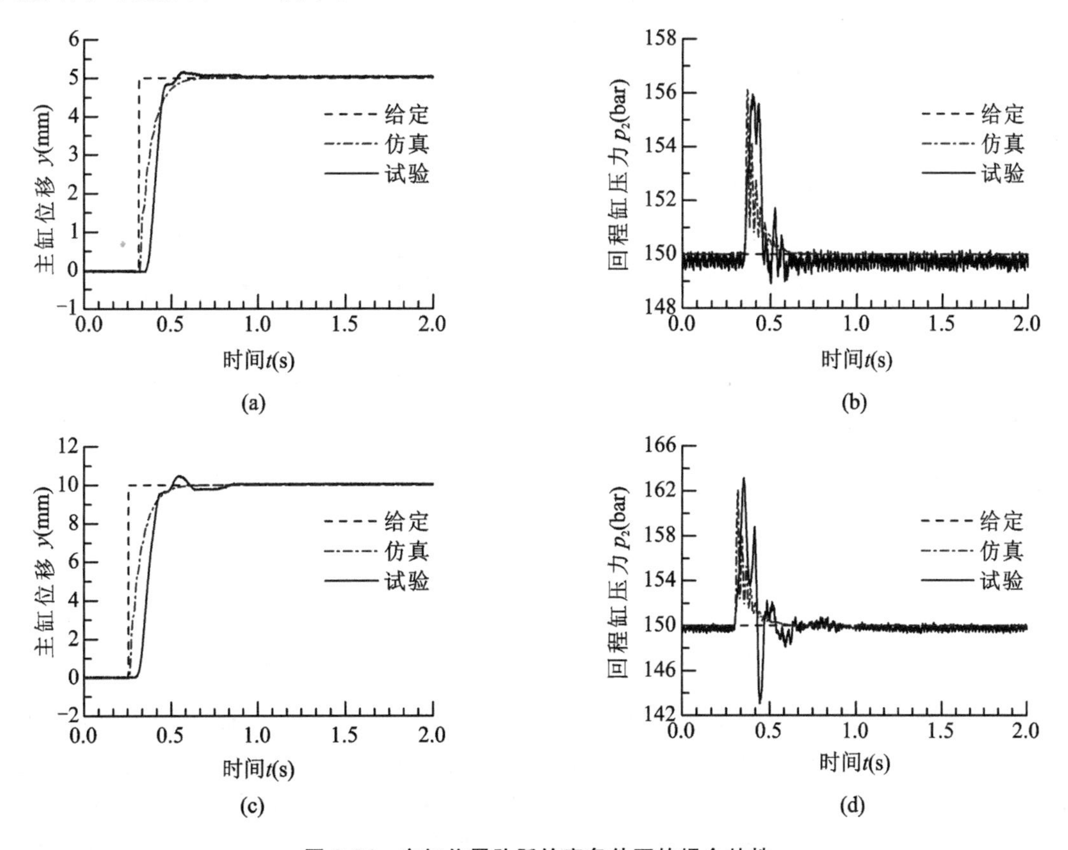

图 8-36　主缸位置阶跃给定条件下的耦合特性

(a) 5 mm 主缸位置阶跃响应；(b) 5 mm 主缸位置阶跃响应下回程缸压力响应

(c) 10 mm 主缸位置阶跃响应；(d) 10 mm 主缸位置阶跃响应下回程缸压力响应

由图 8-36 可以看出，当主缸位置阶跃给定值为 5 mm 和 10 mm 时，回程缸压力峰值为 15.591 MPa 和 16.314 MPa。

在回程缸给定值 15 MPa 条件下，主缸位置正弦给定，幅值 10 mm，频率为 1.00 Hz 和 1.25 Hz，仿真与试验结果对比如图 8-37 所示。

由图 8-37 可以看出，当主缸位置正弦给定幅值 10 mm，频率为 1.00 Hz 和 1.25 Hz 时，回程缸压力峰值为 15.621 MPa 和 15.674 MPa。

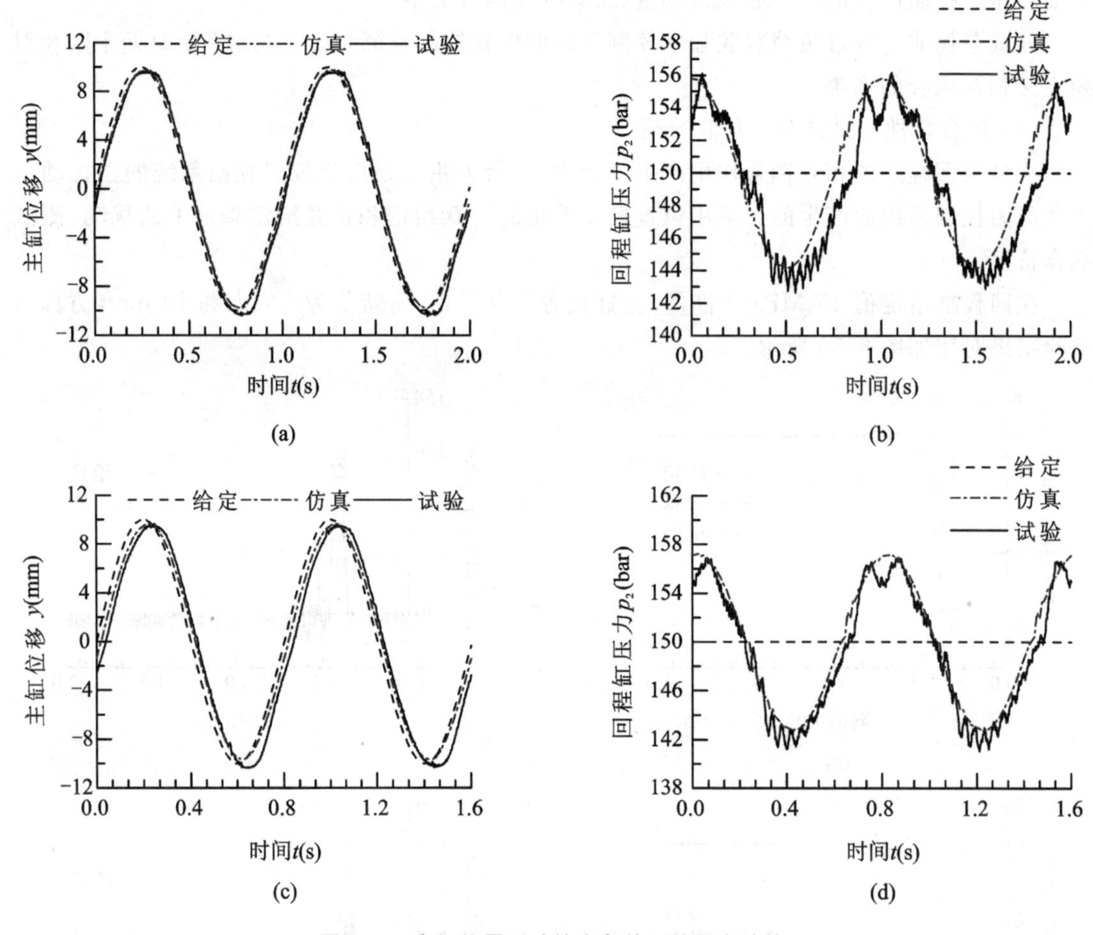

图 8-37　主缸位置正弦给定条件下的耦合特性

(a) 1.00 Hz 主缸位置正弦响应；(b) 1.00 Hz 主缸位置正弦给定下回程缸压力响应

(c) 1.25 Hz 主缸位置正弦响应；(d) 1.25 Hz 主缸位置正弦给定下回程缸压力响应

由图 8-36 和图 8-37 可以看出，试验与仿真结果具有一致的规律，主缸位置变化引起的回程缸压力波动较大。回程缸压力波动的频率与主缸位置正弦扰动频率相同，相位上有所滞后，主缸位置扰动频率越高，回程缸压力波动的频率也会增加。同时，随着主缸位置变化频率的增强，回程缸的压力峰值也会提高，说明回程缸压力波动的大小与主缸位置扰动的速度直接相关。

(3) 解耦特性

开式泵控非对称缸系统实现进油腔活塞杆高精度位置控制，需要对排油腔压力变化引起的活塞杆位置变化进行控制，而排油腔的压力波动是由进油腔活塞杆位置变化引起的，因此，只需要对活塞杆位置变化引起的排油腔压力变化进行解耦补偿。实现此回路的解耦控制，需要将活塞杆位置控制偏差对应的进油腔补偿流量送入进油腔压力控制系统。位置前馈补偿解耦原理如图 8-38 所示。

根据位置前馈补偿解耦原理，以进油腔活塞杆高精度位置控制为目标，以排油腔压力恒定为手段，求解排油腔压力控制规律。

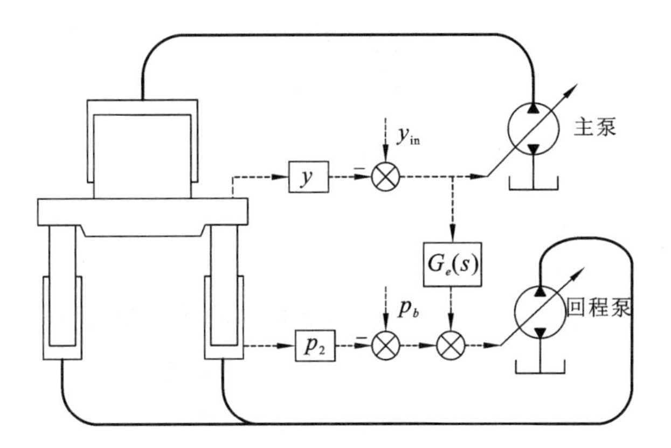

图 8-38 位置前馈同步补偿控制原理

将进油腔活塞杆位置变化产生的排油腔强制流量记为 q_q，由位置控制系统给出的定子偏心调整值对应的补偿流量记为 q_c。

$$q_q = A_2 s y \tag{8-16}$$

$$q_c = (y_{in} - y) G_c(s) G_{v2} K_{qp2} \tag{8-17}$$

由前文的推导得进油腔变量泵和排油腔变量泵的传递函数为：

$$\left.\begin{aligned} G_{v1} &= \frac{K_{a1} K_{s1}}{T_{s1} A_{s1} s^2 + A_{s1} s + K_{x1} K_{a1} K_{s1}} \\ G_{v2} &= \frac{K_{a2} K_{s2}}{T_{s2} A_{s2} s^2 + A_{s2} s + K_{x2} K_{a2} K_{s2}} \end{aligned}\right\} \tag{8-18}$$

当 $q_q = q_c$ 时，有：

$$\frac{y}{y_{in} - y} = \frac{G_c(s) G_{v2} K_{qp2}}{A_2 s} \tag{8-19}$$

则

$$\frac{y}{y_{in}} = \frac{G_c(s) G_{v2} K_{qp2}}{A_2 s + G_c(s) G_{v2} K_{qp2}} \tag{8-20}$$

当排油腔压力增量为零时，主缸位置控制系统传递函数为：

$$\frac{y}{e_y} = \frac{G_{v1} K_{qp1} / A_1}{\frac{M_t V_0}{\beta_e A_1^2} s^3 + \left(\frac{V_0 B_p}{\beta_e A_1^2} + \frac{M_t C_1}{A_1^2} \right) s^2 + s} \tag{8-21}$$

$$\frac{Y}{e_y} = \frac{G_{v1} K_{qp1} / A_1}{s \left(\frac{s^2}{w_{h1}^2} + \frac{2\xi_{h1}}{w_{h1}} s + 1 \right)} \tag{8-22}$$

其中

$$w_{h1} = \sqrt{\frac{\beta_e A_1^2}{V_0 M_t}} \tag{8-23}$$

$$\xi_{h1} = \frac{C_1}{2A_1} \sqrt{\frac{\beta_e M_t}{V_0}} + \frac{B_p}{2A_1} \sqrt{\frac{V_0}{\beta_e M_t}} \tag{8-24}$$

位置输出对位置给定的传递函数为：

$$\frac{y}{y_{\text{in}}}=\frac{G_{v1}K_{qp1}/A_1}{\frac{s^3}{w_{h1}^2}+\frac{2\xi_{h1}}{w_{h1}}s^2+s+G_{v1}K_{qp1}/A_1} \tag{8-25}$$

整理，得：

$$\frac{G_{v1}K_{qp1}/A_1}{\frac{s^3}{w_{h1}^2}+\frac{2\xi_{h1}}{w_{h1}}s^2+s+G_{v1}K_{qp1}/A_1}=\frac{G_c(s)G_{v2}K_{qp2}}{A_2s+G_c(s)G_{v2}K_{qp2}} \tag{8-26}$$

可得到排油腔压力控制回路，在完全消除位置耦合的前馈补偿环节为：

$$G_c(s)=\frac{G_{v1}K_{qp1}A_1/G_{v2}K_{qp2}A_2}{\left(\frac{s^2}{w_{h1}^2}+\frac{2\xi_{h1}}{w_{h1}}s+1\right)} \tag{8-27}$$

补偿后系统的闭环传递函数与补偿前特征方程一致，故系统的稳定性没有受到前馈同步补偿的影响，从而在提高控制精度的前提下保持了系统的稳定性，原理图如图 8-39 所示。

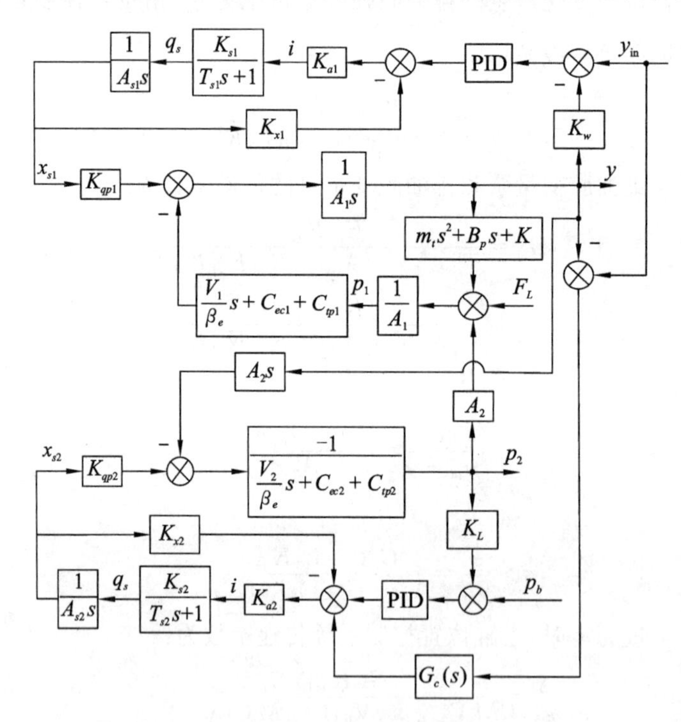

图 8-39 系统控制原理图

(4) 位置前馈补偿特性测试试验与仿真分析

本节采用位置前馈补偿算法来抑制多余力，为了表明对于多余力的补偿效果，进行主缸位置阶跃和正弦扰动下多余力补偿试验。

在回程缸给定值 15 MPa 条件下，主缸位置阶跃给定，阶跃值为 5 mm 和 10 mm，仿真与试验结果对比如图 8-40 所示。

由图 8-40 可以看出，当主缸位置阶跃给定值为 5 mm 和 10 mm 时，采用位置前馈补偿算法后，回程缸压力峰值为 15.401 MPa 和 15.772 MPa。

回程缸给定值 15 MPa 条件下，主缸位置正弦给定，幅值 10 mm，频率为 1.00 Hz 和

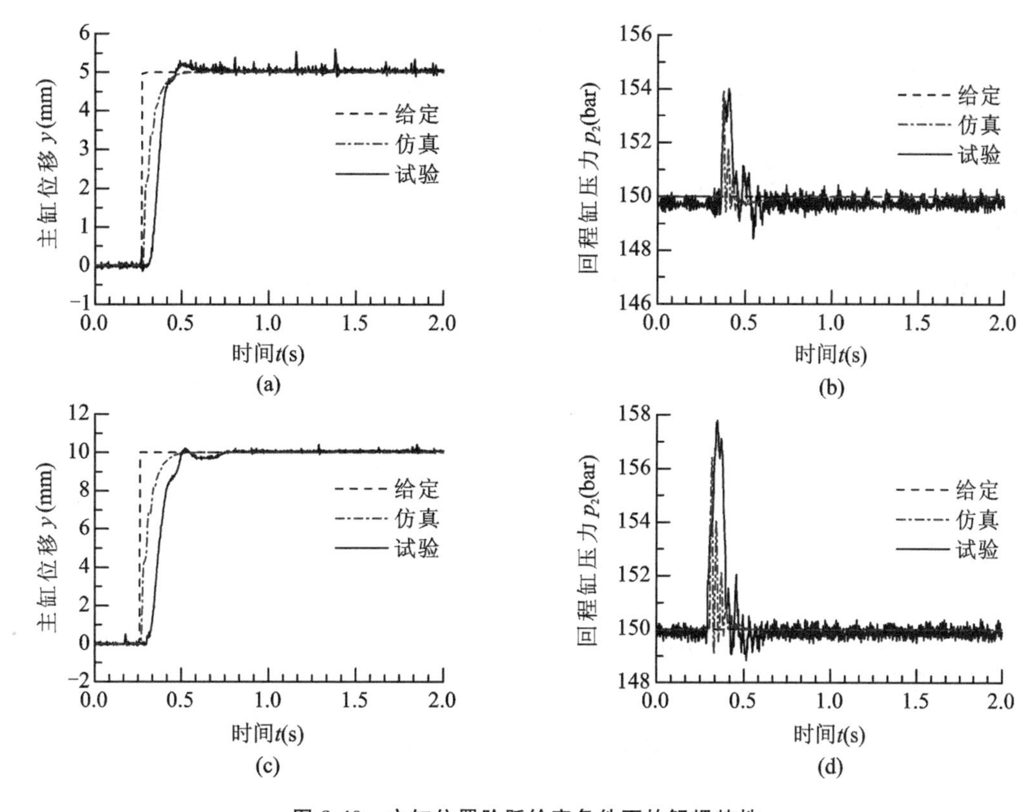

图 8-40　主缸位置阶跃给定条件下的解耦特性

(a) 5 mm 主缸位置阶跃响应;(b) 5 mm 主缸位置阶跃响应下回程缸压力响应;
(c) 10 mm 主缸位置阶跃响应;(d) 10 mm 主缸位置阶跃响应下回程缸压力响应

1.25 Hz,仿真与试验结果对比如图 8-41 所示。

由图 8-41 可以看出,当主缸位置正弦给定幅值 10 mm,频率为 1.00 Hz 和 1.25 Hz 时,采用位置前馈补偿算法后,回程缸压力峰值为 15.519 MPa 和15.574 MPa。

由图 8-40 和图 8-41 可以看出,采用本节提出的位置前馈补偿算法对回程缸压力波动的抑制有很好的效果,主缸位置阶跃扰动时回程缸压力波动抑制率分别可以达到 32.2%和 41.2%,主缸位置正弦扰动时压力波动抑制率分别可以达到 16.4%和 14.8%。

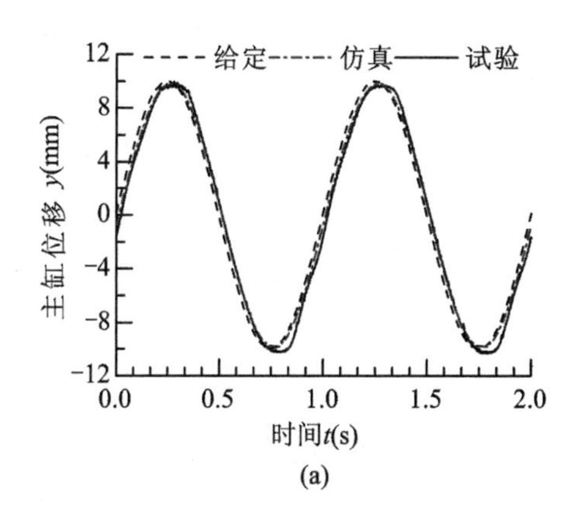

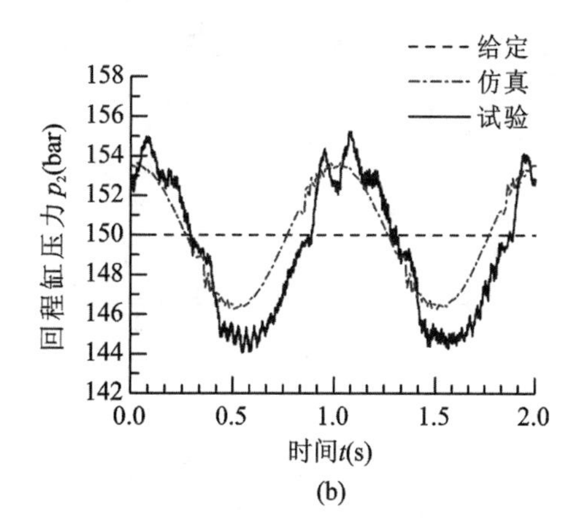

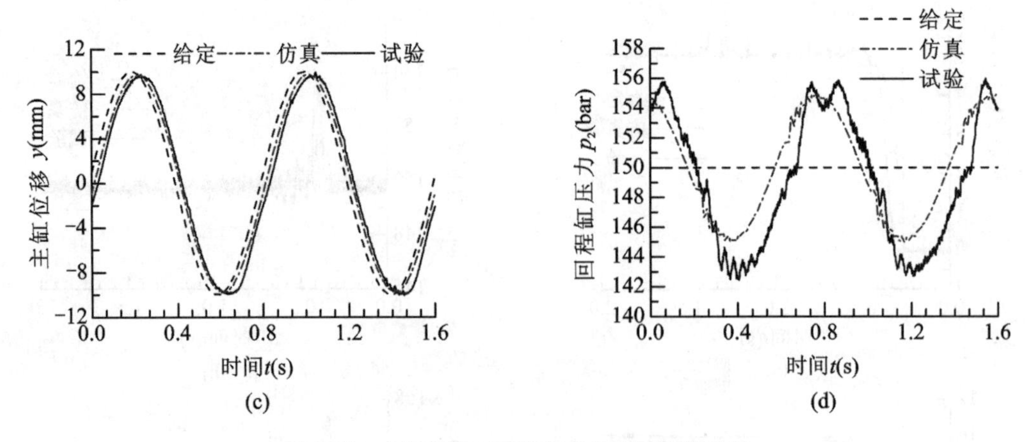

图 8-41 主缸位置正弦给定条件下的解耦特性

(a) 1.00 Hz 主缸位置正弦响应；(b) 1.00 Hz 主缸位置正弦响应下回程缸压力响应；
(c) 1.25 Hz 主缸位置正弦响应；(d) 1.25 Hz 主缸位置正弦响应下回程缸压力响应

(5) 负载容腔独立控制特性试验分析

快锻带载试验过程中，设置给定主缸位置正弦信号，幅值 10 mm，频率 1 Hz，回程缸压力 15 MPa，采用位置前馈补偿控制，系统响应特性仿真与试验结果对比如图 8-42 所示。

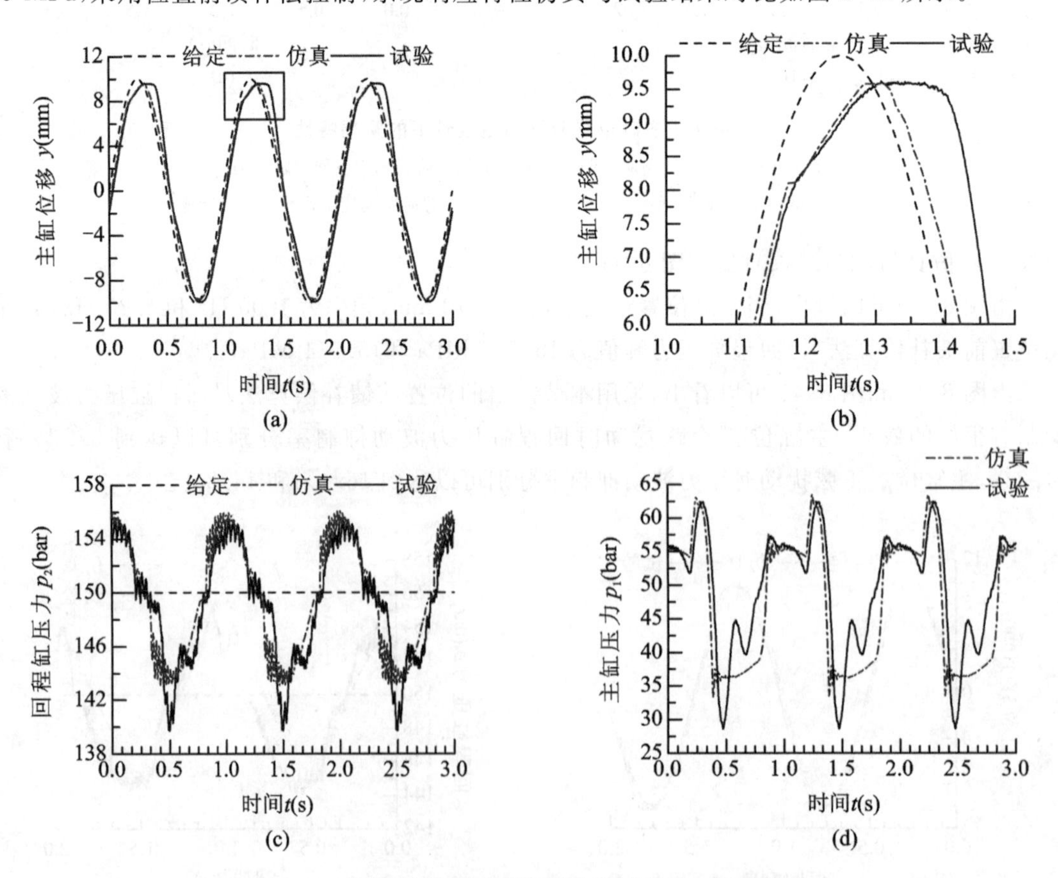

图 8-42 负载容腔独立控制系统快锻带载响应试验曲线

(a) 主缸位置响应；(b) 主缸位置响应局部放大图；(c) 回程缸压力响应；(d) 主缸压力响应

由图 8-42(a)、(b)中位移曲线可知:位移曲线比较平滑,跟踪效果较好,表明系统稳定性较好,精度控制在 0.4 mm 左右,满足位置闭环的精度要求。在接触到锻件后活动横梁的位移稍有滞后,仿真结果与试验曲线非常一致,位置曲线几乎完全重合。

由图 8-42(c)、(d)中压力曲线可知,回程缸压力基本维持在恒定的 15 MPa 左右,压力波动值±5 bar 左右,主缸压力适应负载而变。活动横梁下行过程中,主缸压力呈上升趋势;当接触到锻件时,主缸压力达到最大;活动横梁在上行过程中主缸压力保持在低压状态。验证了仿真结果的正确性。

快锻带载试验过程中,设置主缸位置正弦给定,幅值为 10 mm,频率为 1 Hz 时,回程缸压力给定值 9 MPa、12 MPa 和 15 MPa 条件下的仿真与试验对比如图 8-43 所示。

由图 8-43(a)、(b)、(c)、(d)位置跟随曲线可以看出,在频率为 1 Hz 时,回程缸压力给定值9 MPa、12 MPa 和 15 MPa 条件下,主缸位置误差分别为 8%、7%、4%,随着回程缸压力提高,主缸位置曲线精度越高,主缸位置曲线跟踪效果越好;由图 8-43(e)、(f)、(g)、(h)压力跟随曲线可以看出,在频率 1 Hz 时,回程缸压力给定值 9 MPa、12 MPa 和 15 MPa 条件下,回程缸压力峰值分别为 95.3 bar、125.4 bar、155.8 bar,主缸压力峰值分别为 38.8 bar、54.12 bar、62.44 bar,随着回程缸压力提高,回程缸压力控制精度越低,主缸压力峰值越高。

综上所述,试验验证了仿真结果的正确性,并且验证了提高主缸压下力、减少负载力扰动可以提高位置控制精度。

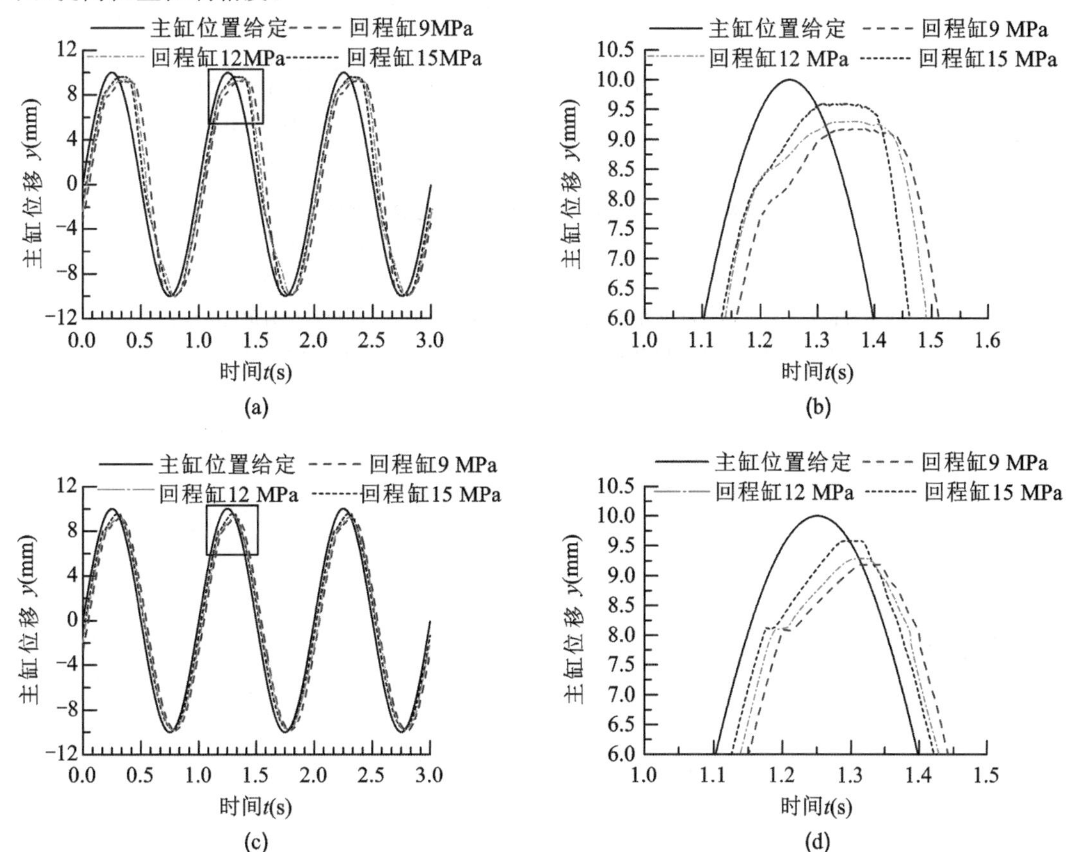

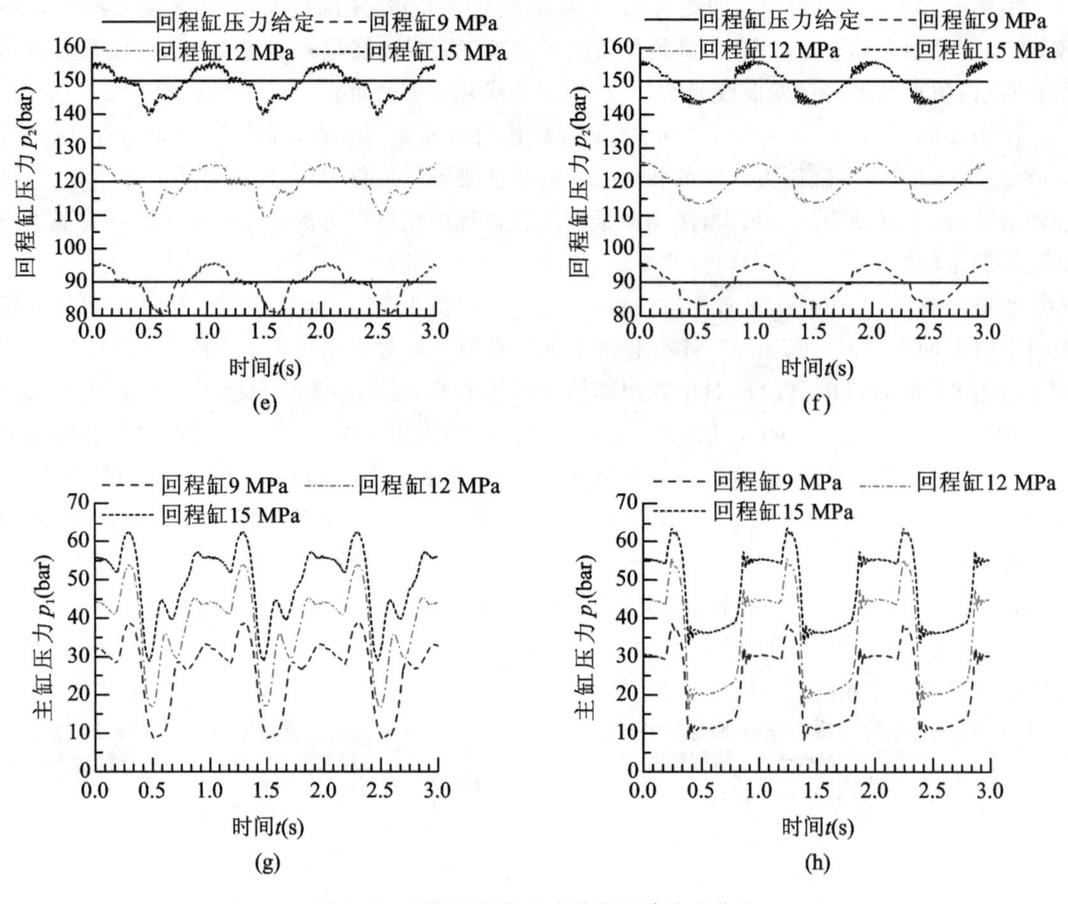

图 8-43　不同回程缸压力给定系统响应曲线

(a) 主缸位置正弦试验响应；(b) 主缸位置正弦试验响应局部放大图；

(c) 主缸位置正弦仿真响应；(d) 主缸位置正弦仿真响应局部放大图；

(e) 主缸位置正弦下回程缸压力试验响应；(f) 主缸位置正弦下回程缸压力仿真响应；

(g) 主缸位置正弦下主缸压力试验响应；(h) 主缸位置正弦下主缸压力仿真响应

9 自由锻造液压机节能控制技术

9.1 基于变频调节的快锻液压系统

基于变频调节的快锻液压系统根据其功能控制可分为两个单元，分别为泵头单元和独立节流口控缸单元。泵头单元主要由变频器、电机、定量泵、泵口安全阀、蓄能器组成。液压泵 3 为定量泵，虽然排量是固定的，但由于其动力由变频电机 2 提供，它输出的流量是可调的，只需通过调整变频器的输出频率，便可实现泵输出流量的无级调速。独立节流口控缸单元由四个比例快锻阀、安全阀、主缸和回程缸组成。

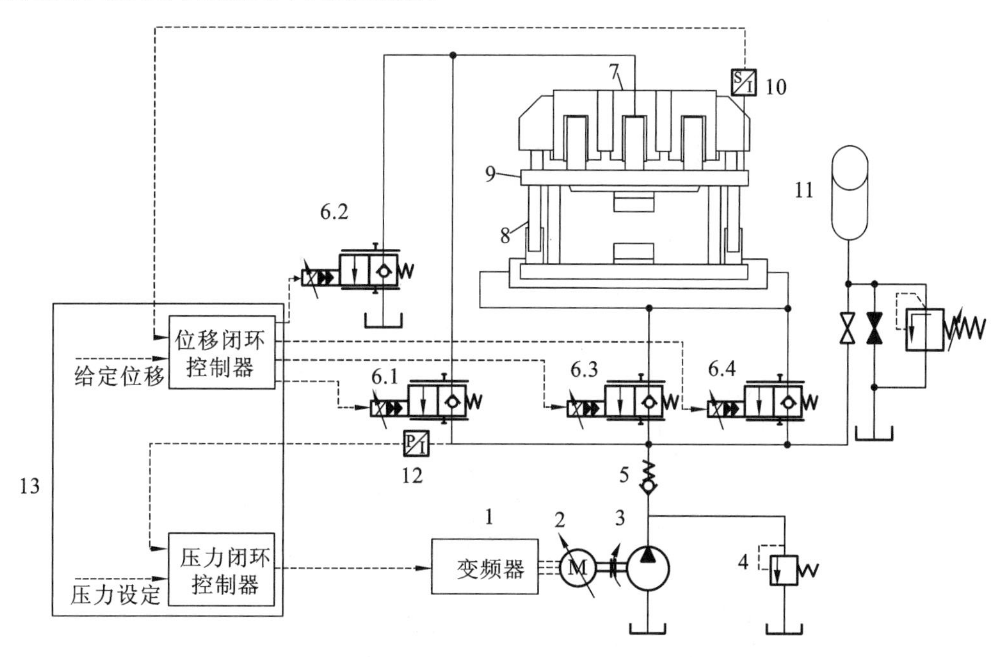

图 9-1　基于变频调节的快锻液压系统原理示意图

1—变频器；2—变频电机；3—液压泵；4—安全阀；5—单向阀；6—进/回油路快锻阀；7—主缸；8—回程缸；9—活动横梁；10—位移传感器；11—蓄能器及其阀组；12—压力传感器；13—微机控制器

液压机高频次锻造时，必然造成锻造液压机系统需求流量的高频次变化，由于变频电机动态响应速度较慢，液压泵的供给流量不能及时响应需求流量的高频次变化，因而单靠基于变频调速的泵控传动方式无法实现锻造液压机的高频次锻造工作，而蓄能器作为能量存储元件，具有响应速度快的优点，此时蓄能器通过充/放油液来实现能量供需关系的合理匹配。对于电液比例伺服系统，比例阀前稳定的入口压力是良好控制性能的保证，虽然蓄能器的充/放油液势必会引起泵口压力的波动，但是通过合理选择蓄能器可以实现泵口压力波动幅值在允许的范围内，所以采用泵＋蓄能器组成动力源能实现锻造液压机的快锻工作。其控制思想如下：以主泵口输出压力为控制目标，通过比较压力设定值与实际值得到压力偏差信号，经过比例积分等运算后调节变频电机转速，实现泵头单元的压力闭环控制。由于泵口溢流阀设置压力比蓄能器出口设定压力高，系统不存在溢流。这样不仅能大大降低系统能耗，还能降低系统装机容量，弥补快锻高频次下变频系统流量响应慢的不足。

快锻时，由于液压机主缸和回程缸作用力往往相差几倍，液压机系统主缸和回程缸截面面积存在严重的非对称性。为减小这种非对称性影响，同时达到能量的再生利用，采用差动连接，回程缸油液经过回程缸排液阀 6.4 进入主系统，与液压泵 3 以及蓄能器 11 输出的高压油一同进入主缸进液阀 6.1。回程时，高压油通过回程缸进液阀 6.3 进入回程缸，主缸油液通过主缸排液阀 6.2 流回油箱，整个过程回程缸始终与高压油相连。独立节流口控缸单元通过位置闭环控制实现高精度自动锻造。

9.2 基于泵阀复合控制的快锻系统原理

基于泵阀复合控制的快锻系统是泵控-阀控串联系统，在泵源与液压缸之间用电液比例阀来控制进、出液压缸的流量。这种泵阀同时控制的方法旨在利用阀控输出保证系统动态响应性能，利用泵控输出降低系统功率消耗。其工作原理与系统构成相关，系统原理如图 9-2 所示。

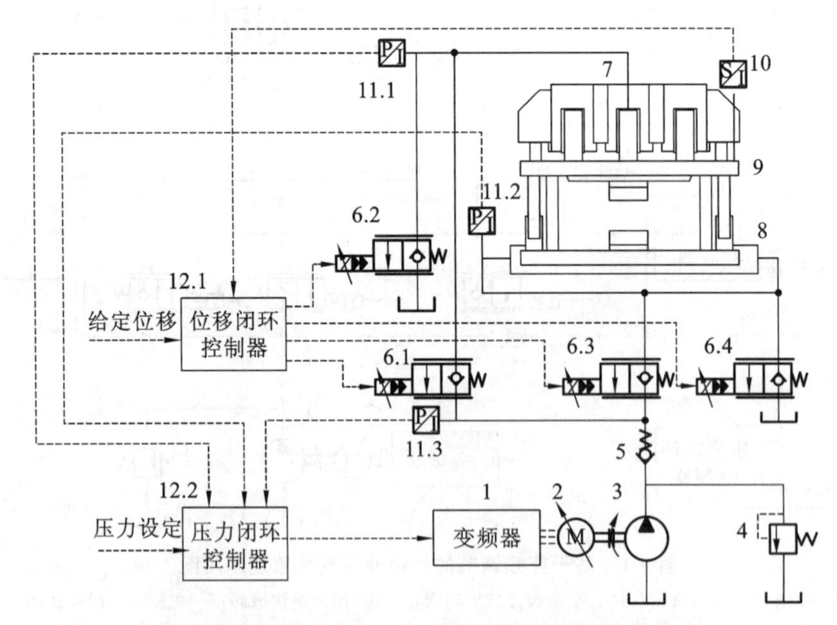

图 9-2 基于泵阀复合控制的快锻系统原理示意图

1—变频器；2—变频电机；3—定量泵；4—安全阀；5—单向阀；6—进/排液快锻阀；7—主缸；8—回程缸；9—活动横梁；10—位移传感器；11—压力传感器；12—控制器

基于泵阀复合控制的快锻系统，主要由变频动力源和独立节流口控缸组成。变频动力源主要包括变频器、变频电机、定量泵、安全阀和单向阀。变频动力源是基于交流伺服技术和液压技术，将系统反馈偏差信号输入变频器，通过变频器的输出信号控制电机的转速实时变化，实现定量泵输出流量的无级调速。

快锻工况时，较理想的锻造轨迹曲线是正弦曲线，可使整个油压机工作较为平稳，受力状态良好。液压机快锻工作时，位移曲线呈高频周期性变化，采用快锻阀构成位移闭环控制系统，根据位移误差大小实时控制比例阀的开口度，有效减弱了系统工况切换时的冲击和振动强度，提高系统锻造精度。

9.2.1　泵阀复合控制原理

锻造液压机在快锻工况时，系统的流量和压力随着压机锻造位移而呈周期性变化。作为锻造工序的后期工艺，快锻的主要作用是提高锻造工件的尺寸精度和劳动生产率，因此要求快锻液压机具有稳定的控制特性、快速的动态响应特性和准确的锻造精度。本系统从节能角度出发，降低系统的溢流损失和节流损失，采用泵控与阀控相结合的方法，在一定程度上增加了控制难度，在满足锻件锻造精度的基础上，尽可能地降低液压机的能耗，因此，系统的控制策略至关重要。

本节提出的泵阀复合控制原理如图 9-3 所示，主要包括位移闭环控制和压力闭环控制。在压机横梁安装位移传感器，在主缸、回程缸和泵口安装压力传感器，利用传感器检测系统状态信号，通过控制器计算输出控制信号对系统进行调节。

泵阀复合控制系统主要由基本的压力、位移控制单元和逻辑判断单元组成，通过动力源变频单元进行压力闭环控制，实现泵口压力跟踪变化；通过阀控实现位移闭环控制，保证压机锻造精度；逻辑判断单元 Switch 负责识别所处的工作模式(压下/回程)。针对不同的工作模式，控制量也发生改变。

压下时，将位移反馈信号 y 与输入信号 y_i 比较，得到位移误差，经比例积分环节后作为阀 6.1和阀 6.4 的控制信号，控制阀芯开口大小，调整压机位置状态，保证锻造的精度。压力传感器检测的实际泵口压力与主缸压力之差 Δp 作为压力反馈信号与输入信号 Δp_i 进行比较，得到的压力误差信号经 PID 环节后作为变频器的控制信号，完成压力控制。逻辑判断单元 Switch 可判断此时为压下工作模式，在所有输入信号中筛选出主缸压力信号传输给动力源控制单元，保证泵口压力跟随主缸压力变化。回程时，位移反馈信号 y 与输入信号 y_i 比较，得到位移误差，经积分、放大环节后作为阀 6.2 和阀 6.3 的控制信号，进行位移闭环控制，逻辑判断单元 Switch 判断此时为回程工作模式，从输入信号中筛选出回程缸压力信号传输给动力源控制单元，与泵口压力相比较得到压力差 Δp，经过控制器转换调节变频器转速，控制泵口压力跟随回程缸压力变化。

泵阀复合控制系统在控制方面有两个特点：在工作过程中，主缸、回程缸进液阀两端保持恒定的工作压力值，在满足进液阀正常工作的基础上，尽量使压力保持较低值，相对于比例阀控系统，大大减小了由于压力过剩造成的节流损失；变频动力源和串联的快锻阀的输出流量在控制过程中同时调节，既保证了系统的锻造性能，又从根本上解决了位置-双压力复合控制系统由于系统流量过剩造成的溢流损失。由此可见，泵阀复合控制系统在节能方面有很大的优越性。

9.2.2　系统节能理论分析

为便于分析比较，泵阀复合控制系统仍和比例阀控系统进行能耗对比分析。参考第 2 章的理论计算方法，在相同锻造条件下，将基于泵阀复合控制的快锻系统的输入功率与比例阀控

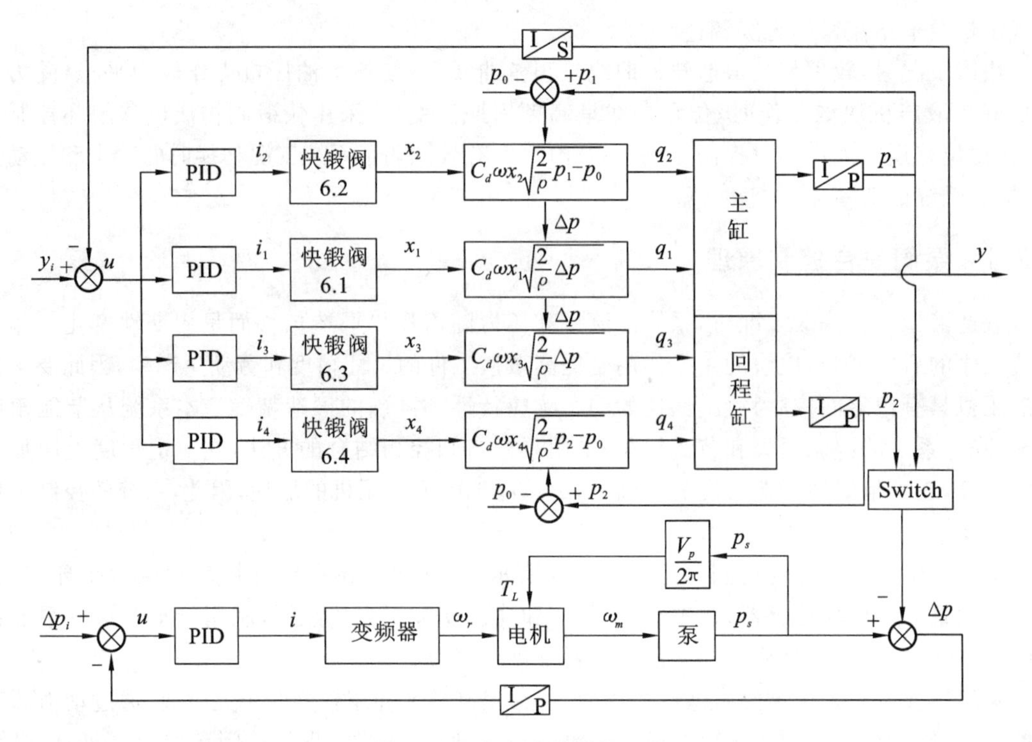

图 9-3 泵阀复合控制原理图

系统的输入功率比较，若系统完成锻造成型的有用功相同，则系统输入功率越小，节能效果越好；反之，系统节能效果越差。

9.2.3 基于泵阀复合控制系统能耗分析

基于泵阀复合控制的快锻系统，阀控进行系统的位移闭环控制，保证系统锻造精度，在不同工作模式下，根据工作腔压力，实时调整变频器输出信号，控制液压泵的输出流量，保证系统压力实时跟随变化。

压下时，压力闭环控制使泵口压力跟踪主缸压力变化且使进液阀两端压差 Δp 恒定，不受负载变化影响，存在下列关系式：

$$p_s'=p_a'+\Delta p \tag{9-1}$$

式中 p_a'、p_s'——主缸、泵口压力(Pa)；

Δp——泵口与主缸压力差值(Pa)。

根据液压缸力平衡方程，有：

$$p_a'A_1-p_b'A_2+Mg=M\frac{\mathrm{d}^2y}{\mathrm{d}t^2}+B_p\frac{\mathrm{d}y}{\mathrm{d}t}+F_f+F_L \tag{9-2}$$

式中 p_b'——回程缸压力(Pa)。

由式(9-2)得主缸的压力为：

$$p_a'=\frac{1}{r}p_b'+\frac{1}{rA_2}\left(M\frac{\mathrm{d}^2y}{\mathrm{d}t^2}+B_p\frac{\mathrm{d}y}{\mathrm{d}t}+F_f+F_L-Mg\right) \tag{9-3}$$

系统动力源为变频电机+定量泵，液压泵输出流量由变频器控制信号决定，设泵的输出流量为 q_s'，由于该系统无溢流流量，泵的输出流量 q_s'等于主缸流量 q_a'，有：

$$q_s' = q_a' = \frac{A_1 \omega S}{2} \cos\omega t \tag{9-4}$$

式中 ω——压机的快锻频率(Hz)

S——快锻幅值(m)

由式(9-1)、式(9-3)可得,系统的输入功率为:

$$P' = p_s' q_s' = \frac{1}{rA_2}\left(M\frac{\mathrm{d}^2 y}{\mathrm{d}t^2} + B_p\frac{\mathrm{d}y}{\mathrm{d}t} + F_f + F_L - Mg\right)q_s' + \left(\Delta p + \frac{1}{r}p_b'\right)q_s' \tag{9-5}$$

回程时,压力闭环控制使泵口压力跟踪回程缸压力且使进液阀两端压差 Δp 恒定,满足关系式:

$$p_s' = p_b' + \Delta p \tag{9-6}$$

此时,液压缸力平衡方程为:

$$p_b' A_2 - p_a' A_1 - Mg = M\frac{\mathrm{d}^2 y}{\mathrm{d}t^2} + B_p\frac{\mathrm{d}y}{\mathrm{d}t} + F_f \tag{9-7}$$

则由式(9-6)、式(9-7)可得,泵口压力为:

$$p_s' = rp_1' + \frac{1}{A_2}(M_t\ddot{y} + B_p\dot{y} + F_f + M_t g) + \Delta p \tag{9-8}$$

由于该系统无溢流,泵的出口流量 q_s' 等于回程缸的流量 q_b',有:

$$q_s' = q_b' = \frac{A_2 \omega S}{2} \cos\omega t \tag{9-9}$$

则回程时,系统的输入功率为:

$$P' = p_s' q_s' = \left[rp_1' + \frac{1}{A_2}(M_t\ddot{y} + B_p\dot{y} + F_f + M_t g) + \Delta p)\right]q_s' \tag{9-10}$$

由式(9-5)、式(9-10)可以看出,在压下和回程阶段,当压机本体及系统运行参数确定后,基于泵阀复合控制的快锻系统的输入功率与系统压差值 Δp 有关,且随着压差值 Δp 的增大,系统输入的功率越大,在相同有用功率的前提下,系统消耗的能量越大,节能效果越差。

9.2.4 基于泵阀复合控制系统节能分析

压机在压下工况时,定义比例阀控系统与泵阀复合控制系统的输入功率之差为泵阀复合控制系统的节能功率,有:

$$\Delta P' = p_s q_s - p_s' q_s' \tag{9-11}$$

由于泵阀复合控制系统的阀控部分控制策略与比例阀控系统的相同,主缸油路和回程缸油路快锻阀均为位置闭环控制,此处两系统的控制性能一致,因此两系统的主缸压力和回程缸压力为相等关系,即存在关系式:

$$\left.\begin{aligned} p_1 &= p_a' \\ p_2 &= p_b' \end{aligned}\right\} \tag{9-12}$$

比例阀控系统存在溢流流量,因此在压下阶段,泵输出流量大于主缸流量,故 q_s 大于 q_1。主缸流量随着压机活动横梁正弦运动而呈周期性变化,在比较比例阀控系统和泵阀复合控制系统输入功率时,为了方便计算,比例阀控系统的泵输出流量由主缸流量的最大值代替,若此时两系统功率差值大于零,那么比例阀控系统的输入功率一定大于泵阀复合控制系统,两系统输入功率差和主缸最大流量分别为:

$$\left.\begin{aligned}\Delta P' &= p_s q_{1,\max} - p_s' q_s' \\ q_{1,\max} &= \frac{A_1 \omega S}{2}\end{aligned}\right\} \tag{9-13}$$

由式(9-5)和式(9-13)可知，两系统输入功率差为：

$$\Delta P' = \frac{A_1 \omega S}{2}\left[\left(\frac{r}{\alpha}\right)^2 p_2 - \Delta p\right] \tag{9-14}$$

式中，ω、Δp 为输入变量，α、p_2 为系统的状态变量，r 为定值，S 是压机锻造幅值，为定值。由式(9-13)、式(9-14)可以看出，泵阀复合控制系统的节能功率 $\Delta P'$ 与输入变量(ω、Δp)和状态变量(α、p_2)有关。对于同一比例阀控系统且锻造频率相同，状态变量(α、p_2)和输入变量(ω、Δp)相同，泵阀复合控制系统的压差值 Δp 越大，节能功率 $\Delta P'$ 越小，泵阀复合控制系统的节能效果越差，甚至造成比例阀控系统更大的能耗。因此，从能耗角度出发，泵口与工作腔压力差值 Δp 越小越好。从系统原理可知，Δp 为快锻阀两端的压力，影响着快锻阀的流量增益和系统的开环增益，且随着 Δp 的增大，系统动态特性变好，所以针对系统的动态特性和工作效率的要求，Δp 值需要多目标优化。

9.3 基于位置-双压力复合控制的快锻系统

9.3.1 基于位置-双压力复合控制的快锻系统原理

基于位置-双压力复合控制的快锻系统原理如图 9-4 所示。

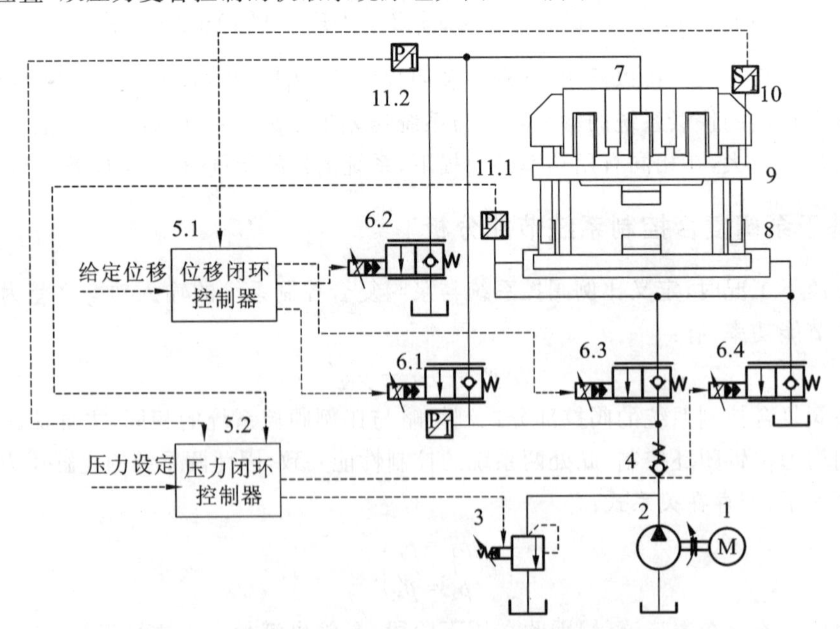

图 9-4 基于位置-双压力复合控制的快锻系统原理示意图

1—电机；2—定量泵；3—比例溢流阀；4—单向阀；5—控制器；6—进/回油路快锻阀；7—主缸；8—回程缸；9—活动横梁；10—位移传感器；11—压力传感器

基于位置-双压力复合控制的快锻系统根据其控制功能可分为两个部分，分别为负载口独立阀控缸部分和定量泵负载敏感部分，负载口独立阀控缸部分主要由进/回油路快锻阀、主缸和回程缸组成。主缸和回程缸分别由两个比例快锻阀控制进/排液，构成负载口独立控制，解决了电液比例阀控系统的进/排油口节流面积相关联的问题，增加比例阀的控制自由度。压机压下阶段，快锻阀 6.1 和 6.4 开启，实现主缸进液和回程缸排液；压机回程阶段，快锻阀 6.2 和 6.3 开启，实现主缸排液和回程缸进液。电液比例阀控缸相比于开关阀，可以实现无级调速，使各个工作过程平稳过渡，冲击振动小，保证了压机的锻造精度。此外，电液比例阀具有高速响应特性，可提高系统控制性能。定量泵负载敏感部分主要由定量泵和比例溢流阀组成，负载敏感是一种压力跟随变化的控制技术，在泵口安装比例溢流阀，通过比例溢流阀溢流的方式来调节泵口压力，实现负载敏感。

9.3.2　位置-双压力复合控制原理

液压机在快锻工况时，锻造频率高，位移行程小，锻造精度要求较高，因此要求快锻液压机的控制系统具有良好的动态响应性能和位置控制精度。此外，对 0.6 MN 锻造液压机进行试验分析可知，在压下阶段，回程缸背压较高，油液经过回程缸排液阀回到油箱过程中有较大的压力降，导致回程缸排液阀有较大的节流损失。因此，在满足锻造条件的基础上，对回程缸背腔压力进行闭环控制，使其处于较低压力状态，减小快锻阀的节流损失。本系统采用工程中常用的 PID 控制器，提出位置-双压力复合控制策略，系统控制原理图如图 9-5 所示。

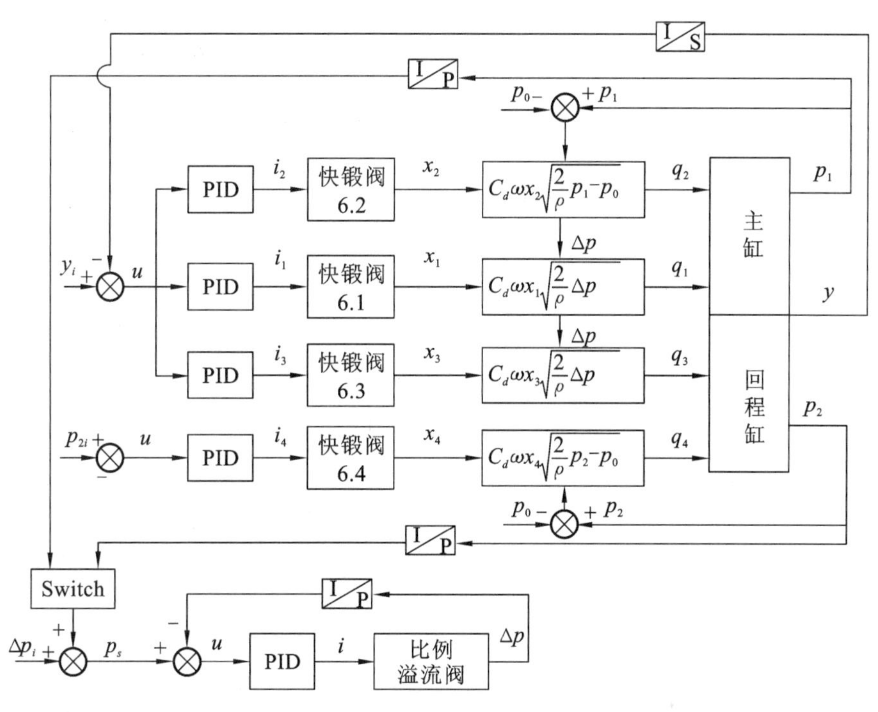

图 9-5　位置-双压力复合控制原理图

位置-双压力复合控制系统主要由压力、位移控制单元和逻辑判断单元组成，通过定量泵负载敏感部分进行压力闭环控制，实现泵口压力跟踪变化；通过负载口独立阀控缸部分实现位移闭环控制，保证压机锻造精度；逻辑判断单元 Switch 负责识别所处的工作模式（压下/回程）。针对不同的工作模式，改变系统控制量。

压下时，位移反馈信号 y 与输入信号 y_i 比较，得到位移误差，经比例积分环节后作为快锻阀 6.1 的控制信号，控制阀芯开口大小，调整压机位置状态，保证锻造的精度。压力传感器检测的实际泵口压力与主缸压力之差 Δp 作为压力反馈信号与输入信号 Δp_i 比较，得到压力误差信号，经 PID 环节后作为快锻阀 6.4 的控制信号，完成泵口压力控制。逻辑判断单元 Switch 的作用为判断此时为压下工作模式，在所有输入信号中筛选出主缸压力信号传输给定量泵负载敏感部分，保证泵口压力跟随主缸压力变化。回程时，位移反馈信号 y 与输入信号 y_i 比较，得到位移误差，经积分、放大环节后作为阀 6.2 和阀 6.3 的控制信号，进行位移闭环控制。逻辑判断单元 Switch 判断此时为回程工作模式，从输入信号中筛选出回程缸压力信号传输给定量泵负载敏感部分，与泵口压力相比较得到压力差 Δp，经过控制器转换调节比例溢流阀，控制泵口压力跟随回程缸压力变化。

本系统结合了定量泵负载敏感技术，以泵口压力为控制对象，通过调节比例溢流阀的溢流压力，实现泵口压力闭环控制，使得系统压力与负载压力保持恒定的压力差，即液压机压下阶段，泵口压力与主缸压力保持恒定值；在回程阶段，泵口压力与回程缸压力保持恒定值。与定量泵系统相比，本系统泵口压力跟随负载压力变化，降低了系统的溢流损失，同时降低了进液阀两端的压力降，减小快锻阀的进液节流损失。

9.4 自由锻造液压机复合控制

（1）自由锻造液压机节能复合控制思想（图 9-6）

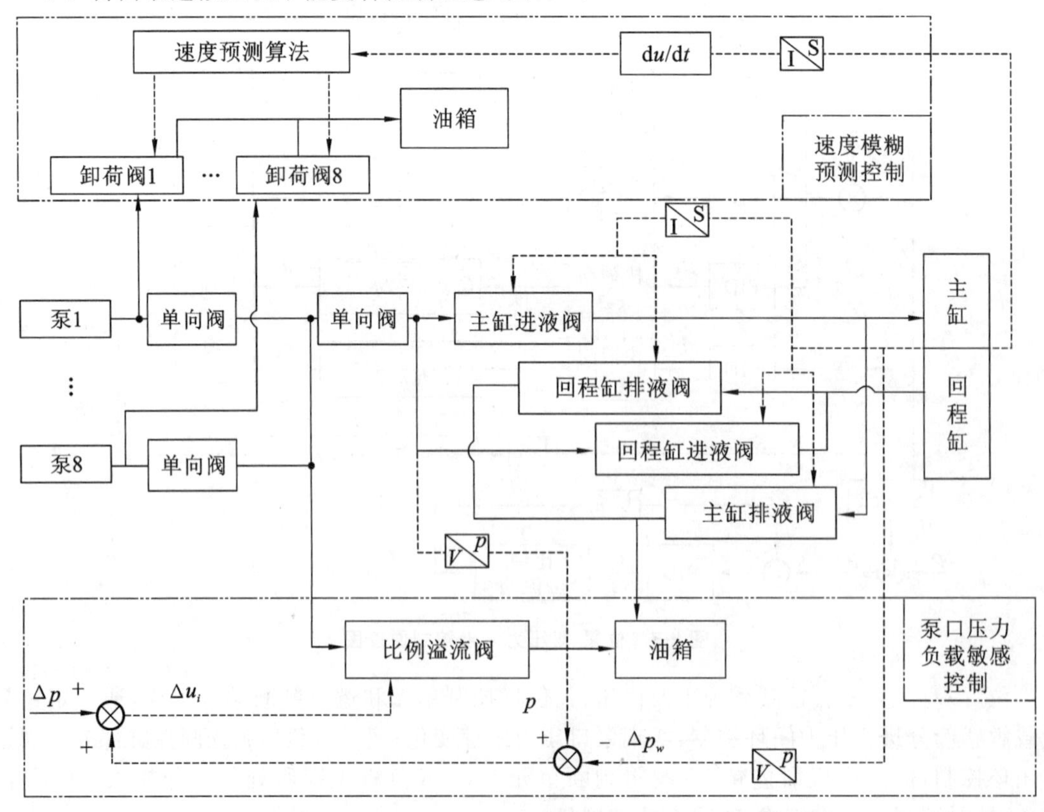

图 9-6 复合控制思想

自由锻造液压机复合控制可分为两部分:泵口压力负载敏感控制和速度模糊预测控制。

泵口压力负载敏感控制是在泵口增设电液比例溢流阀,通过采集下行过程中主缸压力变化及回程过程中回程缸压力变化,来进行压力闭环控制。

速度模糊预测控制是采集动梁当前运行速度,通过模糊算法对速度进行预测,得出动梁下一时刻运行速度,进而可以得出其所需流量值,这样就可以通过控制每台定量泵口的卸荷阀来控制定量泵的投入台数,减小能量损失。

(2) 泵口压力负载敏感控制

将负载所需的压力和流量与泵源的压力和流量相匹配,即为负载敏感技术。在液压控制领域中,由于负载敏感控制可以有效节约能源,因此当其被提出时得到了广泛的认可。通常情况下,负载敏感控制指的是负载敏感控制与压力补偿控制。

近年来,负载敏感技术已经在工程机械领域被广泛应用。它通过监测系统所需压力-流量的需求来控制泵源,仅向系统提供其所需流量和压力的液压回路,一般分为泵控和阀控两种形式。图 9-7 所示为电液比例负载敏感口独立控制系统原理。

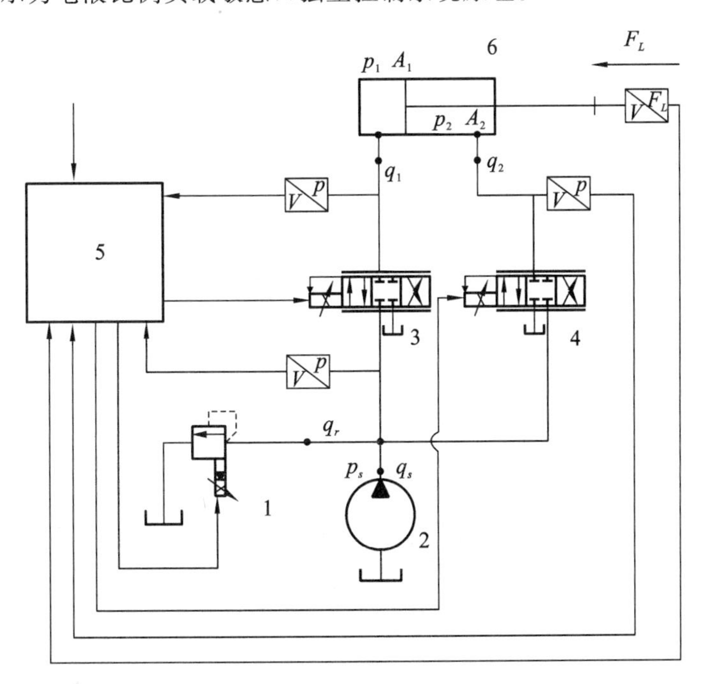

图 9-7 负载敏感口独立控制系统原理图

1—电液比例溢流阀;2—定量泵;3、4—电液比例方向阀;5—控制器;6—液压缸

从图 9-7 所示原理可以看出,该系统中两个比例方向阀 3、4 打破进出口节流面积调节间的耦合,使整个液压系统控制的自由度增加;通过压力传感器检测液压缸两腔的压力,根据检测到的压力,调节泵出口的比例溢流阀,进而控制泵出口压力,实现负载敏感控制。

图 9-8 为负载敏感系统压力和流量关系图。

从图 9-8 可以看出负载敏感系统工作时液压泵提供的压力和流量与执行元件负载相匹配,这样就使得液压系统中不再产生多余的流量和多余的压力,因此负载敏感系统有显著的节能效果。

综上所述,液压系统可以根据负载变化提供相应的压力-流量特性。该系统的压力变化

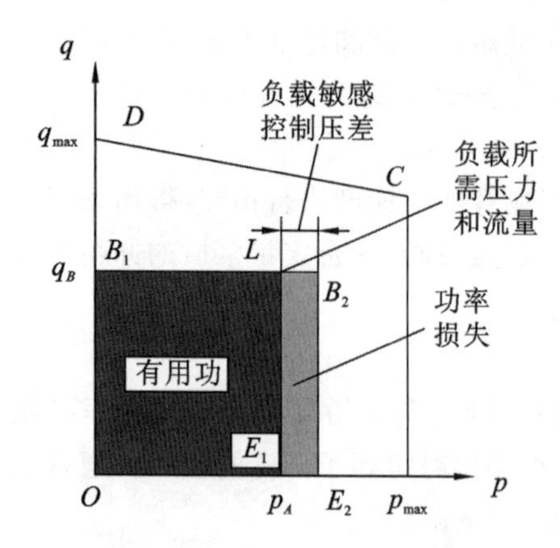

图 9-8 负载敏感系统压力和流量关系图

和负载变化相适应，并且始终高于负载压力一个固定值，该值通过需要进行设定。

因此，在考虑整机传动控制系统的设计方案时，负载敏感系统是具有下列特点工作机构的理想选择：

①液压系统工作过程由于特定的工况经常达到最高压力；

② 在输入的转速和压力不断变化时，液压系统需要提供恒定的流量；

③ 单泵液压系统具有多个回路和不同的执行元件，但是每一支路均对压力和流量有不同的需求；

④ 降低液压系统能量损失以及热损耗；

⑤ 通过容积调速对液压系统流量进行调节；

⑥ 在负载变化时系统执行元件运转速度保持不变；

⑦ 系统在工作过程中具有低压小流量的待机工况，但是同时也存在高压大流量的需求。

加入电液比例溢流阀后，本节阀控常锻液压系统负载敏感控制原理简图如图 9-9 所示。

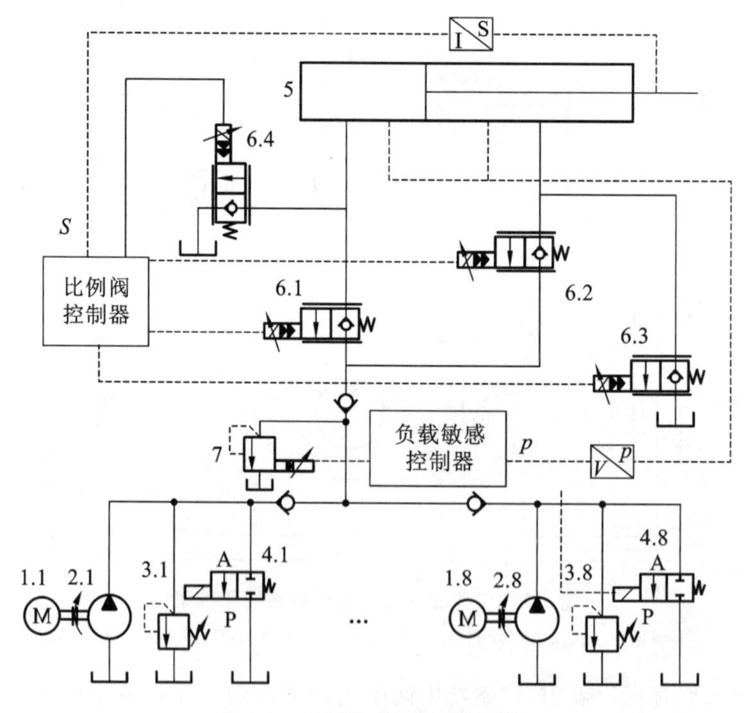

图 9-9 负载敏感控制原理简图

1—电机；2—定量泵；3—溢流阀；4—单向阀；5—工作缸；6—进/回油路快锻阀；7—比例溢流阀

控制系统中控制对象为定量泵泵口压力，泵口压力闭环控制是通过调节泵口增设的比例溢流阀来实现的，通过补偿一个较小的恒定压力值使二者在压机压下阶段保持恒定的压力差，这样就使得负载压力产生变化时系统压力也随之改变，即主缸压力经压力补偿定值后和泵口压力保持恒定。回程过程中泵口压力根据回程缸压力进行实时调节，使得泵口压力与负载保持匹配。

与传统的定量泵控制系统相比，本系统中负载压力变化时泵口压力及时做出调整与负载压力匹配，这样就降低了系统的溢流损失，同时主缸进液阀两端的压差减小，节流损失随之减小。

(3) 速度模糊预测控制

在解决线性定常系统的控制问题时，一般采用经典控制理论。但是处理非线性时变系统传统问题时经典控制理论无法很好地解决。伴随着计算机技术的不断革新，自动控制理论和自动控制技术取得了飞速的发展。在解决定常或时变、非线性或线性的多输入、多输出系统问题时，现代控制理论得到了广泛的应用。

经典控制理论和现代控制理论在应用时都需要事先知道被控对象的数学模型，根据该模型给定所需的性能指标，制定出合适的控制规则，进而设计控制系统。然而在生产过程中，多数情况下被控对象的数学模型是很难建立的。

无数学模型的控制算法一般包括神经网络、模糊控制以及遗传算法等，经过研究对比，由于对负载变化的不可预知，本节采取模糊预测算法对压机进行速度预测，因为该方法无须建立被控对象的精确数学模型，只需得知现场施工人员的经验以及现场得出的具体数据即可。当被控对象受到外部干扰以及参数摄动等不确定因素时，运用模糊预测仍可以保证系统最终趋于稳定。

模糊预测算法的核心问题就是模糊控制器的设计。通过模糊控制器可以实现模糊预测的规则和机理。模糊预测的核心思想是人们在实际工作中总结的经验，人们将这些经验通过模糊控制器以程序化的模糊语句进行描述，需要指出的是，模糊语句不能确定精确的数量关系，只能定性地进行描述。

模糊控制器的组成一般包括输入量的模糊化接口、输出量的去模糊化接口，中间需要建立规则库并给出推理算法，如图 9-10 所示。

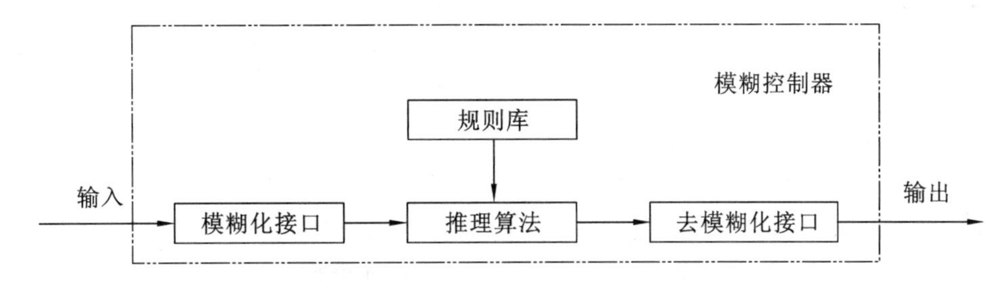

图 9-10　模糊控制器的基本机构框图

模糊控制器的设计需要逐步实现，整个设计过程主要包括以下几点：

① 输入/输出量的模糊化；

② 控制规则的拟定；

③ 确定模糊推理算法，选择去模糊化的方法；

④ 根据经验以及系统需求确定模糊控制器的输入/输出变量的论域，并确定模糊控制器的其他参数。

在实际系统中，由于模糊量的信息量要比精确量大一些，因此用模糊量往往要相对准确一些，并且随着隶属度函数研究的深入，模糊化等级总数的增加用模糊量也能反映出与之对应的精确量及其特征。

根据输入量和输出量的个数不同，一般模糊控制器可以分为“单变量模糊控制器”和“多变量模糊控制器”。一般采用的都是单变量模糊控制器，它的输入量的个数，即为模糊控制器的维数，如图 9-11 所示。

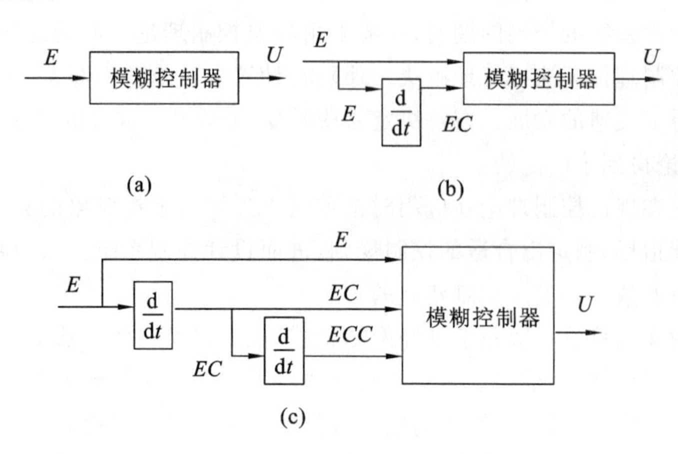

图 9-11 模糊控制器结构

(a) 一维；(b) 二维；(c) 三维

图 9-11(a)为一维模糊控制器，一般应用在一阶被控对象。它的输入量通常是输入给定和受控量的偏差量值 E，由于仅采用偏差值进行输入，因此该控制器获得的系统动态性能比较差。图 9-11(b)为二维模糊控制器，经常被采用。它的输入量一般包括输入给定和受控量的偏差量 E 和偏差的变化 EC，由于增加了对 EC 的处理，因此它能较好地反映输出变量的动态特性，最终得出的结果比一维模糊控制器要好一些。图 9-11(c)为三维模糊控制器，结构复杂，推理运算时间较长。它的输入量比二维模糊控制器多了一个偏差变化的变化率 EEC，这样可以使计算结果更加精确。无论是模糊规则设定的困难还是考虑到运算推理的复杂，一般都很少采用三维模糊控制器。通过对以上三种模糊控制器的分析，本节采用二维模糊控制器来预测压机速度变化。

通过采集压机速度前两个时刻的偏差，求出速度偏差的变化率，再将速度偏差和速度偏差变化率作为两个输入量进行模糊化处理，进而通过模糊控制器里面的规则库进行模糊计算，最终反模糊求出目标速度偏差，预测出压机下一时刻的运行速度变化，最终实现对投入工作的定量泵台数的控制。

模糊控制算法流程如图 9-12 所示。

本节中模糊控制器设计流程如图 9-13 所示。这里需要说明的是，必须要将输入进行模糊化后才能应用模糊控制器求解，因此模糊控制器的输入接口的主要作用就是将真实的精确输入量转化为一个模糊的矢量，并且将输入空间进行划分，一般综合考虑准确性和可行性时可选择七个描述变量输入/输出的词汇{“正大”，“正中”，“正小”，“零”，“负小”，“负中”，“负大”}。采用英文词头进行缩写为：{NB, NM, NS, O, PS, PM, PB}。这样通过规则库计算后输出量也为模糊的矢量。

在输入/输出量模糊化后的规则制定好之后，就要确定模糊子集的隶属度函数，即定义

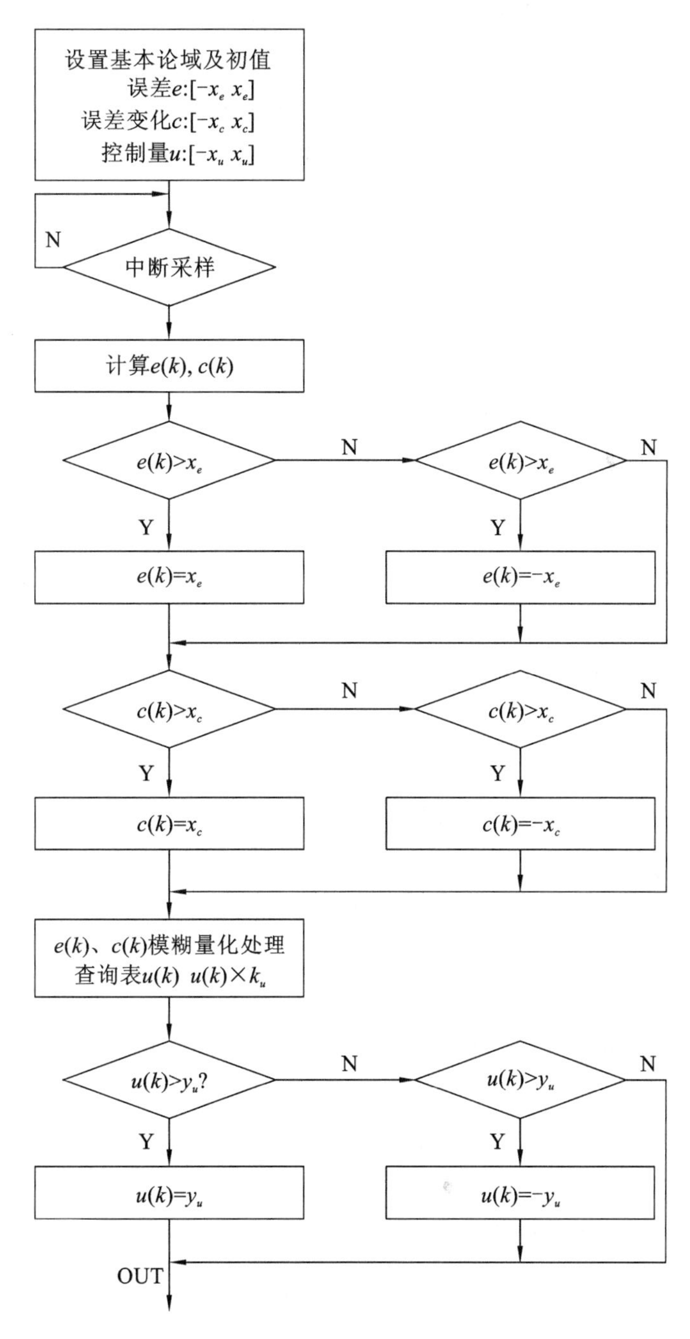

图 9-12　模糊控制算法流程图

模糊子集。在这里将隶属度函数曲线进行离散化，就可以得到有限个点上的隶属度，从而构成相应的模糊变量的模糊子集。常用的隶属度函数有三角形隶属度函数、梯形隶属度函数、高斯型隶属度函数等。通过研究对比分析可知，三角形隶属度函数具有控制性能较好、简化计算、易于实现的特点，被广泛地应用在模糊控制中。所以本节采用三角形隶属度函数，其中速度偏差隶属度函数、速度偏差变化率隶属度函数以及目标速度偏差隶属度函数如图 9-14 所示。

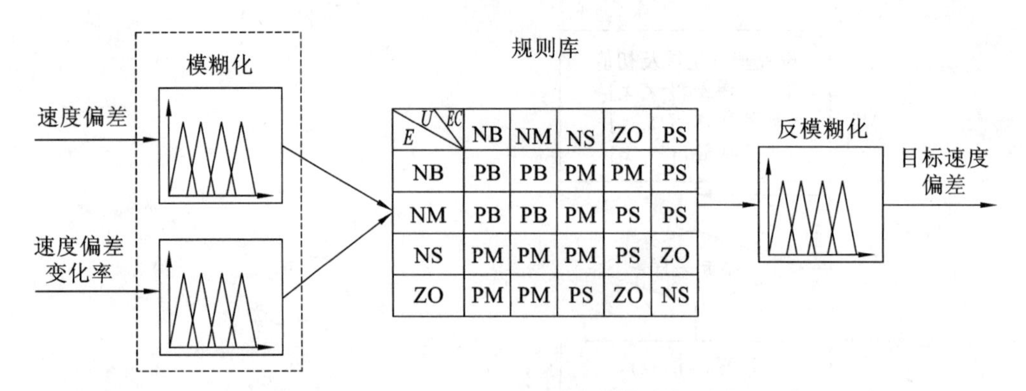

E \ U EC	NB	NM	NS	ZO	PS
NB	PB	PB	PM	PM	PS
NM	PB	PB	PM	PS	PS
NS	PM	PM	PM	PS	ZO
ZO	PM	PM	PS	ZO	NS

图 9-13 模糊控制器设计流程

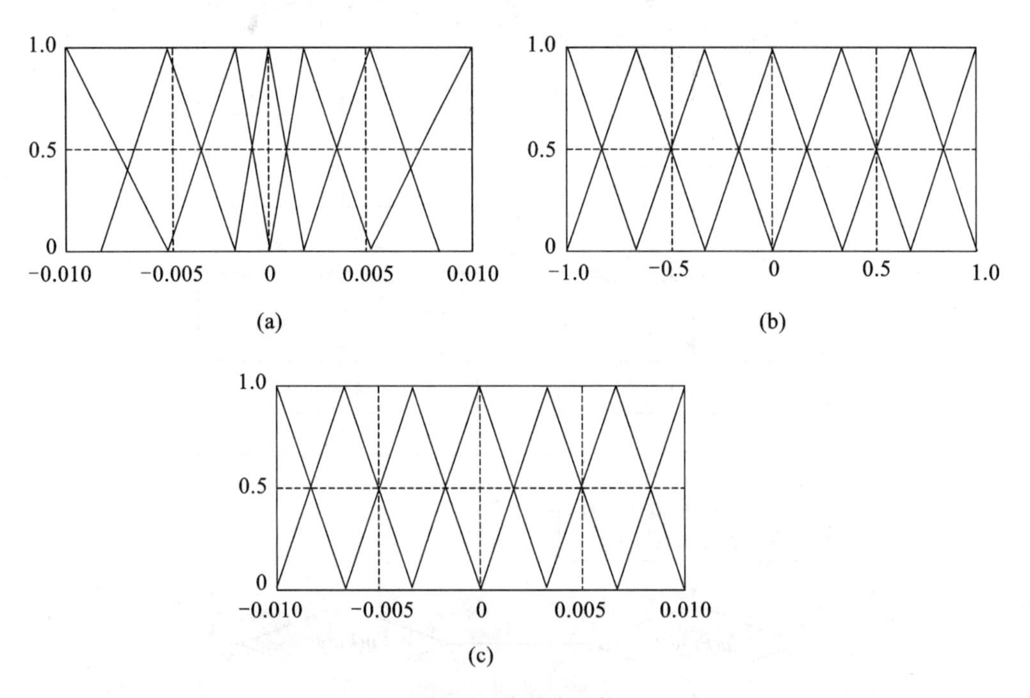

图 9-14 隶属度函数

(a) 速度偏差隶属度函数;(b) 速度偏差变化率隶属度函数;(c) 目标速度偏差隶属度函数

隶属度函数在误差较大区域,采用低分辨率的模糊集;在误差较小区域,采用较高分辨率的模糊集,这样可提高系统的鲁棒性和控制灵敏度。

确定完速度偏差 E、速度偏差变化率 EC 以及目标速度偏差的隶属度函数,就需要建立模糊控制规则,所谓控制规则,就是从模糊输入到输出的推理依据。建立模糊规则过程中最常用的方法为经验归纳法,即在控制过程中通过操作者或专家的经验和技术,进行综合分析并决策。

根据本节设计要求,在压下过程进行速度预测,压下过程速度逐渐减小,所需流量随之减小,因此,整个速度预测范围内压机都在做减速运动,在这里不考虑速度偏差大于零的情况。根据以上条件建立本节模糊控制规则表,如表 9-1 所示。本节阀控常锻液压系统速度模糊预测控制原理简图如图 9-15 所示。

表 9-1 模糊控制规则表

	NB	NM	NS	ZO	PS	PM	PB
NB	PB	PB	PM	PM	PS	ZO	ZO
NM	PB	PB	PM	PS	PS	ZO	NS
NS	PM	PM	PM	PS	ZO	NS	NS
ZO	PM	PM	PS	ZO	NS	NM	NM

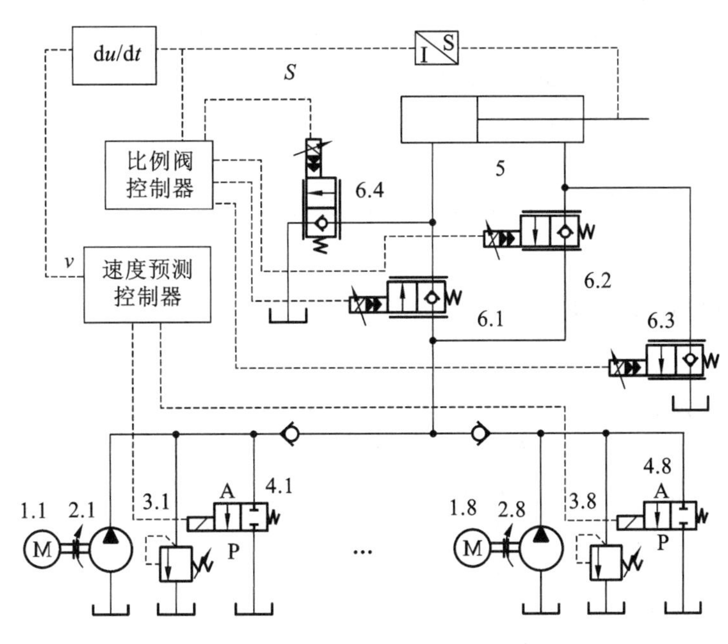

图 9-15 速度模糊预测控制原理简图

1—电机；2—液压泵；3—溢流阀；4—单向阀；5—工作缸；6—进/回油路快锻阀

通过 Mamdani 推理法进行模糊逻辑计算，通过去模糊化(Defuzzification)将模糊逻辑计算的结果进行反模糊化得到目标速度偏差 U。

去模糊化的方法有很多种，本节采用常用的重心法进行去模糊化。该方法被认为是在数学上具有最好的严谨性以及逻辑性，被广泛应用在各类去模糊化的程序中，其数学表达式为：

$$Y = \frac{\sum_{i=1}^{L} \omega_i d_i}{\sum_{i=1}^{L} \omega_i} \tag{9-15}$$

其中，ω_i 为经过前级隶属度函数推理计算得出的输入变量对第 i 条规则的隶属度；d_i 为第 i 条规则的参数值。经过简单的数学变换后表达式为：

$$Y = \frac{\sum_{i=1}^{L} \omega_i d_i}{\sum_{i=1}^{L} \omega_i} = \sum_{i=1}^{L} \left[\frac{\omega_i}{\sum_{i=1}^{L} \omega_i} \right] d_i = \sum_{i=1}^{L} \omega_i^* d_i \tag{9-16}$$

其中

$$\omega_i^* = \frac{\omega_i}{\sum_{i=1}^{L} \omega_i}$$

因此，只要通过模糊控制规则的隶属度 ω_i，就可计算出与之对应的归一化隶属度 ω_i^* 的值，再通过简单的加权求和的办法计算出模糊控制器具体的输出值。

为了减小装机成本，自由锻造液压机往往装配多台定量泵进行工作，泵的台数取决于系统的最大流量需求。压机在压下过程中，动梁速度是一个逐渐减小的过程，这样所需的流量就在减小，定量泵提供的流量是定值，不能根据系统的需求而改变，当速度较慢时，难免会造成不必要的浪费。本节提出速度模糊预测控制方案，采集压机运行速度，通过采用本节设计的模糊控制器，预先得知下一时刻动梁运行速度，判断出系统所需流量，进而切换泵的投入台数使两者相匹配，达到速度模糊预测控制的目的，降低能耗。

9.5 泵控直传液压机液压系统节能技术

9.5.1 泵控直传液压机液压系统节能机理

系统所需的总功率全部由电动机提供，电动机提供的功率包括液压泵输出的功率以及电动机和液压泵本身效率的损失，设电机输入的总功率为 P_1，输出的总功率为 P_2，有：

$$P_2 = P_{21} + P_{22} = (T_{p1} + T_{p2}) \cdot 2\pi n/60 \tag{9-17}$$

式中 P_{21}——压下泵的所需功率(W)；

P_{22}——回程泵的所需功率(W)；

T_{p1}——压下泵所需的转矩(N·m)；

T_{p2}——回程泵所需的转矩(N·m)；

n——电动机的转速(r/min)。

常锻工况分为五个阶段：空程快下、加压工进、保压、卸压回程、停止。空程快下是靠液压机活动横梁本身自重下行，其速度主要由回程泵的排量大小决定，同时为了避免液压机下降时主缸内产生负压，试验系统配备了充液缸补充主缸所需流量。在横梁空程快下阶段时，活动横梁的重力势能以及管路中的压力能，经过处于马达工况的回程变量泵转化为驱动轴的驱动扭矩，此时，系统中耗能元件为提供先导油的齿轮泵，其功率主要由回程变量泵的回收能量和电机提供。

此时压下泵不工作，提供先导油的齿轮泵所需工作扭矩 T_{pk} 为：

$$T_{pk} = \frac{p_{pk} V_{pk} \cdot 10^{-6}}{2\pi \cdot \eta_{pmk}} \tag{9-18}$$

式中 p_{pk}——先导油泵吸/排油口压差(Pa)；

V_{pk}——先导油泵的排量(mL/r)；

η_{pmk}——先导油泵的机械效率。

回程变量泵为马达工况时所输出的扭矩 T_{m2} 为：

$$T_{m2} = \frac{(p_{\text{in2}} - p_{\text{out2}}) V_{c2} \cdot 10^{-6}}{2\pi} \eta_{mm2} \tag{9-19}$$

式中 p_{in2}——回程变量泵的吸油口压力(Pa)；

p_{out2}——回程变量泵的排油口压力(Pa)；

V_{c2}——回程变量泵的排量(mL/r)；

η_{mm2}——回程变量泵为马达工况时的机械效率。

在空程快下阶段，回程泵回收重力势能并输出扭矩，与电机同时带动同轴机械部件运动，电机输出功率为 N_1 为：

$$N_1 = |T_{pk} - T_{m2}| \cdot 2\pi n/60 \tag{9-20}$$

式中　T_{pk}——先导油泵所需扭矩(N·m)；

T_{m2}——回程泵的输出扭矩(N·m)；

n——电机转速(r/min)。

加压阶段是液压机的锻造过程的一个重要环节，加压阶段主缸压力迅速提高，系统能耗主要分为电机和液压泵本身损耗、管路损耗及液压缸容积损失，由于工进阶段回程缸压力很小，因此在工进阶段功率回收效果可以忽略，那么系统的能量全部由电机提供，电机的输出功率 N_2 为：

$$N_2 = |T_{p1} + T_{p2} + T_{pk}| \cdot 2\pi n/60 \tag{9-21}$$

式中　T_{p1}——压下变量泵所需扭矩(N·m)；

T_{p2}——回程变量泵所需的扭矩(N·m)；

T_{pk}——先导油泵所需的扭矩(N·m)；

n——电机转速(r/min)。

负载的有用功通过锻件本身的受力计算有一定困难，通常根据液压缸负载力和活动横梁运动速度计算，节流能耗功率 N_y 为：

$$N_y = |p_1 A_1 - p_2 A_2| \cdot |v| \tag{9-22}$$

式中　p_1——工进阶段主缸压力(Pa)；

p_2——工进阶段回程缸压力(Pa)；

A_1——主缸等效面积(m^2)；

A_2——回程缸等效面积(m^2)；

v——工进阶段的活动横梁速度(m/s)。

卸压阶段下压下变量泵吸/排油口调换，进入马达工况，虽然此时主缸压力很高，但是卸压过程中主缸流量较小，功率回收可以忽略不计。在快速回程初期，打开卸荷阀，主缸油液主要由卸荷阀排回油箱，另一部分由压下泵回到油箱，此部分油液压力可以通过压下泵转化为驱动轴的扭矩从而减少电机的功率输出。

压下变量泵为马达工况输出扭矩 T_{m1}，即：

$$T_{m1} = \frac{(p_{in1} - p_{out1})V_{c1} \cdot 10^{-6}}{2\pi}\eta_{mm1} \tag{9-23}$$

式中　p_{in1}——压下变量泵的吸油口压力(Pa)；

p_{out1}——压下变量泵的排油口压力(Pa)；

V_{c1}——压下变量泵的排量(mL/r)；

η_{mm1}——压下变量泵为马达工况时的机械效率。

由式(9-23)可知回程变量泵所需输入扭矩。变量泵所需输入扭矩一部分由处于马达工况的压下泵提供，另一部分由电机提供，则电机的输出功率 N_3 为：

$$N_3=|T_{p2}+T_{pk}+T_{m1}|\cdot 2\pi n/60 \tag{9-24}$$

式中　T_{p2}——回程变量泵所需扭矩(N·m)；

T_{pk}——先导油泵所需扭矩(N·m)；

T_{m1}——压下变量泵提供给回程变量泵的扭矩[m³/(s·pa)]；

n——电机转速(r/min)。

由式(9-20)、式(9-21)、式(9-24)可得常锻工况电动机的输出功率 P_2 为：

$$P_2=N_1+N_2+N_3 \tag{9-25}$$

假设整个过程中电机的效率为常数 η_1，则电机的功率损失之和 $\Delta P_{1,直}$ 为：

$$\Delta P_{1,直}=\frac{P_2}{\eta_1}-P_2$$

液压泵的总效率由两部分组成：容积效率和机械效率，其中容积效率与液压泵的内泄漏有直接关系，而机械效率 η_{pm} 是由于液压泵内部存在的油液摩擦力和运动部件间的接触机械摩擦引起的扭矩损失，在理论上，影响液压泵总效率的因素主要包括系统压力、电机转速、油液的工作黏度和泄漏量。变量泵的总效率是实际输出功率与输入功率之比，也就是容积效率与机械效率的乘积，下面给出变量泵的容积效率 η_{pv} 和机械效率 η_{pm} 为：

$$\eta_{pv}=1-\frac{60\cdot C_s\cdot\Delta p}{\mu\cdot n\cdot\beta} \tag{9-26}$$

$$\eta_{pm}=\frac{1}{1+\dfrac{\mu\cdot n\cdot C_v}{60\cdot\Delta p\cdot\beta}+\dfrac{C_f}{\beta}+\dfrac{2\pi\cdot T_c}{\Delta p\cdot\beta\cdot q_{\max}}} \tag{9-27}$$

式中　C_s——层流泄漏系数；

Δp——液压泵的进出口压差(Pa)；

μ——油液动力黏度；

n——泵的转速(r/min)；

T_c——与进出口压差和转速无关的扭矩损失(N·m)；

β——排量比；

C_v——层流阻力系数；

C_f——机械阻力系数；

$q_{\max}$——泵的理论最大流量(L/min)。

常锻过程中，压下泵在空程快下阶段排量始终为零，在其他工作阶段两台变量泵都工作时忽略主轴的机械损失，即变量泵的输入功率分别为 $P_{21,直}$ 和 $P_{22,直}$，有：

$$P_{21,直}=\frac{p_{p1}\cdot D_{p1}\cdot n}{60\eta_{pm1}}\cdot 10^{-6} \tag{9-28}$$

$$P_{22,直}=\frac{p_{p2}\cdot D_{p2}\cdot n}{60\eta_{pm2}}\cdot 10^{-6} \tag{9-29}$$

式中　p_{p1}——压下变量泵的高压口压力(Pa)；

p_{p2}——回程变量泵的高压口压力(Pa)；

D_{p1}——压下变量泵的排量(mL/r)；

D_{p2}——回程变量泵的排量(mL/r)；

η_{pm1}——压下变量泵的机械效率；

η_{pm2}——回程变量泵的机械效率。

压下泵、回程泵的输出功率分别为 P_{31} 和 P_{32}：

$$P_{31,直}=\frac{p_{p1}\cdot D_{p1}\cdot n\cdot \eta_{pv1}}{60}\cdot 10^{-6} \tag{9-30}$$

$$P_{32,直}=\frac{p_{p2}\cdot D_{p2}\cdot n\cdot \eta_{pv2}}{60}\cdot 10^{-6} \tag{9-31}$$

式中 η_{pv1}——压下变量泵的容积效率；

η_{pv2}——回程变量泵的容积效率。

压下泵、回程泵的功率损失分别为 $\Delta P_{21,直}$ 和 $\Delta P_{22,直}$，有：

$$\Delta P_{21,直}=P_{21,直}-P_{31,直}=\left(\frac{1}{\eta_{pm1}}-\eta_{pv1}\right)\cdot\frac{p_{p1}\cdot D_{p1}\cdot n}{60}\times 10^{-6} \tag{9-32}$$

$$\Delta P_{22,直}=P_{22,直}-P_{32,直}=\left(\frac{1}{\eta_{pm2}}-\eta_{pv2}\right)\cdot\frac{p_{p2}\cdot D_{p2}\cdot n}{60}\times 10^{-6} \tag{9-33}$$

则液压泵的功率损失之和 $\Delta P_{2,直}$ 为：

$$\Delta P_{2,直}=\Delta P_{21,直}+\Delta P_{22,直} \tag{9-34}$$

处于马达工况的变量泵的功率损失产生的原因和组成部分与液压泵类似，在此不再赘述，马达的容积效率 η_{mv} 与机械效率 η_{mm} 的计算表达式如下：

$$\eta_{mv}=\frac{\beta\cdot\mu\cdot n}{\mu\cdot n+60\cdot C_s\cdot\Delta p} \tag{9-35}$$

$$\eta_{mm}=1-\frac{\beta\cdot\mu\cdot C_v}{60\cdot\Delta p\cdot\beta}-\frac{C_f}{\beta} \tag{9-36}$$

处于马达工况的变量泵吸油口与液压缸相应的容腔相连，中间铺设有管路，考虑管路的沿程压力损失，则输入功率 $P_{41,直}$ 和 $P_{42,直}$ 分别为：

$$P_{41,直}=\frac{p_{m1}\cdot D_{p1}\cdot n\cdot \eta_{mv1}}{60}\cdot 10^{-6} \tag{9-37}$$

$$P_{42,直}=\frac{p_{m2}\cdot D_{p2}\cdot n\cdot \eta_{mv2}}{60}\cdot 10^{-6} \tag{9-38}$$

式中 $P_{41,直}$——压下泵为马达工况时的输入功率(W)；

$P_{42,直}$——回程泵为马达工况时的输入功率(W)；

p_{m1}——压下泵为马达工况时吸油口压力(Pa)；

p_{m2}——回程泵为马达工况时吸油口压力(Pa)。

变量泵工作在马达工况时的输出功率 $P_{51,直}$ 和 $P_{52,直}$ 分别为：

$$P_{51,直}=\frac{p_{m1}\cdot D_{p1}\cdot n\cdot \eta_{mm1}}{60}\cdot 10^{-6} \tag{9-39}$$

$$P_{52,直}=\frac{p_{m2}\cdot D_{p2}\cdot n\cdot \eta_{mm2}}{60}\cdot 10^{-6} \tag{9-40}$$

则处于马达工况时的压下泵、回程泵的功率损失分别为 $\Delta P_{31,直}$ 和 $\Delta P_{32,直}$：

$$\Delta P_{31,直}=P_{41,直}-P_{51,直}=(\eta_{mv1}-\eta_{mm1})\cdot\frac{p_{m1}\cdot D_{p1}\cdot n}{60}\times 10^{-6} \tag{9-41}$$

$$\Delta P_{32,直}=P_{42,直}-P_{52,直}=(\eta_{mv2}-\eta_{mm2})\cdot\frac{p_{m2}\cdot D_{p2}\cdot n}{60}\times 10^{-6} \tag{9-42}$$

则两台变量泵在马达工况时的功率损失之和 $\Delta P_{3,直}$ 为：

$$\Delta P_{3,直}=\Delta P_{31,直}+\Delta P_{32,直} \tag{9-43}$$

变量泵控直传液压机的泵站与压机本体之间距离较远，因此管路通常较长，管路内等效容积远大于阀控系统，管路功率损失不容忽略。其中，主要的功率损失形式有两种，其一是由于管路摩擦而产生的沿程管路压力损失，此部分功率损失比重相对较小，大部分损失多发生在管路的接头、弯管、变径处，由于液流方向和速度发生变化形成涡流，造成了局部压力损失。沿程压力损失表达式为：

$$\Delta p_l=\frac{1}{2}\zeta\cdot p\cdot v_l^2 \tag{9-44}$$

式中 ζ——压力损失系数；

p——液压油密度(kg/m^3)；

v_l——油液流速(m/s)。

则液压管路功率损耗 $\Delta P_{4,直}$ 为：

$$\Delta P_{4,直}=\Delta p_l\cdot|A_1+A_2|\cdot v \tag{9-45}$$

式中 A_1——液压缸无杆腔等效面积(m^2)；

A_2——液压缸有杆腔等效面积(m^2)；

v——液压缸活塞速度(m/s)。

液压缸的功率损失主要由间隙外泄漏和柱塞缸与柱塞之间的机械摩擦引起的，其中外泄漏引起的功率损失主要由液压缸两腔压力差决定。而机械摩擦引起的功率损失主要与活塞的运动速度相关，根据文献经验公式可知，非对称缸功率损耗 $\Delta P_{5,直}$ 为：

$$\Delta P_{5,直}=F_f v+q_v|p_A-p_B| \tag{9-46}$$

式中 F_f——作用于液压缸的等效摩擦力(N)；

p_A——液压缸无杆腔的压力(Pa)；

p_B——液压缸有杆腔的压力(Pa)；

q_v——液压缸等效容积损失(L/min)；

v——液压缸活塞杆速度(m/s)。

其中，液压缸的等效摩擦力可由下述方程近似表示为：

$$\left.\begin{aligned}&F_f=B_p v+\left[F_c+F_l\left(1-\frac{v}{v_{\min}}\right)^4\right]\mathrm{sgn}(v),-v_{\min}\leqslant v<v_{\min}\\&F_f=B_p v-F_c\,\mathrm{sgn}(v),v\geqslant|v_{\min}|\end{aligned}\right\} \tag{9-47}$$

式中 B_p——黏性阻尼系数[N/(m/s)]；

F_l——最大静摩擦力(Pa)；

F_c——库仑摩擦力(Pa)。

为了提高回程速度，压机在完成平稳卸荷后，卸荷阀完全打开，使得大流量可以经过卸荷阀流回油箱，这样会造成一定的节流损失，这部分节流能耗损失功率 $\Delta P_{6,直}$ 为：

$$\Delta P_{6,直}=p_{11}\cdot q_j \tag{9-48}$$

式中 p_{11}——卸荷后的主缸压力(Pa)；

q_j——流经卸荷阀的流量(L/min)。

非对称缸的输出功率 $P_{7,直}$ 为：

$$P_{7,直}=(p_A A_1-p_B A_2)v \tag{9-49}$$

式中　A_1——液压缸无杆腔等效面积(m^2)；

A_2——液压缸有杆腔等效面积(m^2)。

先导控制油泵的输入功率分为两部分：一部分对变量泵的内部变量机构做功，另一部分则全部转化为溢流损失，先导控制油泵为定量泵且输出压力一定，所以认为先导控制油泵功率为常数 $P_{8,直}$，且全部耗损。

变排量泵控系统能耗包括电机功率损失、变量泵本身机械效率损失和容积效率损失，管道的沿程压力损失、执行机构克服阻尼力和负载力损失，该液压系统的功率传输方程为：

$$P_{m,直}=\Delta P_{1,直}+\Delta P_{2,直}+\Delta P_{3,直}+\Delta P_{4,直}+\Delta P_{5,直}+\Delta P_{6,直}+\Delta P_{7,直}+\Delta P_{8,直} \tag{9-50}$$

快锻工况下，动梁位移被检测经转换后与输入信号比较，产生的偏差值经控制器后用于控制压下泵和回程泵的排量变化，以此修正压机位移偏差，最终实现对动梁位置的闭环控制。活动横梁下行时，压下泵为泵工况，回程泵为马达工况；活动横梁上行时，压下泵为马达工况，回程泵为泵工况。整个工作过程中，充液缸不向系统提供流量，卸荷阀不开启，不存在节流损失，所以在快锻过程中的功率传输方程为：

$$P_m=\Delta P_1+\Delta P_2+\Delta P_3+\Delta P_4+\Delta P_5+\Delta P_6+\Delta P_7+\Delta P_8$$

9.5.2　常锻能耗特性

(1) 不同工作阶段的泵控油压机系统能耗仿真研究

根据预定常锻工艺方案，对变量泵控直传油压机常锻工况进行仿真，设定负载为 5.5×10^5 N，常锻工况下系统主要元件功率变化如图 9-16 所示。

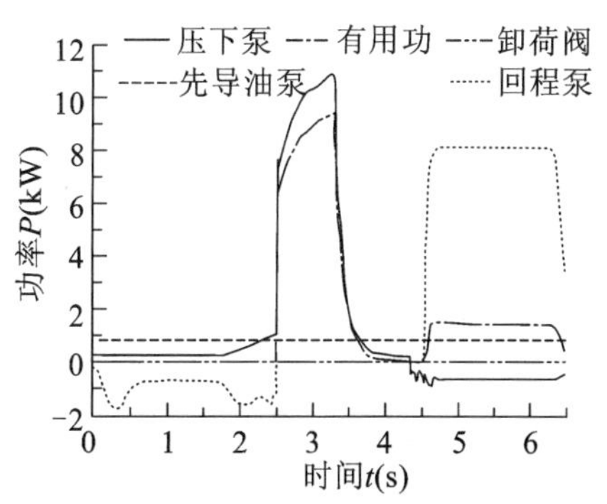

图 9-16　主要元件功率变化曲线

空程快下时，压下变量泵不工作，充液缸为主缸补油，活动横梁在重力作用下向下运动，其速度由回程变量泵的排量控制，此时回程变量泵为马达工况，将液压能转化为机械扭矩，通过传动轴传递到先导油泵，为防止系统冲击过大，初始时回程变量泵排量缓慢增大，能耗功率随着活动横梁速度提高而降低。动梁减速下行阶段，为防止动梁接触工件时速度过大，造成较大冲击，这时回程变量泵排量缓慢减小，使得活动横梁速度降低，回程变量泵输出功率增大。压下过程中，压下变量泵排量迅速增大，主缸迅速建压，压下变量泵能耗功率大幅度增加，而此时回程变量泵能量回收很小。系统进入保压阶段时，压下变量泵只补充系统的泄漏流量，所以输出功率很小。快速回程初始阶段，压下变量泵进入马达工况，主缸有一定背压，所以伴随有少量的能量回收。回程变量泵吸/排油口互换，排量迅速增加，回程变量泵的泵口压力迅速增大，所以能耗功率迅速提高，卸荷阀的阀口全部开启，此过程中会产生节流损失。减速回程阶段回程变量泵排量逐渐减小，泵口压力降低，所以其能耗功率稍有降低，直到动梁停止。通过功率变化曲线，还可以发现变量泵控直传油压机系统的能量回收主要产生在空程快下阶段和快速回程初期。根据仿真结果计算得出常锻时各阶段能耗，见表 9-2。

表 9-2 各工作阶段的能耗表

工序名称	快下	工进	保压	快回	待机
能耗(J)	1582	15763	1300	10450	814
平均功率(kW)	0.79	15.7	1.3	6.97	0.8
比重	5.4%	54.9%	4.4%	35.9%	2.7%

根据仿真结果来看，变量泵控直传油压机在空程快下阶段的能耗主要为电机补充先导油泵工作所做的功，仅为 1582 J，占总能耗的 5.4%。在压下阶段：加压泵向主缸提供压力，克服摩擦力和锻件的变形抗力做功，而此时回收效果不明显，所以此部分能耗完全由电机提供，为 15763 J，占总耗能的 54.9%。在保压阶段：系统只需要提供少量泄漏流量，不存在溢流损失，所以此阶段能耗很低，仅为 1300 J，占总能耗的 4.4%。在快速回程阶段：回程泵进入泵工况，克服重力和摩擦力以及主缸的背压做功，主缸的流量大部分从卸荷阀流回油箱，会产生一定的节流损失。此过程能耗几乎完全由电机提供，为 10450 J，占总能耗的 35.9%。待机阶段几乎没有能耗。相对于阀控系统的能耗分布而言，变量泵控直传油压机在整个常锻工艺过程中能耗分布不同之处在于：保压阶段和待机阶段能耗低，整个常锻过程中没有溢流损失。

(2) 不同负载下泵控油压机系统主要元件能耗分布对比

在相同工艺过程中，设定最大负载力分别为 2.0×10^5 N、4.0×10^5 N、6.0×10^5 N，研究不同负载条件下元件的能耗分布规律，能耗对比结果如图 9-17 所示。

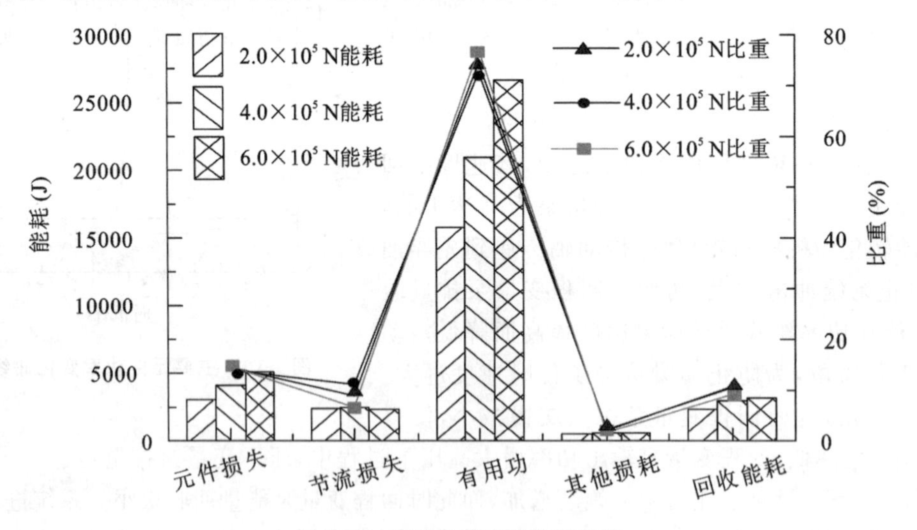

图 9-17 不同负载下的能耗对比

据图 9-17 可得：元件损耗由本身效率和出口压力决定，变量泵的出口压力随着负载力的增大而增大，因此元件损耗也会增大，而元件损耗所占比重由本身效率决定。节流损失产生在快速回程阶段，主要由回程时主缸背压和活动横梁速度决定，在相同工艺过程下、快速回程过程中，主缸背压和活动横梁速度基本一致，因此节流损失受负载的影响较小。能量回收主要产生在空程快下和快速回程初期，这两个阶段的液压缸的背压和活动横梁速度均不受负载的影响，所以能量回收受负载影响较小。管路能耗所占比重很小，仅为 2%左右。因此，节流损失、能量回收和管路能耗不随负载增大而明显增大。有用功主要包括克服摩擦力和锻件变形抗力做功，通常认为摩擦力与活动横梁的速度和摩擦因数有关，不随负载改变而改变，所以随着锻件变形抗力的增大，有用功明显增多，所占比重也明显增大。综上所述，在一定范围内，负载越大，系统效率越高。因此，正弦泵控自由锻造液压机在常锻工况下应该工作在最大出力状态，可以很好地避免能量的浪费。

9.5.3　常锻能耗试验分析

常锻过程中试验平台的低压补油泵主要有两个作用，一方面是在空程快下时补充主缸的所需流量，此部分能耗在计算过程中被认为是由充液缸提供，而且整个工艺过程中认为充液缸油液液面降低不会引起压力变化；另一方面是为两台变量泵提供低压油液，根据能量守恒定律可以忽略这部分能耗，并认为两台变量泵直接从油箱吸油。根据上述等效设定计算的能耗结果如表 9-3 所示。

表 9-3　各工作过程的能耗表

工序名称	快下	工进	保压	快回	待机
能耗(J)	1108	9638	960	8302	800
平均功率(kW)	0.55	15.7	1.3	6.97	0.8
比重	5.5%	49.2%	4.8%	35.9%	2.7%

由表可知：压机的空程下降阶段能量回收只与活动横梁的速度和回程缸背压有关，所以产生能耗基本不变。工进阶段能耗主要是对锻件做功，试验中的负载较小，所以主缸压力低于仿真中的主缸压力。工进的速度都略低于仿真设置速度，所以工进能耗也相对较低，工进阶段能耗略低于仿真设置。保压过程中，压下泵只提供系统的泄漏流量，因此能耗很低。在快速回程过程中，回程泵克服重力和摩擦力做功，此阶段比仿真中较少，是由于上行行程和回程速度均低于仿真设置。以上这些只是在能量值方面的不同，对于不同阶段能耗的分布影响很小，所以在常锻过程中不同阶段的能耗比重分布与仿真结果基本一致，验证了仿真模型的正确性和能耗等效设定的合理性。具体的主要元件的功率变化曲线如图 9-18 所示。图中功率为正值，认为是能量损耗；功率为负值，则是能量回收。

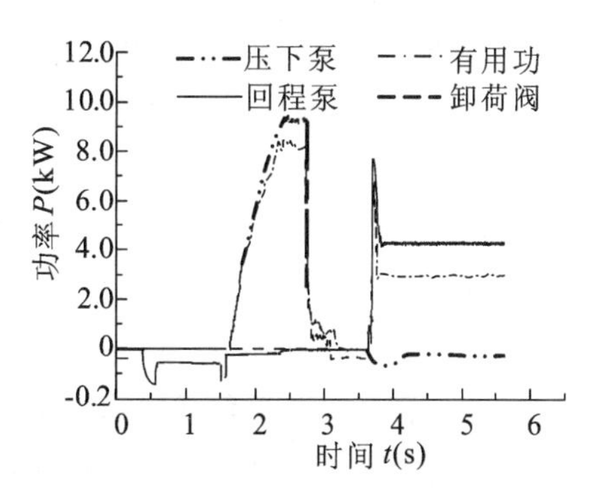

图 9-18　主要元件功率变化曲线

由图可知：空程快下阶段，回程泵的能量回收功率随着活动横梁的速度变化；压下阶段，压下泵的主要输出为对锻件做功，此时回程泵有少量的能量回收。保压和卸压阶段，系统的主要元件消耗功率均很小。快速回程阶段，卸荷阀打开，产生节流损失，与此同时，回程泵进入泵工况，克服重力和摩擦力对活动横梁做功。快速回程的初期，压下泵有少量的能量回收。

综上所述，快锻过程中的能量分布特点与仿真中基本一致，验证了仿真模型的正确性。

在研究不同负载对系统效率影响的试验过程中，负载大小通过尺寸不同的铅锭进行模拟，负载力随着铅锭尺寸的增大而增大，负载分级约为 1.0×10^5 N、1.5×10^5 N 和 2.0×10^5 N。通过人工观测的方法只能保证不同尺寸的铅锭形变量基本一致。不同负载力下的常锻能耗分布如图 9-19 所示。

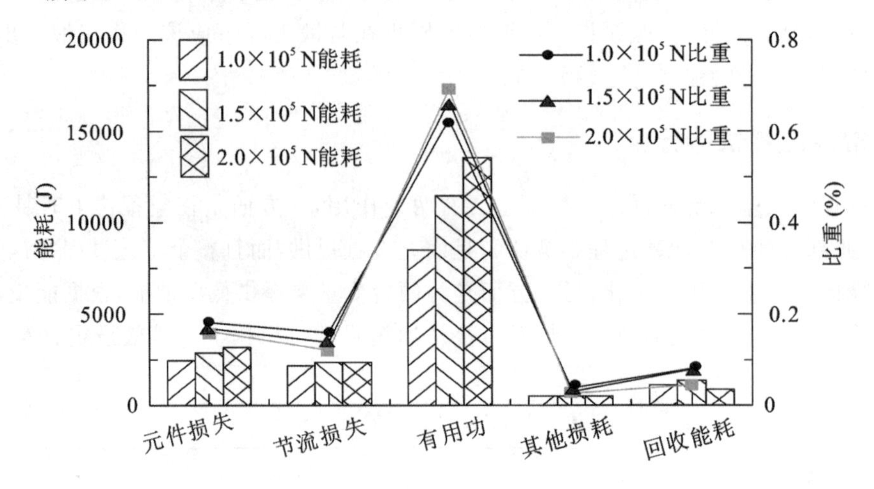

图 9-19 不同负载力下的常锻能耗分布

由图可得，元件损耗主要分为容积损失和机械损失，其与泵的出口压力和流量有关，当出口压力随着负载力的增大而提高时，元件本身损耗有所提高。不同负载下的主缸在卸压后基本都处于相同的低压，而且节流损失产生在快速回程阶段主缸油液通过卸荷阀时造成，主要与回程速度和回程行程有关，所以此部分的能耗基本相同。管路与其他能耗占总能耗比重很小，仅为 3%左右。能量的回收主要发生在活动横梁快下和快速回程初期，快下时能量回收与回程缸的背压和活动横梁的快下速度有关，与负载力无关；快速回程初期的能量回收与快速回程初期主缸压力和回程速度有关，与负载力无关，因此此部分能耗数值变化不大。系统中有用功认为是克服摩擦力和锻件变形力所做的功，摩擦力做功在不同试验过程中基本不变，而在相同形变量下，元件的能耗随着负载力的提高而提高，因此，在相同操作时间的情况下，节流损耗、回收能耗和管路损耗受负载影响很小。总体来说，在相同的操作时间下，一定负载范围内，随着负载力的提高，系统的效率不断提高。所以在常锻过程中，应该尽量使得压机工作在较大出力状态。

在试验过程中发现，工进阶段时回程缸为低压，基本不回收能量，在保压阶段和卸压阶段初期，虽然主缸有高压油液，但是由于流量过小，不产生能量回收。能量的回收主要产生在空程快下阶段和回程阶段初期，在这两个阶段即使背压没有卸除，也会通过变量泵的马达工况进行能量的回收。但是要注意，背压提高的同时也会造成节流损失的提高和其他能耗的浪费。

9.5.4 快锻能耗特性

设置快锻压机的负载为 2.5×10^4 N，频次为 1Hz，设置锻造行程分别为 10 mm、15 mm、20 mm、25 mm 和 30 mm，对比不同行程下系统的能耗和效率如图 9-20 所示。

由图 9-20 可知，快锻时变量泵控直传油压机系统的总能耗随着锻造行程的增大而明显增大，系统效率波动范围在 78%～83%之间，波动范围较小，说明系统效率受锻造行程改变影响很小。

设置快锻压机的负载为 2.5×10^4 N，行程为 20 mm，锻造频次分别为 0.5 Hz、0.75 Hz、1.0 Hz、1.25 Hz 和 1.5 Hz，对比不同频次下系统的能耗和效率如图 9-21 所示。

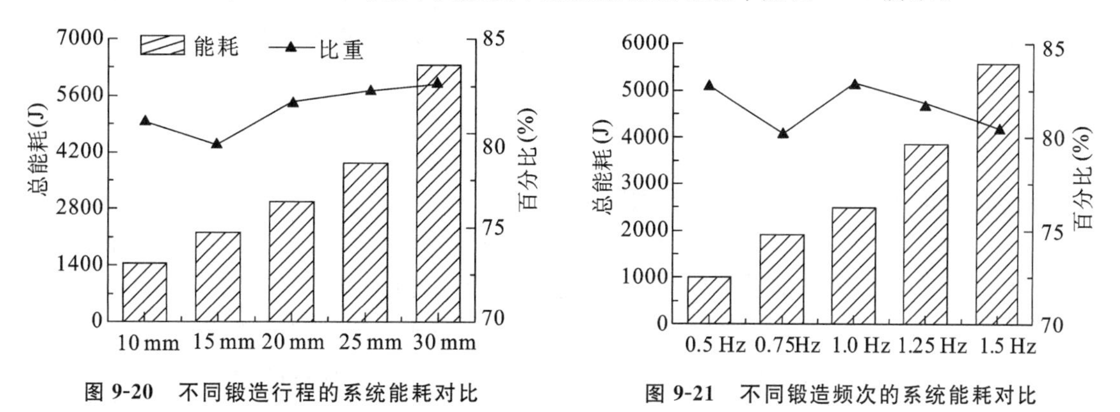

图 9-20 不同锻造行程的系统能耗对比

图 9-21 不同锻造频次的系统能耗对比

由图 9-21 可知，随着锻造频次的增大，系统的总能耗明显增大，系统效率保持在 78%～85%的范围之间，说明锻造频次对变量泵控直传油压机系统的效率没有明显的影响。

为了使得泵控快锻系统与阀控快锻系统具有可比性，将两个系统均进行了如下设置，模拟负载输入信号最大值为 2.5×10^4 N；考虑试验平台上实际的操作流程，为了使仿真结果更好地为试验服务，设置输入正弦信号频率为 1Hz，行程为 30 mm。即油压机每分钟锻造频次为 60 次，仿真时间为 5 s。阀控和变量泵控快锻系统能耗分布分别如图 9-22 和图 9-23 所示。

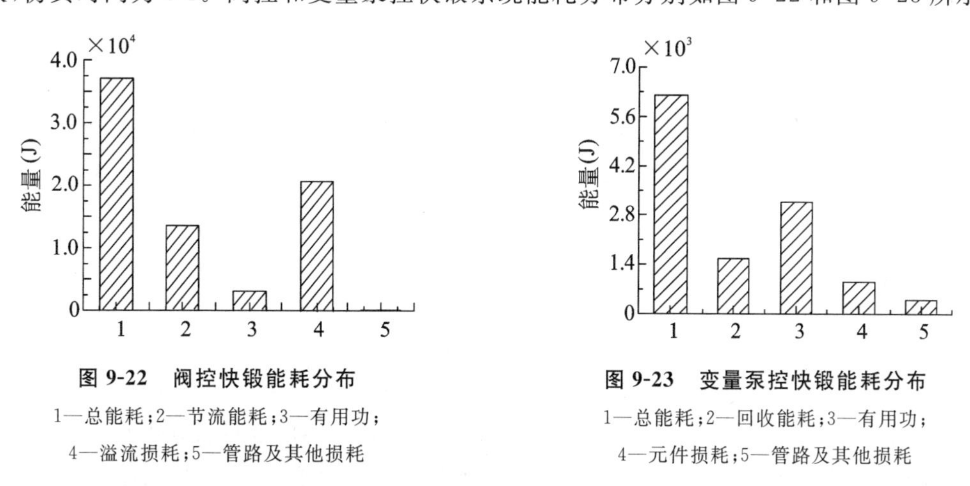

图 9-22 阀控快锻能耗分布

1—总能耗；2—节流能耗；3—有用功；4—溢流损耗；5—管路及其他损耗

图 9-23 变量泵控快锻能耗分布

1—总能耗；2—回收能耗；3—有用功；4—元件损耗；5—管路及其他损耗

由图 9-22 可得，0.6MN 阀控锻造液压机仿真的特性曲线在满足工艺要求的前提下，5 s 内的总功耗为 37025 J。其中系统存在的溢流损失能耗为 20623 J，占总能耗的 55.7%，节流损失约为 13366 J，占总能耗的 36%，而只有 8%的能量作为负载有用功输出。

由图 9-23 可得，0.6MN 变量泵控直传油压机系统仿真的特性曲线在满足工艺要求的前提下，5 s 内的总功耗为 6205 J。其中有用功为 3165 J，所占比重为 51%，由于机械效率和容积效率产生的元件本身损失为 1087 J，约占总能耗的 17%，回收能量约为 1565 J，占总能耗的 25.2%。

通过对比可知：设定相同的工艺要求和相同的负载的前提下，变量泵控直传油压机液压系统相比于阀控快锻液压机系统具有总能耗低、能量利用率高、无溢流损失等优点，由于正弦泵控系统相对于阀控系统普遍具有管路较长的特点，所以管路能耗部分相对略高。

9.6 开式泵控锻造液压机负载容腔独立控制节能技术

9.6.1 开式泵控锻造液压机节能机理

锻造液压机动力源主轴受力分析，如图 9-24 所示。

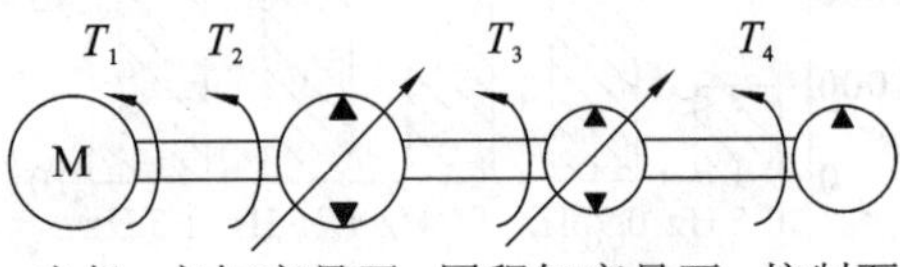

图 9-24 动力源主轴受力分析

在运动过程中，主缸变量泵或回程缸变量泵回收的能量以转矩的形式传递至主轴，同时供给其他泵使用，降低电机的功率，实现能量回收。

由图 9-24 可知，忽略机械损失，动力源主轴受力平衡方程为：

$$T_1=T_2+T_3+T_4 \tag{9-51}$$

式中 T_1——电机输出转矩(N·m)；

T_2——主缸变量泵转矩(N·m)；

T_3——回程缸变量泵转矩(N·m)；

T_4——控制泵转矩(N·m)。

锻造液压机下行阶段，回程缸变量泵工作于马达工况，即 $T_3<0$，有：

$$T_3\omega_c=p_2q_{L2} \tag{9-52}$$

式中 ω_c——电机输出轴转速(rad/s)。

由公式(9-52)可知，电机输出轴转速恒定，在下行阶段回程变量泵回收到主轴上的转矩由 p_2q_{L2}决定。采用主缸位置控制与回程缸压力控制的方法，回程变量泵压力在下行与上行阶段相等，因此，回程变量泵在下行阶段完全回收上行阶段输入的能量(在不考虑泵容积效率及管路损失的情况下)。

锻造液压机上行阶段，主泵工作于马达工况，即 $T_2<0$，有：

$$T_2\omega_c=p_1q_{L1} \tag{9-53}$$

由公式(9-53)可知，电机输出轴转速恒定，在上行阶段主缸变量泵回收到主轴上的转矩由 p_1q_{L1}决定。采用主缸位置控制与回程缸压力控制的方法，主缸变量泵在上行阶段回收下行阶段输入的除对锻件做功以外的能量(在不考虑泵容积效率及管路损失的情况下)。

因此，开式泵控锻造液压机液压系统具有能量回收功能，在外负载力相同的条件下，回程缸压力越高，回收的能量越多，故回程缸压力的高低对系统能耗的影响不大。

综上所述，开式泵控锻造液压机负载容腔独立控制系统采用主缸位置控制与回程缸压力控制的方法，在不增加系统能耗的前提下具有改善快锻系统的位置控制精度的优势。

对开式泵控锻造液压机系统能耗进行等效量化，在快锻过程中系统的关键点的能耗计算如下：液压泵的总效率由两部分组成，即容积效率和机械效率，其中容积效率与液压泵的内泄漏有直接关系，而机械效率 η_{pm} 是由于液压泵内部存在的油液摩擦力和运动部件间的接触机械摩擦引起的扭矩损失。变量泵的容积效率 η_{pv} 和机械效率 η_{pm} 见式(9-26)、式(9-27)。

忽略主轴的机械损失，主缸变量泵、回程缸变量泵的输入功率分别为 $P_{11,开}$ 和 $P_{12,开}$，即：

$$P_{11,开}=\frac{p_{p1}\cdot D_{p1}\cdot n}{60\eta_{pm1}}\cdot 10^{-6} \tag{9-54}$$

$$P_{12,开}=\frac{p_{p2}\cdot D_{p2}\cdot n}{60\eta_{pm2}}\cdot 10^{-6} \tag{9-55}$$

式中 p_{p1}——主缸变量泵的出油口压力(Pa)；

p_{p2}——回程缸变量泵的出油口压力(Pa)；

D_{p1}——主缸变量泵的排量(mL/r)；

D_{p2}——回程缸变量泵的排量(mL/r)；

η_{pm1}——主缸变量泵的机械效率；

η_{pm2}——回程缸变量泵的机械效率。

主缸变量泵、回程缸变量泵的输入功率之和 $P_{1,开}$ 为：

$$P_{1,开}=P_{11,开}+P_{12,开} \tag{9-56}$$

主缸变量泵、回程缸变量泵的输出功率分别为 P'_{11} 和 P'_{12}，即：

$$P'_{11}=\frac{p_{p1}\cdot D_{p1}\cdot n\cdot \eta_{pv1}}{60}\cdot 10^{-6} \tag{9-57}$$

$$P'_{12}=\frac{p_{p2}\cdot D_{p2}\cdot n\cdot \eta_{pv2}}{60}\cdot 10^{-6} \tag{9-58}$$

式中 η_{pv1}——主缸变量泵的容积效率；

η_{pv2}——回程缸变量泵的容积效率。

则主缸变量泵、回程变量泵的功率损失分别为 $\Delta P_{21,开}$ 和 $\Delta P_{22,开}$，即：

$$\Delta P_{11,开}=P_{11,开}-P'_{11}=\left(\frac{1}{\eta_{pm1}}-\eta_{pv1}\right)\cdot\frac{p_{p1}\cdot D_{p1}\cdot n}{60}\times 10^{-6} \tag{9-59}$$

$$\Delta P_{12,开}=P_{12,开}-P'_{12}=\left(\frac{1}{\eta_{pm2}}-\eta_{pv2}\right)\cdot\frac{p_{p2}\cdot D_{p2}\cdot n}{60}\times 10^{-6} \tag{9-60}$$

则变量泵的功率损失之和 $\Delta P_{1,开}$ 为：

$$\Delta P_{1,开}=\Delta P_{11,开}+\Delta P_{12,开} \tag{9-61}$$

马达的容积效率 η_{mv} 与机械效率 η_{mm} 的计算表达式见式(9-35)、式(9-36)。

考虑处于马达工况的变量泵吸油口与液压缸相应的容腔相连时管路的沿程压力损失，则主缸变量泵、回程缸变量泵在马达工况的输入功率 $P_{21,开}$ 和 $P_{22,开}$ 分别为：

$$P_{21,开}=\frac{p_{m1}\cdot D_{p1}\cdot n}{60\cdot \eta_{mv1}}\cdot 10^{-6} \tag{9-62}$$

$$P_{22,开}=\frac{p_{m2}\cdot D_{p2}\cdot n}{60\cdot \eta_{mv2}}\cdot 10^{-6} \tag{9-63}$$

式中 p_{m1}——主缸变量泵的出油口压力(Pa)；

p_{m2}——回程缸变量泵的出油口压力(Pa)；

D_{p1}——主缸变量泵的排量(mL/r)；

D_{p2}——回程缸变量泵的排量(mL/r)；

η_{pm1}——主缸变量泵的机械效率；

η_{pm2}——回程缸变量泵的机械效率。

则主缸变量泵、回程缸变量泵的回收功率之和 $P_{2,开}$ 为：

$$P_{2,开}=P_{21,开}+P_{22,开} \tag{9-64}$$

主缸变量泵、回程缸变量泵在马达工况时的输出功率 P'_{21} 和 P'_{22} 分别为：

$$P'_{21}=\frac{p_{m1}\cdot D_{p1}\cdot n\cdot \eta_{mm1}}{60}\cdot 10^{-6} \tag{9-65}$$

$$P'_{22}=\frac{p_{m2}\cdot D_{p2}\cdot n\cdot \eta_{mm2}}{60}\cdot 10^{-6} \tag{9-66}$$

则主缸变量泵、回程缸变量泵在马达工况时的功率损失 $\Delta P_{21,开}$ 和 $\Delta P_{22,开}$ 分别为：

$$\Delta P_{21,开}=P_{21,开}-P'_{21}=\left(\frac{1}{\eta_{mv1}}-\eta_{mm1}\right)\cdot\frac{p_{m1}\cdot D_{p1}\cdot n}{60}\times 10^{-6} \tag{9-67}$$

$$\Delta P_{22,开}=P_{22,开}-P'_{22}=\left(\frac{1}{\eta_{mv2}}-\eta_{mm2}\right)\cdot\frac{p_{m2}\cdot D_{p2}\cdot n}{60}\times 10^{-6} \tag{9-68}$$

则主缸变量泵、回程缸变量泵在马达工况时的功率损失之和 $\Delta P_{2,开}$ 为：

$$\Delta P_{2,开}=\Delta P_{21,开}+\Delta P_{22,开} \tag{9-69}$$

开式泵控锻造液压机由于变量泵与液压缸之间的距离较远，必然会使控制元件与执行机构之间存在长管路结构，管路功率损失不容忽略，主要的功率损失形式有两种，其一是由于管路摩擦而产生的沿程管压力损失，其二是由于液流方向和速度发生变化形成涡流而产生的局部压力损失，沿程压力损失表达式为：

$$\Delta p_l=\frac{1}{2}\zeta\cdot\rho\cdot v_l^2 \tag{9-70}$$

式中　ζ——压力损失系数；

ρ——液压油密度(kg/m³)；

v_l——油液流速(m/s)。

则液压管路功率损耗 $\Delta P_{3,开}$ 为：

$$\Delta P_{3,开}=\Delta p_l\cdot|A_1+A_2|\cdot v \tag{9-71}$$

式中　A_1——主缸面积(m²)；

A_2——回程缸面积(m²)；

v——活动横梁速度(m/s)。

由于锻件受力这一数值在采集上存在一定困难，因此负载的功率消耗为：

$$P_L=|(p_1A_1-p_2A_2)|\cdot|v| \tag{9-72}$$

式中　p_1——主缸压力(Pa)；

p_2——回程缸压力(Pa)；

A_1——主缸面积(m²)；

A_2——回程缸面积(m²)。

根据能量守恒定律，在快锻过程中的功率传输方程为：

$$P_{1,开}-P_{2,开}-P_L=\Delta P_{1,开}+\Delta P_{2,开}+\Delta P_{3,开} \tag{9-73}$$

9.6.2　负载容腔独立控制能耗试验分析

在快锻带载试验过程中，设置主缸位置正弦给定，在幅值为 10 mm、频率为 1Hz，回程缸压力给定值为 15MPa 条件下的系统试验能耗功率如图 9-25 所示。

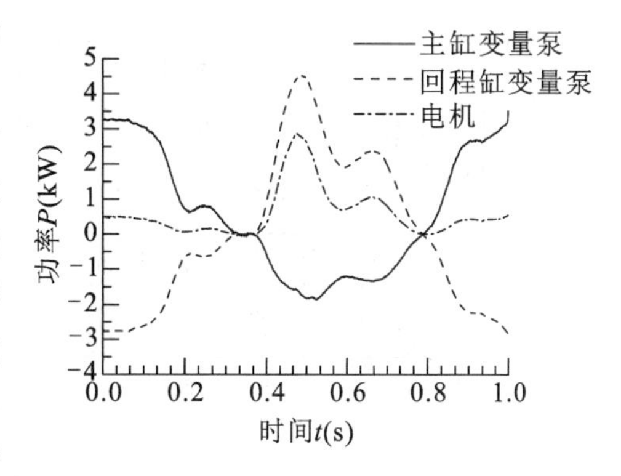

图 9-25 回程缸压力给定 15 MPa 系统能耗功率曲线

由图 9-25 可知，0～0.35 s 和 0.8～1 s 为活动横梁下行过程，主缸变量泵处于泵工况，回程缸变量泵处于马达工况，主缸变量泵的输出功率和回程缸变量泵回收功率都随着活动横梁速度提高而增大，0.35～0.8 s 为活动横梁上行过程，主缸变量泵处于马达工况，回程缸变量泵处于泵工况，回程缸变量泵主要克服重力和摩擦力做功，由于负载较小，主缸压力始终比较平稳，所以主缸变量泵功率回收较少。

快锻带载试验过程中，设置主缸位置正弦给定，在幅值为 10 mm、频率为 1Hz，回程缸压力给定值 9MPa、12MPa、15MPa 条件下进行系统能耗对比，如图 9-26 所示。

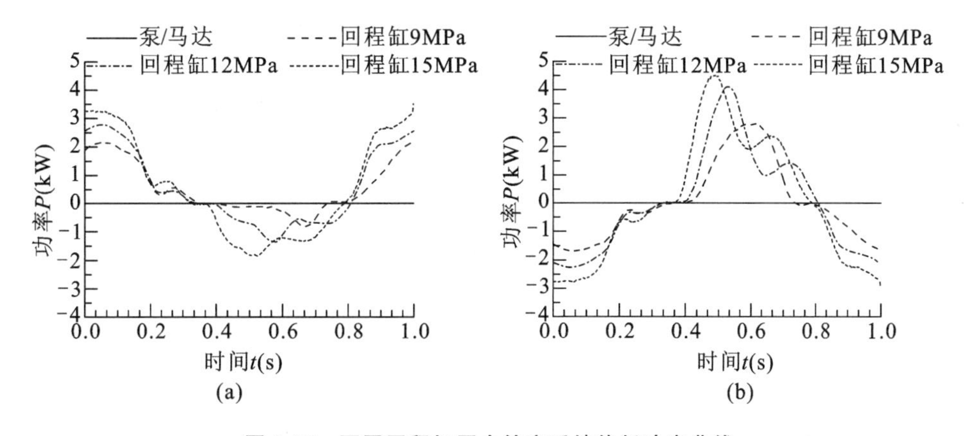

图 9-26 不同回程缸压力给定系统能耗功率曲线

(a) 主缸变量泵试验能耗功率；(b) 回程缸变量泵试验能耗功率

由图 9-26 可知，随着回程缸压力的增大，主缸变量泵、回程缸变量泵输出功率和主缸变量泵、回程缸变量泵回收功率也会增大。

由图 9-27(a)可知，马达回收与泵输入比值分别为 49.92%、62.25%、69.24%，随着回程缸压力的增大，虽然增加了泵输入能量，但是回收能量也增加了。电机输入能量(由泵输入-马达回收求得)分别为 598 J、601 J、602 J，所以开式泵控锻造液压机具有能量回收功能，回程缸压力的高低对系统能耗的影响不大。试验输入能量大于仿真输入能量、试验回收能量小于仿真回收能量是由于系统存在机械元件的泄漏和摩擦损失，管道中存在沿程压力损失以及液压缸中温度等条件影响油液性能参数的变化，试验和仿真结果基本一致。

综上所述，开式泵控锻造液压机负载容腔独立控制系统采用主缸位置控制与回程缸压力控制相结合的方法，在不增加系统能耗的前提下具有改善快锻系统的位置控制精度的优势。

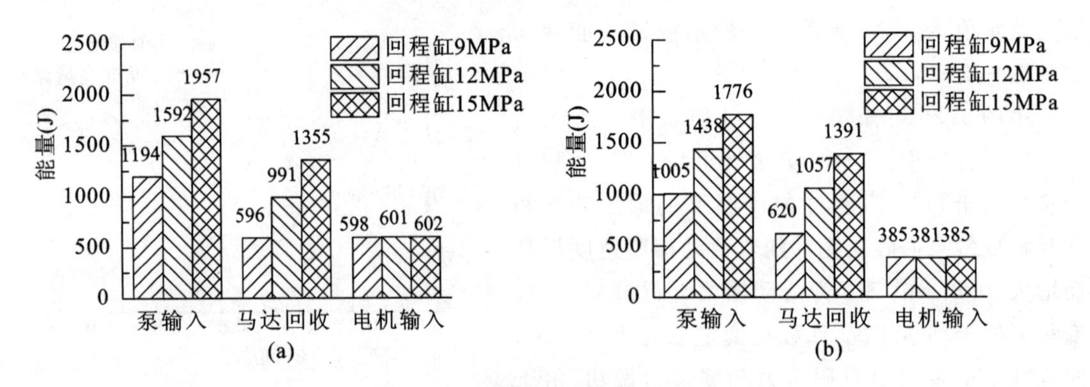

图 9-27 不同回程缸压力给定系统能耗对比

(a) 不同回程缸压力给定系统试验能耗对比；(b) 不同回程缸压力给定系统仿真能耗对比

10 自由锻造操作机液压系统控制特性

10.1 锻造操作机虚拟样机协同仿真建模

协同仿真的本质是多学科领域模型的互联与互操作，传统上单学科建模仿真时分别对各模型进行虚拟的设置，不能反映出整个系统模型间的耦合作用，尤其是对于结构和功能复杂的机械设备，仿真结果精度较低，与实际情况差异较大。本章将阐述锻造操作机多学科模型参数耦合原理及协同仿真方法，建立锻造操作机多学科模型之间数据交换和通信的接口，搭建锻造操作机虚拟样机协同仿真模型。

10.1.1 锻造操作机虚拟样机模型构成

锻造操作机系统是一个涉及机械、液压、控制等多学科领域的复杂系统，其虚拟样机模型主要包括三维几何模型、多体动力学模型（即机械系统模型）、液压系统模型和控制系统模型，如图 10-1 所示。三维几何模型是虚拟样机的“外表”，可以提供一个人机交互的虚拟现实场景，借助三维渲染和场景设置，利用几何数据生成与锻造操作机实际物理系统逼真的效果图；多体动力学模型是虚拟样机的“躯体”，用于计算机上模拟实际物理系统的运动，伴之三维可视化功能，可以实时再现并监测锻造操作机的运动状态及运动轨迹，具有干涉模拟、动作模拟和动力学模拟等功能；液压系统模型是虚拟样机的“心脏”，为多体动力学模型提供驱动（包括驱动力和力矩）信息，驱动锻造操作机完成各种动作，模拟动态过程中液压系统的压力和流量变化；控制系统模型是虚拟样机的“大脑”，为液压系统模型中的控制阀提供动作信号，用以控制操作机的运动轨迹和运动状态。

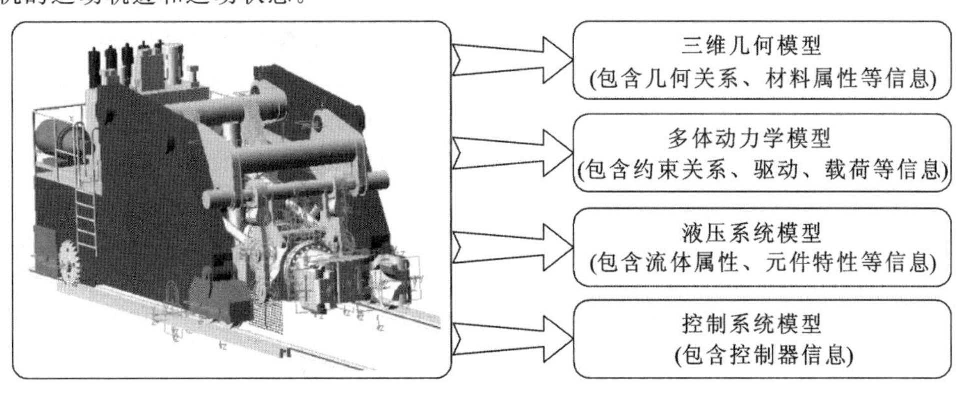

图 10-1　锻造操作机虚拟样机模型的构成

10.1.2 多学科协同仿真方法

锻造操作机的模型多学科性决定了其不同模型之间必然存在着参数耦合，各种参数耦合关系是模型求解的基础，也是多学科协同仿真的依据。

实际系统中，锻造操作机的机械系统和液压系统通过执行元件（液压缸和液压马达）关联，液压系统和控制系统通过控制阀关联。因此，液压缸、液压马达和控制阀是锻造操作机多学科模型之间参数耦合的关键元件，其特征参数是连接不同模型耦合关系的纽带，锻造操作机模型参数耦合原理如图 10-2 所示。

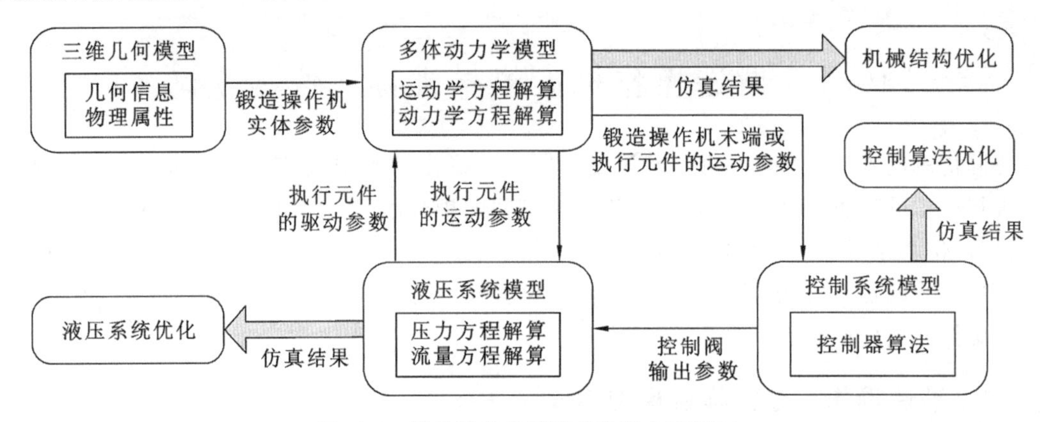

图 10-2 锻造操作机模型参数耦合原理图

图 10-2 不仅揭示了锻造操作机不同模型之间的参数耦合关系，也描述了锻造操作机各模型的层次关系。层次关系是模型搭建的基本次序，即首先建立锻造操作机的三维几何模型，赋予其几何外形、物理属性等信息，其次根据零部件的相对运动关系搭建锻造操作机多体动力学模型，建立机械系统的运动学方程和动力学方程，然后搭建锻造操作机液压系统模型，建立液压系统的压力和流量求解方程，最后搭建锻造操作机控制系统模型，建立控制器运算法则。

参数耦合关系是锻造操作机多学科领域协同仿真实现的依据。多体动力学模型解算的执行元件运动参数是液压系统模型压力和流量方程求解的基础，同时液压系统模型求解得到的执行元件驱动参数又作用于多体动力学模型，反过来影响锻造操作机的运动以及运动变化；控制系统模型从多体动力学模型获取锻造操作机的运动参数或从液压系统模型中获取执行元件的运动参数输入控制器，通过控制器运算法则调整液压系统中控制阀的输出参数，调节液压系统模型中的流量、压力的变化，从而改变执行元件的驱动参数，进一步控制多体动力学模型的运动。

锻造操作机的执行元件有旋转马达、行走马达、夹紧缸、升降缸、倾斜缸以及侧摆缸，控制阀分别是夹钳旋转动作控制阀、大车行走动作控制阀、钳口夹紧动作控制阀、夹钳升降动作控制阀、夹钳倾斜动作控制阀、夹钳侧摆动作控制阀（两个）以及夹紧补油控制阀，因此锻造操作机不同模型之间的耦合参数包括以下内容：

（1）执行元件的驱动参数有旋转马达驱动力矩、行走马达驱动力矩、升降缸驱动力、倾斜缸驱动力、侧摆缸驱动力、夹紧缸驱动力；

（2）执行元件的运动参数有旋转马达转角位移及转速、行走马达转角位移及转速、升降缸位移及速度、倾斜缸位移及速度、侧摆缸位移及速度、夹紧缸位移；

（3）控制阀的输出参数有夹钳旋转控制阀开口大小及方向、大车行走控制阀开口大小及方向、夹钳升降控制阀开口大小及方向、夹钳倾斜控制阀开口大小及方向、夹钳侧摆控制阀开口大小及方向；

(4) 锻造操作机末端的运动参数主要是夹钳的空间位姿，即 x、y、z、α、β、γ 及其变化率 $\dot{x}$、$\dot{y}$、$\dot{z}$、$\dot{\alpha}$、$\dot{\beta}$、$\dot{\gamma}$，这些参数在实际物理系统中难以检测，但在仿真过程中可以直接从多体动力学模型中获取，其数值与执行元件的运动参数满足第 2 章运动学特性分析中推导的数学关系，引入这些参数的目的是对锻造操作机的运动进行监控，从而实现对操作机的有效控制。

10.1.3　协同仿真方法

现代科学技术的发展，推动了不同学科的相互交叉与渗透。协同仿真技术是基于建模技术、分布仿真技术和信息管理技术的综合应用技术，是在各领域建模、仿真分析工具和 CAX/DFX 技术基础上的进一步发展。协同仿真技术的相关研究最先出现在军事领域，经过近二十年的研究和探索，已经出现了大量的理论成果和成功的应用实例，为协同仿真技术在其他领域的应用和发展提供了宝贵的经验。

目前，多学科领域协同仿真方法主要有基于统一语言方法和基于模型接口方法两种。基于统一语言的方法是在同一软件平台下，用统一语言构建多学科领域的协同仿真模型，采用同一求解器进行系统的求解；而基于模型接口的方法则是分别利用专用软件建立其各领域的仿真模型，通过软件间的数据接口，实现数据的双向实时传递与交互，进而实现复杂耦合系统的协同仿真。

基于统一语言的方法是协同仿真的理想方法和发展目标，但由于该种软件目前尚不成熟，各种模型库需要自行开发才能满足实际的建模和仿真要求。因此，本节采用基于模型接口方法进行锻造操作机多学科领域的协同仿真研究，该方法可以充分发挥各商用仿真软件在各自专业领域内的特长，不同的仿真模型通过进程间通信 IPC(Inter Process Communication)进行数据的交互，然后利用各自的求解器进行求解，以完成整个系统的协同仿真运行，如图 10-3 所示。

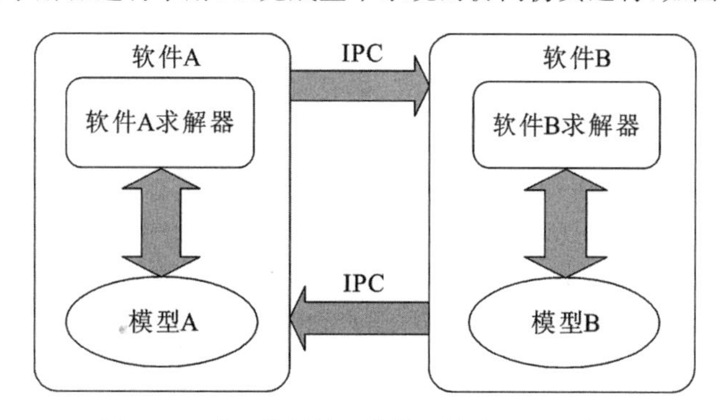

图 10-3　基于软件接口的协同仿真运行示意图

10.1.4　锻造操作机协同仿真模型接口

模型接口是多学科协同仿真的数据通道，不仅可以用于交互数据的实时传递，还可以对一些仿真参数进行设置，从而对仿真精度进行控制，接口是锻造操作机多学科协同仿真实现的重要组成部分。

(1) 三维几何模型与多体动力学模型转换接口

锻造操作机三维几何模型是在标准的 CAD 软件环境中建立的，而多体动力学模型是在 ADAMS 软件环境中建立的，因此需要模型转换的数据接口，实现三维几何模型向多体动力学模型的过渡。目前流行的三维几何建模软件主要有Pro/E、SolidWorks、UG等，这些软件在几何建模功能上无太大区别。本节中锻造操作机的三维几何模型是采用Pro/E软件建立的。

Pro/E三维几何模型与ADAMS多体动力学模型转换有直接转换和间接转换两种方法。直接转换方法是通过ADAMS的图形接口模块ADAMS/Exchange，将Pro/E三维几何模型导入多体动力学环境，由于Pro/E软件和ADAMS软件分别采用了不同的建模核心，需要将三维几何模型存储为IGES格式，而IGES格式没有规范化的模型，数据文件大且转换处理时间长，这种转换方法只注意了图形数据转换而忽略了其他信息的转换，造成几何模型的信息丢失多，影响模型转换后的精度且难以进行设置操作，对于复杂的三维几何模型，需要逐个转换零部件并在ADAMS中重新完成零部件的装配及约束关系定义。

间接转换方法是利用专用的数据接口模块Mechanism/Pro，将Pro/E三维几何模型存储为中性文件SLA格式或Render格式，然后导入ADAMS多体动力学环境，由于SLA格式或Render格式都以小三角平面逼近曲面生成实体，此方法模型转换精度高，可以无损地传递几何模型信息，Render格式的优点是包含零部件的颜色信息，而SLA格式转换后零部件的颜色信息将丢失。间接转换方法不仅可以在Pro/E环境中完成复杂几何模型的装配，而且可以进行初步的运动学关系定义，从而进行模型运动仿真以及干涉检查，进一步转化为ADAMS可读的模型，本节锻造操作机三维几何模型向多体动力学模型转换采用的就是该种方法。

间接转换接口模块Mechanism/Pro与Pro/E环境采用了无缝连接的方式，该模块能在Pro/E装配体环境下自动激活并独立运行，如图10-4所示。

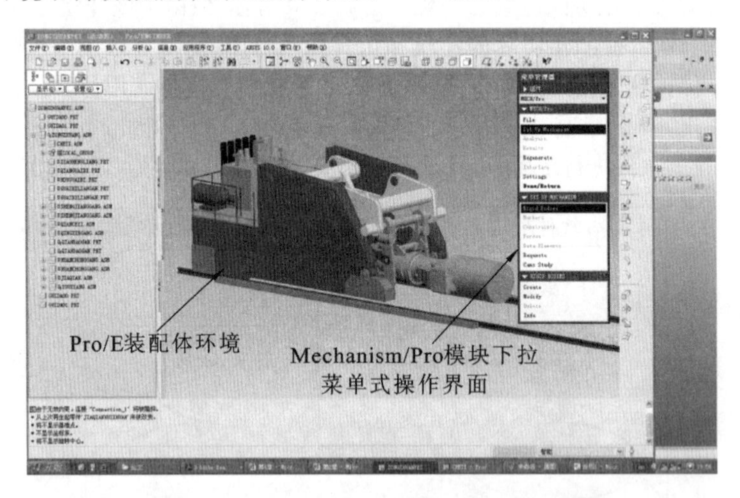

图10-4 Mechanism/Pro **模块下拉式操作界面**

Mechanism/Pro模块的下拉菜单提供了定义刚体(Rigid Bodies)功能，刚体是多体动力学模型的组成构件。在Mechanism/Pro模块中定义刚体的方式有很多，可以将几何模型总成的所有零部件逐一定义为刚体，也可以将若干个零部件集成在一起定义为一个刚体，刚体的数量决定了多体动力学模型中约束方程的数目。由于两个刚体之间至少有一种约束关系，多体动力学模型才能具有确定的运动，因此刚体越多，模型中约束方程就越复杂，动力学运算求解速度越慢，从而使求解故障发生的概率就越高。锻造操作机的结构零部件众多，本节结合锻造操作机的机构特征，根据各执行机构零部件之间运动学关系，总共定义了50个刚体，包括大地(ground)——多体动力学环境默认的绝对静止参考基准。

刚体定义完成后，就可以向ADAMS环境进行转换，然后在ADAMS/View中进行约束关系定义和施加载荷，也可以在 Mechanism/Pro 中进行约束关系(Joint)、施加载荷(Force)等，并进行模型的干涉及碰撞检查，完成模型初步的运动仿真，并根据仿真情况修正模型、修改约束关系、定义载荷，最后将模型传送到 ADAMS 仿真环境中，以便进行更全面的运动学和动力学仿真分析。

Pro/E 三维几何模型向 ADAMS 多体动力学模型转换过程中需要注意的是单位制的设置，特别是对复杂几何模型的转换，建议 Pro/E 几何建模初期使用国际单位制，符合标注习惯，最重要的是 ADAMS 接受该单位制，后期不需要进行单位换算就可以顺利转换模型，然后生成 *.bin 格式文件供 ADAMS 直接使用。

(2) 多体动力学模型与液压系统模型接口

根据前文对锻造操作机多体动力学模型与液压系统模型的耦合关系分析可知，多体动力学模型需要施加来自液压系统模型的驱动力或力矩，而液压系统模型以多体动力学模型中执行元件的运动参数作为负载输入模型，从而完成液压系统的压力和流量方程解算，液压系统的求解结果反过来又进一步影响执行元件的输出力和力矩。因此，多体动力学模型与液压系统模型之间的数据通信接口是锻造操作机协同仿真的关键环节。

锻造操作机多体动力学模型和液压系统模型采用了两种不同的软件进行建模，即 ADAMS 和 AMESim，ADAMS 是多体动力学解算环境，AMESim 是液压系统解算环境。ADAMS 与 AMESim 软件之间有两种数据交互方式，一种是以 ADAMS 作为主仿真环境，将 AMESim 建立的液压系统模型导入 ADAMS 多体动力学环境，该方法需要 Fortran 编译器支持；另一种是以 AMESim 作为主仿真环境，导出 ADAMS 多体动力学模型到 AMESim 仿真环境。无论是哪种方式，都是以多体动力学模型的输入状态变量(驱动参数)和输出状态变量(运动参数)作为模型间的交互数据，并在两个软件之间形成一个数据交互环，如图 10-5 所示。不同的是，以 ADAMS 作为主仿真环境时，便于对多体动力学模型的几何参数、物理属性以及约束关系等进行修改，主要用于研究机械系统的运动学和动力学特性，进行结构优化等；而以 AMESim 作为主仿真环境时，可以随时修改液压系统模型的参数设置以及更换液压元件等，便于对液压系统进行研究。

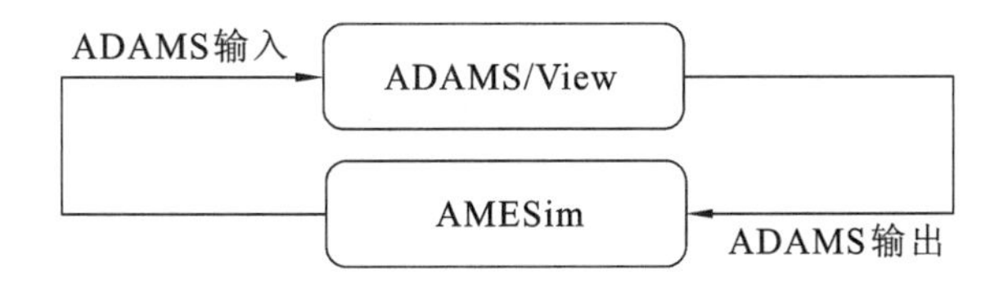

图 10-5 ADAMS 和 AMESim 数据交互环图

① 建立接口

以 AMESim 作为主仿真环境时，多体动力学模型与液压系统模型通信接口在 ADAMS 环境中建立。ADAMS/Controls 模块提供了与 AMESim 软件对接的功能，它可以创建一个在 AMESim 环境中能够被识别和使用的子模块 ADAMS_model(即接口)，接口内包含了多体动力学模型和液压系统模型的相关状态变量与参数，并利用 ADAMS-AMESim Interface 进行模型间实时的数据传递。

建立接口首先根据研究目的确定多体动力学模型的输出数据，如锻造操作机执行元件液压缸和液压马达的位移、速度等，在 ADAMS 中分别将这些数据定义为输出状态变量，状态变量(State Variable)是运行变量，在仿真过程中作为数组数据保存，并通过接口把多体动力学模型的变量状态值传递给液压系统模型;然后定义执行元件的驱动力和力矩作为输入状态变量,利用 VARVAL 函数赋值,初值设为 0,VARVAL 函数能够实时获取 AMESim 仿真解算的液压系统输出变量状态值,并赋值于多体动力学模型所对应的驱动力和力矩;最后将定义的状态变量设置区分为输入变量组(Plant Input)和输出变量组(Plant Output),并调用 ADAMS/Controls 模块完成接口的创建。

接口创建完成后生成三个文件,即 *.inf、*.cmd 和 *.adm 文件。其中,*.inf 文件包含了协同仿真需要的一些基本信息,如工作路径、文件名、状态变量等;*.cmd 为命令资料文件,记录了完整的动力学模型资料;*.adm 文件是 ADAMS/Solver 数据设置文件。

② 接口导入

接口导入是在 AMESim 中利用 AMESim/Interface block 模块将创建的接口导入液压系统模型。接口导入时参数设置如图 10-6 所示,左图是锻造操作机多体动力学模型中设置的输入、输出的状态变量,右图是对多体动力学模型与液压系统模型协同仿真模式的设置。

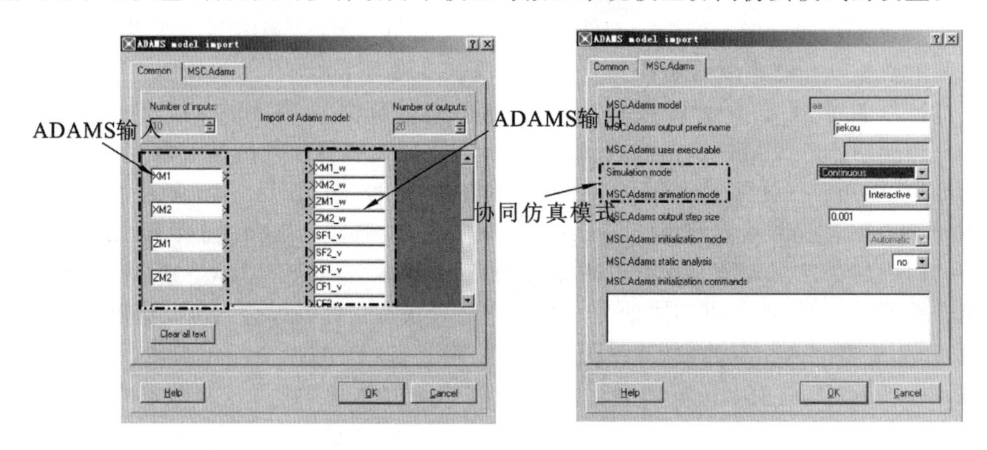

图 10-6 接口的参数设置

协同仿真模式(Simulation mode)有连续(Continuous)和离散(Discrete)两种模式,连续模式是将多体动力学模型完全输入 AMESim 中,离散模式则是通过接口在一定的通信间隔内传递数据,因此连续模式较离散模式更准确,但仿真运行速度慢,离散模式下可通过“MAC Adams output step size”项调整通信间隔时间。仿真动画模式(Animation mode)有交互(Interactive)和批处理(Banch)两种,区别在于协同仿真时是否调用 ADAMS/View 模块显示多体动力学模型的实时状态变化。

锻造操作机多体动力学模型和液压系统模型数据通信的接口如图 10-7 所示。图中左侧是多体动力学模型的输入状态变量,即液压系统模型的输出状态变量,包括 XM1、XM2、ZM1、ZM2、SF1、SF2、XF1、CF1、CF2 和 JF1,分别表示旋转马达(2 个)输出力矩、行走马达(2 个)输出力矩、升降缸(2 个)输出力、倾斜缸输出力、侧摆缸(前后 2 组)输出力和夹紧缸输出力;右侧多体动力学模型的输出状态变量,即液压系统模型的输入状态变量,后缀“_w”、“_v”和“_x”分别表示转速、速度和位移。仿真运行时,输入和输出状态变量在接口内实时交互,从而实现锻造操作机的机-液协同仿真。

ADAMS 和 AMESim 软件默认的单位制不同,使用接口时需要注意状态变量单位的统一,经验方法是在 AMESim 中利用信号控制检测库(Signal Control Observers)加入增益模块来实现单位的协调。

(3) 液压系统模型与控制系统模型接口

锻造操作机的控制系统主要是对操作机控制器及控制算法进行设计。AMESim 软件提供的信号控制检测库包含一些简单的控制模块,如 PID 模块、逻辑判断模块等,当控制算法复杂时,可以借助其他软件的控制和数值处理能力,取长补短,如 MATLAB/Simulink 软件。

AMESim 和 MATLAB/Simulink 软件的模型接口在 AMESim 环境中创建,创建方法与上述多体动力学模型和液压系统模型的接口创建方法相同,不再单独表述。AMESim 与 MATLAB/Simulink 模型的接口类型有标准接口(Simulink)或协同接口(SimuCosim)(图 10-8),区别在于采用标准接口仿真时,AMESim 和 Simulink 共同采用 Simulink 选定的求解器计算,AMESim 模型在 MATLAB/Simulink 中被看作是时间的连续模块,而采用协同仿真接口时,二者采用各自的求解器,AMESim 模型被当作时间的离散模块处理,从而与 MATLAB/Simulink 中的控制器相匹配。

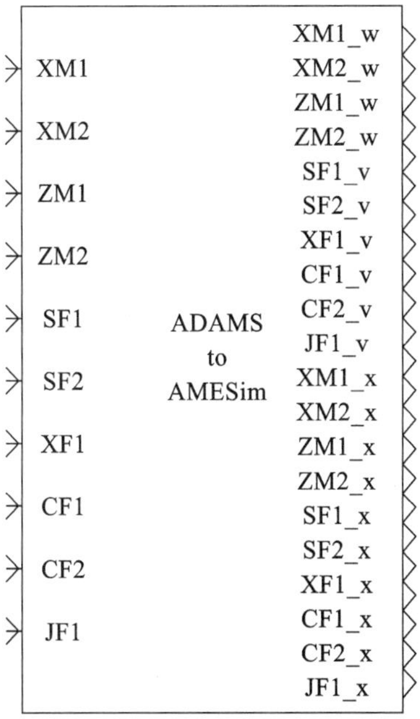

XM1 XM2 ZM1 ZM2 SF1 SF2 XF1 CF1 CF2 JF1

ADAMS to AMESim

XM1_w XM2_w ZM1_w ZM2_w SF1_v SF2_v XF1_v CF1_v CF2_v JF1_v XM1_x XM2_x ZM1_x ZM2_x SF1_x SF2_x XF1_x CF1_x CF2_x JF1_x

图10-7 ADAMS 和 AMESim 的模型接口

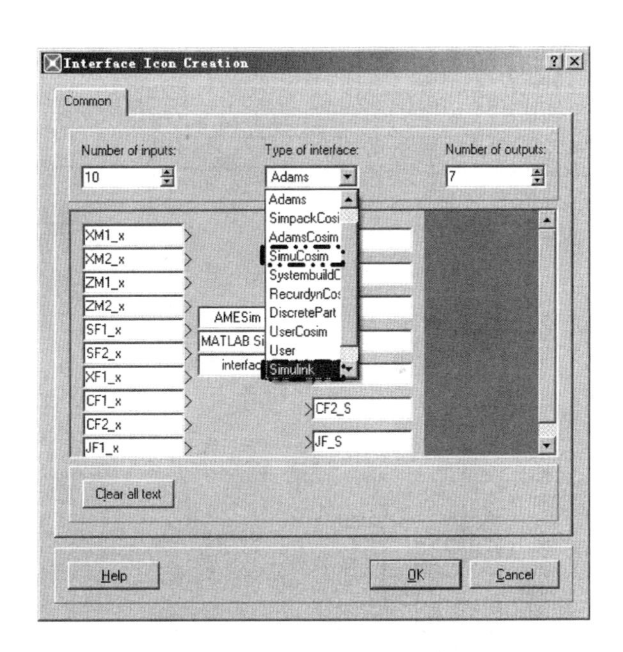

图 10-8 AMESim 模型接口导出设置

AMESim 与 MATLAB/Simulink 的数据是通过 S 函数实现连接和通信的,S 函数的调用语法可以与 AMESim 求解器进行交互,实现 AMESim 与 MATLAB/Simulink 的协同仿真运行。

10.1.5 锻造操作机虚拟样机协同仿真模型

各模型之间接口建立完成后,将接口、多体动力学模型、液压系统模型以及控制系统模型按照实际系统的特征进行关联,便建立了锻造操作机多学科协同仿真模型,如图 10-9 所示。协同仿真运行时,由多体动力学模型自动计算锻造操作机不同位姿和负载条件下等效到执行元件的运动参数,并将数据传递给液压系统模型,以此作为液压系统模型的输入,可以实时模拟锻造操作机运动过程中的动态变化,从而使仿真结果更精确,更接近实际工况。

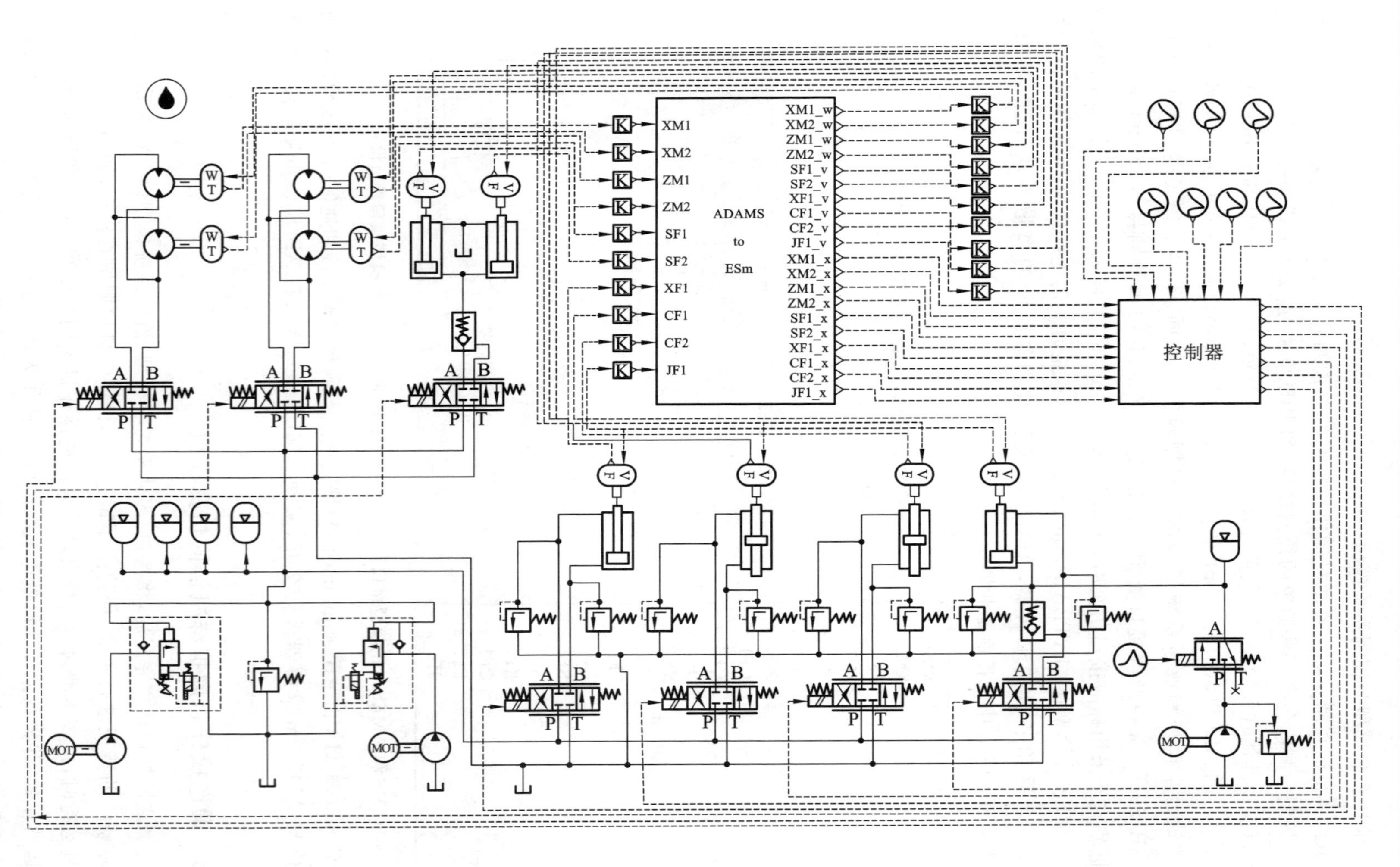

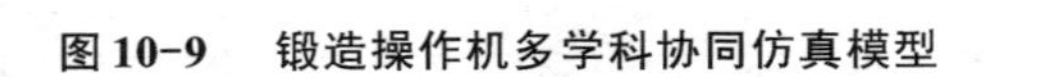
图 10-9　锻造操作机多学科协同仿真模型

本节在锻造操作机多体动力学建模和液压系统建模的基础上，对锻造操作机模型间的参数耦合关系进行了分析，阐述了锻造操作机多学科协同仿真方法，建立了模型间数据交换和通信的接口，采用基于软件接口的方法搭建了锻造操作机多学科协同仿真模型。

10.1.6　验证结果

空载大车行走大进给量工况的试验曲线和仿真曲线如图 10-10 所示，给定信号 S_1 最大开口量控制在 70％的范围，大车行走试验测试位移 x_1 为 5190 mm，相同条件下虚拟测试大车行走位移的稳态值是 5162 mm，位移响应曲线的一致性较好。

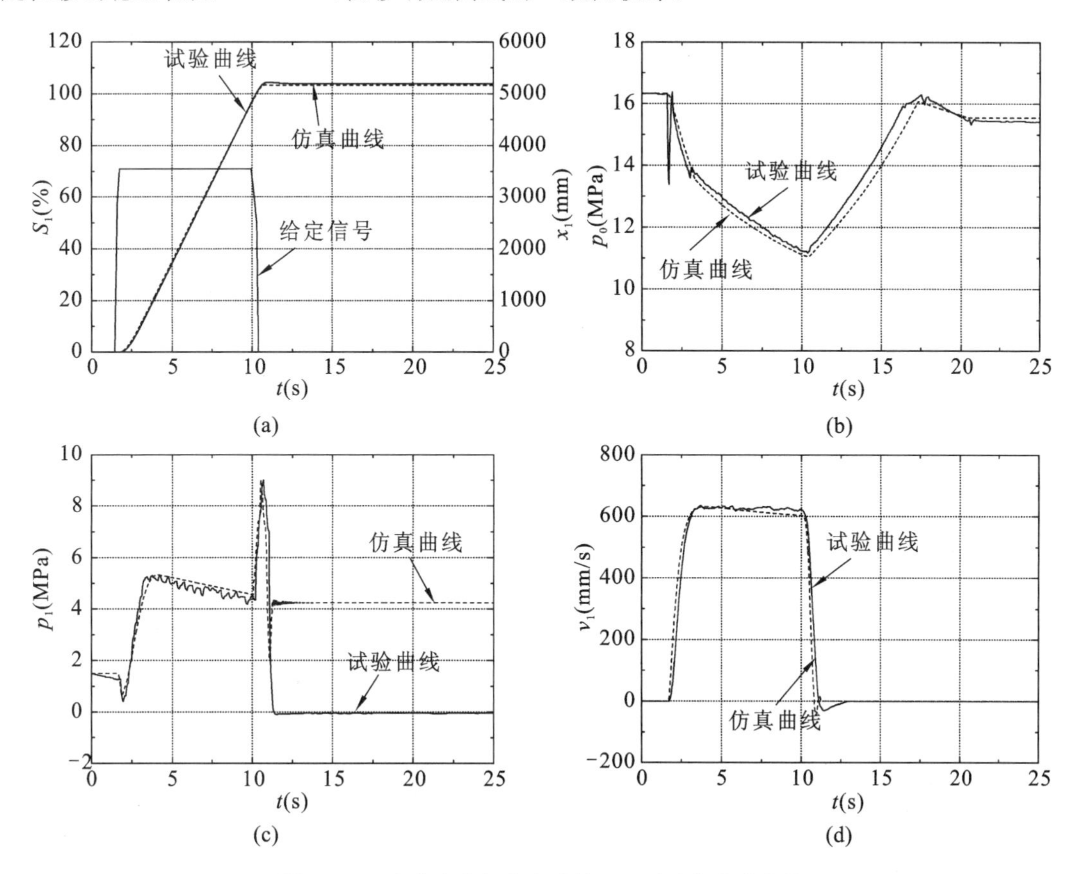

图 10-10　空载大车行走大进给工况试验与仿真曲线

(a) 给定信号和行走位移；(b) 系统压力；(c) 马达排油侧压力；(d) 大车行走速度

试验测试的系统压力在给定信号初始时刻有一次压力跃变，如图 10-10(b)所示，第 2 s 系统压力 p_0 瞬间从 16.2 MPa 降至 13.5 MPa，然后又迅速升高至 16 MPa 左右，而图 10-13(b)中夹钳旋转试验系统压力在给定信号初始时刻反升高至 18 MPa 左右，分析原因主要有以下两个方面：

(1) 被测系统的储能蓄能器距离泵头电磁卸荷溢流阀较远，两者之间的连接管道选择较细且经多次弯曲后致使管道阻力增大，导致控制阀开启后蓄能器不能及时供给管路建压所需要的油液，致使系统压力瞬间下降，随后大惯量系统运动滞后出现的水击现象又导致系统压力瞬间升高。

(2) 被测系统的泵头阀至各动作控制阀之间设有一个总开关阀，总开关阀的关闭总是滞后于动作控制阀，当主泵供给系统液压油时，基于原因(1)，致使总开关阀与控制阀之间管道内的油压较高，导致操作机二次执行动作时封闭管道高压油液倒流，系统压力瞬间升高。

泵头蓄能器不仅为系统提供高压油液，还具有吸收压力脉动的功能，随后系统压力回复到初始值，压力跃变过程持续 0.2 s 左右。从图 10-10(b)还可以看出，第 2.8 s 系统压力降至 13.7 MPa，该压力对应主泵的加载压力，电磁卸荷溢流阀主阀芯关闭，主泵投入工作，此时系统压力也有一个较小的跃变，并在极短时间内趋于正常。

试验系统压力曲线出现上述现象的根本原因是蓄能器至泵头电磁卸荷溢流阀之间的连接管道经多次折弯后阻尼较大，该段管道采用钢管现场弯制，从外观上难以确定其内壁的弯曲程度和弯曲状况，另外总开关阀的阀芯位移也无法在现场采集，此现象从定量验证的角度较难实现，但这些并不影响对锻造操作机协同仿真模型的试验验证，如图 10-10(b)所示，虚拟测试的系统压力 p_0' 在各拐点处的极值和对应时间点与试验测试结果对比是基本一致的，表明虚拟样机模型较好地反映出了液压系统的压力以及流量变化过程。

对比行走马达排油侧压力可以看出，全行程内压力曲线一致性较好，但制动时略有差异，这是由于被测系统马达两侧选用了顺序阀对回路进行压力保护，顺序阀结构对系统的影响就不在此处赘述。马达排油侧压力的变化引起马达两侧压差变化，使制动时大车速度也出现了差异。

空载大车行走常规进给工况的仿真与试验曲线对比如图 10-11 所示。常规进给是指锻造过程中操作机配合主机完成锻造工艺要求的进给量，通常选取砧座宽度的 1/2～3/4。常规进给工况，试验测试的给定信号 S_1 最大开口量控制在 50%的范围，给定信号是 PLC 输入给控制阀的信号，而不是控制阀阀芯的实际位移。由于程序内部设置动作控制阀滞后于总开关阀 100 ms开启，大车行走控制阀样本给定的过渡性能曲线中阶跃开启 50%的调整时间为 120 ms，从而导致试验响应曲线与给定信号之间相差约 200 ms，如图 10-11(a)所示。

通过四组虚拟和试验测试结果同步对比可以看出，仿真曲线与试验曲线的一致性均较好。第 2.6 s 大车行走制动，缓冲缸泄漏致使系统压力 p_0 继续下降，如图 10-11(b)所示。制动过程中，车体惯性作用致使马达排油侧压力 p_1 升高，但最高仅 8 MPa 左右，如图 10-11(c)所示，这是因为被测系统马达两侧压力阀的预设压力较低导致的。锻造操作机车体质量和惯性均较大，预设压力低致使马达输出力矩小，从而使大车行走启动加速时间延长，如图 10-11(d)所示，常规进给 240 mm 时大车行走全行程内处于启动加速然后制动减速状态，最大速度仅为 278 mm/s。

通过上节泄漏点对试验结果影响规律分析可知，夹紧缸泄漏对负载试验结果的影响较为复杂，为了更加准确地对负载工况进行验证，选取图 10-12 中第二次给定(第 9～14 s)阶段，对负载大车行走小进给工况的仿真和试验曲线进行对比，如图 10-12 所示。该阶段夹紧回路控制阀关闭，试验曲线仅是给定信号和缓冲缸泄漏综合作用的结果，能够较为清晰地反映负载对锻造操作机系统的影响。与空载工况相比，负载工况不仅改变了大车行走驱动部分的运动惯量，车轮与轨道之间的摩阻也随着负载质量的增加而随之变化，另外，试验测试的小进给量工况给定信号 S_1 最大开口量控制在 35%的范围。

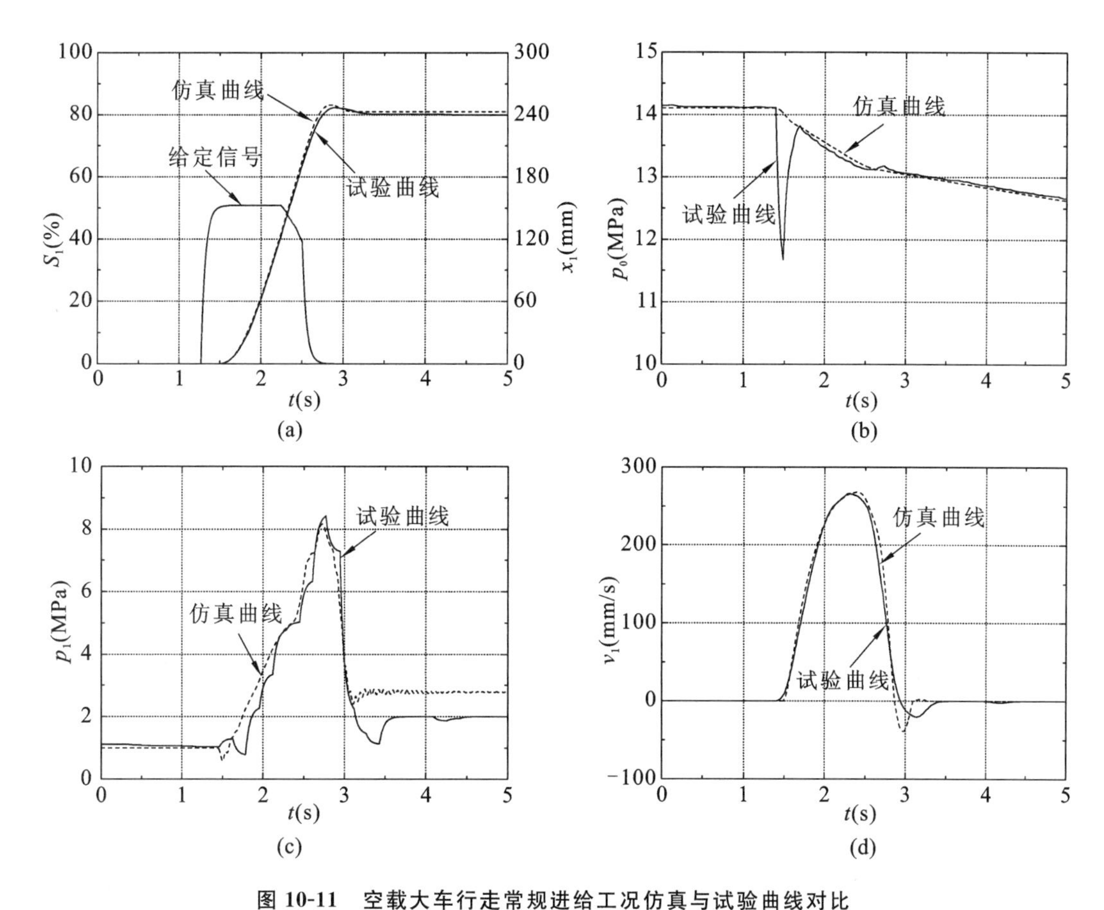

图 10-11　空载大车行走常规进给工况仿真与试验曲线对比

(a) 给定信号和行走位移;(b) 系统压力;(c) 马达排油侧压力;(d) 大车行走速度

被测系统大车行走控制阀存在15%的死区,可以看出,控制阀在小开口范围变化时依然能够很好地反映系统的动静态特性,四组仿真曲线和试验曲线的吻合度和一致性较好。控制阀开口量较小、开启时间长,非线性因素对马达排油侧压力 p_1 产生了影响,如图 10-12(c)所示,阀芯开启阶段马达排油侧压力先升高然后下降,是由于测试对象控制阀阀芯结构轻微不对称性产生的。增大给定信号后,阀的开启斜率增大,非线性因素影响减小,大行程进给和常规进给测试工况未出现类似现象。

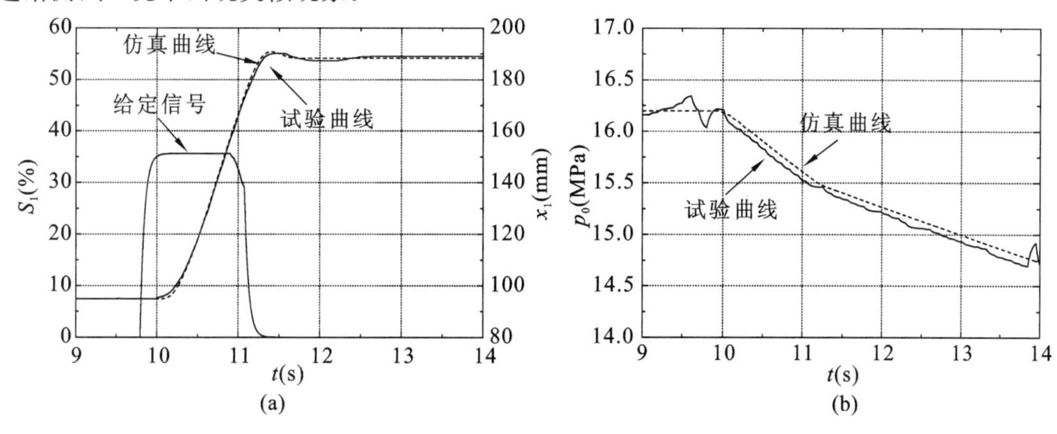

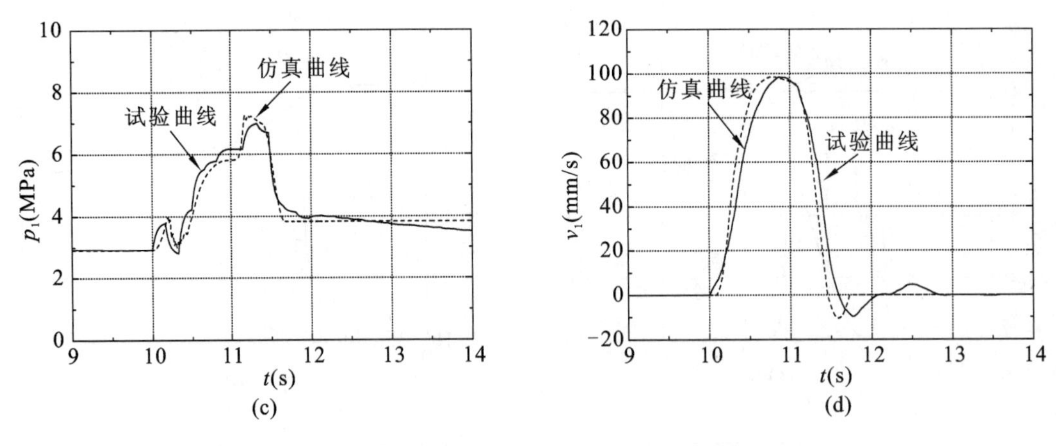

图 10-12 负载大车行走工况仿真曲线与试验曲线对比

(a) 给定信号和行走位移；(b)系统压力；(c)马达排油侧压力；(d)大车行走速度；

钳口的位置和姿态对夹钳旋转驱动部分的运动惯量影响较大，试验测试时将钳口闭合并将夹钳水平放置，其目的是为了确定夹钳的位姿，从而使虚拟测试时夹钳旋转机构与被测系统具有相同的惯性负载。空载夹钳旋转工况的仿真与试验曲线对比如图 10-13 所示，图 10-13(a)中夹钳旋转给定信号 S_2 最大开口量控制在 65%的范围，给定信号后，旋转马达进油侧压力 p_2 迅速升高，最高至 7 MPa 左右，如图 10-13(c)所示，而系统压力 p_0 始终在 12 MPa 以上，

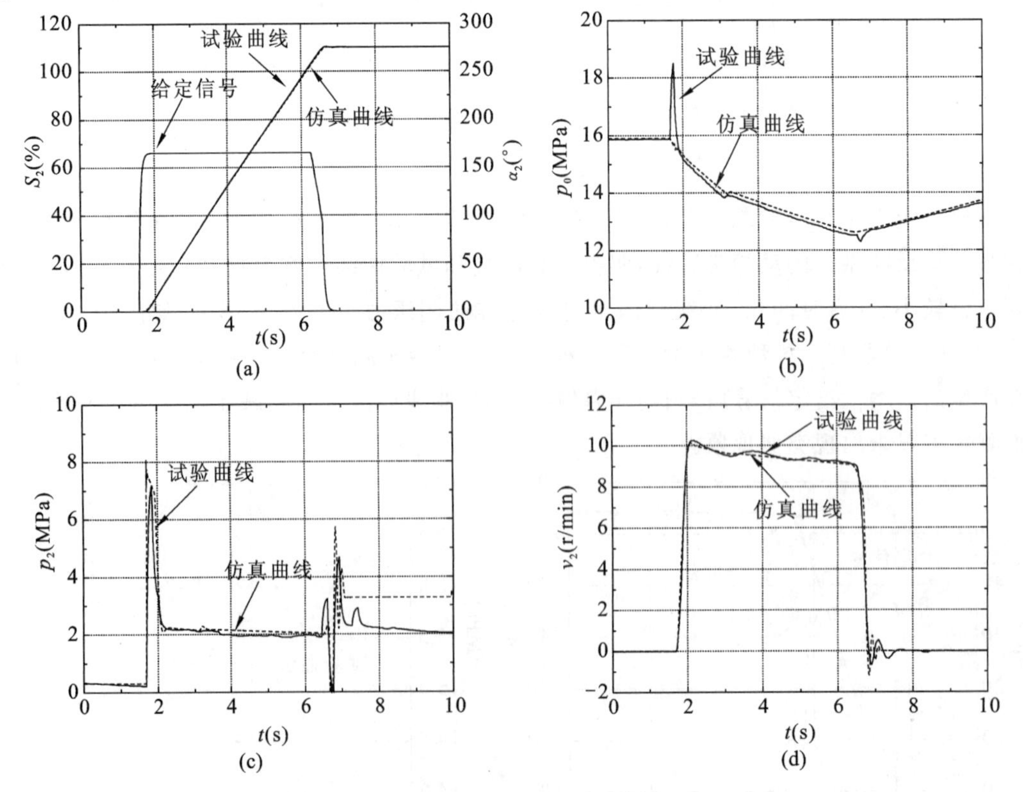

图 10-13 空载夹钳旋转工况仿真与试验曲线对比

(a) 给定信号和夹钳转角；(b)系统压力；(c) 马达进油侧压力；(d)夹钳转速

表明旋转马达两侧压力阀的设置压力也较低。与大车行走机构相比，夹钳旋转机构的运动惯量相对较小、加速性好，夹钳短时间内能够加速至匀速运动状态，但由于夹钳旋转控制阀前的节流阀限制了回路流量，夹钳转速最高至 10 r/min，如图 10-13(d)所示，然后随着蓄能器排液量的下降，夹钳转速 v_2 逐渐降低。匀速运动过程中，马达进油侧压力在 2 MPa 左右，用以平衡夹钳旋转运动的动摩擦阻力和排油侧压力。

综合对比四组仿真与试验曲线可以看出，夹钳旋转仿真结果与试验结果的一致性很好，尤其是夹钳转角和夹钳转速仿真曲线与试验测试结果几乎完全吻合，很好地再现了液压系统的动态变化和稳态过程。

夹钳下降动作是在自身重力作用下完成的，被测系统采用逻辑开关阀控制夹钳下降，下降速度通过回油节流阀调节，液压回路原理较为简单，这里主要对夹钳平行提升动作进行验证。空载夹钳平行提升工况的仿真和试验测试曲线对比如图 10-14 所示，试验测试的夹钳平行升降位移 y_3 为 1182 mm，相同条件下虚拟测试的仿真结果为 1189 mm，位移曲线吻合度较好。由于升降行程大，需要的油液多，系统压力 p_0 两次降至主泵加载压力点，如图 10-14(b)所示，主泵投入后一方面给系统供液，同时给蓄能器充液，系统压力升高。夹钳提升过程中，升降缸压力 p_3 在 7.7 MPa 左右，用以平衡夹钳自身重力以及运动摩擦阻力。控制阀开口恒定，系统压力变化致使回路的流量变化，从而引起夹钳提升速度 v_3 的变化，两者在时间上具有对应性，夹钳提升的平均速度约 50 mm/s，这与进口节流阀的调定值有关。综合对比，同步四组仿真结果与试验结果的一致性较好。

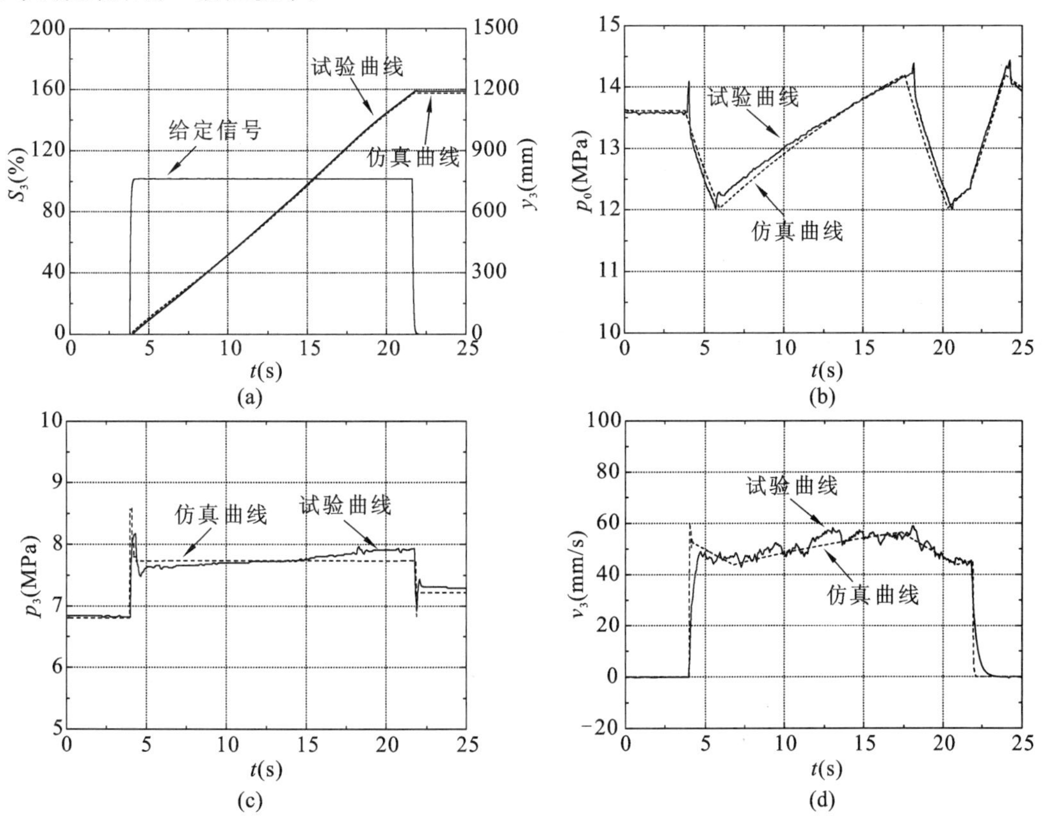

图 10-14　空载夹钳平行提升工况的仿真与试验曲线对比

(a) 给定信号和升降位移；(b)系统压力；(c) 升降缸压力；(d) 升降速度

综合以上试验验证结果表明，本节建立的锻造操作机虚拟样机协同仿真模型具有较高的精度，无论是在稳态条件还是在动态调节状态，虚拟仿真曲线和试验曲线吻合度均较好，能够准确模拟和再现实际物理系统的位置、速度以及压力、流量等的变化。

10.2 单项动作控制特性研究

锻造机组常用的锻造方式有常锻、快锻和镦粗。镦粗是使坯料高度减小、横截面面积增大的锻造工序，镦粗过程中操作机通常不参与动作。快锻即快速锻造，常用于锻件精整阶段，可以使锻件表面光滑，减小后续工序的加工余量，快锻工况操作机往往与锻造主机联动，自动化程度高，对系统的控制性能要求高。常锻时，锻件形变量大，塑性形变时间长，对锻造操作机的稳定性有较高的要求，同时也希望系统的快速性和准确性好，从而降低锻件的回炉次数，提高材料的利用率。单项动作控制特性主要研究锻造操作机各执行机构单独完成给定动作的稳定性、准确性和快速性，是复合动作控制特性研究的基础。

10.2.1 进给量不同时的控制特性

锻造操作机是与锻造主机协调作业的辅助设备，为了提高机组生产效率和锻件品质，锻造工艺一般要求操作机大车行走常规进给量为砧座宽度的1/2～3/4，本节锻造操作机物理原型机组的配套砧宽为400 mm，测试分别取200 mm、250 mm和300 mm进给量进行研究。操作机的大行程进给主要用于锻件的运输操作，仿真时取5000 mm进行研究。仿真曲线如图10-15所示，采用微分量预测误差变化趋势并对系统进行超前校正，从而避免了执行机构的严重超调，大车行走常规进给稳态值分别为194 mm、250 mm和307 mm，对应稳态误差−6 mm、0、7 mm，控制精度在±10 mm范围内，大行程进给时稳态值为5013 mm，稳态误差为13 mm。该控制器PID参数是以250 mm为基准进行调试的结果，进给量大于基准值时，稳态误差为正值，反之为负值，这是由于选用的大车行走控制阀含有15%的死区，系统的偏差减小到一定程度时，控制阀零输出，系统的惯性作用带动马达减速制动，大进给量时加速时间长，车体速度高，导致系统的超调量和稳态误差增大。

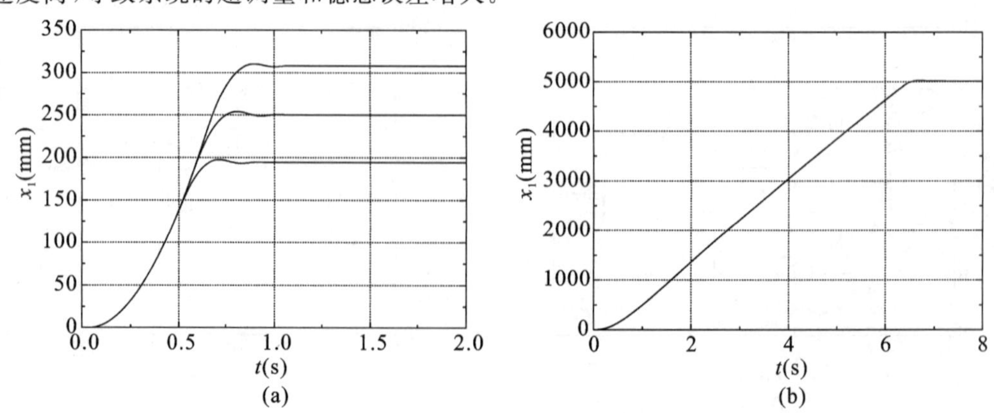

图10-15 不同进给量时大车行走控制特性（$P=0.11, D=0.01$）

(a) 常规进给；(b) 大行程进给

夹钳旋转主要用于锻件的翻转、换面操作，配合锻造主机完成锻件倒方或倒圆工序，旋转进给量通常为 45°、60°和 90°，仿真曲线如图 10-16 所示，比例控制有利于提高系统的快速性，$P=1.4$ 时稳态精度在±1°范围以内，这是由于夹钳旋转机构的转动惯量相对较小，控制阀与执行元件之间的管道短，夹钳短时间内加速至匀速运动阶段，制动过程也较为平稳。

夹钳平行升降高度通常需要根据锻件的锻造工艺要求确定，仿真时进给量分别取 50 mm、100 mm 和 200 mm 进行研究。被测系统原设计采用逻辑开关阀控制夹钳升降，节流阀调节升降速度，对现场调试人员要求较高且不易于控制，仿真研究时选用 *DN*16 通径比例换向阀对其进行控制，选型依据是技术要求提出的夹钳平行升降速度 100 mm/s。仿真曲线如图 10-17 所示，夹钳平行升降的稳定性和准确性较好，但由于升降缸工作腔与垂直缓冲蓄能器连通，制动时夹钳有较小的超调，短时间内迅速复位。与大车行走和夹钳旋转动作调整时间对比可以看出，夹钳平行升降动作调整时间稍长，尤其是升降动作的一个周期（提升＋下降）时间相对较长。

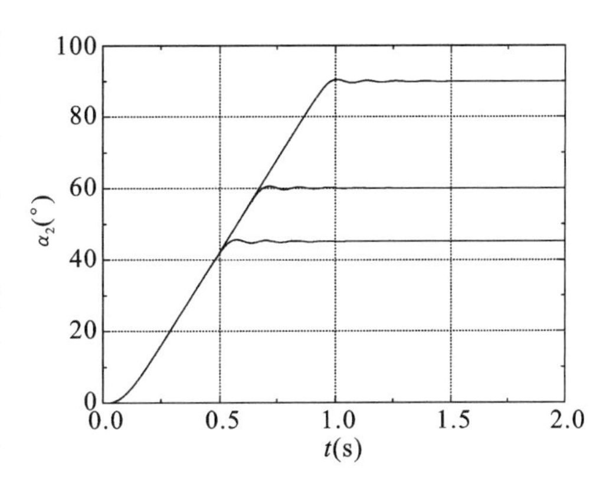

图 10-16　不同进给量时夹钳旋转控制特性（$P=1.4$）

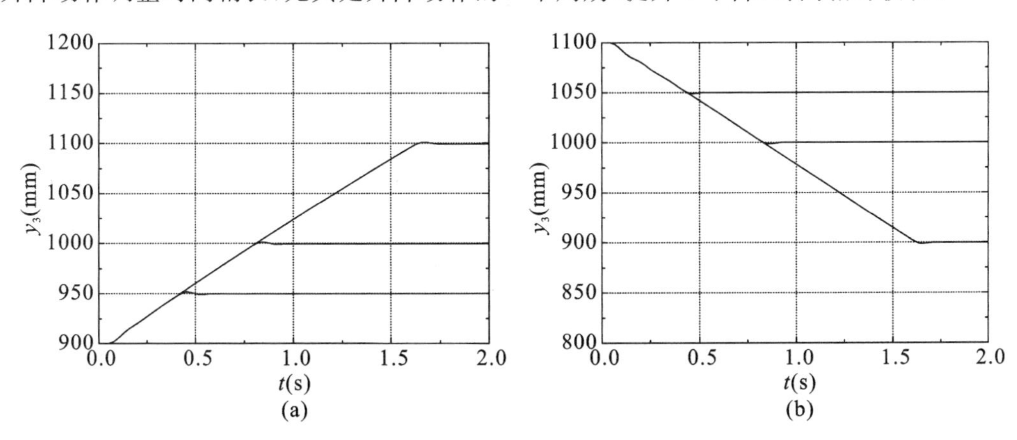

图 10-17　不同进给量时夹钳平行升降控制特性（$P=2.5$）

（a）平行提升；（b）平行下降

上述仿真结果表明，比例量和微分量设置合适时，锻造操作机三个主要动作能够达到较为理想的控制效果，稳定性和准确性较好，本节后面的仿真曲线是采用该组 PID 参数完成的。

10.2.2　负载不同时的控制特性

负载是指操作机的夹持负载，即锻件。锻造生产过程中，操作机的负载不断变化，特别是当锻件外形尺寸发生变化时，负载转动惯量会随之变化，且变化范围较大。本节选取空载、额定负载和大转动惯量负载对操作机的控制特性进行研究，其中，空载是操作机不夹持锻件的状态；额定负载是由操作机的承载能力决定的，即同时达到公称载重量和最大夹持力矩要求的锻件；大转动惯量负载通常为大钢锭，具有直径大、长度短的特点，大钢锭一般满足操作机夹持力矩要求，因此，大转动惯量负载的直径和长度根据钳口夹持能力以及操作机的公称载重量计算确定。

（1）负载模型

负载在锻造操作机多体动力学模型中给定，如图 10-18 所示，额定负载设置锻件外形尺寸为 ϕ805 mm×5000 mm，密度设置为 7.85×10^3 kg/m^3 时负载力为 200 kN，负载夹持力矩为 500 kN·m，锻件的转动惯量为 1620 kg·m^2。大转动惯量负载设置锻件的外形尺寸为 ϕ1300 mm×2000 mm，负载力为 200 kN，锻件的转动惯量为 4400 kg·m^2。

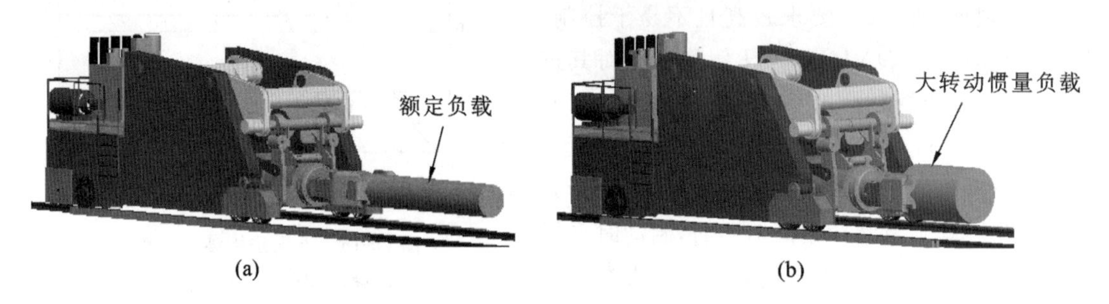

图 10-18　锻造操作机负载模型

(a) 额定负载；(b) 大转动惯量负载

（2）负载不同时大车行走和夹钳旋转控制特性

本系统中额定负载质量是操作机大车质量的 1/4.5，额定负载转动惯量为夹钳转动惯量（钳口闭合时）的 2/3，大转动惯量负载超过夹钳转动惯量的 1.3 倍。负载增大，导致系统的启动加速度降低，快速性下降，稳态精度降低，如图 10-19 所示。空载大车行走 250 mm 的调整时间约 0.9 s，额定负载时调整时间为 1.1 s，稳态误差为 5 mm。额定负载和大转动惯量负载工况下，夹钳旋转的稳态误差为 1.2°，大转动惯量负载工况系统超调量大，最大超调量 σ_p 为 7.8%，这也使系统的调整时间延长，与空载相比，调整时间延长了约 0.5 s。

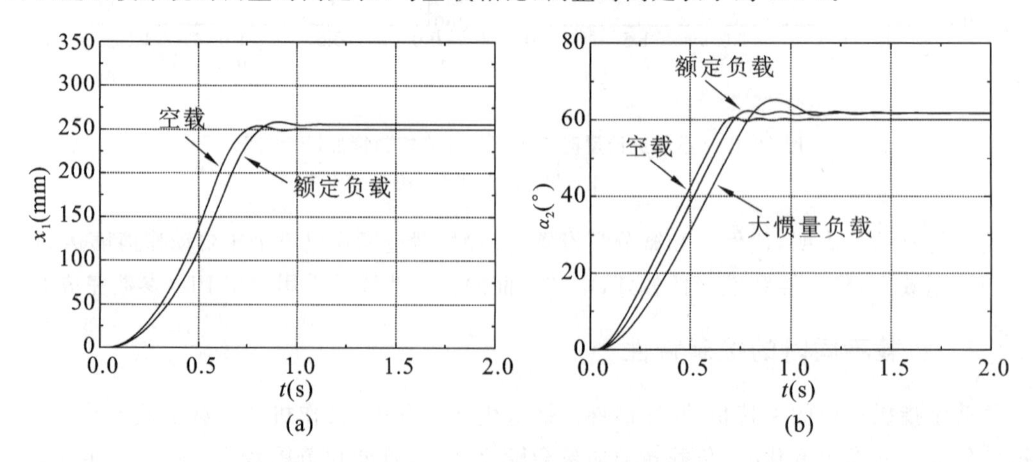

图 10-19　负载不同时大车行走和夹钳旋转控制特性

(a) 大车行走；(b) 夹钳旋转

(3)负载不同时夹钳平行升降控制特性

如图 10-20 所示,空载夹钳平行提升 100 mm 的调整时间约 0.9 s,额定负载时调整时间为 1.4 s,负载增大,夹钳平行提升的快速性降低,这是因为负载增大使升降缸的工作油压升高,而泵蓄势器传动系统近似为恒压源,控制阀口两侧压差减小,系统流量下降,导致夹钳平行提升速度降低,快速性下降。夹钳下降动作是在重力作用下完成的,负载增加使夹钳的下降速度增大,快速性提高,如图 10-20(b)所示,额定负载时调整时间与空载相相比相差 0.1 s 左右,负载增大还导致夹钳下降的超调量增大。总体上看,负载使夹钳完成平行升降一个动作周期需要的时间延长,这是负载对夹钳提升动作的影响较大导致的。

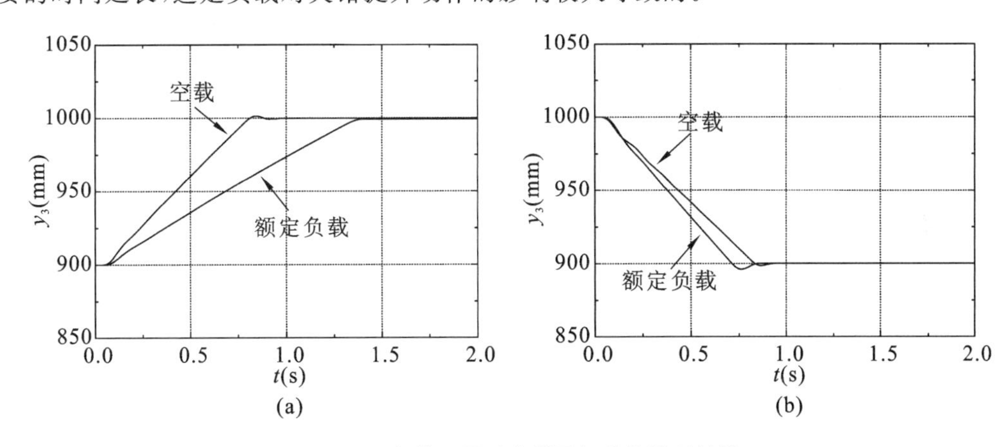

图 10-20 负载不同时夹钳平行升降控制特性

(a)平行提升;(b)平行下降

10.2.3 蓄能器状态不同时的控制特性

操作机动作完成后,系统压力低于主泵加载压力时,卸荷溢流阀关闭,主泵给蓄能器充液,系统压力升高,直至达到卸荷压力点主泵卸荷,当系统压力高于主泵加载压力时,系统压力直接稳定在当前压力状态,这是泵蓄势器传动系统的特点。

蓄能器状态是指操作机动作启动前蓄能器的气体压力状态,忽略管道阻力损失,蓄能器内气体压力与系统压力相等。蓄能器状态主要受蓄能器参数、操作机动作间隔时间、进给量、主泵排量、主泵卸荷压力及加载压力等影响,以上各参数匹配较优时,蓄能器内气体压力处于主泵卸荷压力与加载压力之间。蓄能器状态不同时操作机的控制特性如图 10-21 所示,16 MPa 对应主泵卸荷压力,13.7 MPa 为主泵加载压力。可以看出,蓄能器状态在卸荷压力时,操作机动作启动加速度大,系统的快速性好,调整时间相差 0.1 s 左右,但大车行走的稳态精度降低。

10.2.4 马达排量不同时的控制特性

马达排量不同时大车行走和夹钳旋转动作控制特性如图 10-22 所示,行走马达排量 1600 mL/r对应的控制器参数 $P=0.9$,$D=0.01$,旋转马达排量 1600 mL/r 对应的控制器参数 $P=4$。可以看出,马达排量减小,操作机大车行走的调整时间长,这是由于操作机大车的质量和惯性较大,排量减小后马达的输出转矩小,大车行走启动加速度小,快速性下降。相对而言,

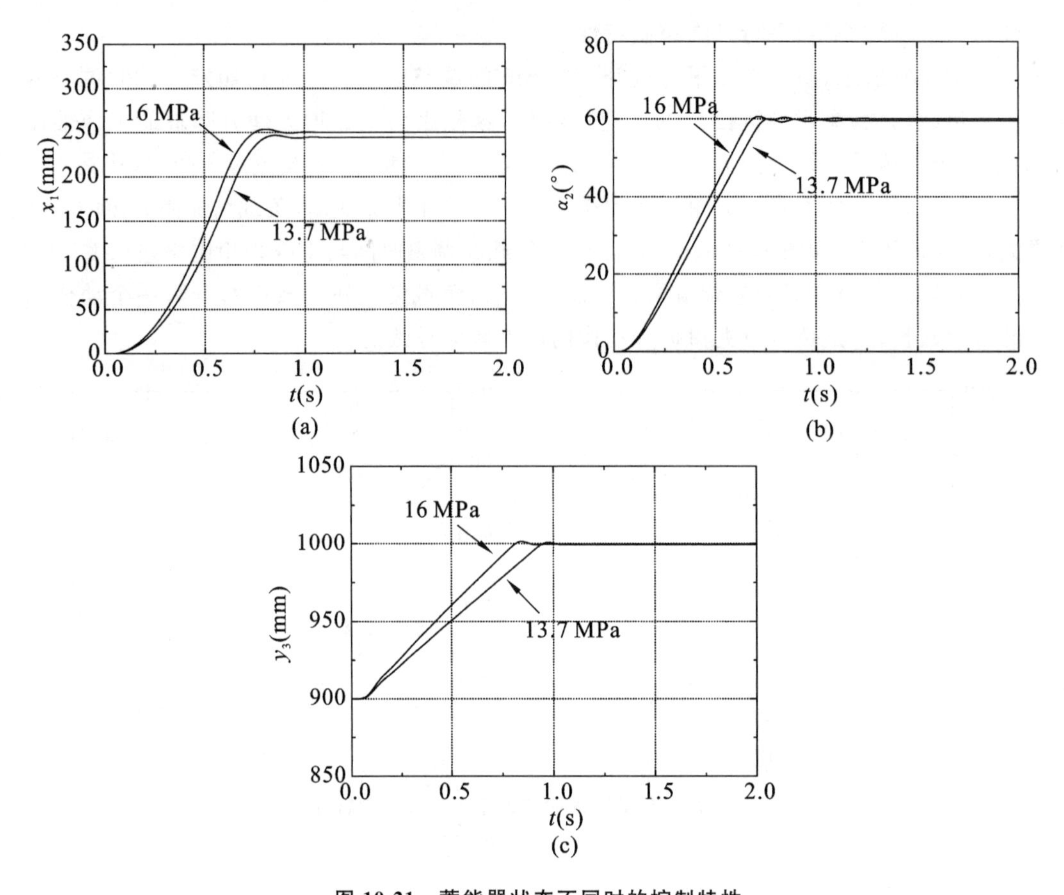

图 10-21　蓄能器状态不同时的控制特性

(a) 大车行走；(b) 夹钳旋转；(c) 夹钳提升

夹钳旋转机构的转动惯量小，马达的输出转矩变化对夹钳旋转的启动性能影响较小，夹钳旋转动作的快速性主要受马达转速影响，在系统流量相同的条件下，马达排量越小，匀速运动阶段的转速越高，快速性越好。

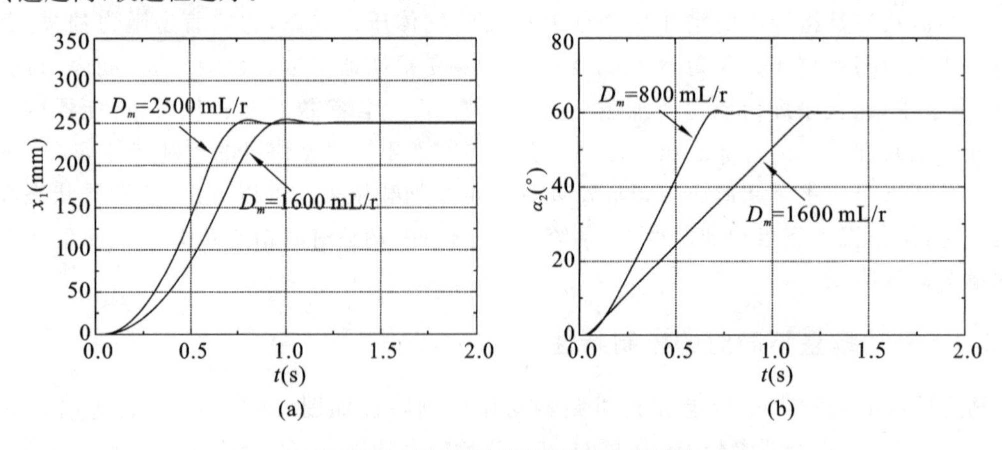

图 10-22　马达排量不同时的控制特性

(a) 大车行走；(b) 夹钳旋转

旋转马达输出足够转矩时,马达排量越小,夹钳旋转的快速性越好,小排量马达成本低,性价比高。操作机泵蓄势器传动系统采用的是集中供油方式,系统的装机功率通常大于单项动作的需求功率,控制阀的通流能力决定了马达的最高转速。

被测系统夹钳旋转控制阀的选型过大,如不利用进口节流阀调速,马达启动后一直处于加速旋转状态,如图 10-23 所示,最大转速高达 430 r/min,致使其超出该系列马达的额定连续转速 0.5～400 r/min 范围,马达长期工作在额定转速范围之外,将导致轴承磨损加剧、使用寿命缩短。进口节流调速方式可以限制旋转马达的转速,但对调试人员要求较高,且受外界环境温度的影响较大,不易于调试。仿真研究时采用额定流量 220 L/min(Δp=1 MPa)的控制阀对夹钳旋转回路进行控制,选型依据是夹钳转速设计要求 18 r/min。

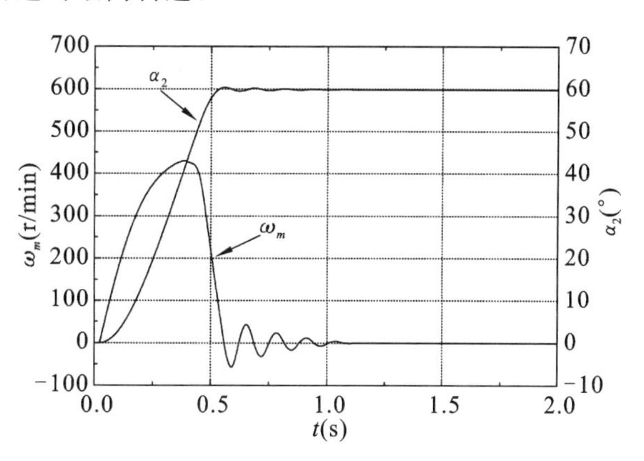

图 10-23 马达转速仿真曲线

10.3 复合动作控制特性研究

锻造操作机各执行机构不仅可以单独动作,还可以通过执行元件的相互配合来实现复杂的复合动作,从而提高操作机的工作效率。大车行走、夹钳旋转和夹钳平行升降三个主要动作同时进给的仿真曲线如图 10-24 所示,可以看出,系统输出功率足够时,复合动作对锻造操作机控制特性的影响较小,各执行机构的调整时间与单独动作完成相同进给的时间基本相等,复合动作时间由操作机执行机构完成进给动作需要的最长时间决定。

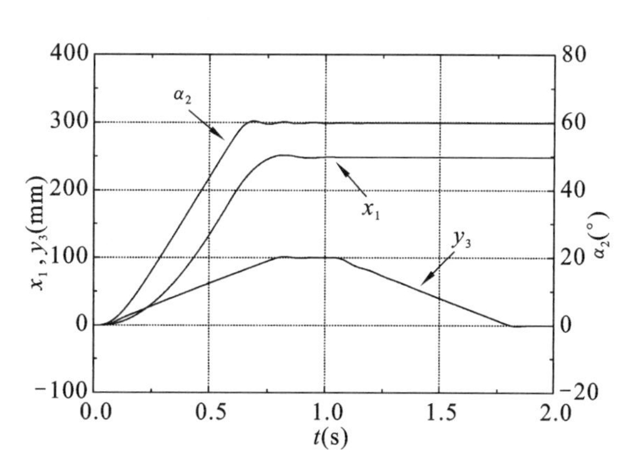

图 10-24 复合动作仿真曲线

10.3.1 联动方式

随着锻造生产的发展,操作机不仅要求自身能实现自动控制,还要求与液压机联动,联动方式有以操作机为主的联动方式和以液压机为主的联动方式,如图 10-25 所示。

早期的联动通常以锻造操作机为主,操作机动作完成后发讯给液压机,液压机压下锻打锻件,液压机回程过程中发讯给操作机,操作机执行下一锻造道次的进给动作。随着快锻液压机的发展,液压机的速度提高,以操作机为主的联动方式导致液压机等待时间过长,影响了机组的生产效率,在这种情况下,逐渐形成以液压机为主的联动方式。该方式液压机单方向发讯给操作机,操作机自动完成进给动作,其动作不影响液压机的运动,锻造周期

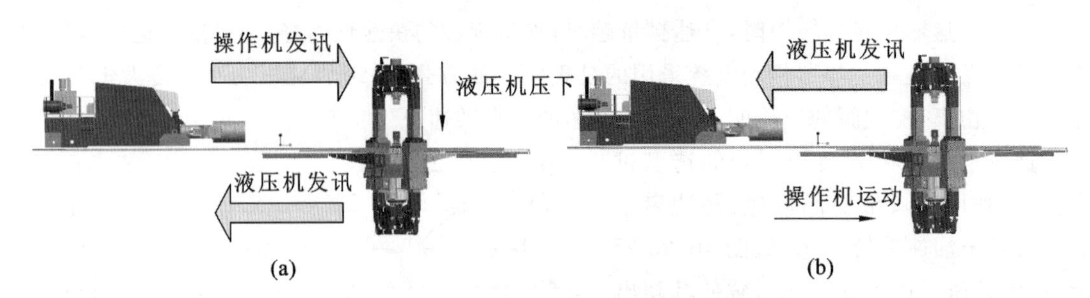

图 10-25　锻造操作机与液压机联动方式

(a) 以操作机为主；(b) 以液压机为主

由液压机锻造次数决定。这两种联动方式具有相对性，如锻造操作机的快速性提高，采用以操作机为主的联动方式，可以实现液压机与操作机之间相互通信，从而确保动作的协调与配合。

锻造操作机与液压机的联动项目主要有联动送进、联动旋转以及联动螺旋运动，联动螺旋运动是操作机大车行走和夹钳旋转两个执行机构的复合动作。锻造过程是一个连续工作过程，液压机连续锻打锻件，操作机根据液压机的指令连续动作或连续复合动作，其中连续复合动作对操作机的控制性能要求最高，连续复合动作控制特性主要受蓄能器参数、主泵排量以及锻造次数的影响，下面分别进行研究。

10.3.2　蓄能器参数对连续复合动作的控制特性影响

仿真研究采用目前普遍应用的以液压机为主的联动方式对操作机连续复合动作周期进行设定，取液压机锻造行程次数 60 次/min，对应动作周期为 1 s。蓄能器参数是指蓄能器容积和充气压力，蓄能器容积对连续复合动作控制特性的影响如图 10-26 所示，蓄能器容积减小，操作机连续复合动作后期快速性下降、稳态精度降低。

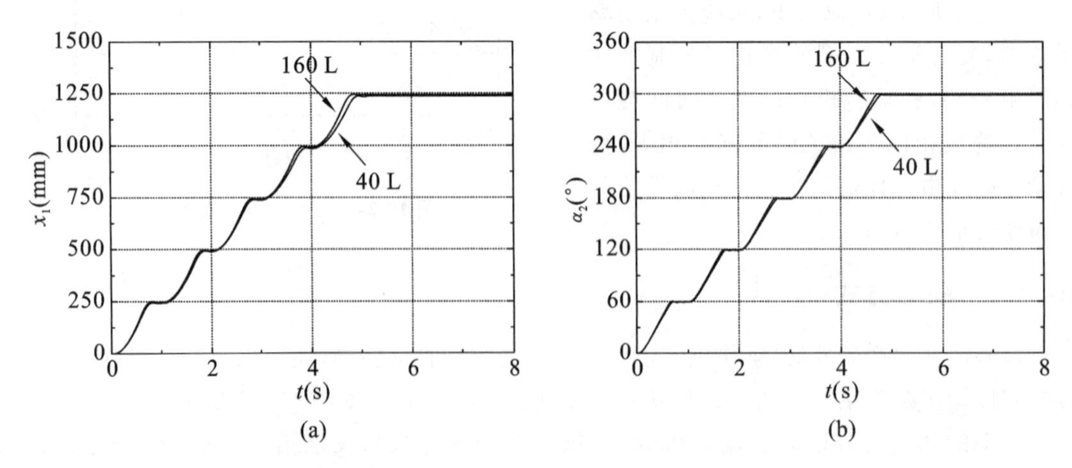

图 10-26　蓄能器容积对连续复合动作控制特性的影响

(a) 大车行走；(b) 夹钳旋转

蓄能器容积不同时系统压力变化曲线如图 10-27 所示，蓄能器容积越小，系统压力下降速度越快，压力降低导致操作机启动加速度逐渐减小，蓄能器单位时间内排出的油液减少，这是连续复合动作后期操作机快速性下降的直接原因。另外还可以看出，第 5 s 后操作机完成该锻造道次动作，主泵给蓄能器充液，蓄能器容积越大，主泵给蓄能器充液的时间就越长，充液时间将影响下一锻造道次内操作机的动、静态特性，应综合进行考虑。

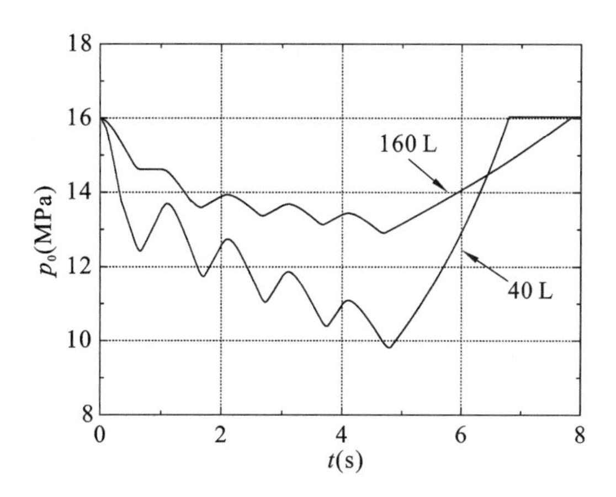

图 10-27　蓄能器容积不同时系统压力曲线

同一进给工况，蓄能器容积 160 L，不同充气压力对连续复合动作控制特性的影响相对较小，如图 10-28 所示，充气压力低时，操作机连续复合动作后期响应稍慢，总体上调整时间及稳态精度相差极小。

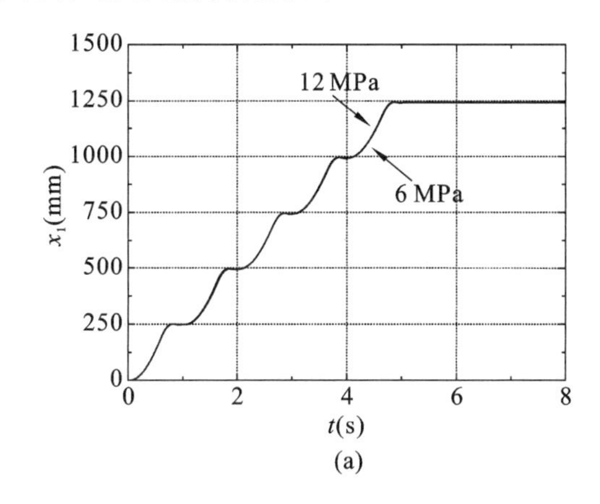

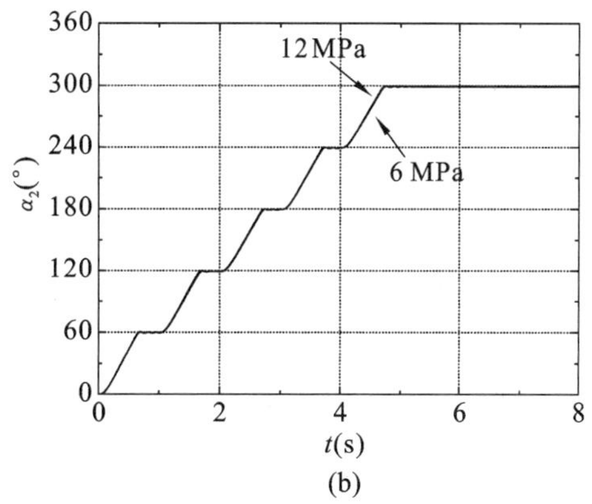

图 10-28　蓄能器充气压力对连续复合动作控制特性的影响

(a) 大车行走；(b) 夹钳旋转

蓄能器充气压力不同时系统压力变化曲线如图 10-29 所示，在操作机执行动作阶段，两种状态下系统压力相差在 1 MPa 的范围内，因此对系统的控制特性影响较小。这里说明一下，蓄能器的充气压力不宜过高，因为随着操作机连续复合动作次数的增多，系统压力将逐渐降低，当系统压力低于蓄能器充气压力时，主泵单独提供复合动作需要的油液，由于大车行走机构和夹钳旋转机构的运动惯量差距较大，主泵输出流量不足将导致复合动作后期小惯量机构动作迟缓、大惯量机构动作停止现象，操作机连续复合动作失控。

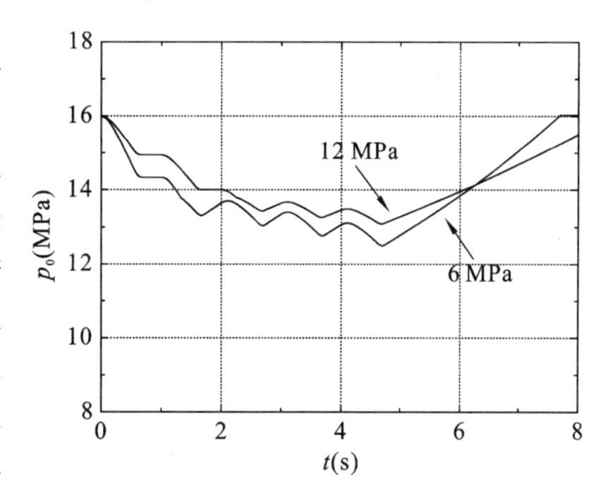

图 10-29　充气压力不同时系统压力变化曲线

10.3.3 主泵排量对连续复合动作控制特性影响

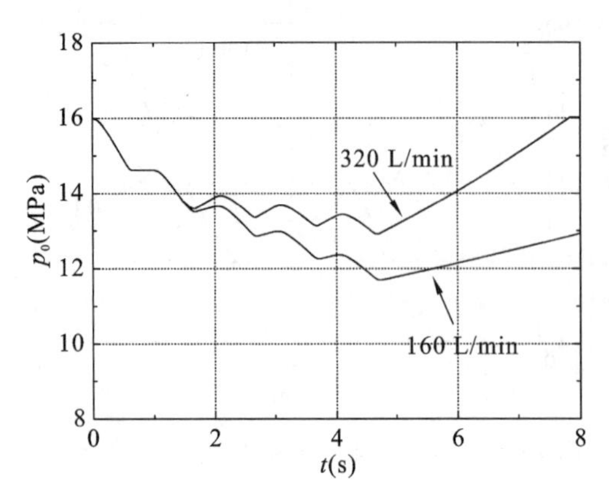

图 10-30 主泵排量不同时系统压力变化曲线

上述情况反映出连续复合动作控制性能降低是由于系统压力变化引起的,泵蓄势器系统中主泵的作用是系统压力低于一定值时给系统充液,因此主泵排量越大,操作机动作间歇期给系统补充的油液越多,系统压力下降得越慢,连续复合动作的一致性越好。相同进给工况下,主泵排量不同时系统压力变化曲线如图 10-30 所示,可以看出,主泵排量增大,连续复合动作后期系统压力降低速度减缓,操作机动作完成后主泵对蓄能器充液的时间短。

增大主泵排量有利于提高操作机连续复合动作的一致性和可靠性,但系统的装机功率也随之增加,初投入成本升高。减小主泵排量可以降低操作机液压系统的装机功率,笔者所在课题组对操作机系统装机功率设计进行过详细的研究,本节不再单独论述。

10.3.4 锻造行程次数对连续复合动作控制特性影响

目前,中小型快锻压机的锻造行程次数已达 85 次/min 甚至更高,锻造行程次数越高,工作周期时间越短,锻造行程次数对操作机连续复合动作控制特性的影响如图 10-31 所示。相同工况下锻造行程次数越高,操作机动作间隔时间越短,致使动作期间主泵充液时间缩短,系统压力下降速度快,操作机连续复合动作的一致性差。当锻造行程次数继续提高时,操作机动作间隔时间减小到极限,执行机构的间歇式动作将转变为持续进给,从而增大操作机缓冲机构的负荷,可靠性降低。

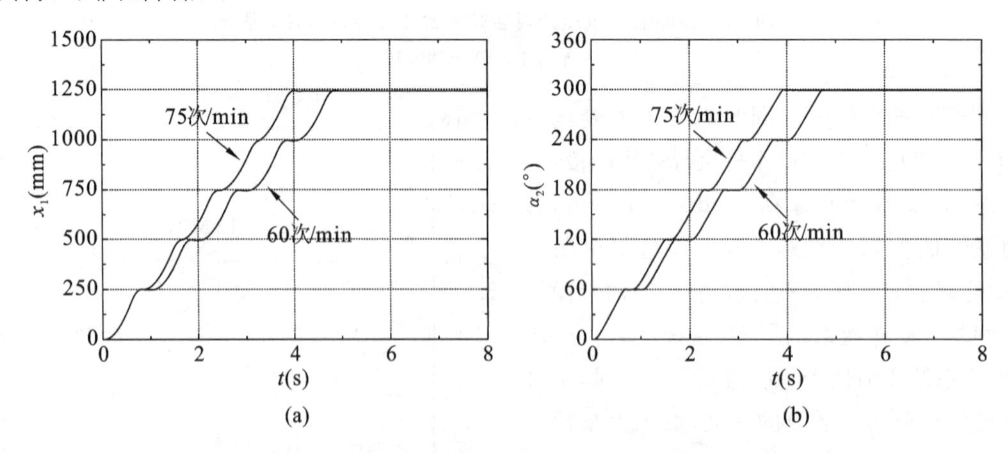

图 10-31 锻造行程次数对连续复合动作控制特性的影响

(a) 夹钳旋转;(b) 大车行走

综上所述,蓄能器参数、主泵排量以及锻造行程次数综合影响操作机连续复合动作的控制性能。在保证工艺要求和控制性能的基础上,优化蓄能器参数能够有效降低系统的装机功率,增大主泵排量可以提高连续复合动作的一致性，提高系统压力可以提高操作机的快速性，从而提高整套机组的生产效率。

10.4 控制方式研究

从工作性质上来说，锻造操作机属于位置控制系统。位置控制系统有相对位置控制和绝对位置控制两种控制方式，如图 10-32 所示，ΔX_{in}表示相对坐标系下操作机的广义输入（包括轴向进给输入 Δx_{in}、径向进给量 Δy_{in}、旋转进给输入 $\Delta\alpha_{in}$等），ΔX_{out}表示操作机的相对广义输出，X_0 表示在绝对坐标系下操作机的广义初始位姿（位置和姿态），X_{out}表示操作机输入广义绝对位姿 X_{in}的输出位姿，X_{out}与 X_0 的差值即为 ΔX_{out}，当锻件始锻边与液压机砧座侧面平齐时，ΔX_{out}为锻件的实际进给量。

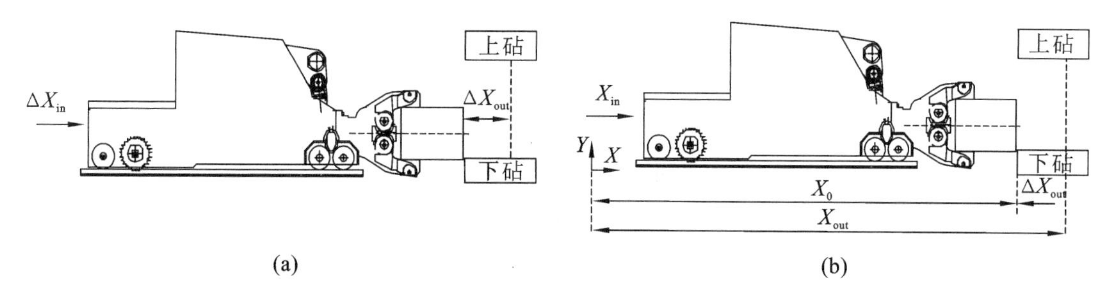

图 10-32 锻造操作机的控制方式

(a) 相对位置控制；(b) 绝对位置控制

锻造操作机执行动作的目的是为了完成锻件的进给，具有相对性，操作机通常采用相对位置控制方式。相对位置控制方式是以期望的进给量作为输入，以实际进给量作为输出的一种闭环控制方式，但由于锻造操作机的执行机构比较复杂，加之工作环境恶劣，锻件的位姿难以在线检测，实际进给量也无法直接获取，因此相对位置控制时，通常以执行元件的位移变化作为反馈信号对操作机进给动作进行控制，方框图如图 10-33 所示。图中，操作机执行机构用 $F(x)$表示，x_{l0}、x_{sw0}、x_{t0}分别表示升降缸、摆移缸和倾斜缸的初始位移，反馈回路中的函数 f_2、f_4、f_5、f_8、f_9、f_{10}是操作机执行机构的正运动学方程，其解析表达式见第 2 章的运动学特性分析。

锻造操作机相对位置控制本质上属于半闭环控制，操作机的实际进给量取决于执行机构的结构，即：

$$\Delta X_{out}=F(x_0+\Delta x)-F(x_0) \tag{10-1}$$

其中，Δx 表示执行元件的广义位移增量，x_0 为广义位移初始值。

锻造操作机绝对位置控制方式是在绝对坐标系下以期望夹钳末端的位姿作为输入，以执行元件的位移作为反馈信号的一种半闭环控制方式，方框图如图 10-34 所示。图中，$x_{s,in}$、$x_{s,out}$分别表示缓冲缸的输入位移和实际位移，$x_{c,in}$、$x_{c,out}$分别表示夹紧缸的输入位移和实际位移，操作机中缓冲缸和夹紧缸属于功能执行元件，不参与夹钳末端的位姿控制。函数 f_2^{-1}、f_4^{-1}、f_5^{-1}、f_8^{-1}、f_9^{-1}、f_{10}^{-1}是操作机执行机构的逆运动学方程，解析表达式见第 2 章的运动学特性分析。

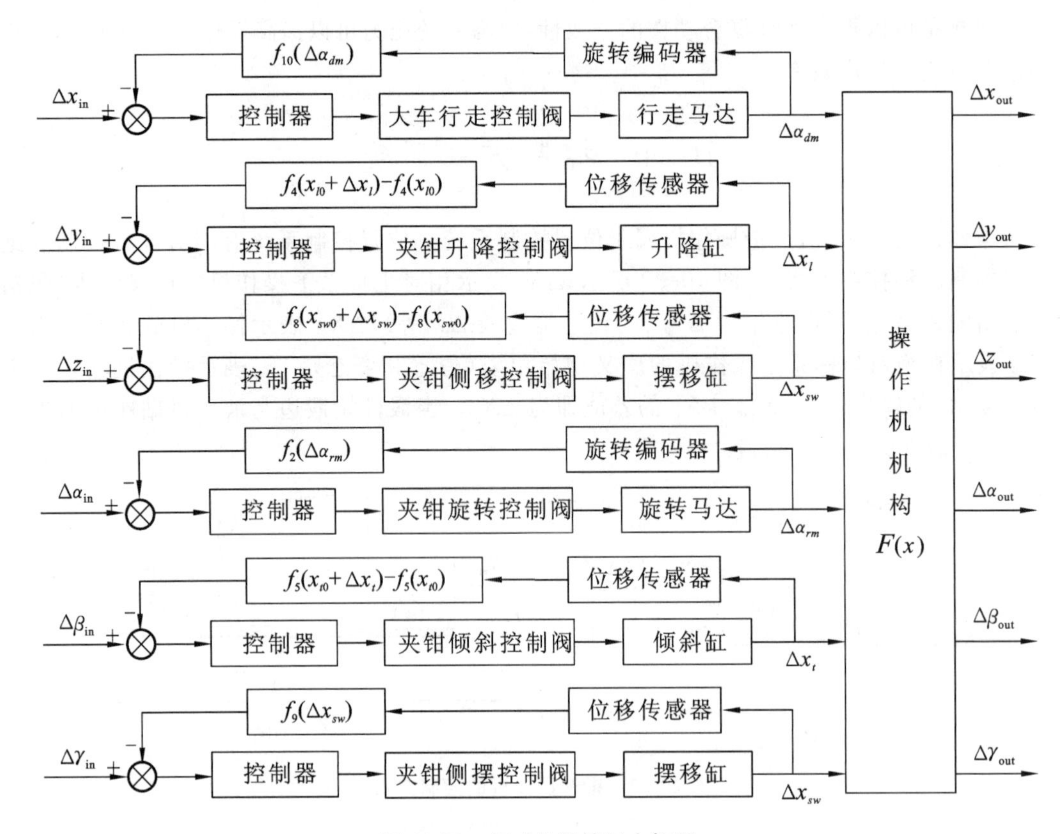

图 10-33　相对位置控制方框图

绝对位置控制需要对初始位姿 X_0 进行标定，操作机的实际进给量为：

$$\Delta X_{out}=F(x)-X_0 \tag{10-2}$$

其中，x 表示执行元件的广义位移。

图 10-35 是分别采用相对位置控制和绝对位置控制方式对大车行走连续三次进给 300 mm 工况的仿真曲线，相对位置控制的三次动作稳态值分别为 305 mm、608 mm 和 910 mm，对应的稳态误差为＋5 mm、＋8 mm 和＋10 mm，由于相对位置控制方式存在累积误差，随着连续动作次数的增加，稳态误差逐渐增大，而绝对位置控制的稳态值分别为 305 mm、602 mm 和 901 mm，大车行走连续动作的送进精度较高。

锻造操作机绝对位置控制方式具有送进精度高的优势，但操作机执行送进动作的目的是为了完成锻件的进给，因此从准确意义上说，锻件相对于液压机砧座的进给精度是锻造操作机控制方式的评价指标。

锻造过程是一个连续过程，自锻件加热到始锻温度从加热炉取出开始，操作机投入工作，执行锻件夹持、运输、送进等一系列动作，并配合液压机完成锻造工艺。操作机执行机构复杂，锻造过程中执行机构在动作上存在耦合关系，当多种执行元件协调或同步动作时，夹钳末端多个位姿量变化，尤其是夹钳末端轴向位置受行走马达、夹紧缸、缓冲缸、升降缸等多个执行元件位移影响，绝对位置控制方式虽然对操作机的初始位置进行了标定，但由于该控制方式被控量与控制元件之间一一对应，导致由其他执行元件动作引起的夹钳末端位姿变化无法识别，从而使锻件相对于液压机砧座的距离发生改变，进一步影响锻件的实际进给量。

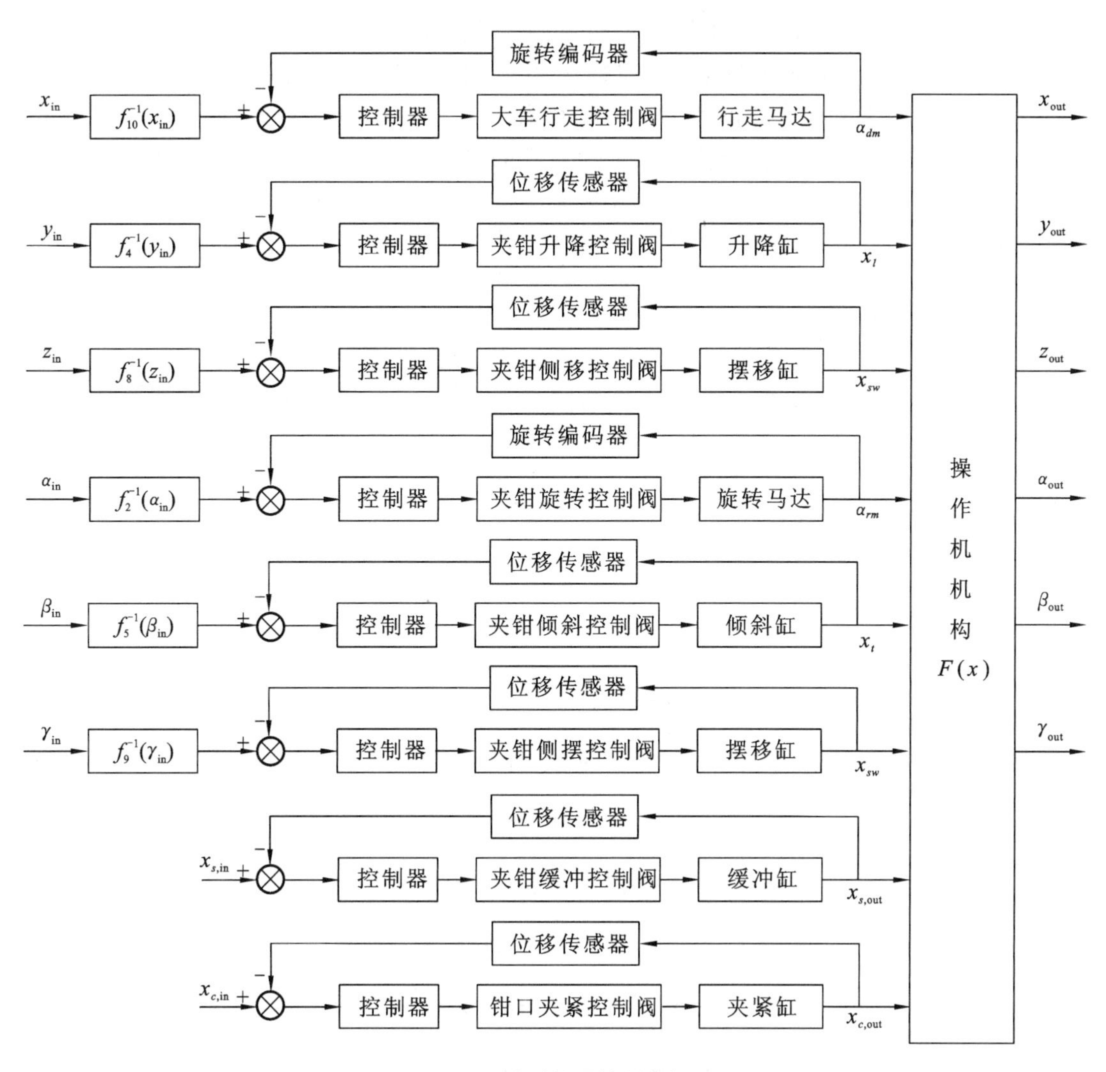

图 10-34　绝对位置控制方框图

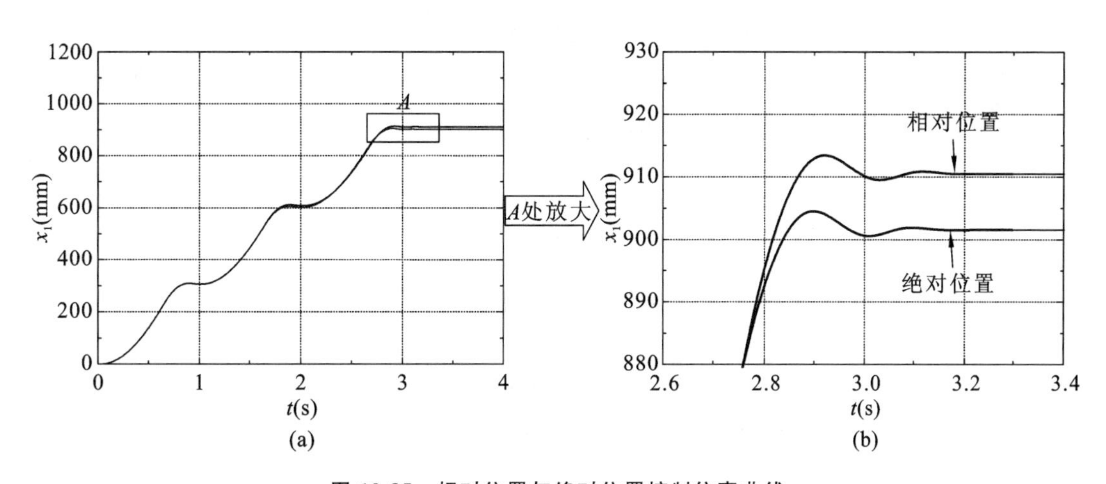

图 10-35　相对位置与绝对位置控制仿真曲线

针对上述问题，本节提出一种锻造操作机自补偿绝对位置控制方式，方框图如图 10-36 所示。图中 x_{l0}、x_{s0}、x_{c0} 分别表示与操作机初始位置 X_0 对应的升降缸、缓冲缸和夹紧缸的初始位移，函数 f_1 是钳口夹紧机构的正运动学方程，函数 f_3 是夹钳末端轴向位置随升降缸以及缓冲缸位移变化的规律，解析表达式见第 2 章的运动学特性分析。该控制框图主要对操作机夹钳末端的轴向位置进行了补偿，夹钳的倾斜、侧摆也导致操作机夹钳末端多个位姿量发生变化，但由于倾斜、侧摆过程中夹钳中心轴线偏离了锻打中心，此工况在方框图中未体现，如有需要仍可继续添加。

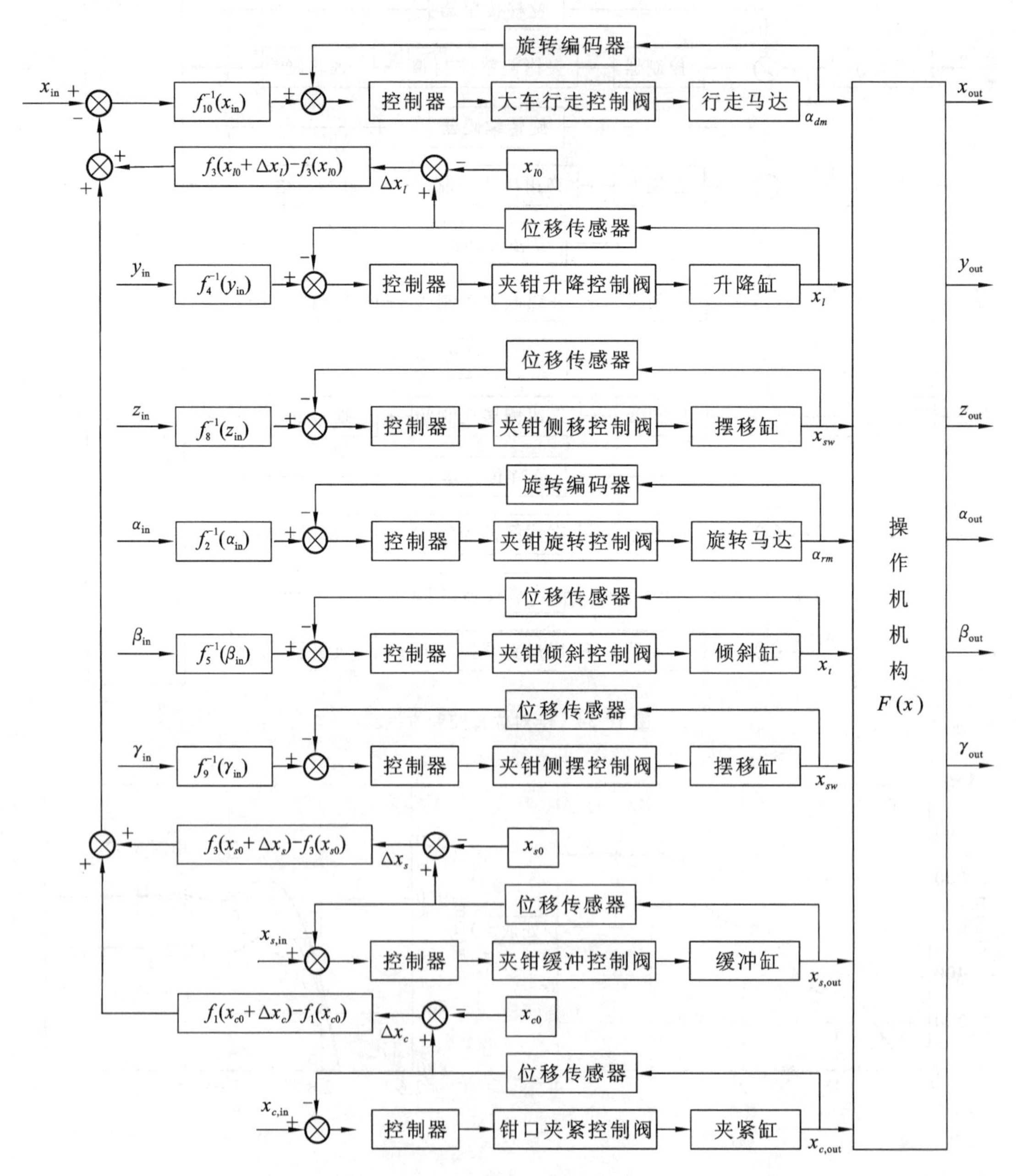

图 10-36 自补偿绝对位置控制方框图

自补偿绝对位置控制的思想是将其他执行元件动作引起的夹钳末端位姿变化引入相应的主控制回路中，由主控执行元件动作自动补偿这一位姿变化量，达到对夹钳末端绝对位置进行实时修正的目的。

程序锻造过程中不需要操作者手动操作，操作机的动作根据预先编制的锻造程序完全由计算机控制，程序锻造对操作机送进的位置精度要求较高。下面以夹持直径 ϕ1100 mm×2000 mm 钢锭为例，设操作机夹钳末端距离液压机砧座侧面 3000 mm，编制锻造操作机的动作程序如下：

（1）大车行走进给 300 mm，设置时间 1 s，模拟操作机接近钢锭的过程；

（2）钳口松夹机构执行夹持动作，设置时间 1 s，模拟操作机夹持钢锭过程；

（3）夹持稳定后，大车行走进给 700 mm，设置时间 2 s，模拟操作机靠近液压机过程；

（4）大车行走进给 300 mm，设置时间 1 s，模拟锻件进给过程。

根据上述动作程序，分别采用绝对位置控制方式和自补偿绝对位置控制方式进行仿真，如图 10-37 所示，图中 x_c 表示夹紧缸位移。可以看出，夹持钢锭过程中，夹紧缸的位移变化致使夹钳末端轴向绝对位置增加了约 71 mm，导致第 4 次进给过程的稳态值为 1372 mm，锻件的实际进给量为 372 mm，与给定要求差距较大。当采用自补偿绝对位置控制时，第 3 次操作机靠近液压机过程中，行走马达自动补偿了这一变化，操作机最终的稳态值为 1298 mm，锻件的实际进给量为 298 mm。

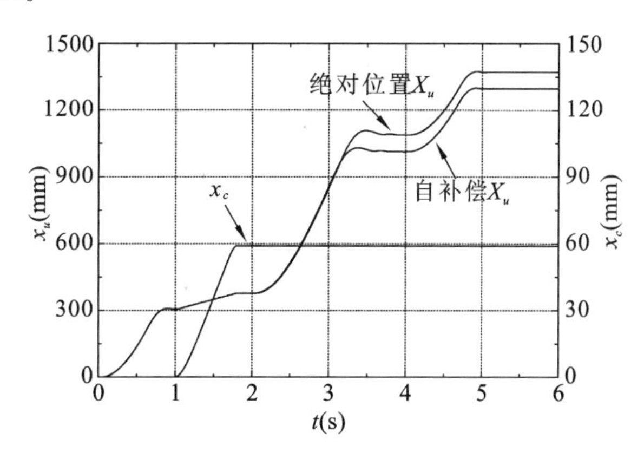

图 10-37　绝对位置与自补偿绝对位置控制仿真曲线

综上所述，锻造操作机相对位置控制方式的连续送进精度较低，绝对位置控制方式可以消除累积误差，有利于提高操作机的送进精度，自补偿绝对位置控制方式能够在操作机动作过程中自动补偿夹钳末端的位姿变化，适合于对进给位置精度要求较高的场合，如程序锻造或双操作机工作模式。

参考文献

[1] 路甬祥.流体传动与控制技术的历史进展与展望[J].机械工程学报,2010,46(10):1-9.

[2] ACHTERN P. Convicted to innovation in fluid power[J]. Proceedings of the Institution of Mechanical Engineers Part I:Journal of Systems and Control Engineerings,2010,224(6):619-621.

[3] KAGOSHIMA M,KOMIYAMA M,NANJO T,et al. Development of new kind of hybrid excavator[J]. Research and Development Kobe Steel Engineering Reports,2007,57(1):66-69.

[4] HUA YONG YANG,MIN PAN. Engineering research in fluid power: a review[J]. Journal of Zhejiang University,A:Science,2015(16):427-442.

[5] MURRENHOFF H,MILLOS S S. An overview of energysaving architectures for mobile applications[C]//The IFM Conference Proceedings Aachean Germany: 2014.

[6] 许仰曾,李达平,陈国贤.液压数字阀的发展及其工程应用[J].流体传动与控制,2010(2):5-9.

[7] LINJAMA. Digital fluid power: state of the art [C]//The 12th Scandinavian International Conference on Fluid power. Tampere,2011:18-20.

[8] 焦宗夏,彭传龙,吴帅.工程机械多路阀研究进展与发展展望[J].液压与气动,2013(11):1-6.

[9] D WU,R BURTON,G SCHOENAU. Analysis of a pressure-compensated flow control valve[J]. Journal of Dynamic Systems,Measurement,and Control,2007,129:203-211.

[10] MISRA A,BEHDINAN K,CLEGHORN W L. Self-excited vibration of a control valve due to fluid structure interaction[J]. Journal of Fluids and Structures,2002,16(5):649-665.

[11] SPROWITZ A, TULEU A, VESPIGNANI M, et al. Towards dynamictrot gait locomotion: design,control,and experiments with cheetah-cub,a compliant quadruped robot[J]. The International Journal of Robotics Research,2013,32(8):932-950.

[12] SEMINI C. HyQ-design and development of a hydraulically actuated quadruped robot [D]. Liguria: University of Genoa,2010.

[13] HUTTER M,REMYC D,HOEPFLINGER M A,et al. Scarl-ETH: design and control of a planar running robot[C]//Oussama K. 2011 IEEE/RSJ International Conference on Intelligent Robots and Systems. San Francisco: IEEE,2011: 562-567.

[14] ZHOU YUCAI. On synchronization balancing system of huge scale hydraulic press based on fuzzy Self-tuning PID control. Applied Mechanics and Materials,2011,48(2):757-766.

[15] TU JIANGTAO,HUANG MINGHUI. Simulation research of a synchronous balancing system for hydraulic press based on AME/Simulink. 2009 International Conference on

Measuring Technology and Mechatronics Automation,2009. 602,359-36.

[16] SON Y K,SAVAGE G J. A new sample-based approach to predict system performance reliability[J]. IEEE Transactions on Reliability,2008,57(2) :322-330.

[17] LI SHENG. 2D simplified servo valve[J]. Chinese Journal of Mechanical Engineering,2003,16(2):132-135.

[18] CLAUSEN M. Fluid controller and a method of detecting an error in a fluid controller [P]. US:8,042,568. 2011-10-25.

[19] CLAUDIO S. HyQ-design and development of a hydraulically actuated quadruped robot [D]. Liguria:University of Genoa,2010:10-15.

[20] GOMIS BELLMUNT O, CAMPANILE L F. Design rules for actuators in active mechanical systems[M]. Berlin:Springer,2010:62-64.

[21] ZAREI-NIA K, SEPEHRI N, WU QIONG. A lyapunov controller for stable haptic manipulation of hydraulic actuators[J]. International Journal of Robust and Nonliear Control,2012(22):241-261.

[22] M FOCCHI, E GUGLIELMINO, C SEMINI T B, et al. Control of a hydraulically-actuated quadruped robot leg[C]//2010 IEEE International Conference on Robotics and Automation, Anchorage Convention District, Anchorage, Alaska, May 3-8, 2010: 1219-1231.

[23] 徐艳翠. 四足机器人液压驱动单元模糊滑模变结构控制研究[D]. 秦皇岛:燕山大学,2013:45-56.

[24] QUAN L X,TIAN D Z,YU B. Simulation research on load-imitating test equipment for hydraulic drive unit of a quadruped robot based on feed-forward decoupling control[C]. Applied Mechanics and Materials,2013(365-366):839-846.

[25] QUAN L X,ZHANG W,YU B,et al. Decoupling control research on test system of hydraulic drive unit of quadruped robot based on diagonal matrix method[J]. Intelligent Control and Automation. ,2013,4(3):2320-2327.

[26] 张伟. 四足机器人液压驱动单元负载模拟系统多余力抑制研究[D]. 秦皇岛:燕山大学,2013:43-55.

[27] WANG L P,WANG J Z,WANG S S,et al. Strategy of foot trajectory generation for hydraulic quadruped robots gait planning[J]. Journal of Mechanical Engineering,2013,49(1):39-44.

[28] DING L H,WANG R X,FENG H S,et al. Brief analysis of a bigdog quadruped robot [J]. China Mechanical Engineering,2012(5):505-514.

[29] 王立鹏,王军政,汪首坤,等. 基于足端轨迹规划算法的液压四足机器人步态控制策略[J]. 机械工程学报,2013,49(1):39-44.

[30] SONG X M, KONG F Z, ZHAN C S, et al. Parameter identification and global sensitivity analysis of xin′anjiang model using meta-modeling approach [J]. Water Science and Engineering,2013,6(1):1-17.

[31] KAMINSKI,MAREK M. Structural sensitivity analysis in nonlinear and transient problems using the local response function technique[C]. Structural and Multidisciplinary Optimization,

2011,43(2):261-274.

[32] 孔祥东,俞滨,权凌霄,等. 四足机器人对角小跑步态下液压驱动单元位置伺服控制特性参数灵敏度研究[J]. 机器人,2015(1):63-73.

[33] IVANOV LM, TOKMAKIAN R T. Sensitivity analysis of Nonlinear models to parameter perturbations for small size ensembles of model outputs[C]. International Journal of Bifurcation and Chaos,2011,21(12):3589-3609.

[34] 丁良宏,王润孝,冯华山,等. 浅析 BigDog 四足机器人[J]. 中国机械工程,2012,23(5):5-14.

[35] LIU W,CAO G,ZHAI H B,et al. Sensitivity analysis and dynamic optimization design of supports' positions for engine pipelines[J]. Journal of Aerospace Power,2012,27(12):2756-2762.

[36] 柴汇,孟健,荣学文,等. 高性能液压驱动四足机器人 SCalf 的设计与实现[J]. 机器人,2014,36(4):385-391.

[37] 孔祥东,俞滨,权凌霄,等. 四足仿生机器人液压驱动单元轨迹灵敏度分析[J]. 机械工程学报,2013,49(14):170-175.

[38] ZHENG N,ZHANG Y,GUO Y,et al. Hierarchical fast terminal sliding mode control for a self-balancing two-wheeled robot on uneven terrains[C]// Chinese Control Conference. 2017:4762-4767.

[39] FOCCHI M, MEDRANO-CERDA G A, BOAVENTURA T, et al. Robot impedance control and passivity analysis with inner torque and velocity feedback loops[J]. Control Theory & Technology,2016,14(2):97-112.

[40] WON D, KIM W, TOMIZUKA M. High gain observer based integral sliding mode control for position tracking of electro-hydraulic servo systems[J]. IEEE/ASME Transactions on Mechatronics,2017(99):1-1.

[41] 丁良宏. BigDog 四足机器人关键技术分析[J]. 机械工程学报,2015,51(7):1-23.

[42] MPANZA L J,PEDRO J O. Sliding mode control parameter tuning using ant colony optimization for a 2-DOF hydraulic servo system[C]// IEEE International Conference on Automatic Control and Intelligent Systems. IEEE,2017:242-247.

[43] GORE R,SHIRALKAR A,KURODE S. Incomplete state feedback control of electro-hydraulic servo system using second order sliding modes[C]// International Workshop on Variable Structure Systems. IEEE,2016:210-215.

[44] DONG Y L, GUO J, ZHAO K D. Nonlinear Dynamic Friction Compensation of Hydraulic Simulator[J]. Machine Tool & Hydraulics,2009:1 - 4.

[45] KUWAHARA H,TERAI F,FOCCHI M,et al. A design method of a robust controller for hydraulic actuation with disturbance observers[C]// IEEE,International Workshop on Advanced Motion Control. IEEE,2016:289-296.

[46] SINTHIPSOMBOON K, HUNSACHAROONROJ I, KHEDARI J, et al. A hybrid of fuzzy and fuzzy self-tuning PID controller for servo electro-hydraulic system[C]// Industrial Electronics and Applications. IEEE,2011:220-225.